JIS使い方シリーズ

ねじ締結体設計のポイント

改訂版

編集委員長　吉本　勇

日本規格協会

編集・執筆者名簿

編集委員長	吉本	勇	東京工業大学名誉教授
編集委員	大橋	宣俊	湘南工科大学
	桑田	浩志	有限会社桑田設計標準化研究所
	田中	誠之助	株式会社佐賀鉄工所
	中村	智男	日本ねじ研究協会
執筆	岩松	真之	（元）アイダエンジニアリング株式会社
	大滝	英征	埼玉大学
	岡田	旻	社団法人石油学会
	賀勢	晋司	信州大学
	酒井	智次	株式会社トヨタテクノサービス
	田中	淳夫	宇都宮大学
	西山	信夫	メイラ株式会社
	晴山	蒼一	TCM株式会社
	吉田	育夫	（元）株式会社東芝

（五十音順・敬称略）

まえがき

　『ねじ締結体設計のポイント』の初版を発行してから，10年経過している．この10年の間にビジネスの国際化が急速に進み，日本企業が外国企業と提携する例が増大してきた．製造業の分野では，提携の際の申し合わせの一つに，設計製図の規格はISO規格に従うというような事項が含まれると聞いている．このようなこと並びに貿易の自由化のために国内規格を国際規格に完全に一致させることが，極めて重要になってきた．

　初版の"まえがき"で，"ねじの分野でも最近では，いわゆる国際一致規格が順次制定されるようになってきた．"と述べている．この10年でその動きが著しく加速され，現在の時点（2002年春）で"ねじ基本"関連JISの45％，"ねじ部品共通"関連JISの56％が国際一致規格になった．日本はねじの分野でも，ISO規格の審議に大きな貢献をしており，一部では規格原案の作成まで行っている．

　また，この10年の間にねじに関する研究開発が大いに進展している．このような情勢から本書も改訂の必要に迫られ，1章及び2章については50％，その他の章については20％をめどにして，改訂を行った．改訂版が初版と同じように，多くの方々に利用され，この分野の発展に寄与できることを願う次第である．

　ご尽力いただいた改訂版の編集委員及び執筆者各位にお礼申し上げるとともに，出版についてお骨折りいただいた日本規格協会書籍出版課の皆様，特に伊藤宰氏に感謝の意を表します．

2002年4月

編集委員長　吉本　勇

目　次

まえがき

1. ねじの規格

1.1　はじめに ……………………………………………(中村)……… 11
1.2　ねじ基本規格 ………………………………………(中村)……… 17
　1.2.1　メートルねじ ……………………………………………… 18
　1.2.2　ユニファイねじ …………………………………………… 27
　1.2.3　台形ねじ …………………………………………………… 29
　1.2.4　管用ねじ …………………………………………………… 33
　1.2.5　ねじ公差方式 ……………………………………(西山)……… 37
　1.2.6　ねじ製図 …………………………………………(西山)……… 42
1.3　ねじ部品共通規格 …………………………………(中村)……… 50
　1.3.1　形状・寸法に関するもの ………………………………… 51
　1.3.2　公差に関するもの ………………………………………… 57
　1.3.3　機械的性質及び性能に関するもの ……………………… 63
　1.3.4　通則，試験方法，受入検査などに関するもの ………… 70

2. ねじ部品の種類と使い方

2.1　ねじ部品の種類 ……………………………………(田中誠之助)……… 75
2.2　ねじ部品選択上の一般事項 ………………………………………… 114
　2.2.1　ねじ部品の形状 …………………………………………… 114
　2.2.2　材料及び強度 ……………………………………………… 122

2.2.3 表面処理 ……………………………………………………………… 125
2.2.4 おねじ部品とめねじ部品の組合せ ……………………………… 130

3. ねじ部品の強さ

3.1 ボルト・ナット結合体の静的強度 …………………………（大滝）…… 135
   3.1.1 ボルト・ナット結合体の軸引張荷重-伸び特性 ……………… 135
   3.1.2 ねじ山の負担する荷重 …………………………………………… 139
   3.1.3 ねじ各部の強さ …………………………………………………… 142
   3.1.4 限界はめあい長さ ………………………………………………… 148
   3.1.5 熱処理の影響 ……………………………………………………… 152

3.2 疲れ強さ ……………………………………………………………………… 153
   3.2.1 疲れ限度線図 ……………………………………………………… 153
   3.2.2 ボルト・ナット結合体の応力集中係数 ………………………… 156
   3.2.3 ボルト・ナット結合体の疲れ強さの算出 ……………………… 160
   3.2.4 疲れ強さに対する許容応力 ……………………………………… 166

3.3 遅れ破壊 ……………………………………………………………………… 169
   3.3.1 遅れ破壊機構 ……………………………………………………… 169
   3.3.2 遅れ破壊試験 ……………………………………………………… 170
   3.3.3 き裂進展の特徴 …………………………………………………… 171
   3.3.4 材料の強度の影響 ………………………………………………… 171
   3.3.5 雰囲気の影響 ……………………………………………………… 172

4. ねじの締付け

4.1 ねじ締結体の設計の考え方 …………………………………（大橋）…… 177
   4.1.1 ねじ締結体に作用する外力と内力の関係 ……………………… 178

4.1.2　適正締付け力 ………………………………………… 183
4.2　締付け管理の方法 …………………………………………… 184
　　4.2.1　トルク法締付け ………………………………………… 185
　　4.2.2　回転角法締付け ………………………………………… 199
　　4.2.3　トルクこう配法締付け ………………………………… 203
　　4.2.4　その他の締付け管理の方法 …………………………… 206
4.3　締付け用具 …………………………………………………… 210

5. ねじのゆるみと防止対策

5.1　ゆるみのメカニズム ……………………………(賀勢)…… 217
　　5.1.1　ゆるみの分類 …………………………………………… 217
　　5.1.2　戻り回転によらないゆるみ …………………………… 218
　　5.1.3　戻り回転によるゆるみ ………………………………… 225
5.2　ゆるみ防止の考え方 ………………………………………… 233
5.3　ゆるみ止め部品の種類 ……………………………………… 239
5.4　ゆるみ試験とゆるみ止め部品の評価 ……………………… 243
　　5.4.1　試験方法と試験装置 …………………………………… 243
　　5.4.2　ゆるみ止め性能の評価方法 …………………………… 244
　　5.4.3　ゆるみ止め部品の効果 ………………………………… 249

6. ねじ締結体と幾何公差方式

6.1　幾何公差方式 ……………………………………(桑田)…… 253
　　6.1.1　データム及びデータム系 ……………………………… 253

	6.1.2	図示方法 ………………………………………………………………	254
	6.1.3	ねじ部品への幾何公差表示方式の適用 ……………………………	257
	6.1.4	寸法公差と幾何公差の関係 ………………………………………	263
6.2	**位置度公差方式の理論** ………………………………………………………		265
	6.2.1	真位置度理論 ……………………………………………………………	265
	6.2.2	位置度公差方式と複合位置度公差方式 …………………………	268
6.3	**ねじ締結体と最大実体公差方式** …………………………………………		272
	6.3.1	最大実体公差方式 ………………………………………………………	272
	6.3.2	ゼロ位置度公差方式 ……………………………………………………	278
	6.3.3	機能ゲージ ………………………………………………………………	280
	6.3.4	浮動締結と固定締結 ……………………………………………………	281
6.4	**突出公差域** ………………………………………………………………………		285
6.5	**ねじ部品に対する幾何公差の検証** ………………………………………		286
	6.5.1	真直度公差 ………………………………………………………………	286
	6.5.2	平面度公差 ………………………………………………………………	289
	6.5.3	真円度の測定 ……………………………………………………………	290
	6.5.4	円筒度公差 ………………………………………………………………	292
	6.5.5	平行度公差 ………………………………………………………………	293
	6.5.6	直角度公差 ………………………………………………………………	295
	6.5.7	軸部に対する頭部の同軸度の測定 ………………………………	297
	6.5.8	位置度公差 ………………………………………………………………	299
	6.5.9	対称度公差 ………………………………………………………………	300
	6.5.10	皿小ねじの円すい面の振れ公差 …………………………………	300

7. ねじの使用例

- **7.1 自動車** ……………………………………………(酒井)…… 303
  - 7.1.1 自動車の設計に際して考慮すべきこと ……………………… 303
  - 7.1.2 締結体に要求される機能とこれらを満たす概略設計 ………… 303
  - 7.1.3 その他の留意事項 ……………………………………………… 317
- **7.2 プレス機械** …………………………………………(岩松)…… 320
  - 7.2.1 プレス機械の構造とプレス作業の特質 ……………………… 320
  - 7.2.2 プレスのねじ締結部 …………………………………………… 322
  - 7.2.3 締付け法について ……………………………………………… 329
- **7.3 建設機械** ……………………………………………(晴山)…… 332
  - 7.3.1 建設機械の機能と構造 ………………………………………… 332
  - 7.3.2 建設機械における代表的なねじの使用例 …………………… 336
  - 7.3.3 建設機械におけるねじ使用の留意点 ………………………… 342
- **7.4 電気機器及び関連機器** ………………………………(吉田)…… 353
  - 7.4.1 電気機器のねじ締結体設計に関する一般的事項 …………… 353
  - 7.4.2 重電機器 ………………………………………………………… 361
  - 7.4.3 弱電機器 ………………………………………………………… 364
  - 7.4.4 小型機器 ………………………………………………………… 367
  - 7.4.5 その他 …………………………………………………………… 368
- **7.5 化学プラント** ………………………………………(岡田)…… 370
  - 7.5.1 化学プラントで用いられるねじ類 …………………………… 370
  - 7.5.2 ねじ類の選択 …………………………………………………… 372
  - 7.5.3 ねじ類の設計 …………………………………………………… 377
  - 7.5.4 ねじ類の使用(フランジ用ボルト) ………………………… 382

7.6 建築構造物 ……………………………………………(田中淳夫)…… 382
 7.6.1 建築構造物で使用されているボルト ………………………… 383
 7.6.2 設計の基本 …………………………………………………… 385
 7.6.3 設計耐力式 …………………………………………………… 390
 7.6.4 設計例 ………………………………………………………… 393

索　　引 …………………………………………………………………… 401

1. ねじの規格

1.1 はじめに

ねじの標準化は，ISO/TC 1及びTC 2にみられるように，世界的にも早くから進められ，我が国では，1924(大正13)年にメートルねじ第1号がJESとして制定され，その後，時代の要求に応じて制定されたボルト，ナット，小ねじ，座金などのねじ部品規格が，旧JES［日本標準規格(1921年)］，臨JES［臨時日本標準規格(1939年)］，新JES［日本規格(1945年)］を経て，こんにちのJISに至っている．これまでのねじ関係JISは，製造技術の飛躍的発展，社内標準化の促進による品質の向上並びにその結果としての企業の合理化等に先導的な役割を果たすとともに膨大な部品の共通化という産業界の命題に応えた．

ねじ関係JISは，1965(昭和40)年の改正によって，国際化にふさわしいISOメートルねじを基本とした新しい体系を整えたが，1975年12月の改正時にはISOの機械的性質，二面幅，頭部高さなどもISOの規格を導入して，ねじ部品JISの国際性を高めた．

しかしながら，近年，経済活動の複雑化・多様化，技術革新の著しい進展，経済のボーダレス化の進展等，標準化を取り巻く環境が変化する中で，我が国経済社会を国際的に開かれたものとし，自己責任原則と市場原理に立つ自由な経済社会としていくことを基本とした「規制緩和推進計画」(平成7年3月31日閣議決定)が策定され，その具体策の一つとして，JISの国際整合化(ISO規格，IEC規格への整合)の推進が盛り込まれ，平成7年から平成9年までの3か年計画で積極的に実施された．

その結果，ねじ関係JISについてもISO/IEC Guide 21:1999 (国際規格の地域又は国家規格として採用)に基づき，JISと対応する国際規格との"対応の程度"が，IDT : identical (一致)，MOD : modified (修正)，NEQ : not equivalent（同等でない）の3種類に表記され，国際規格との整合化が著しく高められ，また，透明性も確保された．

JISは，1949年に施行された工業標準化法（昭和24年，法律第185号）に基づいて作られた日本工業規格（Japanese Industrial Standard）のことであって，2008（平成20）年3月末現在におけるねじに関するJISの件数を表1.1.1に，また，一般用のねじ基本及び一般用のねじ部品（リベット，座金，ピンを含む．）の制定状況を表1.1.2に示す．

本章では，ねじ基本のうち，メートルねじを主として取り上げ，次にユニファイねじ，台形ねじ，管用ねじについて述べるが，ねじ部品共通規格の一部についてもその概要を紹介する．

表1.1.1 ねじ関係JISの件数

(2008年3月現在)

区分			件数	例
基本的なもの	ねじ基本	ねじ一般	6	ねじの用語，製図，表し方など
		一般用	17	メートル，ユニファイ，ミニチュア，台形のねじ
		配管用	3	管用のテーパ・平行ねじなど
		特殊用	多数	自転車ねじ，ミシン用など
	ねじ用ゲージ		8	メートル，ユニファイ，管用ねじなどのゲージ
締結用部品に関するもの	一般用	ねじ部品共通	50	二面幅，ねじ先，ねじ部品の機械的性質など
		ねじ部品	52	各種のボルト，ナット，小ねじ，タッピンねじなど
		座金	5	平座金，ばね座金など
		ピン	8	割りピン，テーパピン，スプリングピンなど
		リベット	3	冷間・熱間成形リベット，セミチューブラリベット
	特定用途用		多数	摩擦接合用，自動車用，鉄道用など

表1.1.2 一般用のねじ基本及びねじ部品のJISの制定状況

(2008年3月現在)

区分	JIS番号	名称	制定年	対応国際規格
ねじ基本	B 0201	ミニチュアねじ　　　　　　　　　　(1973)	1973	
	B 0202	管用平行ねじ　　　　　　　　　　　(1999)	1966	ISO 228-1
	B 0203	管用テーパねじ　　　　　　　　　　(1999)	1952	ISO 7-1
	B 0205-1	一般用メートルねじ―第1部：基準山形 (2001)	2001	**ISO 68-1**
	B 0205-2	一般用メートルねじ―第2部：全体系　(2001)	2001	**ISO 261**
	B 0205-3	一般用メートルねじ―第3部：ねじ部品用に選択したサイズ　　　　　　　　(2001)	2001	**ISO 262**

備考　対応国際規格の**太字体**は，国際規格をそのまま翻訳してJISとしたもの（国際一致規格：IDT）を示す．

1.1 はじめに

表 1.1.2 （続き）

区分	JIS 番号	名　　　称		制定年	対応国際規格
ねじ基本	B 0205-4	一般用メートルねじ―第4部：基準寸法	(2001)	2001	ISO 724
	B 0206	ユニファイ並目ねじ	(1973)	1952	ISO 68, 263
	B 0208	ユニファイ細目ねじ	(1973)	1953	ISO 68, 263
	B 0209-1	一般用メートルねじ―公差―第1部：原則及び基礎データ	(2001)	2001	ISO 965-1
	B 0209-2	一般用メートルねじ―公差―第2部：一般用おねじ及びめねじの許容限界寸法―中（はめあい区分）	(2001)	2001	ISO 965-2
	B 0209-3	一般用メートルねじ―公差―第3部：構造体用ねじの寸法許容差	(2001)	2001	ISO 965-3
	B 0209-4	一般用メートルねじ―公差―第4部：めっき後に公差位置H又はGにねじ立てをしためねじと組み合わせる溶融亜鉛めっき付きおねじの許容限界寸法	(2001)	2001	ISO 965-4
	B 0209-5	一般用メートルねじ―公差―第5部：めっき前に公差位置hの最大寸法をもつ溶融亜鉛めっき付きおねじと組み合わせるめねじの許容限界寸法	(2001)	2001	ISO 965-5
	B 0210	ユニファイ並目ねじの許容限界寸法及び公差	(1973)	1953	
	B 0212	ユニファイ細目ねじの許容限界寸法及び公差	(1973)	1953	
	B 0216	メートル台形ねじ	(1987)	1980	ISO 2901, 2902, 2904
	B 0217	メートル台形ねじの公差方式	(1980)	1980	ISO 2903
	B 0218	メートル台形ねじの許容限界寸法及び公差	(1980)	1980	
ねじ部品共通	B 1001	ボルト穴径及びざぐり径	(1985)	1960	ISO 273
	B 1002	二面幅の寸法	(1985)	1960	ISO 272
	B 1003	締結用部品―メートルねじをもつおねじ部品のねじ先	(2003)	1960	ISO 4753
	B 1004	ねじ下穴径	(1975)	1966	
	B 1005	メートルねじをもつ一般用おねじ部品の首下丸み	(2003)	1985	ISO 885
	B 1006	おねじ部品の不完全ねじ部長さ及びねじの逃げ溝	(1985)	1985	ISO 3508, 4755
	B 1007	タッピンねじのねじ部	(2003)	1987	ISO 1478
	B 1008	ボルトの割りピン穴及び針金穴	(1988)	1988	ISO 7378
	B 1009	おねじ部品―呼び長さ及びボルトのねじ部長さ	(1991)	1991	ISO 888
	B 1010	締結用部品の呼び方	(2003)	2003	ISO 8991
	B 1012	ねじ用十字穴	(1985)	1958	ISO 4757
	B 1013	皿頭ねじ―頭部の形状及びゲージによる検査	(1994)	1994	ISO 7721
	B 1014	皿頭ねじ―第2部：十字穴のゲージ沈み深さ	(1994)	1994	ISO 7721-2
	B 1015	おねじ部品用ヘクサロビュラ穴	(2008)	2001	ISO 10664
	B 1016	六角穴のゲージ検査	(2006)	2006	ISO 23429
	B 1017	皿頭ねじ用皿穴の形状	(2008)	2008	ISO 15065
	B 1082	ねじの有効断面積及び座面の負荷面積	(1987)	1987	
公差	B 1021	締結用部品の公差―第1部：ボルト，ねじ，植込みボルト及びナット―部品等級A，B及びC	(2003)	1985	ISO 4759-1
	B 1022	締結用部品の公差―第3部：ボルト，小ねじ及びナット用の平座金―部品等級A及びC	(2008)	1989	ISO 4759-3

1. ねじの規格

表 1.1.2 （続き）

区分	JIS 番号	名称	制定年	対応国際規格
ねじ部品共通				
機械的性質	B 1051	炭素鋼及び合金鋼製締結用部品の機械的性質 ―第1部：ボルト，ねじ及び植込みボルト (2000)	1972	ISO 898-1
	B 1052	鋼製ナットの機械的性質 (1998)	1972	ISO 898-2, ISO 898-6
	B 1053	炭素鋼及び合金鋼製締結用部品の機械的性質 ―第5部：引張力を受けない止めねじ及び 類似のねじ部品 (1999)	1985	ISO 898-5
	B 1054-1	耐食ステンレス鋼製締結用部品の機械的性質 ―第1部：ボルト，ねじ及び植込みボルト (2001)	2001	ISO 3506-1
	B 1054-2	耐食ステンレス鋼製締結用部品の機械的性質 ―第2部：ナット (2001)	2001	ISO 3506-2
	B 1054-3	耐食ステンレス鋼製締結用部品の機械的性質 ―第3部：引張力を受けない止めねじ及び 類似のねじ部品 (2001)	2001	ISO 3506-3
	B 1054-4	耐食ステンレス鋼製締結用部品の機械的性質 ―第4部：タッピンねじ (2006)	2006	ISO 3506-4
	B 1055	タッピンねじ―機械的性質 (1995)	1987	ISO 2702
	B 1056	プリベリングトルク形鋼製六角ナット―機械 的性質及び性能 (2000)	1987	ISO 2320
	B 1057	非鉄金属製ねじ部品の機械的性質 (2001)	1989	ISO 8839
	B 1058	締結用部品の機械的性質―第7部：呼び径 1～10 mm のボルト及びねじのねじり強さ 試験及び最小破壊トルク (1995)	1995	ISO 898-7
	B 1059	タッピンねじのねじ山をもつドリルねじ―機 械的性質及び性能 (2001)	2001	ISO 10666
	B 1060	浸炭焼入焼戻しを施したメートル系スレッド ローリングねじの機械的性質及び性能 (2003)	(2003)	ISO 7085
試験方法・受入検査など	B 1041	締結用部品―表面欠陥―第1部：一般要求 のボルト，ねじ及び植込みボルト (1993)	1993	ISO 6157-1
	B 1042	締結用部品―表面欠陥―第2部：ナット (1998)	1994	ISO 6157-2
	B 1043	締結用部品―表面欠陥―第3部：特殊要求 のボルト，ねじ及び植込みボルト (1993)	1993	ISO 6157-3
	B 1044	締結用部品―電気めっき (2001)	1993	ISO 4042
	B 1045	締結用部品―水素ぜい化検出のための予荷重 試験―平行座面による方法 (2001)	2001	ISO 15330
	B 1046	締結用部品―非電解処理による亜鉛フレーク 皮膜 (2005)	2005	ISO 10683
	B 1047	耐食ステンレス鋼製締結用部品の不動態化 (2006)	2006	ISO 16048
	B 1048	締結用部品―溶融亜鉛めっき (2007)	2007	ISO 10684
	B 1071	ねじ部品の精度測定方法 (1985)	1985	
	B 1081	ねじ部品―引張疲労試験―試験方法及び結果 の評価 (1997)	1986	ISO 3800
	B 1083	ねじの締付け通則 (2008)	1990	
	B 1084	締結用部品―締付け試験方法 (2007)	1990	ISO 16047
	B 1085	ナットの円すい形保証荷重試験 (1995)	1995	ISO 10485
	B 1086	ナットの拡張試験 (1998)	1998	ISO 10484
	B 1087	ブラインドリベット―機械的試験 (2004)	2004	ISO 14589
	B 1091	締結用部品―受入検査 (2003)	1991	ISO 3269
	B 1092	締結用部品―品質保証システム (2006)	2006	ISO 16426
	B 1099	締結用部品―ボルト，ねじ，植込みボルト及 びナットに対する一般要求事項 (2005)	2005	ISO/DIS 8992

1.1 はじめに

表 1.1.2 （続き）

区分	JIS 番号	名称		制定年	対応国際規格
小ねじ・止めねじ・タッピンねじ	B 1101	すりわり付き小ねじ	(1996)	1950	ISO 1207, 1580, 2009, 2010
	B 1107	ヘクサロビュラ穴付き小ねじ	(2004)	(2004)	ISO 14580, 14583, 14584
	B 1111	十字穴付き小ねじ	(1996)	1954	ISO 7045 ～7047
	B 1116	精密機器用すりわり付き小ねじ	(1980)	1960	
	B 1119	眼鏡枠用小ねじ及びナット	(1995)	1986	ISO 11381
	B 1188	座金組込み十字穴付き小ねじ	(1995)	1977	
	B 1117	すりわり付き止めねじ	(1995)	1962	ISO 4766, 7434～7436
	B 1118	四角止めねじ	(1995)	1962	
	B 1177	六角穴付き止めねじ	(2007)	1960	ISO 4026 ～4029
	B 1115	すりわり付きタッピンねじ	(1996)	1956	ISO 1481 ～1483
	B 1122	十字穴付きタッピンねじ	(1996)	1974	ISO 7049 ～7051
	B 1123	六角タッピンねじ	(1996)	1974	ISO 1479
	B 1124	タッピンねじのねじ山をもつドリルねじ	(2003)	2003	ISO 15480 ～15483
	B 1125	ドリリングタッピンねじ	(2003)	1984	
	B 1126	つば付き六角タッピンねじ	(1995)	1995	**ISO 7053**
	B 1127	フランジ付き六角タッピンねじ	(1995)	1995	**ISO 10509**
	B 1128	ヘクサロビュラ穴付きタッピンねじ	(2004)	2004	ISO 14585 ～14587
	B 1129	平座金組込みタッピンねじ	(2004)	2004	**ISO 10510**
	B 1130	平座金組込みねじ―座金の硬さ区分 200 HV 及び 300 HV	(2006)	2006	ISO 10644
ボルト	B 1136	ヘクサロビュラ穴付きボルト	(2004)	2004	ISO 14579
	B 1166	T溝ボルト	(1995)	1974	
	B 1168	アイボルト	(1994)	1957	
	B 1171	角根丸頭ボルト	(2005)	1954	ISO 8678
	B 1173	植込みボルト	(1995)	1957	
	B 1174	六角穴付きボタンボルト	(2006)	1989	ISO 7380
	B 1175	六角穴付きショルダボルト	(1988)	1988	ISO 7379
	B 1176	六角穴付きボルト	(2006)	1960	ISO 4762, 21269
	B 1178	基礎ボルト	(1994)	1960	
	B 1179	皿ボルト	(1994)	1961	
	B 1180	六角ボルト	(2004)	1961	ISO 4014～4018, 8676, 8765
	B 1182	四角ボルト	(1995)	1961	
	B 1184	ちょうボルト	(1994)	1963	
	B 1187	座金組込み六角ボルト	(1995)	1977	
	B 1189	フランジ付き六角ボルト	(2005)	1977	ISO 15071, 15072
	B 1194	六角穴付き皿ボルト	(2006)	2000	ISO 10642

表 1.1.2 （続き）

区分	JIS 番号	名称	制定年	対応国際規格
ボルト	B 1195	溶接ボルト (1994)	1982	
ナット	B 1163	四角ナット (2001)	1955	
	B 1167	T 溝ナット (2001)	1974	
	B 1169	アイナット (1994)	1957	
	B 1170	溝付き六角ナット (2001)	1960	
	B 1181	六角ナット (2004)	1961	ISO 4032〜4036, 8673〜8675
	B 1183	六角袋ナット (2001)	1963	
	B 1185	ちょうナット (1994)	1963	
	B 1190	フランジ付き六角ナット (2005)	1977	ISO 4161, 10663
	B 1196	溶接ナット (2001)	1982	
	B 1199-1	プリベリングトルク形ナット—第1部：非金属インサート付き六角ナット (2001)	2001	ISO 7040, 7041, 10511, 10512
	B 1199-2	プリベリングトルク形ナット—第2部：全金属製六角ナット (2001)	2001	ISO 7042, 7719, 7720, 10513
	B 1199-3	プリベリングトルク形ナット—第3部：非金属インサート付きフランジ付き六角ナット (2001)	2001	ISO 7043, 12125
	B 1199-4	プリベリングトルク形ナット—第4部：全金属製フランジ付き六角ナット (2001)	2001	ISO 7044, 12126
	B 1200	フランジ付き六角溶接ナット (2007)	2007	ISO 21670
座金	B 1250	一般用ボルト，小ねじ及びナットに用いる平座金—全体系 (2008)	2008	**ISO 887**
	B 1251	ばね座金 (2001)	1951	
	B 1256	平座金 (2008)	1959	ISO 7089〜7094
	B 1257	座金組込みタッピンねじ用平座金—並形及び大形系列—部品等級A (2004)	2004	**ISO 10669**
	B 1258	座金組込みねじ用平座金—小形，並形及び大形系列—部品等級A (2006)	2006	ISO 10673
ピン類	B 1351	割りピン (1987)	1952	ISO 1234
	B 1352	テーパピン (1988)	1954	ISO 2339
	B 1353	先割りテーパピン (1990)	1959	
	B 1354	平行ピン (1988)	1960	ISO 2338
	B 1355	ダウエルピン (1990)	1990	ISO 8734
	B 1358	ねじ付きテーパピン (1990)	1990	ISO 8736, 8737
	B 1359	めねじ付き平行ピン (1990)	1990	ISO 8733, 8735
	B 2808	スプリングピン (2005)	1966	ISO 8748〜8752, 13337
リベット	B 1213	冷間成形リベット (1995)	1957	
	B 1214	熱間成形リベット (1995)	1957	
	B 1215	セミチューブラリベット (1976)	1976	

1.2 ねじ基本規格

一般用のねじについては，メートルねじと，インチねじであるユニファイねじに大別され，ピッチには並目，細目の別がある（表1.2.1）．

特殊用ねじの一般用として，管用ねじについてJIS B 0202（管用平行ねじ），B 0203（管用テーパねじ），台形ねじについて B 0216（メートル台形ねじ）がある．また，特定業種用として自転車用，ミシン用，鋼製電線管用その他多数のものがある．

表1.2.1　一般用ねじの基本規格一覧表

区　分	JIS 番号	名　　　称
メートルねじ	B 0201	ミニチュアねじ
	B 0205–1	一般用メートルねじ―第1部：基準山形
	B 0205–2	一般用メートルねじ―第2部：全体系
	B 0205–3	一般用メートルねじ―第3部：ねじ部品用に選択したサイズ
	B 0205–4	一般用メートルねじ―第4部：基準寸法
	B 0209–1	一般用メートルねじ―公差―第1部：原則及び基礎データ
	B 0209–2	一般用メートルねじ―公差―第2部：一般用おねじ及びめねじの許容限界寸法―中（はめあい区分）
	B 0209–3	一般用メートルねじ―公差―第3部：構造体用ねじの寸法許容差
	B 0209–4	一般用メートルねじ―公差―第4部：めっき後に公差位置H又はGにねじ立てをしためねじと組み合わせる溶融亜鉛めっき付きおねじの許容限界寸法
	B 0209–5	一般用メートルねじ―公差―第5部：めっき前に公差位置hの最大寸法をもつ溶融亜鉛めっき付きおねじと組み合わせるめねじの許容限界寸法
インチねじ	B 0206	ユニファイ並目ねじ
	B 0208	ユニファイ細目ねじ
	B 0210	ユニファイ並目ねじの許容限界寸法及び公差
	B 0212	ユニファイ細目ねじの許容限界寸法及び公差

1.2.1 メートルねじ

メートルねじのJISは，1965年にISOねじを導入して改正された後，ISOとの整合を図るために1968年，1973年，1982年及び1997年にそれぞれ改正が行われた．

しかし，メートルねじのねじ基本に関する従来のJIS，すなわち

　　JIS B 0205:1997　　メートル並目ねじ
　　JIS B 0207:1982　　メートル細目ねじ
　　JIS B 0209:1997　　メートル並目ねじの許容限界寸法及び公差
　　JIS B 0211:1997　　メートル細目ねじの許容限界寸法及び公差
　　JIS B 0215:1982　　メートルねじ公差方式

は，規格の体系及び構成が国際規格のそれと大きく異なっており，JISの国際整合化が進むにつれて，国際規格と1：1で対応するJISが望まれるようになってきた．

このため，2001（平成13）年12月にこれら五つのJISは廃止され，表1.2.1に示すJIS B 0205–1～B 0205–4及びJIS B 0209–1～B 0209–3に置き換えられた．

表1.2.2は，2001年に新しく制定されたねじ基本関係のJISと国際規格との対応関係を示すものであり，JISと国際規格とを結ぶ直線が対応関係にあることを示している．

(1) 適用範囲

メートルねじには並目と細目とがあるが，かつてのJISでは，一般機械における並目ねじの適用を9 mm以下とし，それを超えるものにはウイットねじ又はユニファイねじを用いるように規定していた．

この変則的な適用は，1965年のISOメートルねじの導入を機に改められて，メートルねじ（並目，細目とも）は一般に広く用いるものとなり，ねじ山の角度55°のウイットねじは1968年3月末限りで廃止され，ユニファイねじは，航空機その他特別な場合だけ用いることになった．

したがって，一般用のねじ部品はメートルねじを主体として体系付けられ現

1.2 ねじ基本規格

表1.2.2 JISと国際規格との対応関係

従来のJIS	旧国際規格	規定の内容	新国際規格	新しいJIS
JIS B 0205:1997 (並目ねじ)	ISO 68:1973	基準山形	ISO 68–1:1998	JIS B 0205–1:2001
JIS B 0207:1982 (細目ねじ)	ISO 261:1973	全体系(直径とピッチとの組合せ)	ISO 261:1998	JIS B 0205–2:2001
	ISO 262:1973	ねじ部品用のサイズ (直径,ピッチの選択)	ISO 262:1998	JIS B 0205–3:2001
	ISO 724:1978	基準寸法	ISO 724:1993	JIS B 0205–4:2001
JIS B 0209:1997 (並目ねじ)	ISO 965–1:1980	原則及び基礎データ	ISO 965–1:1998	JIS B 0209–1:2001
JIS B 0211:1997 (細目ねじ)	ISO 965–2:1980	一般用ねじの許容限界寸法(中)	ISO 965–2:1998	JIS B 0209–2:2001
JIS B 0215:1982 (公差方式)	ISO 965–3:1980	構造体用ねじの寸法許容差	ISO 965–3:1998	JIS B 0209–3:2001
		溶融亜鉛めっき付きおねじの許容限界寸法	ISO 965–4:1998	JIS B 0209–4:2001
		溶融亜鉛めっき付きめねじの許容限界寸法	ISO 965–5:1998	JIS B 0209–5:2001

備考 1. ISO 724:1978 は,JIS B 0207:1982 の規定する範囲内において,ISO 724:1993 と同等であった.
   2. ISO 965–2:1980 は,ISO 262:1973 に規定するサイズについて,ISO 965–3:1980 で規定する寸法許容差を許容限界寸法の形に変えて規定したものである.
   3. ISO 965–2:1998 は,ISO 262:1998 に規定するサイズについて,ISO 965–3:1998 で規定する寸法許容差を許容限界寸法の形に変えて規定したものである.

在に及んでいるが,これは,当初メートル系とインチ系の二本立てとしていたISOのねじ体系が,その後メートル系への一本化に大きく傾きつつある状況からみて誠に好ましいものといえる.

(2) 基準山形

基準山形は,ねじの実際の断面形を定めるための基礎となるねじ山の1ピッチの形状をいい,一般にねじの軸線を含んだ断面によって表される.

我が国におけるメートルねじの基準山形の変遷を図1.2.1に示す.同図(a)はJES第13号に規定されていたもので,おねじの谷底丸みが小さかったため,その部分から破損しやすく,ねじ加工工具の先端も摩耗しやすかった.これを改良したのが同図(b)であって,1952年に制定されたJIS B 0205(メートル並目ねじ)に規定する基準山形である.同図(c)は,ISO 68:1973による基準山形で,めねじ内径の切り取り高さが(b)のものより大きくなっているので,おねじ谷底の丸みも大きくとることができる.同図(a)及び(b)では,おねじ

20　　　　　　　　　　1. ねじの規格

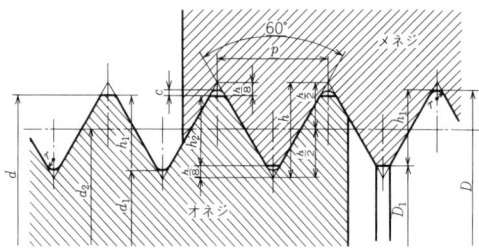

(a) JES 第13号：1924

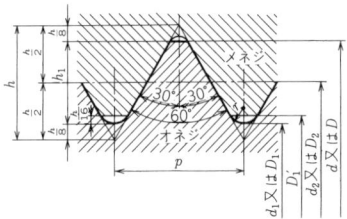

(b) JIS B 0205, 0207：1952, 1959

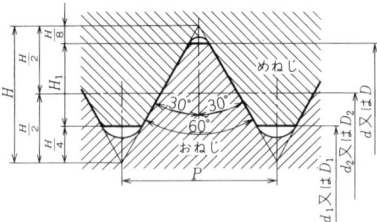

(c) ISO/R 68:1958, 1969, ISO 68:1973, JIS B 0205, 0207:1965〜1997

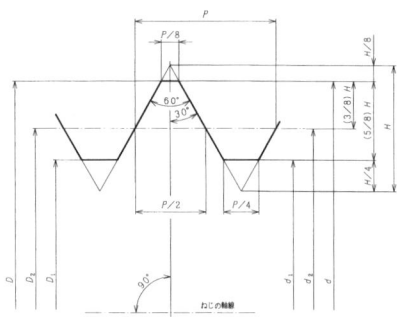

(d) ISO 68-1:1998（現在），JIS B 0205-1:2001（現在）

図 **1.2.1**　基準山形の変遷

の山形を基準にしているが，(c) ではおねじの山頂とめねじの内径をフランクで結んだ仮想的な山形を基準としている．

なお，(d) に示した基準山形は，JIS B 0205-1:2001 によるものであって，これは ISO 68-1:1998 の規定と一致しており，本質的には (c) の基準山形と同じである．

(3) 呼び怪とピッチ

一般用メートルねじの呼び径とピッチの選択については，JIS B 0205-2（一般用メートルねじ―第2部：全体系）に，呼び径1～300 mm に対する並目及び細目ねじのピッチが規定されており，1欄の呼び径を最優先に選び，必要とする場合は2欄を，次に3欄を選ぶようにしている．

細目ねじは，呼び径に対するピッチが並目ねじのピッチより小さいねじの総称であって，呼び径8 mm 以上のものには，二つ以上のピッチが規定されている．したがって，呼び径8 mm 以上の細目ねじについては，ねじを切る対象物の形状・寸法，その使用目的などを考慮してピッチを選択しなければならない．

なお，ボルト，ナットなどのねじ部品に用いる呼び径とピッチについては，種類の単純化を図って量産によるコストの低減と，広い範囲にわたる互換性を確保するため，JIS B 0205-3 にねじ部品用に選択したサイズが表1.2.3のように規定されている．

(4) 基準寸法

一般用メートルねじの基準寸法については，JIS B 0205-4（一般用メートルねじ―第4部：基準寸法）の表1で，呼び径（＝おねじの外径）1～300 mm のものに対するピッチ，有効径及びめねじの内径について規定している．

JIS B 0205-4 の表1は，ねじの呼びを1列に並べたものになっている．それは，細目ねじのピッチについての選択を決めることができなかったためである．しかし，呼び径については JIS B 0205-2 の表2で1欄，2欄，3欄の選択順位を決めているので，細目ねじの選択に際してはその順位に沿って呼び径を選び，ピッチは与えられているものの中から事情が許す限り大きいものを選

表 1.2.3　ねじ部品用に選択したサイズ

単位　mm

呼び径 D, d		ピッチ P		
第1選択	第2選択	並目	細目	
1	—	0.25	—	—
1.2	—	0.25	—	—
—	1.4	0.3	—	—
1.6	—	0.35	—	—
—	1.8	0.35	—	—
2	—	0.4	—	—
2.5	—	0.45	—	—
3	—	0.5	—	—
—	3.5	0.6	—	—
4	—	0.7	—	—
5	—	0.8	—	—
6	—	1	—	—
—	7	1	—	—
8	—	1.25	1	—
10	—	1.5	1.25	1
12	—	1.75	1.5	1.25
—	14	2	1.5	—
16	—	2	1.5	—
—	18	2.5	2	1.5
20	—	2.5	2	1.5
—	22	2.5	2	1.5
24	—	3	2	—
—	27	3	2	—
30	—	3.5	2	—
—	33	3.5	2	—
36	—	4	3	—
—	39	4	3	—
42	—	4.5	3	—
—	45	4.5	3	—
48	—	5	3	—
—	52	5	4	—
56	—	5.5	4	—
—	60	5.5	4	—
64	—	6	4	—

ぶのがよい．ただし，ねじ部品の場合は，特別な事情がない限りJIS B 0205-3の表1によるのがよい（表1.2.3参照）．

なお，この基準寸法は，JIS B 0205-1（一般用メートルねじ—第1部：基準山形）に規定する基準山形の寸法である．

(5) 寸法許容差及び公差域クラス（等級）

ねじは締付け用のほか，いろいろな目的で使われているが，それに与える寸法許容差は，それぞれの用途に適したものとすることが必要である．メートルねじの場合は，締付け用として使われることが多いので，従来，JIS B 0209:1997（メートル並目ねじの許容限界寸法及び公差）及びB 0211:1997（メートル細目ねじの許容限界寸法及び公差）は，それを対象として許容限界寸法を定めていた．

JIS B 0209及びB 0211は，ISO規格との整合を図る見地から，ISO 965-1〜-3:1980の対応する部分を導入したものであるが，2001年12月にはこれらの規格は廃止され，次の規格に置き換えられた．

　　JIS B 0209-1:2001　一般用メートルねじ—公差—第1部：原則及び基礎データ
　　JIS B 0209-2:2001　一般用メートルねじ—公差—第2部：一般用おねじ及びめねじの許容限界寸法—中（はめあい区分）
　　JIS B 0209-3:2001　一般用メートルねじ—公差—第3部：構造体用ねじの寸法許容差

また，従来のJIS B 0215:1982（メートルねじ公差方式）についても同時に廃止され，上記3規格に置き換えられた．

なお，改正された"ねじの公差方式"については，1.2.5項で紹介するが，今まで"等級"としていた用語は，今回の改正で"公差域クラス"に改められた．この用語の英語はtolerance classである．"等級"は，上下関係や位を表すものであるが，tolerance classは，そのような意味をもたないからである．改正の根拠は，JIS B 0401-1（寸法公差及びはめあいの方式—第1部：公差，寸法差及びはめあいの基礎）の4.7.4及び同規格の附属書Cによっている．

ねじの検査は，めねじの内径及び有効径並びにおねじの外径及び有効径に主眼がおかれる．めねじの内径及びおねじの外径は，ノギス，マイクロメータなどの測定器を用いて検査をすることもできるが，量産的には限界ゲージが用いられる．また，めねじ及びおねじの有効径検査には，ねじ用限界ゲージが主として用いられる．

メートルねじの限界ゲージについては，JIS B 0251（メートルねじ用限界ゲージ）があるので，ねじの検査は，原則としてこの限界ゲージを用いて行う．

JIS B 0209:1982 及び B 0211:1982 の附属書には，従来の等級と ISO 等級（ここでは，従来どおりの用語"等級"を用いる．）との対応が示されていた．

この対応表では，1級及び2級に対する ISO 等級は，呼び径によって異なるものがあるが，その理由は，同じはめあい区分に属するねじにおいて，ピッチの細かいものに同じ等級を与えることは，ねじ山のひっかかり率が小さくなって締結上好ましくないという考え方によるものである．しかし，呼び径 2 mm 以上における 1 級，2 級，3 級と ISO 等級の対応は表 1.2.4 のように一本化され，メートルねじの並目，細目とも同じ対応になっている．

この対応を，メートル並目ねじの M 5〜M 48 について，おねじの外径及びめねじ・おねじの有効径をグラフにしてみると図 1.2.2 及び図 1.2.3 のように

表 1.2.4 従来の等級と ISO 等級の対応

めねじ・おねじの別	従来の等級	ISO 公差域（等級）
めねじ	1 級	5 H
	2 級	6 H
	3 級	7 H
おねじ	1 級	4 h
	2 級	6 g
	3 級	8 g

備考　この対応表は，ねじの呼び径 2 mm 以上に対するものである．ただし，めねじの 3 級及び 7 H は並目の M 3 以上及び細目の M 4×0.5 以上に，またおねじの 3 級及び 8 g は，並目の M 5 以上及び細目の M 8×1 以上に適用する．

なる．この図からみて，ねじ部品に多く使われているおねじの2級及びめねじの2級は，対応するISO等級の6g及び6H公差域内にあるので，2級は即6g又は6Hということができる．しかし，6g又は6Hとして作られたねじを2級用の限界ゲージで検査すると不合格になるものが生じるので，検査に用いるゲージは，ねじ製品の等級に合ったものでなければならない．

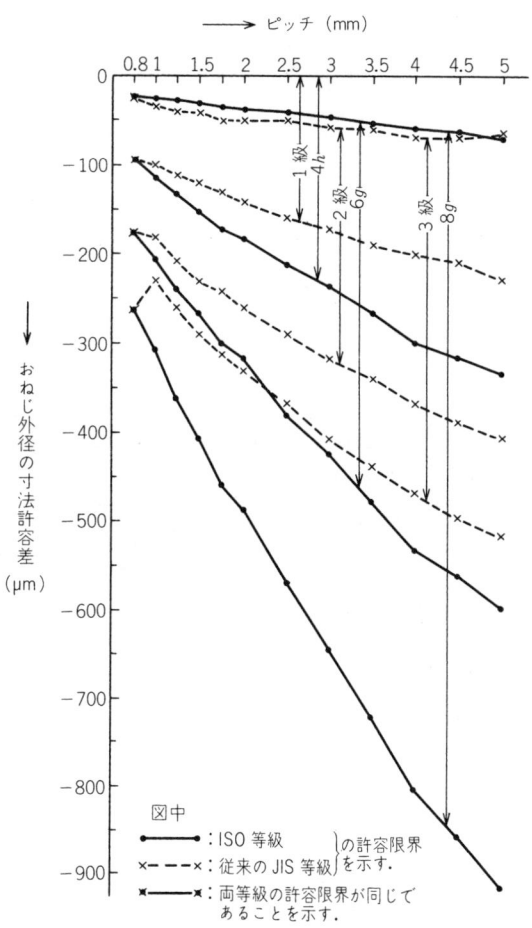

図1.2.2 メートル並目ねじにおけるISO等級と従来の等級の外径公差域の比較（M5〜M48の場合）

なお，メートル細目ねじについても，並目ねじとほぼ同様であるが，ねじ部品に多く使われているおねじ2級にあっては，対応する6gの公差域から外れているものが若干存在する．しかし，めねじ2級は対応する6Hの公差域内に収まっている．

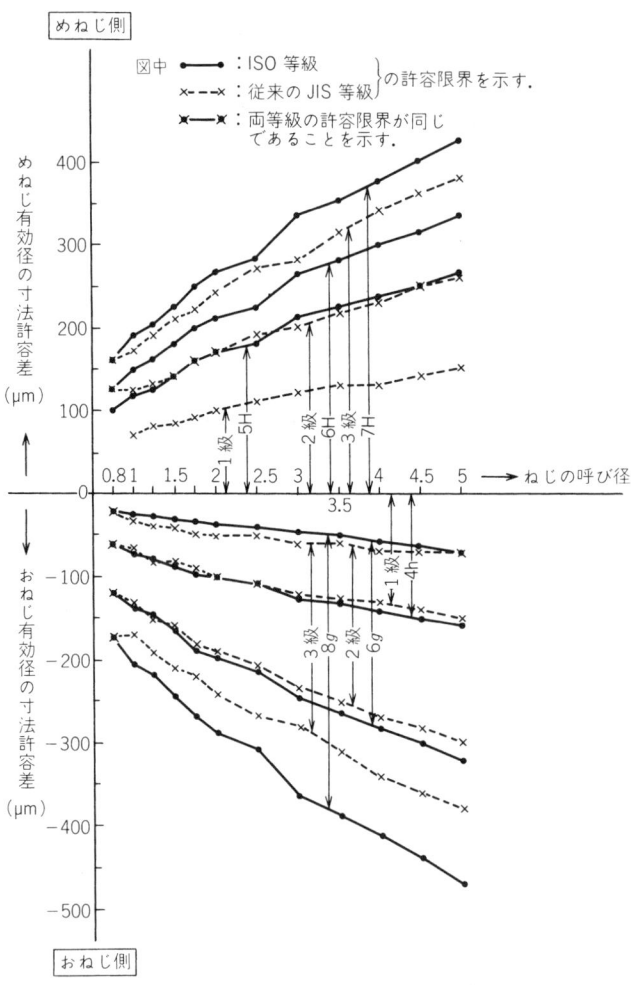

図1.2.3 メートル並目ねじにおけるISO等級と従来の等級の有効径公差域の比較（M 5〜M 48の場合）

1.2.2 ユニファイねじ

ユニファイねじのJISは，1965年のISOねじ導入に付随して改正された後，メートルねじのJISと同じく1968年及び1973年に改正され，現在に至っている［JIS B 0206（ユニファイ並目ねじ），B 0208（ユニファイ細目ねじ）］．

(1) 適用範囲

JISにユニファイねじが導入された当時，その規格の適用範囲に"ウイットねじは必要に応じて漸次ユニファイねじに切り換えるものとする."旨がうたわれていた．しかし，ユニファイねじの採用は，アメリカと技術提携したものなど一部のものに限られ，ウイットねじからの切換えはあまり行われなかった．

1965年のISOねじ導入を機に我が国のねじ体系は一新され，一般にはメートルねじを用い，ユニファイねじは航空機その他特別の場合に用いられるものとなった．

なお，ユニファイねじには，並目，細目のほか極細目及び一定ピッチ系のものがあるが，JISでは，ユニファイねじの適用が上記のように限定されたものになったので，並目（UNC）と細目（UNF）だけに限定された．

(2) 基準山形と基準寸法

ISOインチねじは，メートル対インチという関係から名付けられたと思うが，その実態はユニファイねじそのものである．このねじの基準山形はISOメートルねじと同じにしている．したがって，ISO基準山形の採用による影響は，めねじ内径及びおねじ谷の径に対する基準寸法の基点が，従来のおねじ谷底からめねじ内径の位置に移されたことと，それに伴いめねじ内径とおねじ谷の径の基準寸法が従来の値より $0.144\,34\,P$（Pはピッチ）だけ大きくなっていることであるが，ねじ山の実態は従来のものと変わらない．

(3) ねじの呼び

ユニファイねじがJISに導入された当時，並目（UNC）の呼び範囲は1/4～4，細目（UNF）の呼び範囲は1/4～1$\frac{1}{2}$であったが，1965年の改正時にISOインチねじに基づいて，UNCにNo.1～No.12，UNFにNo.0～No.12の番手

ねじが追加された．

制定当初のJISは，ユニファイねじの呼び径をインチ単位によって規定していたが，メートル法の完全実施に伴ってインチ単位の使用ができなくなったので，1959年の改正でねじの呼びは，Uの文字と呼び径を示す分数値とを組み合わせて表す（例：U 3/8, U 11/2）よう規定された．しかし，この表し方は我が国独自のものなので，1965年のISOねじ導入を機に，国際性のある呼びに改められた．

なお，アメリカの国家規格（ANSI）には，デシマル呼びのものが加えられており，我が国でもコンピュータの普及に伴いその必要性が生じてきたので，1973年の改正時にANSIに準じたデシマル呼びのものがユニファイねじのJISに参考として加えられた（例：1/4–20 UNC → 0.250 0–20 UNC）．

(4) 寸法許容差及び等級

ユニファイねじを規定した当初のJISは，ねじの精度を寸法許容差（以下，許容差という．）によって規定し，その大きさによって等級付けをしていた．1965年の改正においても各等級に対する寸法精度は許容差によって規定されたが，ISO基準山形の採用によって，めねじ内径とおねじ谷の径の基準寸法が変わったので，それに伴う修正が施された．しかし，許容差によって求められる許容限界寸法は，以前のものと変わっていない．

1968年の改正時には，使用の便を考え，メートルねじに同調して各等級に対するねじ精度は，許容限界寸法によって制定された．その許容限界寸法は，ANSIで規定するインチ単位のものをmm単位の値に換算したものであったが，その後，ANSIにmm単位のものが規定されたので，1973年の改正では，それに基づく許容限界寸法に改められた．

ANSIで規定するmm単位のものは，インチ寸法の換算値であるが，インチ寸法の限界を超えないようにとの配慮から，最大許容寸法の端数はすべてを切り捨て，最小許容寸法の端数はすべて切り上げるという丸め方がとられている．これに対し，1968年改正のJISでは，四捨五入方式による丸め方がとられたので，それと1973年改正のものとには，その違いによる差（1~2 μm）がと

ころどころに存在するが，実用上の影響は全くないといえる．

なお，ユニファイねじの等級は，JIS制定の当初よりANSIに基づき，おねじに対しては3A，2A，1Aの3等級，めねじに対しては3B，2B，1Bの3等級が規定された．

1.2.3 台形ねじ

台形ねじについて，JISには日本標準規格（JES）の流れをくむ30度台形ねじと29度台形ねじが，JIS B 0221（30度台形ねじ）及びB 0222（29度台形ねじ）として制定されていた．

一方，ISO/TC 1（ねじ基本）においてもメートル台形ねじの基準山形，呼び径とピッチとの組合せ，公差方式などについて審議を行い，1977年に次の4規格が制定されたが，このうちISO 2901及びISO 2903は，1993年に改正された．

 ISO 2901: ISO metric trapezoidal screw threads–Basic profile and maximum material profiles

 ISO 2902: ISO metric trapezoidal screw threads–General plan

 ISO 2903: ISO metric trapezoidal screw threads–Tolerances

 ISO 2904: ISO metric trapezoidal screw threads–Basic dimensions

(1) 規格の体系

ISO 2901は，山角30度のメートル台形ねじについて，基準山形及び最大実体山形，それらに対する公式並びにその公式によって求められた基準山及び最大実体山の寸法を規定している．ISO 2902は，メートル台形ねじの呼び径とピッチとの組合せ及びその選択並びに呼びの表し方を規定しており，ISO 2903は公差方式を規定したものである．ISO 2904は，メートル台形ねじのBasic dimensionsを規定しているが，この寸法は基準山形に基づくものではなく，最大実体山形のねじを対象とした寸法（以下，最大実体寸法という．）である．

これらISO規格をJISに導入する場合，その体系を

① ISO に合わせたものとするか，
② 1 規格にまとめたものにするか，
③ 一般用のメートルねじに合わせたものにするか

について審議が行われた．その結果，①の形態をとることにすると，ねじ基本の JIS にみられない最大実体山形及び最大実体寸法を導入することになるが，ISO メートル台形ねじの実体は強いてそれを導入しなくても規定することができる．また，②の形態は 1 規格にまとめられているということから使用上の便利さは考えられるが，反面，ページ数が多くなり，所要事項の摘出に手間取るおそれがあるので，①，②とも使用上好ましくない．しかし，③の形態は，メートルねじの JIS と同じような感覚で利用できるので，なじみやすいのではないかということになった．

以上のことから，メートル台形ねじの規格体系は，ISO 規格の規定事項をそれに合わせて組み換えることにした．

そのため，JIS B 0216~B 0218 の規定事項は ISO 2901~2904 と異なり，両者の関係は表 1.2.5 にみられるようになったが，メートル台形ねじの実体は変わっていない．

表 1.2.5 メートル台形ねじの ISO 対 JIS の規定事項比較

ISO 規格		JIS	
規格番号	主な規定事項	規格番号	主な規定事項
ISO 2901	基準山形及び公式 基準山の寸法 最大実体山形及び公式 最大実体山の寸法	B 0216	基準山形及び公式 — — —
ISO 2902	呼び径とピッチとの組合せ 及びその選択 呼びの表し方 —		呼び径とピッチとの組合せ 及びその選択 呼びの表し方 基準寸法
ISO 2903	公差方式	B 0217	公差方式
ISO 2904	最大実体寸法	—	—
—	—	B 0218	許容限界寸法及び公差

1.2 ねじ基本規格

(2) 適用範囲

　この規格で規定するメートル台形ねじは，山角30度のもので，その適用は"一般に用いる"としており，特に使用上の制限は設けていない．したがって，この規格は締付け用などのほか，送り用の台形ねじにも適用してよいことになるが，ねじに対する要求精度は用途によって異なるので，それはこの規格と切り離して考えることになる．

　この規格のメートル台形ねじと従来のJIS B 0221で規定していた30度台形ねじとの間には，後述のように基準山形，呼び径とピッチとの組合せなどにある程度の違いはみられるが，使用上は同類視できる．

　それで，台形ねじの単純化と国際化を促進する観点から，ISO規格に基づくメートル台形ねじのJIS制定を機会に従来のJIS B 0221は廃止することにしたが，この規格で規定する30度台形ねじをメートル台形ねじに切り換えるには，ある程度の経過処置が必要であるということになった．

　そのため，JIS B 0221の30度台形ねじは，従来の規定を変えることなくJIS B 0216:1980の附属書として規定し，切換え上の経過処置を加味して5年後の見直し時期に，この台形ねじは廃止することにしたので，1987年改正時にその附属書が削除された．

(3) 呼び径とピッチとの組合せ

　従来の30度台形ねじは，呼び径とピッチとの組合せは一系列であったが，JIS B 0216のメートル台形ねじは，呼び径9～20 mmに対して二つのピッチ系列が，呼び径22 mm以上に対して三つのピッチ系列が規定された．これらのピッチは用途に応じて選択することになるが，一般には，太い線で囲んだものを優先使用し，呼び径も1欄を優先的に選び，3欄のものはできるだけ使用を避けて"呼び径×ピッチ"の単純化を図るのがよい．

(4) メートル台形ねじの表し方

　JIS B 0216は，国際性を確保するため，ISO 2902に基づいて，一条ねじ，多条ねじ及び左ねじの表し方を規定した．

　なお，従来の30度台形ねじの呼びは，TMという記号を用いて表すことに

なっていたが，メートル台形ねじの呼びは，Tr（Trapezoidalの意）の記号を用いて表すことになっている．メートル台形ねじの表し方は，JIS B 0123（ねじの表し方）にも規定されており，図面への記入方法はJIS B 0002–1～–3（製図―ねじ及びねじ部品）に規定されているが，その表し方は，JIS B 0216の規定と同調が図られている．

(5) 基準山形及び基準寸法

メートル台形ねじの基準山形は，ISO 2901のBasic profileによるものであり，メートルねじのそれと同じく，おねじ外径とめねじ内径をフランクで結んだ山形となっている．しかし，実際の山形は，おねじの谷底及びめねじの谷底に若干の逃げ（a_c）を設けることになっているので，基準山形は実在するものではない．

なお，従来の30度台形ねじの基準山形は，最大実体山形的なものになっており，図1.2.4にみられるように，メートル台形ねじの基準山形に比べ，内径の切取り高さ及び谷底の逃げが若干異なっている．しかし，台形ねじの"呼び径×ピッチ"が同じならば，互換性を損なうほどのものではない．

JIS B 0216で規定する基準寸法は，基準山形に対する公式によって求めら

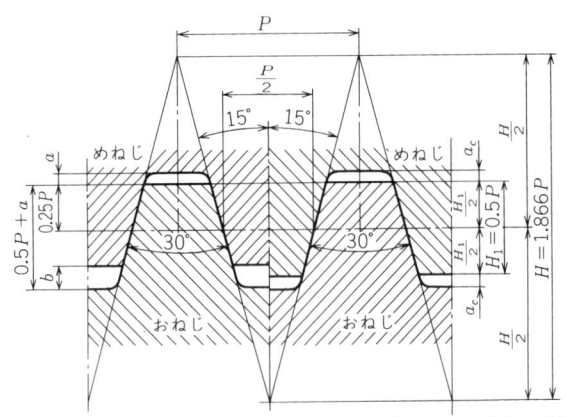

図1.2.4　新・旧台形ねじの基準山形

れたものである.

ISO 2901 では，基準山形に基づく基準山の寸法をピッチごとに規定しているが，ねじの呼び個々に対する基準寸法は規定していない．しかし，台形ねじの使用に際して基準寸法を必要とすることがあり，許容限界寸法を設定する際にもそれを必要とするので，JIS B 0216 では，ねじの呼び個々に対する基準寸法が規定された．

なお，一般に用いるメートル台形ねじの設計・製作に際して必要とする谷底逃げ（a_c），山のかど及び谷のすみの丸み（R_1 及び R_2），基礎となる寸法許容差（es）並びに外径（d）・有効径（d_2 及び D_2）・谷の径（d_1）・内径（D_1）に対する許容差などは，JIS B 0217（メートル台形ねじ公差方式）で規定している．

1.2.4 管 用 ね じ

管用ねじには，山角 55 度ウイットウオースねじ系と山角 60 度のアメリカねじ系とがある．前者は欧州諸国及び日本などで広く使われており，後者は主としてアメリカで使われている．ISO では，管用ねじの国際標準化を図るため，ISO/TC 5（金属管及び管継手）において 1951 年から審議を開始した．その第 1 回目の会議で，"ねじ部において気密な結合をする管用ねじ"の形状・寸法は，ウイットウオースねじ系のイギリス規格 BS 21:1938（Pipe threads）によることが決議され，その後，何回かの審議を経て 1955 年に ISO/R 7 (Pipe threads for gas list tubes and screwed fittings where pressure-tight joints are made on the threads. 1/8 inch to 6 inches）が制定された．

また，機械的な結合を主目的とする管用平行ねじについては，1953 年から審議が始められ，ウイットウオースねじ系のものについて検討を重ね，1961 年に ISO/R 228（Pipe threads where tight-joints are not made on the threads. 1/8 inch to 6 inches）の制定をみた．

この ISO/R 7 及び R 228 は，1978 年に改正されて ISO 7–1 及び ISO 228–1 となった．これらの規格は，それぞれの第 1 部であって，管用ねじの基準山形，

寸法，公差及びねじの表し方を規定したものになっており，それぞれの第2部では，検査用のゲージを規定している．

JISには，管用ねじとしてJIS B 0203（管用テーパねじ）とB 0202（管用平行ねじ）がある．前者は，1966年にISO/R 7（ねじ部において気密な結合をする管用ねじ）を導入して従来の管用ねじ規格を改正したものであり，後者は，同じ年にISO/R 228（ねじ部において気密な結合が行われない管用ねじ）を導入して作られたものであるが，1982年にISO 7–1:1978及びISO 228–1:1978との整合を図る改正が行われている．

ISO 7–1及びISO 228–1はその後1982年に改正され，ISO 7–1:1982及びISO 228–1:1982となったが，改正内容はインチ系寸法表の廃止であり，実質的には変わっていない．

1994年になって，ISO 7–1及びISO 228–1は再度改正され，それぞれISO 7–1（Pipe threads where pressure-tight joints are made on the threads–Part 1: Dimensions, tolerances and designations）及びISO 228–1（Pipe threads where pressure-tight joints are not made on the threads–Part 1: Dimensions, tolerances and designations）となった．

JIS B 0203:1982及びB 0202:1982は，このISO 7–1:1994及びISO 228–1:1994との整合を図ることを目的として1999年に改正された．

(1) 適用範囲

JIS B 0203は，ねじ部において耐密性のある結合ができるものとして，テーパねじ及びテーパおねじ用平行めねじを規定しているが，テーパおねじ/テーパめねじ又はテーパおねじ/平行めねじの組合せを行い，しっかり締め込んでも，実用のものにはねじ山の頂と谷底との間にわずかな空間が存在することになるので，完全な気密確保ができない．したがって，気密性を重視する場合は，組込み前のおねじにシールテープを巻くか，シール剤を塗布するなどの処置が必要である．また，この規格の"附属書2（参考）耐密性の向上を目的とした管用テーパおねじの基準寸法及び精度"に記述されているねじを使用することも考えられる．

1.2 ねじ基本規格

JIS B 0202 は，機械的結合を主目的とするものとして，管用平行ねじを規定している．このねじは，圧力計の取付けなど位置調整を必要とするものには具合がよいが，ねじ部における耐密性がないので，漏れを防ぐには図 1.2.5 のようにおねじ側の取付け部につばを設け，ガスケットを入れて取り付けるなどの工夫が必要である．

JIS B 0202, B 0203 とも規格本体のねじが ISO に準拠したものであり，呼びの範囲は 1/16～6 となっている．我が国の管用ねじ規格は古くから呼び 12 までを規定しており，溶接による結合が普及したとはいえ，呼び 7～12 をまだ必要とする向きがあると思われるということから，これらはそれぞれの附属書で規定されているが，規格本体に規定するものを優先して使用することが望ましい．

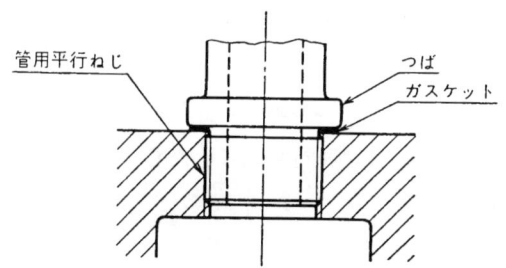

つばは，六角にするか，スパナ掛けができるように面を取る．

図 1.2.5 平行ねじで気密を保つ例

(2) 種類・等級

JIS B 0203 で規定する管用ねじは，テーパおねじ，テーパめねじ及びテーパおねじ用平行めねじの 3 種類で，これらは，テーパおねじとテーパめねじ又はテーパおねじと平行めねじの組合せによって結合する．

管用平行めねじは，JIS B 0202 にもあるが，このねじの許容差は＋側の片側公差として与えられているのに対し，JIS B 0203 のテーパおねじ用平行めねじに対する許容差は，＋－の両側公差として与えられている．したがって，両者の呼びは同じであっても，使用目的を異にしているので，それぞれを別のものとして扱うことが必要である．

JIS B 0202には，管用の平行おねじと平行めねじが規定されており，両者による組合せを建前としている．平行おねじには，有効径の許容差によってA級とB級とが設けられているが，平行めねじの許容差は1系列だけで等級はない．

この規格の平行めねじと組み合わせる平行おねじの等級は，使用の目的に応じて選択することになるが，しっくりしたはめあいを必要とする場合はA級がよいであろう．しかし，ねじ部にめっきを施す場合，はめあい長さが長い場合，現場での取扱いが粗雑になりやすい場合，若干の心ずれをカバーしたい場合などにあっては，B級を選ぶのがよいであろう．

JIS B 0202において，平行めねじに等級を設けなかったのは，ISO 228-1によったものであるが，等級のない理由は，次のようなことが考えられる．

管用平行ねじは，同一規格で規定するおねじとめねじとの組合せを建前としているが，現物に切られた平行めねじについて，ISO 7-1によるものか，ISO 228-1によるものかを見分けることは極めて困難である．そのため，現場の組立作業において，ISO 228-1の平行めねじとISO 7-1のテーパおねじとの組合せを避けることはむずかしい．しかし，そのときの平行めねじがテーパおねじ用平行めねじの許容限界内にあるものであるなら，使用目的は達せられるはずである．

ISO 228-1の平行めねじの有効径の許容差は，呼び径1/16～3/8を除き，ISO 7-1の平行めねじの有効径の許容差の中に納まっている．ISO 228-1は，以上のようなケースに対処できるように平行めねじの許容差を設定したものと思われる．

(3) 基準山形及び基準寸法

我が国の管用ねじ規格は，制定当初から山角55度のウイットウオースねじ山形を採用しており，テーパも1/16で，1952年にテーパのねじ山を面直角から軸直角に改めて以来，JIS B 0202:1999のねじを山の頂切取り形状に改めたことを含め，基本的には基準山形はISOと一致している．また，基準山形から導かれる公式及び呼び径と山数との関係も1952年以来変化がなく，ISOと

一致している。

JIS B 0203の付表1並びにJIS B 0202の付表1及び付表2の各数値は，丸め方の違いと許容差の計算法の違い（山数を基準にするか長さを基準にするか）によって，ISOの数値とわずかな差異が認められるが，実用上は何ら差し支えはないので，従来どおりとしている。

(4) 管用ねじの表し方

JIS B 0203では，テーパおねじに"R"，テーパめねじに"R_c"，平行めねじに"R_p"の記号を用い，それぞれのねじの呼びを表すことにしている。

これらの記号の語源は定かではないが，ドイツのDIN規格では，古くから管用ねじにR (Rohrgewinde) の記号を用いており，それが欧州各国に普及していることから，管用テーパねじを表す記号として"R"の文字が採用されたと思われる。しかるに，テーパおねじに対するめねじには，テーパのものと平行のものとがあるので，それを区別するため"c"と"p"の添字が付けられた。これらの語源も定かではないが，cは"cone"，pは"parallel"からとったものと解することができる。

JIS B 0202では，平行おねじ，平行めねじとも"G"の記号を用いてねじの呼びを表すことにしており，平行おねじの呼びには，等級の記号（A又はB）を付け加えることにしている。

"G"の語源についても定かではないが，かつて管用平行ねじをガス管ねじといっていたことがあるので，Gas-pipe thread又はドイツ語のGasgewindeからとったのではないかと推察される。

1.2.5 ねじ公差方式

ねじの許容限界寸法及び公差は，それぞれのねじの種類に対する公差方式に基づいて規定されている。ここでは，主として一般用メートルねじを対象として制定されたJIS B 0209-1（一般用メートルねじ—公差—第1部：原則及び基礎データ）について概要を紹介する。

JIS B 0209-1の公差方式は，ISO規格を全面的に導入し，一般の公差方式

と同様に公差グレード,公差位置及び公差域クラスの選択によって構成されている.

(1) 公差グレード

公差グレードは,おねじの外径,めねじの内径,おねじの有効径及びめねじの有効径に対しての公差の大きさを示すもので,表1.2.6のように一けたの数字でその大きさの程度を表している.JISには,それぞれの公差グレードに対する公差が規定されており,それを計算する公式も示されている.公差の設定は,公差グレード6が常用的な基準となり,これを中心に5, 4, 3の順に公差が小さく,7, 8, 9の順に大きくなっている.

表1.2.6 公差グレード

適用箇所	公差グレード
めねじの内径 (D_1)	4, 5, 6, 7, 8
おねじの外径 (d)	4, 6, 8
めねじの有効径 (D_2)	4, 5, 6, 7, 8
おねじの有効径 (d_2)	3, 4, 5, 6, 7, 8, 9

(2) 公差位置

公差位置は,図1.2.6に示すように,基準寸法に対する公差域の位置を表すもので,めねじに対してはG及びH,おねじに対してはh, g, f及びeの英字を用いて表される.めねじの公差位置は下の寸法許容差(EI),おねじの公差位置は上の寸法許容差(es)によって与えられるので,JISでは各公差位置に対する基礎となる寸法許容差EI及びesの値がねじのピッチごとに規定されており,それを計算する公式も示されている.公差位置H及びhは,EI及びesがゼロであって,Hの公差域は基準寸法に接してプラス(+)側に,hの公差域は基準寸法に接してマイナス(−)側に設定される.公差位置GとgのEI及びesの絶対値は同じであり,公差位置f及びeは公差位置gよりも絶対値が大きい負のesをもつ.これを細かいピッチのねじに適用すると,ねじ山のひっかかり率が小さくなるので,fは0.35 mm未満のピッチのねじ,eは0.5 mm未満のピッチのねじに対しては規定されていない.

1.2 ねじ基本規格

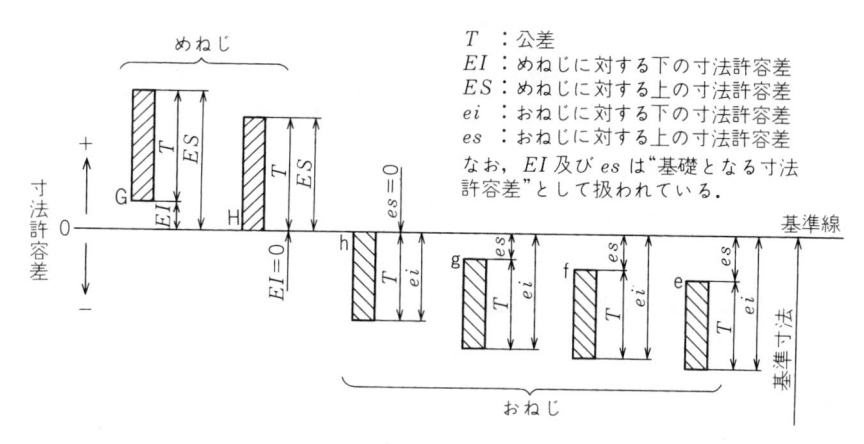

図1.2.6 メートルねじの公差位置と公差との関係（JIS B 0209-1 の解説）

(3) 公差域クラス

JIS B 0209-1 の前身である JIS B 0215（メートルねじ公差方式）では，公差域クラスのことを等級と呼んでいた．一般的に使用される等級の意味は，上下関係や位を表すものである．しかし，等級をねじの用語として用いる場合には，全くそのような意味をもたないことから，JIS B 0209-1 では，等級を公差域クラスと呼ぶことに改正された．

ねじの公差域クラスは，公差グレードと公差位置との組合せからなり，公差グレードを表す数字と公差位置を表す英字をその順に並べて表す．

めねじ又はおねじの公差域クラスの呼び方は，有効径に対する公差域クラスと，内径又は外径に対する公差域クラスとをその順に並べて示す．ただし，両者が同じ場合は繰り返さない．また，めねじとおねじとを組み合わせたときの呼び方は，それぞれの公差域クラスをめねじ，おねじの順に並べ，その間に左下がりの斜線を入れて示す．これらの呼び方の例を次に示す．

例1　めねじの有効径と内径に対する公差域クラスがともに 6 H の場合：6 H

例2　おねじの有効径と外径に対する公差域クラスがともに 6 g の場合：6 g

例3 おねじの有効径に対する公差域クラスが5g，外径に対する公差域クラスが6gの場合：5g6g

例4 公差域クラス6Hのめねじと，公差域クラス6gのおねじを組み合わせる場合：6H/6g

公差域クラスが示されていない場合には，次に示す公差域クラスをもつはめあい区分"中"[1.2.5項(5)参照]が規定されていることを意味する．

・ピッチが0.2 mmのねじを除くめねじには，M 1.4以下のねじに対して5H, M 1.6以上のねじに対して6H.

・おねじには，M 1.4以下のねじに対して6h, M 1.6以上のねじに対して6g.

(4) 谷底の形状

めねじの谷底の形状は規定されていないが，おねじの最大外径との干渉を避けなければならない．したがって，めねじの実体の谷底の形状は，どの箇所も基準山形の境界を越えてはならないと規定している．

JIS B 1051（炭素鋼及び合金鋼製締結用部品の機械的性質—第1部：ボルト，ねじ及び植込みボルト）に規定する強度区分8.8以上のものに対するおねじ谷底丸みの最小半径は，$0.125\,P$（Pはピッチ）より小さくなってはならないと規定している．最大半径は，その輪郭が基準山形を越えないようにする．そのために，最大切取り高さを$H/6$（Hは，とがり山の高さ）にすることを推奨しており，最大半径は，$0.144\,34 \times P$になる．

強度区分8.8未満のものに対しても，疲労，衝撃などに対しては，おねじの谷底の丸みを大きくしておくことが望ましいので，強度区分8.8以上のものに対する谷底の丸みの大きさを適用するように推奨している．しかし，一般的に，おねじ谷の径の最大寸法がJIS B 0251（メートルねじ用限界ゲージ）による通りゲージの最小内径寸法より小さいことだけが要求される．

(5) 公差域クラスの選択

表1.2.6の公差グレードと，図1.2.6の公差位置を全部組み合わせると多数の種類の公差域クラスができる．JISでは，めねじに対しては9種類の公差域

クラス，おねじに対しては18種類の公差域クラスを設けて，その選択基準を表1.2.7及び表1.2.8のように規定している．

表1.2.7 めねじに対する公差域クラス

はめあい区分	公差位置 G			公差位置 H		
	S	N	L	S	N	L
精	—	—	—	4 H	5 H	6 H
中	(5 G)	**6 G**	(7 G)	**5 H**	6 H	**7 H**
粗	—	(7 G)	(8 G)	—	7 H	8 H

備考 1. 枠線の付いた公差域クラスは，普通のめねじ用に選ぶ．
2. 太い文字の公差域クラスは第1次選択，普通の文字で示した公差域クラスは第2次選択，括弧の公差域クラスは第3次選択である．

表1.2.8 おねじに対する公差域クラス

はめあい区分	公差位置 e			公差位置 f			公差位置 g			公差位置 h		
	S	N	L	S	N	L	S	N	L	S	N	L
精	—	—	—	—	—	—	—	(4 g)	(5 g 4 g)	(3 h 4 h)	**4 h**	(5 h 4 h)
中	—	**6 e**	(7 e 6 e)	—	**6 f**	—	(5 g 6 g)	6g	(7 g 6 g)	(5 h 6 h)	6 h	(7 h 6 h)
粗	—	(8 e)	(9 e 8 e)	—	—	—	—	8 g	(9 g 8 g)	—	—	—

備考 1. 枠線の付いた公差域クラスは，普通のおねじ用に選ぶ．
2. 太い文字の公差域クラスは第1次選択，普通の文字で示した公差域クラスは第2次選択，括弧の公差域クラスは第3次選択である．

表中のS，N及びLは，おねじとめねじとが互いにはまりあう部分の長さを表すものであり，それぞれ，はめあい長さ"短い"，"並"及び"長い"を表している．Nの限界の近似値は，最小値が$2.24\,Pd^{0.2}$（ピッチP，呼び径d及び計算結果はmm），最大値が$6.7\,Pd^{0.2}$の公式に基づいて計算され，Sはその最小値以下の範囲，Lはその最大値を超える範囲である．

はめあい区分は，はめあわされる相手方のねじが基準寸法をもつものと仮定して，めねじ又はおねじを組み込んだときに生じるはめあいの程度を精，中及び粗に区分したもので，その一般的な選択基準が次のように示されている．

精：はめあいの変動量が小さいことを必要とする精密ねじ用．
中：一般用．
粗：熱間圧延棒や深い止まり穴にねじ加工をする場合のように，製造上困

難が起こり得る場合.

おねじ及びめねじに対する公差域クラスの組合せは任意であるが，十分なひっかかりを保証するために，H/g, H/h 又は G/h のはめあい構成を推奨している．ただし，M 1.4 以下のねじは例外で，5 H/6 h, 4 H/6 h 又はより精密な組合せを選ぶように規定している．

1.2.6　ね じ 製 図

機械製図において，ねじを描く機会が極めて多い．しかし，そのねじの実際形状を正確に描くには大変な労力を要する．したがって，寸法などの表示とともに，ねじであることが確認できればよいので略図で示すことが許される．

JIS B 0002–1（製図—ねじ及びねじ部品—第 1 部：通則）及び B 0002–3（製図—ねじ及びねじ部品—第 3 部：簡略図示方法）は，締結用部品として使用されるねじ及びねじ部品を図に表す方法について規定しているので，ここでは，その概要を紹介する．

(1)　実形図示

例えば，刊行物，取扱説明書などのような製品技術文書において，単品又は組み立てられた部品の説明のために，ねじを側面から見た図（ねじの軸線に直角な方向から見た図）又はその断面図の実形図示（図 1.2.7）が必要となることがある．この場合，ねじのピッチ又は形状のいずれも，一般に厳密な尺度で描く必要はない．

製図では，ねじの実形図示は，それが絶対に必要な場合だけに使用するのが

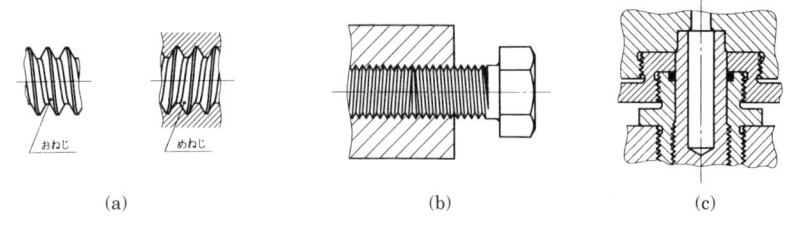

図 **1.2.7**　実形図示

1.2 ねじ基本規格

よく,つる巻き線は,可能な限り直線で表すのがよい [図 1.2.7 の (b)].

(2) 通常図示

通常は,すべての種類の製図では,ねじ及びねじ部品の図示は,慣例によって図 1.2.8 に示すように単純にする.

(2.1) ねじの外観及び断面図

ねじを側面から見た図及びその断面図で見える状態のねじは,図 1.2.8 及び図 1.2.9 に示すように,ねじの山の頂 (^{1}) を太い実線で,ねじの谷底 (^{2}) を細い実線で示す.

  注(^{1}) 山の頂は,通常,おねじの外径及びめねじの内径を指す.
   (^{2}) 谷底は,通常,おねじの谷の径及びめねじの谷の径を指す.

ねじの山の頂と谷底とを表す線の間隔は,ねじの山の高さと等しくするのがよい.ただし,この線の間のすきまは,太い線の太さの 2 倍又は 0.7 mm のいずれか大きい方の値以上とする.

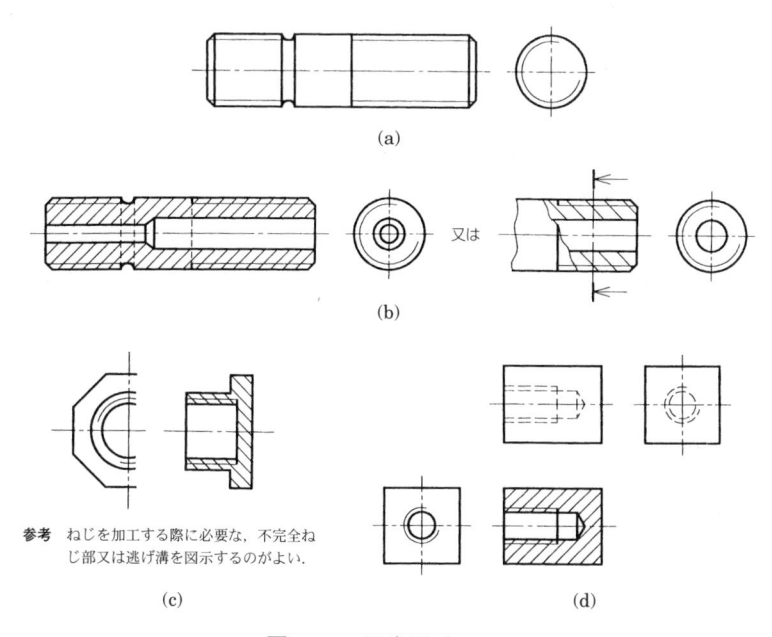

(a)

(b) 又は

参考 ねじを加工する際に必要な,不完全ねじ部又は逃げ溝を図示するのがよい.

(c)   (d)

図 1.2.8 通常図示 (1)

44   1. ねじの規格

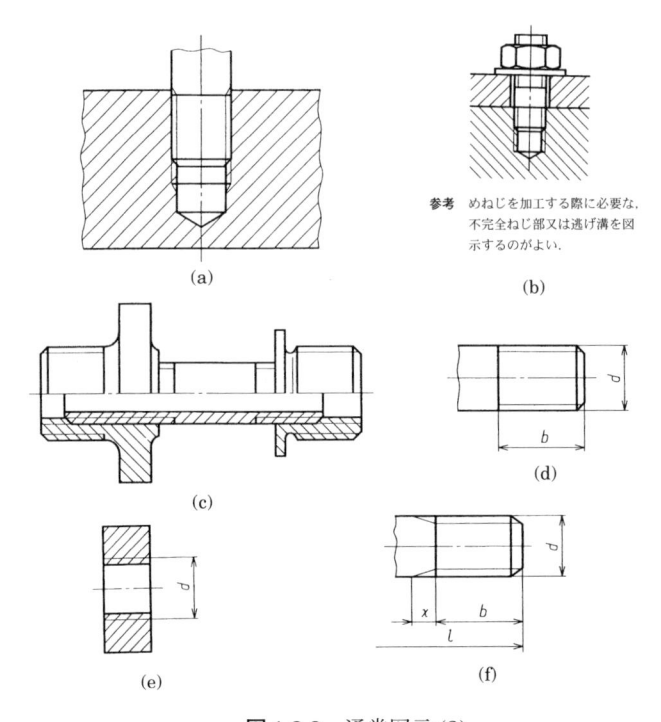

(a)

(b)

参考 めねじを加工する際に必要な，不完全ねじ部又は逃げ溝を図示するのがよい．

(c)

(d)

(e)

(f)

図 1.2.9　通常図示 (2)

(2.2) ねじの端面から見た図

ねじの端面から見た図において，ねじの谷底は細い実線で描いた円周の 3/4 にほぼ等しい円の一部で表し，できるなら右上方に 4 分円を開けるのがよい［図 1.2.8 の (a) 及び (b)］．ただし，欠円の部分は，直交する中心線に対して，他の位置にあってもよい［図 1.2.8 の (c)］．面取り円を表す太い線は，端面から見た図では一般に省略する［図 1.2.8 の (a) 及び (b)］．

(2.3) 隠れたねじ

隠れたねじを示すことが必要な場所では，山の頂及び谷底は，細い破線で表す［図 1.2.8 の (d)］．

(2.4) ねじ部品の断面図のハッチング

断面図に示すねじ部品では，ハッチングは，ねじの山の頂を示す線まで延ば

して描く［図 1.2.8 の (b)〜(d)］．

(2.5) ねじ部の長さの境界

ねじ部の長さの境界は，ねじ部が見える場合には太い実線で示す．ねじ部が隠れている場合には細い破線で示してもよい．これらの境界線は，おねじの場合にはおねじの外径を示す線で止め，めねじの場合にはめねじの谷の径を示す線で止める［図 1.2.8 の (a)，図 1.2.9 の (a)〜(d) 及び (f)］．

(2.6) 不完全ねじ部

不完全ねじ部は，機能上必要な場合［図 1.2.9 の (a)］又は寸法指示のために必要な場合［図 1.2.9 の (f)］には，傾斜した細い実線で表す．ただし，省略可能であれば，表さなくてもよい［図 1.2.8 の (a), (b) 及び (d)］．

(2.7) 組み立てられたねじ部品

上記 (2.1)〜(2.6) に示した図示方法は，ねじ部品の組立に対しても同様である．ただし，おねじ部品は，常にめねじ部品を隠した状態で示す［図 1.2.9 の (a) 及び (c)］．

(3) 簡略図示

(3.1) 一 般

簡略図示では，ねじ部品の必要最小限の特徴だけを示すものとし，簡略化の程度は表す対象物の種類，図の尺度及び関連文書の目的いかんによる．

次の特徴は，ねじ部品の簡略図示では描かない．

・ナット及び頭部の面取り部の角
・不完全ねじ部
・ねじ先の形状
・逃げ溝

(3.2) ねじ及びナット

頭部の形状，ねじ回し用の穴などの形状，又はナットの形状を示さなければならない場合には，表 1.2.9 に示す簡略図示の例を使用する．表 1.2.9 に示していない特徴の組合せも使用してよい．

1. ねじの規格

表 1.2.9 簡略図示の例

No.	名称	簡略図示	No.	名称	簡略図示
1	六角ボルト		9	十字穴付き皿小ねじ	
2	四角ボルト		10	すりわり付き止めねじ	
3	六角穴付きボルト		11	すりわり付き木ねじ及びタッピンねじ	
4	すりわり付き平小ねじ（なべ頭形状）		12	ちょうボルト	
5	十字穴付き平小ねじ		13	六角ナット	
6	すりわり付き丸皿小ねじ		14	溝付き六角ナット	
7	十字穴付き丸皿小ねじ		15	四角ナット	
8	すりわり付き皿小ねじ		16	ちょうナット	

(3.3) 小径のねじ

図面上の直径が 6 mm 以下，又は規則的に並ぶ同じ形状・寸法の穴又はねじの場合には，図示及び/又は寸法指示を簡略にしてもよい［図 1.2.10 の (c) 及び (d)］．ただし，表示には，すべての必要な特徴を含まなければならない．

1.2 ねじ基本規格

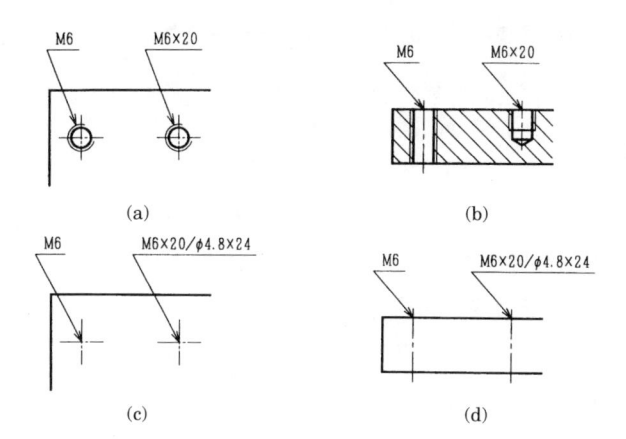

図 1.2.10 簡略図示

(4) ねじ部品の指示及び寸法記入

(4.1) ねじの呼び方

ねじの呼び方は，JIS B 0123（ねじの表し方）に従って，ねじの呼び（ねじの種類を表す記号，呼び径及びピッチ），ねじの公差域クラス及びねじ山の巻き方向からなり，この順番に並べる．ただし，メートル台形ねじは，ねじの公差域クラスをねじ山の巻き方向の後に並べる．

一般用メートルねじを除くねじの呼びの表し方の例を，表 1.2.10 に示す．

表 1.2.10 ねじの呼びの表し方の例（一般用メートルねじを除く．）

区　分	ねじの種類		ねじの種類を表す記号	ねじの呼びの表し方の例	引用規格
ピッチを mm で表すねじ	ミニチュアねじ		S	S 0.5	JIS B 0201
	メートル台形ねじ		Tr	Tr 10×2	JIS B 0216
ピッチを山数で表すねじ	管用テーパねじ	テーパおねじ	R	R 3/4	JIS B 0203
		テーパめねじ	Rc	Rc 3/4	
		平行めねじ	Rp	Rp 3/4	
	管用平行ねじ		G	G 1/2	JIS B 0202
	ユニファイ並目ねじ		UNC	3/8–16 UNC	JIS B 0206
	ユニファイ細目ねじ		UNF	No.8–36 UNF	JIS B 0208

なお，ねじの公差域クラスの表し方は，それぞれの関連規格の規定による．

また，ねじ山の巻き方向は，左ねじの場合にはLH，右ねじの場合には一般に付けないが，必要な場合にはRHで表す．

一般用メートルねじについては，その呼び方をJIS B 0209–1（一般用メートルねじ—公差—第1部：原則及び基礎データ）に基づいて，次に紹介する．

(a) 一条ねじの呼び方 一般用メートルねじは，Mに続けて，×で区切った呼び径及びピッチの値（mm）で示す．

例　M 8×1.25

なお，並目ねじの場合には，ピッチを省略してもよい．

例　M 8

公差域クラスは，1.2.5項(3)によって表す．

例　M 10×1–5 g 6 g　　　M 10–6 g　　　　　　M 10–6 H
　　M 10–6 H/6 g　　　　M 20×2–6 H/5 g 6 g

はめあい長さを表すS及びL [1.2.5項(5)参照] の表示は，公差域クラスの後にダッシュで区切って追加する．

なお，はめあい長さが省略されている場合は，はめあい長さがNであることを意味する．

例　M 20×2–5 H–S

(b) 多条ねじの呼び方 多条メートルねじは，Mに続けて，呼び径の値，×，Ph及びリードの値，P及びピッチの値，ダッシュ，並びに公差域クラスによって示す．

なお，呼び径，リード及びピッチの値は，mmで表す．

例　M 16×Ph 3 P 1.5–6 H

条数を特に明確にするためには，条数（リード/ピッチ）を括弧付きの文句で付け加えるのがよい．

例　M 16×Ph 3 P1.5 (tow starts)–6 H

(c) 左ねじの呼び方 左ねじの場合には，ねじの呼び方の後にダッシュで区切って，LHを追加する．

1.2 ねじ基本規格

例　M 8×1–LH

　　M 14×Ph 6 P 2 (three starts)–7 H–L–LH

(d) 右ねじの呼び方　右ねじは，一般に特記する必要はない．ただし，同一部品に右ねじと左ねじとがある場合のように，右ねじであることを示す必要があるときには，ねじの呼び方の後にダッシュで区切って，RH を追加する．

(4.2) 寸法記入

ねじの呼び径 d は，おねじの山の頂［図 1.2.9 の (d) 及び (f)］又は めねじの谷底［図 1.2.9 の (e)］に対して記入する．簡略図示の場合には，矢印が穴の中心線を指す引出線の上に記入する［図 1.2.10 の (c)］．

植込みボルトのように不完全ねじが機能上必要で，そのために明確に図示する場合［図 1.2.9 の (a) 及び (f)］以外には，ねじ長さの寸法は，一般にねじ部長さ［図 1.2.9 の (d)］に対して記入する．

すべての寸法は，JIS B 0143（ねじ部品各部の寸法の呼び及び記号）及び Z 8317（製図—寸法記入方法——一般原則，定義，記入方法及び特殊な指示方法）によるか，又は (4.3) によって表示をする．

(4.3) ねじ長さ及び止まり穴深さ

ねじ長さ寸法は一般に必要であるが，止まり穴深さ表示の必要性は，主として部品自身，又はねじを加工する工具次第であり，通常，省略してもよい．穴深さの寸法を指定しない場合には，ねじ長さの 1.25 倍程度に描く［図 1.2.11 の (a)］．また，図 1.2.11 の (b) に示すような，簡単な寸法表示の方法を使用し

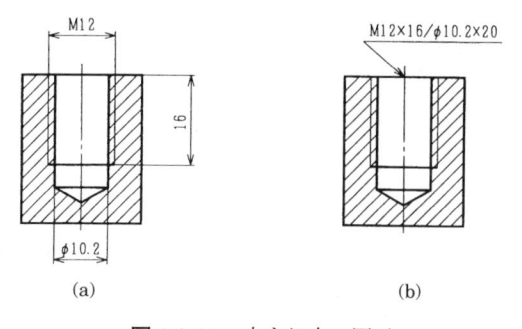

図 1.2.11　止まり穴の図示

(4.4) 表面性状の指示

表面性状の指示が必要な場合は，JIS B 0031［製品の幾何特性仕様（GPS）―表面性状の図示方法］による．図 1.2.12 は，六角ナットの座面に表面性状を指示した例を示す．この例は，除去加工の有無を指定しないが，最大高さ粗さの上限値が 25 μm であることを示す．

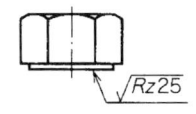

図 1.2.12 表面性状の指示例

1.3 ねじ部品共通規格

ねじ部品共通規格は，ボルト，ナット又は小ねじ，タッピンねじなどの個々のねじ部品規格に共通して適用される基本的な規格の総称であって，これらの規格は，

① 形状・寸法に関するもの
② 公差に関するもの
③ 機械的性質及び性能に関するもの
④ 通則，試験方法又は受入検査などに関するもの

に大別され，現在 JIS には合計 50 規格が制定されている．

このうち，JIS B 1004（ねじ下穴径），B 1082（ねじの有効断面積及び座面の負荷面積），B 1071（ねじ部品の精度測定方法）及び B 1083（ねじの締付け通則）は，日本独自の規格であるが，これ以外はすべて ISO を導入して制定された JIS である．

なお，JIS B 1091:1991（締結用部品―受入検査）は，ISO 3269:1988 と整合したねじ関係 JIS では最初の国際一致規格であるが，現在ねじ部品共通規格 50 規格のうち，半数を超える 35 規格が国際一致規格として制定されており，今後はこの傾向が更に強まることが予測される．

1.3 ねじ部品共通規格

1.3.1 形状・寸法に関するもの

形状・寸法に関する共通規格には，JIS B 1001 など 17 規格が存在するが，ここではこの中から JIS B 1002，B 1007 及び B 1012 の概要を紹介する．

(1) JIS B 1002（二面幅の寸法）

1968 年改正の JIS B 1002（以下，旧 JIS という．）は，ねじ部品及びスパナ類に適用する二面幅の寸法を系列的に規定したものであるが，1985 年改正の JIS B 1002（以下，改正 JIS という．）は，ISO 272:1982（締結用部品―六角形をもつ部品―二面幅），ISO 2343*:1972（六角穴付き止めねじ―メートル系）及び ISO 4762**:1977（六角穴付きボルト）で規定する二面幅との整合を図ったものである．

> 注 *　この規格は廃止され，ISO 4026~4029:1993 に移行された（JIS B 1177 参照）．
> 　　**　この規格は，改正され，ISO 4762:2004 となっている（JIS B 1176 参照）．

(a) 二面幅の寸法　この規格の付表 1 で規定されている二面幅寸法の系列は，ISO 272，ISO 2343 及び ISO 4762 で規定する二面幅のほか，これらの ISO 規格にはないが従来の JIS にはあり，その存続を必要とするものも含んでいるので，それぞれの区分を明確にするため，二面幅の呼びに＊印及び網かけを施して，無印のものは ISO 272 に，＊印のものは ISO 2343 及び ISO 4762 によるものであることにし，網かけをしたものは，従来の JIS にあって ISO 規格にないものとしている．

旧 JIS では，ねじ部品及びスパナ類の二面幅について許容差を規定していたが，ねじ部品各部（二面幅を含む．）の許容差は，国際性を確保する見地から ISO 4759（Tolerances for fasteners）を導入して作られた JIS B 1021（ねじ部品の公差方式）によることを建前にしており，スパナ類の二面幅に対する許容差も ISO 規格との整合を図る観点から，それぞれの規格で規定する傾向にある．そのため，改正 JIS では二面幅の許容差について，ねじ部品の場合は JIS B 1021 又はその個別規格に，スパナ類の場合はその個別規格による旨が

規定され，許容差の値はそれぞれの規格に委ねられている．

(b) 六角ボルト，六角ナット，六角穴付き止めねじ及び六角穴付きボルトの二面幅　六角ボルト及び六角ナットのねじの呼び径に対する二面幅（以下，六角の二面幅という．）並びに六角穴付き止めねじ及び六角穴付きボルトのねじの呼び径に対する二面幅（以下，六角穴の二面幅という．）がこの規格の付表2で規定されている．

六角の二面幅には，小形系列，並形系列及び大形系列が設けられているが，これらのうち，並形系列及び大形系列には，ISO 272 で規定する六角ボルト及び六角ナットの二面幅を導入し，それとの整合が図られている．しかし，ISO 272 には小形系列がなく，並形系列にも従来のJISにあって，ISO規格にないものがあり，これらとISO 272 との区別を明確にするため，その二面幅には網かけが施してある．

六角穴の二面幅には，止めねじのものとボルトのものが設けられているが，前者は，ISO 2343 によっており，後者は，網かけをしたものを除きISO 4762 によっている．六角穴付きボルトの二面幅のうち，網かけをしたものは，ISO/R 861:1968（Hexagon socket head cap screws, Metric series）を導入したJIS B 1176:1974（六角穴付きボルト）によるものなので，我が国独自のものではないが，このISO/Rは，ISO 4762 の制定に伴って廃止されている．したがって，網かけをしたこれらの二面幅は，六角穴付きボルトのISO規格と整合しているとはいえない．

(c) 座面接触面積とねじ部有効断面積との比　ISO 272 には，メートル並目ねじの呼び（M 6～M 36）を横軸にとり，ISO 273 のボルト穴中級（JIS B 1001 のボルト穴2級と同じ．）に並形六角，大形六角及びフランジ付き六角のねじ部品を取り付けた場合における座面の接触面積（A_w）とねじの有効断面積（A_s）との比（A_w/A_s）を縦軸にとった図が示されている（図1.3.1参照）．この図は，六角の二面幅のうち，ISO 272 で改正したものの妥当性を示すものであって，解説的色彩が強いということから，改正JISでは規格に含められていない．

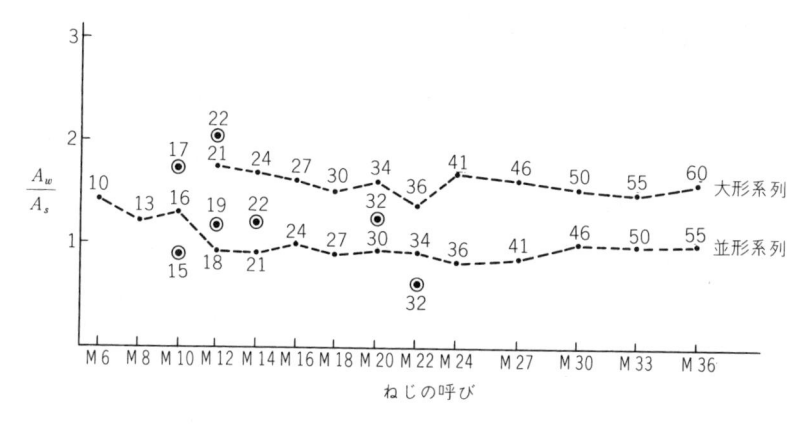

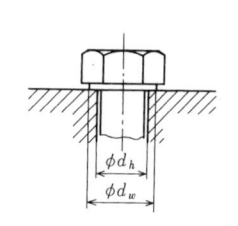

1.3 ねじ部品共通規格

図1.3.1 ねじの呼びと二面幅の関係

$$座面の接触面積\ A_w = \frac{\pi}{4}(d_w{}^2 - d_h{}^2)$$

$$ねじの有効断面積\ A_s = \frac{\pi}{4}\left(\frac{d_2+d_3}{2}\right)^2$$

ここに，d_h：ボルト穴径(JIS B 1001 の2級穴を用いる)

d_w：座面部の直径(JIS B 1180 の本体参照)

d_2：おねじ有効径の基準寸法

d_3：おねじ谷の径の基準寸法(d_1)から $\frac{H}{6}$ を減じた値

ただし，$H = 0.866\ 025 \times$ ピッチ

図1.3.1は，ISO 273に示されている図から，フランジ付き六角を除いたものであって，並形系列及び大形系列のプロット点に記入した数字は，それぞれの二面幅寸法を示す．この図からみて，並形系列におけるねじの呼び M 10，M 12, M 14 及び M 22 の旧二面幅（◉印の17, 19, 22 及び 32）は，並形系列のラインから外れており，改正された二面幅（・印の16, 18, 21 及び 34）の方が自然的で妥当なものといえる．

大形系列は，並形系列のものを一段大きくしたものとしているので，この系列におけるねじの呼び M 12 及び M 20 の二面幅は，◉印の22, 32 よりも・印の21, 34 の方が自然的で妥当なものといえる．

なお，ISO 272:1982で改正した並形系列の二面幅は表1.3.1のものである．

表 1.3.1 改正された並形系列の二面幅

単位 mm

ねじの呼び径		10	12	14	22
並形系列の二面幅	旧	17	19	22	32
	新	16	18	21	34

(2) JIS B 1007（タッピンねじのねじ部）

タッピンねじのISO規格は1983年に改正され，ねじ部の形状・寸法はISO 1478（Tapping screws thread）に規定された．

タッピンねじには，すりわり付き頭，十字穴付き頭，六角頭などのものがあるが，ねじ部の形状・寸法は変わらない．しかるに従来のJIS B 1115（すりわり付きタッピンねじ），B 1122（十字穴付きタッピンねじ）及びB 1123（六角タッピンねじ）では，それを個々の規格で規定していた．この形態は，規格を使用する上で便利な点もあるが，重複規定による誤りや改正に伴う歩調の乱れをかもすおそれがあるので，ねじ部の形状・寸法は，JISもISO規格のように共通規格とし，併せてISO規格との整合を図るのがよいということで，1987年にJIS B 1007（タッピンねじのねじ部の形状・寸法）として制定されたものである．

(a) ねじ部の種類 ねじ部の種類として，本体ではねじ先のとがったC形と平らなF形を規定している．C形はCone end，F形はFlat endの頭文字によっており，前者は改正前の規格（ISO/R 1478）で規定していたAB形に，後者は，B形に該当している．

また，附属書では，従来のものを1種，2種，3種及び4種として規定している．1種はとがり先，2種は平先であるが，双方の平行ねじ部は，呼び径が同じであってもねじ径の許容限界寸法及び呼び径3.5 mm以上に対するねじの山数は異なっているので，その共通化を図る見地から1974年の改正時に2種をとがり先にしたものを4種として設定し，1種はなるべく用いないよう規定している．

(b) ねじ部の形状・寸法及び寸法記号 当規格の本体で規定するC形及び

F形の形状・寸法はISO 1478によっており，附属書で規定する1〜4種の形状・寸法は従来のものである．

ISO 1478では，ねじの外径をd_1，谷の径をd_2としており，従来のJISでは，外径をd，谷の径をd_1としているが，本体のねじについてはISO規格との整合を図り，国際的に通用するものにしておくことも必要であるとの考えから，本体のねじに対する記号は，すべてISO 1478によっており，附属書のねじに対する記号は，すべて従来どおりとされている．

(c) ねじの表し方 ISO規格のタッピンねじはインチ系のもので，従来，そのサイズは番手呼びされていたが，1983年の改正ではそれをメートル化し，ねじの種類を表す記号にST（space threadの意）の文字を用い，ねじの大きさは，番手呼びねじの外径最大値を小数点以下一けたに丸めた値で示し，ねじの呼びはそれを組み合わせてST 1.5, ST 1.9のように表す．

本体のねじは，その呼びによって大きさを表すことにしているが，これはねじの形式を示すものであって，タッピンねじのねじ部は，この呼びのほか，ねじ先の種類（C形，F形の別），呼び長さなどを含めて表さなければならないので，その表し方は製品規格によることになっている（JIS B 1122など参照）．

また，附属書のねじは，従来，その大きさはねじの呼び径によって表すことにしており，タッピンねじの製品規格にねじ部を含む製品の呼び方が規定されているので，1〜4種に対するねじの表し方は特に規定してはいない．

なお，ISO 1478:1983は，1999年8月に改正され，従来から規定されていたねじ先C形，F形のほかに，新たにR形（Rounded end, type R）のねじ先が追加された．

これに伴って，現行JIS B 1007:1987の改正が必要となったため，ISO 1478:1999を翻訳し，技術的内容及び規格票の様式を変更することなくこれを規格本体として2003年にJIS B 1007（タッピンねじのねじ部）として改正された．

(3) JIS B 1012（ねじ用十字穴）

小ねじ，木ねじなどの頭部に成形される十字穴の形状，寸法，検査方法など

については，当初十字穴付きねじ部品の個別規格に規定されていたが，十字穴の適用が小ねじ，木ねじ，タッピンねじなどにも及ぶようになってきたので，個別に規定されていた十字穴を別途に取り出し，部品共通規格として制定することになり，1958年にJIS B 1012（ネジ用十字穴）が作られ，その後，1964年，1974年及び1985年の3回にわたって改正され，現在に至っている．

一方，ISOでは，TC 2（Fasteners）で審議していたねじ用十字穴が1983年にISO 4757（Cross recesses for screws）として制定され，十字穴付きの小ねじ及びタッピンねじのISO規格には，その十字穴が適用されている．

1985年の改正で，ISO 4757のH形及びZ形並びに日本写真機工業規格JCIS 8-70［精密機器用ねじ十字穴（0番）］の十字穴がS形として規定された．

同じ目的で使用する十字穴の種類は，一つであることが望ましい．従来のJISで規定する十字穴は，フィリップス系のものであるが，高いトルクで締付けをしたときカムアウト（ねじ回し又はビットが浮き上がる現象）を起こすことがある．この欠点をなくすために開発されたのがポジドライブ系の十字穴で，1961年にアメリカのG. Hermanによって考案され，我が国をはじめ，世界の主要国で特許になった．

ポジドライブ系十字穴が開発された後，アメリカ，イギリス，西ドイツなどでは在来のものと併用が行われるようになったが，我が国ではこれまで使用されなかった．その後，各国におけるポジドライブ系十字穴の特許が消滅したこともあって，1983年制定のISO 4757には，フィリップス系のものがH形十字穴，ポジドライブ系のものがZ形十字穴として規定され，十字穴付きねじ部品のISO規格にも双方の十字穴が適用された．

ねじ用十字穴の単純化を図るには，種類も一つであることが望ましいが，十字穴付きねじ部品も多様化しつつあり，ねじ締付けも自動化の傾向にあるので，十字穴はそれらに対処できるものにしておくとともに，国際性を保つことも必要であるということから，JISでは，十字穴の種類としてH形，Z形及びS形の3種類が規定されている．

1.3 ねじ部品共通規格

H形及びZ形は，ISO 4757に準拠したものであるが，H形の実体は，従来のJISの十字穴と変わっていない．H形及びZ形の十字穴は，ねじの呼びM 1.6以上の一般用ねじ部品を適用の対象にしている．

JISのH形及びZ形には，0番の十字穴も規定されたが，我が国の場合は，光学機器で用いる小径又は小頭のねじ部品には，日本写真機工業規格JCIS 8–70のねじ用十字穴（0番）が使われており，これをH形又はZ形の0番に置き換えることは技術的に無理であるということから，日本写真機工業会の了承を得て，JISではこれをS形（Specialの意味）として規定した．したがって，ねじ用十字穴の0番には，H形，Z形及びS形のものが出現したことになるので，その適用に当たって他の0番との重複を避けるため，S形十字穴の適用は，ねじの呼びM 2以下のねじ部品及びM 3以下のねじ部品で小頭のものを対象にしている．

1.3.2 公差に関するもの

公差に関する共通規格には，JIS B 1021及びB 1022の2規格があるので，この概要を紹介する．

なお，JIS B 1021に基づいて，ねじ部品に与えられた形状・寸法に関する特性値（表面粗さ，ねじ精度，各部の寸法及び幾何偏差など）が，公差域内にあるかどうかを調べる方法については，JIS B 1071（ねじ部品の精度測定方法）によるのがよい．

(1) JIS B 1021（ねじ部品の公差方式）

ISO/TC 2における約10年にわたる審議の結果，締結用部品の基本的規格の一つである公差に関する国際規格が制定され，1977年から1979年までに，次のような形で刊行された．

 ISO 4759–1, –2, –3 　締結用部品の公差
 第1部：ねじの呼び径1.6 mmから150 mmまで，部品等級A, B及びC
    のボルト，小ねじ及びナット（1978年）
 第2部：ねじの呼び径1 mmから3 mmまで，部品等級Fの精巧機器用

のボルト，小ねじ及びナット（1979年）

第3部：ねじの呼び径1 mmから150 mmまで，部品等級A及びCのボルト，小ねじ及びナット用座金（1977年）

上記の規格のうち第1部と第2部に対応するJISがB 1021であり，第3部に対応するJISが後述のB 1022である．

この規格はJISとして新規のものであるので，原案作成の段階でISO規格をそのままJISにすることも検討されたが，ISO規格の内容を変えることはしないが，第1部，第2部と分けることは避けるなど，いくらかの変更を加え，できるだけ理解しやすい形にするという方針でJIS化されたものである．

なお，上記ISO規格のうち，第1部は2000年に，第3部は1991年及び2000年にそれぞれ改正されており，また，第2部は2000年に廃止された．

これに伴って，JIS B 1021は，ISO 4759-1:2000を翻訳し，技術的内容及び規格票の様式を変更することなしに，規格名称を"締結用部品の公差―第1部：ボルト，ねじ，植込みボルト及びナット―部品等級A，B及びC"として2003年3月に改正された．

ここでは，JIS B 1021:1985の内容について述べる．

(a) 公差方式の区分及びその構成 ねじ部品の公差方式は，一般用ねじ部品に対するものと精巧機器用ねじ部品に対するものに区分され，それぞれの公差方式は表1.3.2の部品等級及び項目によって構成された．双方の構成項目は似通ったものになっている．

(b) 部品等級に対する公差 部品等級A，B及びCに対する公差は付表1，部品等級Fに対する公差は付表2として規定されている．部品等級は，製品の品質水準に関係すると同時に公差の大きさにも関係し，部品等級のAはBよりも，BはCよりも総じて厳しく，FはAよりも厳しいものになっている．しかし，項目によっては，A，B，C共通の公差もあり，AとFの公差が同じになっているものもある．また，A及びBに対する公差はあるがCにはないなど，同一項目における部品等級の中には公差の規定がないものもある．

(c) 一般用ねじ部品に対する公差 一般用ねじ部品には，規格の付表1に

1.3 ねじ部品共通規格

表1.3.2 部品等級及び項目

区　分	部品等級	項　　目
一般用ねじ部品の公差方式	A, B 及び C	(1) ねじの等級 (2) ねじ部長さの公差 (3) 呼び長さの公差 (4) 締付け部の形体に対する公差 (5) 丸頭寸法の公差 (6) 円筒部径の公差 (7) 座面部の公差 (8) その他の寸法に対する公差 (9) 幾何公差
精巧機器用ねじ部品の公差方式	F	(1) 表面粗さ (2) ねじの等級 (3) ねじ部長さの公差 (4) 呼び長さの公差 (5) 締付け部の形体に対する公差 (6) 頭部寸法の公差 (7) ナットの高さの公差 (8) 円筒部径の公差 (9) 幾何公差

規定された公差が適用される．この公差は部品等級 A, B, C ごとに規定されているので，そのいずれを適用するかは，ねじ部品の使用目的に照らして決めることになり，選定した部品等級に係る公差をすべて満足すれば，そのねじ部品は部品等級 A, B 又は C として評価される．部品等級 A, B 及び C の公差は，表 1.3.2 に示した項目 (1)~(9) にわたっている．公差の水準（tolerance level）は，部品等級の概念を示すもので表 1.3.3 のような規定になっており，(1) のねじの等級は表 1.3.4 の区分 I のようになっている．(2)~(8) は一般用ねじ部品各部の寸法許容差を規定したもので，その多くは JIS B 0401*（寸法公差及びはめあい）による寸法公差の記号によって規定されている．

　注 *　この規格は，1998 年に次のように改正された．

　　　JIS B 0401–1:1998　寸法公差及びはめあいの方式―第 1 部：公差，寸法差及びはめあいの基礎
　　　JIS B 0401–2:1998　寸法公差及びはめあいの方式―第 2 部：穴及び軸の公

表 1.3.3 部品等級に対する公差

部品等級	公差の水準		適用する部品
	軸部及び座面の程度	その他の形体の程度	
A	精	精	一般用ねじ部品
B	精	粗	
C	粗	粗	
F	—	—	精巧機器用ねじ部品

表 1.3.4 ねじの等級

区分	めねじ おねじの別	部品等級に対するねじの等級 ([1])				
		A	B	C	F	
I	めねじ	6 H	6 H	7 H	—	
	おねじ	6 g ([2])	6 g	8 g	—	
II	めねじ	—	—	—	ねじの呼び径 (mm)	等級
					1 以上　1.4 未満	5 H
					1.4 を超え　3 以下	6 H
	おねじ	—	—	—	ねじの呼び径 (mm)	等級
					1 以上　1.4 未満	4 h
					1.4 を超え　3 以下	6 g

注([1]) ねじの等級に対する許容限界寸法は，1.2.1 項 (5) 参照．
　([2]) 強度区分 12.9 の六角穴付きボルト及び強度区分 45 H の六角穴付き止めねじには 5 g 6 g を適用する．

(9) の幾何公差は，従来，形状及び位置の公差といわれていたものである．一般用ねじ部品について，この規格で規定する幾何公差は，同軸度，対称度，振れ，直角度，平行度及び真直度の公差である．同軸度公差としては，頭部・穴・棒先・円筒部・ナット外形などの中心とねじ軸心との狂いが部品等級別に規定されている．また，対称度公差はすりわり・ピン穴などに対して，振れ公差は皿頭の側面・とがり先の側面などに対して，直角度公差は頭部の座面・皿頭の上面・棒先の端面・ナットの座面などに対して，平行度公差は頭部の側面及びナットの側面に対して，真直度公差は軸部に対してそれぞれ部品等級別に規定されている．

なお，幾何公差の図示方法は，JIS B 0021*（幾何公差の図示方法）によっ

ている.

注* この規格は，1998年に改正され，規格名称は，"製品の幾何特性（GPS）―幾何公差表示方式―形状，姿勢，位置及び振れの公差表示方式"となった.

(2) JIS B 1022（平座金の公差）

平座金の公差については，1977年にISO 4759-3が制定され，一般用ねじ部品の公差方式については，既にISO 4759-1及び4759-2を導入してJIS B 1021が制定されていることは前項で述べたとおりであるが，座金の公差方式についてもISO規格に沿ってJIS化することになり，ISO 4759-3を導入して1989年にJIS B 1022（座金の公差方式）が制定された（以下，前JISという．）．

その後ISO 4759-3は，1991年及び2000年に改正されたが，JIS B 1022は，1999年に"締結用部品の公差―第3部：ボルト，ねじ及びナット用の平座金―部品等級A及びC"として改正された．この改正された規格は，ISO 4759-3:1991との国際一致規格である.

この改正JISで規定する公差は，前JISでプレス加工の平座金に適用し，旋削加工のものには適用しないとしていたものを，ISOに合わせてこの文章を削除し，内径と外径のところだけ"プレス打抜きの場合"の語句を追加規定した．したがって，厚さ，面取り部及び幾何公差の項目については，旋削加工などプレス加工以外の加工方法によるものに対しても，この規定を適用することになった.

なお，製品規格の中でJIS B 0023（製図―幾何公差表示方式―最大実体公差方式及び最小実体公差方式）による最大実体公差方式の公差が適切である場合には，この規格以外の公差を適用してもよいことにしている.

(a) 公差方式の構成 前JISでは，部品等級A及びCに適用する公差の項目を設けていたが，これは制定当時のJIS B 1021の様式に倣って，特にJIS独自で設けたものであったので，改正JISではこれを削除してISOどおり，部品等級A及びCに対する公差を，規格本体の表1で規定している（表1.3.5

表 1.3.5 部品等級に対する公差

部品等級	項　　目
A 及び C	(1) 内径の公差＊ (2) 外径の公差＊ (3) 厚さの公差＊ (4) 面取り部の公差 (5) 製品1個内の厚さ変化量の公差 (6) 同軸度の公差＊ (7) 平面度の公差

備考　部品等級Aには項目のすべてを適用し，部品等級Cには＊印のものだけを適用する．

参照）．

(b) 部品等級の公差　前JISでは，公差水準を精と粗に分け，前者を部品等級A，後者を部品等級Cとしていたが，これもJIS独自のものであったので，改正JISではこれを削除し，ISOどおり"部品等級は，製品の品質及び公差の大きさに関係し，等級Aが精密であり，等級Cが粗い精度である．"ことを適用範囲の備考に示した．

なお，JIS B 1021では，一般用ねじ部品に対する部品等級をA, B 及び Cの3段階にしているが，座金の場合は，公差を与える箇所の少ないこともあって，部品等級はA及びCの2段階になっている．

したがって，一般用ねじ部品と座金の部品等級は一致しないことになる．しかし，特別な理由がない限り，ねじ部品のAには座金のAを，ねじ部品のCには座金のCを適用し，部品等級Bのねじ部品に適用する座金は，用途に応じてA, Cいずれかを選定することになるが，通常は部品等級Cを用いるのがよいであろう．

(c) 参考（特性値の測定方法）　この規格の公差方式に関する特性値の測定方法は，ISOには規定されていないが，座金の特性値は，その測定方法によって異なることがあるし，それによるトラブルも回避したいので，標準的な測定方法を決めておくのがよいということから，測定方法の一例が附属書（参考）として示されている．

1.3.3 機械的性質及び性能に関するもの

機械的性質及び性能に関する共通規格には，JIS B 1051 などの 11 規格が存在するが，ここでは JIS B 1051 及び B 1052 の概要を以下に紹介する．

(1) JIS B 1051（炭素鋼及び合金鋼製締結用部品の機械的性質—第1部：ボルト，ねじ及び植込みボルト）

この規格は，1972年に ISO/R 898:1968（Mechanical properties of fasteners, Part 1: Bolts, screws and studs）を導入して制定され，1976年に SI 単位の導入に伴う改正及び 1985 年，1991 年の改正を経て，対応する ISO 898–1:1999 の改正に応じて 2000 年に改正され，現在に至っている．

2000 年に改正された JIS は，1999 年に第 3 版として発行された ISO 898–1 (Mechanical properties of fasteners made of carbon steel and alloy steel–Part 1: Bolts, screws and studs) を翻訳し，技術的内容及び規格票の様式を変更することなく作成された国際一致規格であり，規格の名称も，従来の"鋼製のボルト・小ねじの機械的性質"から"炭素鋼及び合金鋼製締結用部品の機械的性質—第1部：ボルト，ねじ及び植込みボルト"に変更された．また，附属書に規定されていた"強度区分 4 T～7 T の鋼製のボルト・小ねじの機械的性質"は，この改正時に削除された．

(a) 適用範囲 この規格は，炭素鋼及び合金鋼製のボルト，ねじ及び植込みボルトを，10～35°C の環境温度範囲内で試験したときの機械的性質及び物理的性質について規定している．

この規格は次の条件によるものに適用される．

- M 1.6～M 39 の並目ねじ及び M 8×1～M 39×3 の細目ねじのもの
- ねじの呼び径とピッチの組合せが JIS B 0205–2 又は B 0205–3 によるもの
- ねじの許容差が JIS B 0209–1 又は B 0209–2 によるもの
- 炭素鋼又は合金鋼製のもの

また，この規格は，溶接性，耐食性，温度 300°C（一部 250°C）以上の耐熱性又は −50°C 以下の耐寒性，耐せん断性，耐疲労性などの特性に対する要求

については規定していない．

なお，この規格は，引張力を受けない止めねじ及び類似のねじ部品についても適用しないことになっている．

(b) 機械的性質及び物理的性質　おねじ部品の機械的性質及び物理的性質は，表1.3.6 (66, 67ページ) のように10段階の強度区分に分けて規定されている．

表1.3.6における強度区分の記号の意味は，次のとおりである．

おねじ部品の機械的性質による強度区分は，3.6, …, 8.8, 10.9 等の小数点を付けた二けた又は三けたの数字による記号（以下，これを強度区分記号という．）で表す．強度区分記号の小数点前の数字は，N/mm^2 の単位による呼び引張強さの1/100を示し，小数点後の数字は，N/mm^2 の単位による呼び下降伏点又は呼び耐力と呼び引張強さとの比

$$\frac{呼び下降伏点又は呼び耐力}{呼び引張強さ}$$

の10倍を示す（表1.3.7参照）．したがって，強度区分記号の"小数点前の数字"と"小数点後の数字"との積を10倍した値は，N/mm^2 の単位による呼び下降伏点又は呼び耐力となる．

呼び引張強さ，呼び下降伏点及び耐力は，強度区分記号の構成上，便宜的に設けられたもので，おねじ部品に適用する引張強さ及び下降伏点（又は耐力）の最小値は，それらの呼びの値と同じか，それよりも大きくなっている（表1.3.6参照）．

表1.3.7　下降伏点又は耐力と引張強さとの比

強度区分記号の小数点後の数字	.6	.8	.9
$\dfrac{呼び下降伏点又は呼び耐力}{呼び引張強さ} \times 100$ (%)	60	80	90

(2) JIS B 1052（鋼製ナットの機械的性質）

この規格は，1972年に ISO/R 898-2 (Mechanical properties of fasteners,

Part 2: Nuts)を導入して制定され,1976年にSI単位導入に伴う改正を経て,1985年にはISO 898-2:1980に整合させるための改正が行われた.

1988年にISOは細目ねじのナットに対する機械的性質の規格ISO 898-6:1988 (Mechanical properties of fasteners-Part 6: Nuts with specified proof load values-Fine pitch thread)を制定したので,JIS B 1052は,このISO 898-6:1988年を導入して1991年に改正された.

JIS B 1052の対応国際規格であるISO 898-2は1992年に,また,ISO 898-6は1994年にそれぞれ改正されたため,JIS B 1052:1991も改正されたISO規格との整合を図るため,1998年に改正が行われ,規格の構成も次のように改められた.

規格本体
附属書1　（規定）　保証荷重値規定ナット―並目ねじ
附属書1A（参考）　ボルト締結体の荷重負荷能力
附属書1B（参考）　参考文献
附属書2　（規定）　保証荷重値規定ナット―細目ねじ
附属書3　（規定）　強度区分4T~12Tのナット

規格本体では,鋼製ナットの機械的性質を規定する旨だけを記述し,実際の機械的性質は,附属書1~3によることとしている.

ここで紹介する適用範囲及び機械的性質は,附属書1の並目ねじナットについてのものである.細目ねじナットの規定値については,附属書2による必要がある.

なお,附属書3に規定する強度区分は,日本独自のものであり,国際規格のそれと異なるため,国際整合化の見地から2000年12月31日限りで廃止された.

(a) 適用範囲　この附属書1は,保証荷重値規定ナット（並目ねじ）を室温で試験したときの機械的性質について規定している.

1. ねじの規格

表1.3.6 ボルト，ねじ及び植込みボルトの機械的性質

5.項の番号	機械的又は物理的性質			強度		
				3.6	4.6	4.8
5.1	呼び引張強さ $R_{m, nom}$		N/mm²	300	400	
5.2	最小引張強さ $R_{m, min}$ [14][15]		N/mm²	330	400	420
5.3	ビッカース硬さ HV $F\geqq 98N$		最小	95	120	130
			最大			200[16]
5.4	ブリネル硬さ HB $F=30D^2/0.102$		最小	90	114	124
			最大			209[16]
5.5	ロックウェル硬さ	最小	HRB	52	67	71
			HRC	—	—	—
		最大	HRB			95.0[16]
			HRC			
5.6	表面硬さ HV 0.3		最大			—
5.7	下降伏点 R_{eL} [18]		N/mm² 呼び	180	240	320
			最小	190	240	340
5.8	0.2% 耐力 $R_{p0.2}$ [19]		N/mm² 呼び			
			最小			
5.9	保証荷重応力 S_p	S_p/R_{eL} 又は $S_p/R_{p0.2}$		0.94	0.94	0.91
		N/mm²		180	225	310
5.10	破壊トルク M_B		N·m 最小			—
5.11	破断伸び A		% 最小	25	22	—
5.12	絞り Z		% 最小			
5.13	くさび引張りの強さ [15]			5.2 に示す引張強さの		
5.14	衝撃強さ KU		J 最小			—
5.15	頭部打撃強さ			破壊しては		
5.16	ねじ山の非脱炭部の高さ E		最小			—
	完全脱炭部の深さ G mm		最大			—
5.17	再焼戻し後の硬さ					—
5.18	表面状態			JIS B 1041		

1.3 ねじ部品共通規格

及び物理的性質（JIS B 1051:2000 の表3より抜粋）

区分							
5.6	5.8	6.8	8.8[11]		9.8[12]	10.9	12.9
			$d \leq 16$ mm[13]	$d > 16$ mm[13]			
500		600	800	800	900	1 000	1 200
500	520	600	800	830	900	1 040	1 220
155	160	190	250	255	290	320	385
		250	320	335	360	380	435
147	152	181	238	242	276	304	366
		238	304	318	342	361	414
79	82	89	—	—	—	—	—
—	—	—	22	23	28	32	39
		99.5	—	—	—	—	—
		—	32	34	37	39	44
					[17]		
300	400	480	—	—	—	—	—
300	420	480	—	—	—	—	—
		—	640	640	720	900	1 080
		—	640	660	720	940	1 100
0.93	0.90	0.92	0.91	0.91	0.90	0.88	0.88
280	380	440	580	600	650	830	970
			JIS B 1058 による.				
20	—	—	12	12	10	9	8
			52		48	48	44
最小値より小さくてはならない.							
25	—	—	30	30	25	20	15
ならない.							
				$1/2\,H_1$		$2/3\,H_1$	$3/4\,H_1$
			0.015				
			ビッカース硬さの値で20ポイント以上低下してはならない.				
及び B 1043 による.							

68   1. ねじの規格

表1.3.6 （続き）

注$(^{11})$ 強度区分8.8で$d≦16$ mmのボルトを，ボルトの保証荷重値を超えて過度に締め付けた場合には，ナットのねじ山がせん断破壊を起こす危険性がある（JIS B 1052附属書1参照）．
(^{12}) 強度区分9.8は，ねじの呼び径16 mm以下のものだけに適用する．
(^{13}) 強度区分8.8の鋼構造用ボルトに対しては，ねじの呼び径12 mmで区分する．
(^{14}) 最小の引張強さは，呼び長さ$2.5d$以上のものに適用し，呼び長さ$2.5d$未満のもの又は引張試験ができないもの（例えば，特殊な頭部形状のもの）には，最小の硬さを適用する．
(^{15}) 製品の状態で行う試験の引張荷重には，最小引張強さ$R_{m, min}$を基に計算した表6及び表8の値を用いる．
(^{16}) ボルト，ねじ及び植込みボルトのねじ部先端面の硬さは，250 HV, 238 HB又は99.5 HRB以下とする．
(^{17}) 強度区分8.8～12.9の製品の表面硬さは，内部の硬さよりも，ビッカース硬さHV 0.3の値で30ポイントを超える差があってはならない．ただし，強度区分10.9の製品の表面硬さは，390 HVを超えてはならない．
(^{18}) 下降伏点R_{eL}の測定ができないものは，0.2%耐力$R_{p0.2}$による．強度区分4.8, 5.8及び6.8に対するR_{eL}の値は，計算のためだけのもので，試験のための値ではない．
(^{19}) 強度区分の表し方に従う降伏応力比及び最小の0.2%耐力$R_{p0.2}$は，削出試験片による試験に適用するものであって，製品そのものによる試験で，これらの値を求めようとすると製品の製造方法又はねじの呼び径の大きさなどが原因で，この値が変わることがある．

この規格は，次の条件によるものに適用される．

・ねじの呼び径が39 mm以下のもの
・ねじの呼び径とピッチの組合せがJIS B 0205-2の並目ねじによるもの
・ねじの公差域クラスがJIS B 0209-1及びB 0209-2の6Hによるもの
・所定の機械的要求事項をもつもの
・二面幅寸法がJIS B 1002によるもの
・呼び高さが$0.5d$以上のもの
・材料が炭素鋼又は低合金のもの

また，この規格は，戻り止め性能，溶接性，耐食性，温度300°C以上又は-50°C以下に耐えられる性能などの特殊な性能が要求されるナットには適用しないことになっている．

(b) 機械的性質

(i) **強度区分** ナットの強度区分は4, 5, 6, 8, 9, 10, 12あるいは04, 05という数字で表現されているが，その意味は次のとおりである．

(ii) **強度区分の表し方** 呼び高さが$0.8d$以上（完全ねじ部長さが$0.6d$以

上)のナットの場合，呼び高さが 0.8 d 以上で完全ねじ部長さが 0.6 d 以上のナットに対する機械的性質の強度区分は，そのナットと組み合わせて使用することができるボルトの最高の強度区分を示す数字によって，表 1.3.8 のように表す．

　呼び高さが 0.5 d 以上 0.8 d 未満（完全ねじ部長さが 0.4 d 以上 0.6 d 未満）のナット（低ナット）の場合，呼び高さが 0.5 d 以上 0.8 d 未満で完全ねじ部長さが 0.4 d 以上 0.6 d 未満のナットに対する機械的性質の強度区分は，2 個の数字によって表 1.3.9 のように表す．この記号における 2 番目の数字（4 及び 5）は，硬化マンドレルによる呼び保証荷重応力の大きさを示し，1 番目の数字（0）は，これらのナットとボルトとを組み合わせた締結体の荷重負担能力が，これらのナットに硬化マンドレルを組み合わせた場合の荷重負担能力より低く，また表 1.3.8 によるボルト・ナット締結体の荷重負担能力よりも低いことを示す．

表 1.3.8 呼び高さが 0.8 d 以上のナットの強度区分及びそれと組み合わせるボルト

ナットの強度区分	組み合わせるボルト		ナット	
	強度区分	ねじの呼び範囲	スタイル 1	スタイル 2
			ねじの呼び範囲	
4	3.6, 4.6, 4.8	>M 16	>M 16	—
5	3.6, 4.6, 4.8	≦M 16	≦M 39	—
	5.6, 5.8	≦M 39		
6	6.8	≦M 39	≦M 39	—
8	8.8	≦M 39	≦M 39	>M 16 ≦M 39
9	9.8	≦M 16	—	≦M 16
10	10.9	≦M 39	≦M 39	—
12	12.9	≦M 39	≦M 16	≦M 39

備考　一般に，高い強度区分に属するナットは，それより低い強度区分のナットの代わりに使用することができる．ボルトの降伏応力又は保証荷重応力を超えるようなボルト・ナットの締結には，この表の組合せより高い強度区分のナットの使用を推奨する．

表 1.3.9 低ナットの強度区分の表し方及びその保証荷重応力

ナットの強度区分	呼び保証荷重応力 N/mm²	実保証荷重応力 N/mm²
04	400	380
05	500	500

低ナットの強度区分と，呼び保証荷重応力及び硬化マンドレルによる実保証荷重応力の関係は表 1.3.9 による．

(iii) **強度区分に対する機械的性質** ナットの強度区分に対する機械的性質は，表 1.3.10（72, 73 ページ）による．

1.3.4 通則，試験方法，受入検査などに関するもの

これらの共通規格には，以下のものがある．

JIS B 1041	締結用部品―表面欠陥―第1部：一般要求のボルト，ねじ及び植込みボルト
JIS B 1042	締結用部品―表面欠陥―第2部：ナット
JIS B 1043	締結用部品―表面欠陥―第3部：特殊要求のボルト，ねじ及び植込みボルト
JIS B 1044	締結用部品―電気めっき
JIS B 1045	締結用部品―水素ぜい化検出のための予荷重試験―平行座面による方法
JIS B 1046	締結用部品―非電解処理による亜鉛フレーク皮膜
JIS B 1047	耐食ステンレス鋼製締結用部品の不動態化
JIS B 1048	締結用部品―溶融亜鉛めっき
JIS B 1071	ねじ部品の精度測定方法
JIS B 1081	ねじ部品―引張疲労試験―試験方法及び結果の評価
JIS B 1083	ねじの締付け通則
JIS B 1084	締結用部品―締付け試験方法
JIS B 1085	ナットの円すい形保証荷重試験

1.3 ねじ部品共通規格

JIS B 1086	ナットの拡張試験
JIS B 1087	ブラインドリベット―機械的試験
JIS B 1091	締結用部品―受入検査
JIS B 1092	締結用部品―品質保証システム
JIS B 1099	締結用部品―ボルト，ねじ，植込みボルト及びナットに対する一般要求事項

ここでは，このうち JIS B 1091 の概要について紹介する．

この規格に対応する国際規格は，ISO 3269:1988 (Fasteners–Acceptance inspection) で，JIS Z 8301:1990（規格票の様式）で規定する国際一致規格として，1991年に制定されたものであり，ねじ関係 JIS では最初の国際一致規格である．この規格は，次のような項目から構成されている．

(a) 適用範囲 この規格は締結用部品のロットの合否を決めるために購入者が受入検査時に実施すべき手順について規定しており，供給者に対する保護を目的とする一方，顧客に対する受入検査方式の選択の自由度を与えている．

また，この規格は一般の締結用部品（完成品）に対して適用できるが，大量の自動組付け用など特殊な用途の締結用部品は対象から除外されており，これらについては当事者間の事前の協定が必要である．

(b) 一般要求事項 この項目では，規格の具体的な目的と，論争が生じた場合の処置に対する基本概念を与えている．この規格は，ロット全体の合否判定に対する客観的な基準を与えるもので，不適合品の比率がAQL値と等しいロットに対する生産者危険が寸法に関する要求事項（寸法特性）に対して5%，機械的性質に対する要求事項（機械的特性）に対して12%を超えないことが基本となっている．ただし，ここで規定されるAQL値と生産者危険は，適切な抜取検査方式を決定するための特性値であり，実際の締結用部品の品質とは無関係である．また，締結用部品の機能及び使用性が明確な場合には，これらの両方，又はいずれか一方を損なわない限り，規格の公差からのずれに対して異議を申し立てるべきでないことを強調している．

例えば，おねじの有効径が規定よりもわずかに大きいような場合でも，めっ

表1.3.10 ナットの機械的性質

ねじの呼び		強度								
		04					05			
		保証荷重応力 Sp	ビッカース硬さ HV		ナット		保証荷重応力 Sp	ビッカース硬さ HV		ナット
を超え	以下	N/mm²	最小	最大	状態	スタイル	N/mm²	最小	最大	状態	スタイル
―	M 4	380	188	302	NQT(^{3})	低形	500	272	353	QT(^{4})	低形
M 4	M 7										
M 7	M 10										
M 10	M 16										
M 16	M 39										

ねじの呼び		強度								
		6					8			
		保証荷重応力 Sp	ビッカース硬さ HV		ナット		保証荷重応力 Sp	ビッカース硬さ HV		ナット
を超え	以下	N/mm²	最小	最大	状態	スタイル	N/mm²	最小	最大	状態	スタイル
―	M 4	600	150	302	NQT(^{3})	1	800	180	302	NQT(^{3})	1
M 4	M 7	670					855	200			
M 7	M 10	680					870				
M 10	M 16	700					880				
M 16	M 39	720	170				920	233	353	QT(^{4})	

ねじの呼び		強度								
		10					12			
		保証荷重応力 Sp	ビッカース硬さ HV		ナット		保証荷重応力 Sp	ビッカース硬さ HV		ナット
を超え	以下	N/mm²	最小	最大	状態	スタイル	N/mm²	最小	最大	状態	スタイル
―	M 4	1 040	272	353	QT(^{4})	1	1 140	295	353	QT(^{4})	1
M 4	M 7	1 040					1 140				
M 7	M 10	1 040					1 140				
M 10	M 16	1 050					1 170				
M 16	M 39	1 060					―	―	―	―	―

1.3 ねじ部品共通規格

(JIS B 1052:1998 附属書1 表5)

区分									
4					5(^{5})				
保証荷重応力 Sp	ビッカース硬さ HV		ナット		保証荷重応力 Sp	ビッカース硬さ HV		ナット	
N/mm²	最小	最大	状態	スタイル	N/mm²	最小	最大	状態	スタイル
―	―	―	―	―	520	130	302	NQT(^{3})	1
					580				
					590				
					610				
510	117	302	NQT(^{3})	1	630	146			

区分									
					9				
保証荷重応力 Sp	ビッカース硬さ HV		ナット		保証荷重応力 Sp	ビッカース硬さ HV		ナット	
N/mm²	最小	最大	状態	スタイル	N/mm²	最小	最大	状態	スタイル
―	―	―	―	―	900	170	302	NQT(^{3})	2
					915	188			
					940				
					950				
890	180	302	NQT(^{3})	2	920				

区分				
保証荷重応力 Sp	ビッカース硬さ HV		ナット	
N/mm²	最小	最大	状態	スタイル
1 150	272	353	QT(^{4})	2
1 150				
1 160				
1 190				
1 200				

1. ねじの規格

表1.3.10 （続き）

注([3])　NQT＝焼入焼戻しを施さない．
　([4])　QT＝焼入焼戻しを施す．
　([5])　強度区分5の保証荷重応力の値は，ボルトの最大硬さを220 HVとして算出したものである．ボルトの強度区分5.6及び5.8の最大硬さは，JIS B 1051:1991では250 HVとしているが，次回の改正でこの硬さを220 HVにすることにしている．この220 HVは，おねじとめねじがはめ合っているねじ部のおねじにおける最大硬さで，ボルトのねじ先端部又は頭部における最大硬さは250 HVとなることがある．

備考　焼入焼戻しを施したナット及び保証荷重値が大きすぎるために保証荷重試験ができないナットは，硬さの最小を必ず満足しなければならない．その他のすべてのナットに対しては，硬さの最小は参考扱いとする．焼入焼戻しを施さないナットで，保証荷重試験に合格したものは，最小の硬さが規定値未満であっても，不合格にしてはならない．

きなどの表面処理を施されないことが既知のものであれば，そのめっきしろを有効に利用することによって機能面で支障をきたさないことが保証できる場合があり，このような状態は不適合とみなさない．

さらに，ここでは，使用者（受入れ側）と供給者の間の基本的な立場を明確にするために，不合格の判定と供給者によるその確認，再検査への提出，合格ロット内の個々の不適合品の処置などに関する一般的な事項を規定している．

(c)　締結用部品の寸法特性及び機械的特性に対する受入検査手順　この項目では，実際の受入検査を実施するための具体的な手順，すなわち受入検査方式の選択とロットの合否の判定の方法について規定している．

(d)　附属書（参考）　この規格には，判断に微妙な内容が含まれているため，附属書として，規格を利用する際の手引並びに規格の内容に対する理論的な根拠及び背景が述べられている．

なお，JIS B 1091:1991は，対応する国際規格ISO 3269が2000年に改正されたため，2002年3月にISO 3269:2000との国際一致規格とした改正案が作成されている．

2. ねじ部品の種類と使い方

2.1 ねじ部品の種類

ねじ部品は，その用途，形状，材料（強度区分）等の種々の組合せがあり，それだけ種類も多く，現在JISに制定されている部品規格は，一般用だけでも数十類を数えている．そのうち一般に締結用と称されている主な部品規格を紹介する．

ISOの部品規格は，基本的には一つの形状が一つの規格番号を採用している．その点，JISでは類似の形状（六角ボルトを例にとると，並形，小形，軸太，軸細，アプセット形及びトリム形等）が一つの規格番号で規定されている．そのため，後の表に示すように，対応する国際規格の規格番号はJISの規格番号一つに対して数種類引用されているので注意を要する．また，現在ISOをJISに導入する一方，旧規格の廃止に猶予期間を設けるために，旧規格を附属書として規定している．それら下記の部品規格を表2.1.1〜表2.1.5にまとめた．

(1) ボルト類

角根丸頭ボルト，植込みボルト，六角穴付きボルト，皿ボルト，六角ボルト，四角ボルト，座金組込み六角ボルト，フランジ付き六角ボルト，溶接ボルト．

(2) ナット類

溝付き六角ナット，六角ナット，六角袋ナット，フランジ付き六角ナット．

(3) 小ねじ類

すりわり付き小ねじ，十字穴付き小ねじ，座金組込み十字穴付き小ねじ．

(4) タッピンねじ類

すりわり付きタッピンねじ，十字穴付きタッピンねじ，六角タッピンねじ．

(5) 座金類

ばね座金，皿ばね座金，歯付き座金，波形ばね座金．

表 2.1.1

名　　称 (規格番号)	種類・等級	材　　料	ねじ及び 呼びの範囲
角根丸頭ボルト (JIS B 1171) 対応する国際規格 　ISO 8677 　ISO 8678	〔種類〕 大形 小形 くぼみ付き 〔等級〕 大形：部品等級 C 小形：部品等級 B	〔鋼ボルト〕 JIS B 1051 の機械的性質を満足する炭素鋼又は合金鋼とする． 〔ステンレスボルト〕 JIS G 4303 JIS G 4315 JIS B 1054–1	〔ねじ〕 大形：メートル並目ねじの 8 g．ただし，強度区分 8.8 のものは 6 g． 小形，くぼみ付き：メートル並目ねじ 6 g． 〔呼びの範囲〕 大形：M 5〜M 20 小形：M 6〜M 20 くぼみ付き： 　　M 5〜M 12
植込みボルト (JIS B 1173)	〔種類〕 なし 〔部品等級〕 JIS B 1021 に規定する部品等級 A とする．	材料は，JIS B 1051 の機械的性質を満足する炭素鋼又は合金鋼とする．	〔ねじ〕 植込み側のねじはメートル並目又は細目ねじで，有効径の下の許容差を 0 とする．ただしそれ以外の許容差を必要とする場合は指定する．ナット側のねじはメートル並目又は細目ねじの 6 g とする． 〔呼び径の範囲〕 並目：4〜20 mm 細目：10〜20 mm

2.1 ねじ部品の種類

ボルト類

形　状	機械的性質	製品の呼び方
・同軸度など，幾何公差を規定した． ・d_s の最小値は，ほぼねじの有効径． ・d_s の最大値は，大形及びくぼみ付きは，角根部の二面幅の最大値，小形の場合はねじの呼び径の最大値．	〔鋼ボルト〕 JIS B 1051 の強度区分 4.6, 4.8, 8.8, 及び 10.9 〔ステンレスボルト〕 受渡し当事者間の協定による．特に支障のない限り JIS B 1054–1 の性状区分を適用するのがよい．	次の項目をこの順に並べて呼ぶ． 規格番号又は規格名称 種類 ねじの呼び×呼び長さ (l) 強度区分 材料 指定事項（ねじ先の形状，表面処理など）
・ナット側は丸先，植込み側は面取り先とする． ・植込み長さ（b_m）には寸法の長短によって1種，2種，3種の3系列が規定されている．	機械的性質は，JIS B 1051 で規定する強度区分 4.8, 8.8, 9.8 及び 10.9 の4種類とする．	次の項目をこの順に並べて呼ぶ． 名称 ねじの呼び径×l 強度区分 植込み側のピッチ系列 b_m の種別又はその数値 ナット側のピッチ系列 指定事項 製造業者名又はその略号

2. ねじ部品の種類と使い方

表 2.1.1

名　称 (規格番号)	種類・等級	材　料	ねじ及び 呼びの範囲
六角穴付きボルト (JIS B 1176) 一致する国際規格 ISO 4762	〔部品等級〕 JIS B 1021に規定する部品等級Aによる.	〔鋼ボルト〕 炭素鋼，添加物入り炭素鋼又は合金鋼. 〔ステンレスボルト〕 オーステナイト系ステンレス鋼 〔非鉄金属〕 JIS B 1057に規定された材料.	〔ねじ〕 強度区分8.8, 10.9及びステンレスボルトは，メートル並目ねじの6gとする. 強度区分は12.9に対しては，JIS B 0209-3の5g6gとする. 〔呼びの範囲〕 M 1.6～M 64
皿ボルト (JIS B 1179)	〔種類〕 すりわり付き皿ボルト キー付き皿ボルト 〔強度区分〕 鋼ボルトの等級は，仕上げ程度（上，並），ねじの等級（6 g, 8 g）及び機械的性質の強度区分（4.6, 4.8）を組み合わせたものとする. ステンレスボルト及び黄銅ボルトの等級は，仕上げ程度及びねじの等級を組み合わせたものとする. ただし，いずれの場合もキー付き皿ボルトの仕上げ程度は並だけとする.	〔鋼ボルト〕 材料はJIS B 1051の3.に規定された炭素鋼とする. 〔ステンレスボルト〕 JIS G 4303 JIS G 4315 〔黄銅ボルト〕 JIS H 3250 JIS H 3260	〔ねじ〕 メートル並目及び細目ねじの6g, 8g. 〔呼び径の範囲〕 すりわり付き皿ボルトは10～36 mm，キー付き皿ボルトは10～24 mm.

2.1 ねじ部品の種類

（続き）

形　状	機械的性質	製品の呼び方
（図：六角穴付きボルト、$l_{c\max}=1.7 r_{\max}$、$r_{\max}=\dfrac{d_{a\max}-d_{s\max}}{2}$、$r_{\min}$ は表1による、X部拡大図） ・六角穴底の形状は円錐底，きり底のいずれでもよい． ・頭部の頂面側及び円座側には丸み又は面取を施してよい．	〔鋼ボルト〕 M 39 までの鋼ボルトは，JIS B 1051 による強度区分 8.8, 10.9, 12.9 とする． M 39 以上は受渡し当事者間の協定による． 〔ステンレスボルト〕 M 24 以下は，JIS B 1054–1 の性状区分 A 2–70, A4–70, M 30～M 39 は性状区分 A 2–50, A 4–50 とする． M 42 以上は受渡し当事者間の協定による． 〔非鉄金属〕 JIS B 1057 に規定されたすべての材料．	次の項目をこの順に並べて呼ぶ． 規格番号又は規格名称 ねじの呼び(d)×呼び長さ(l) 材料的性質（ステンレスボルトの場合は性状区分）
（図：皿小ねじ／平先・丸先） ・ねじ先は丸先又は平先に面取りする．そのいずれかを必要とする場合は指定する． ・d_s はほぼねじの有効径とすることができる．	〔鋼ボルト〕 鋼ボルトの機械的性質は，JIS B 1051 の強度区分 4.6 及び 4.8． 〔ステンレス鋼及び黄銅〕 ステンレスボルト及び黄銅ボルトの機械的性質は，受渡し当事者間の協定による．	次の項目をこの順に並べて呼ぶ． 種類 仕上げ程度 ねじの呼び×呼び長さ(l) ねじの等級 強度区分 材料 指定事項 数量 製造業者又はその記号

2. ねじ部品の種類と使い方

表 2.1.1

名　　称 (規格番号)	種類・等級	材　料	ねじ及び 呼びの範囲
六角ボルト (JIS B 1180) (1) 本体 対応する国際規格 　ISO 4014 　　～4018 　ISO 8676 　ISO 8765	〔種類〕 ねじの軸部の大きさによって 　　呼び径六角ボルト 　　全ねじ六角ボルト 　　有効径六角ボルト の3種類が規定されている。 〔等級〕 呼び径ボルト，全ねじボルトはJIS B 1021の部品等級A，B，Cの3等級が規定されている． 有効径ボルトは部品等級Bだけが規定されている．	材料は鋼，ステンレス鋼，非鉄金属の3種類が規定されている．ただし，部品等級Cは鋼製だけが規定されている． 〔鋼ボルト〕 JIS B 1051の3.により強度区分3.6, 4.6, 5.8, 8.8には，炭素鋼，添加物入り炭素鋼，10.9には合金鋼とする． 〔ステンレスボルト〕 呼び径ボルト，全ねじボルトはJIS B 1054-1の3.により，A 2 ($d \leq 20$mm)，A 2 (20 mm$< d \leq 39$ mm)のオーステナイト系ステンレス鋼とする．有効径ボルトは全サイズA 2のオーステナイト系ステンレス鋼とする． 〔非鉄金属〕 JIS B 1057に規定される銅合金及びアルミニウム合金とする．	〔ねじ〕 メートル並目又は細目ねじで，部品等級A，Bは6 g，部品等級Cは8 gとする． 〔呼びの範囲〕 呼び径ボルト及び全ねじボルトで部品等級AはM 1.6～M 24 (ただし，M 16以上で呼び長さが10 d 又は150 mmのいずれかを超えるものは，部品等級Bによる．部品等級Bは，M 16～M 64 (ただし24 mm以下で呼び長さが150 mm以下は部品等級Aとする．)，部品等級Cは，M 5～M 64とする． 有効径ボルトはM 3～M 20.

2.1 ねじ部品の種類　　　　　　　　　　　　　　81

(続き)

形　状	機械的性質	製品の呼び方
呼び径六角ボルト X 部拡大図 有効径六角ボルト ・f, d_a の範囲で首下丸み部の最小，最大を示す． ・呼び径ボルト，有効径ボルトのねじのない軸部の長さ l_s が規定され，ねじ部の長さ b がかっこ付きとなる． ・有効径ボルトの頭部形状はアプセット形でもよいことになっている． ・有効径ボルトのねじ先端の形状は加工しなくてもよい．	〔鋼ボルト〕 呼び径ボルト，全ねじボルトの部品等級 A 及び B は，強度区分 5.6, 8.8, 10.9, 部品等級 C は強度区分 3.6, 4.6, 4.8 による．有効径ボルトは，5.8, 8.8 の 2 種類が規定されている． 〔ステンレスボルト〕 呼び径ボルト及び全ねじボルトは JIS B 1054–1 の性状区分 A 2–70 (d≦20 mm), A 2–50 (20<d≦39 mm) とし，39 mm を超えるものは受渡し当事者間の協定による．有効径ボルトは，性状区分 A 2–70 による． 〔非鉄金属〕 JIS B 1057 の 3. により，材質区分で，銅及び銅合金は 7 種類，アルミニウム合金で 6 種類が規定されている．	次の項目をこの順に並べて呼ぶ． 規格番号 種類 部品等級 ねじの呼び×呼び長さ(l) 材料 指定事項 機械的性質の区分 (鋼ボルトの場合は強度区分，ステンレスボルトの場合は性状区分，及び非鉄金属ボルトの場合は材料区分)

表 2.1.1

名　称 (規格番号)	種類・等級	材　料	ねじ及び呼びの範囲
(2) 附属書	〔種類〕 ねじの呼び径に対する二面幅の大きさによって六角ボルト, 小形六角ボルトの2種類が規定されている. 〔等級〕 ねじの呼び径39 mm以下の鋼ボルトの等級は, 仕上げ程度(上, 中, 並), ねじの等級(4 h, 6 g, 8 g)及び機械的性質の強度区分(4.6, 4.8, 5.6, 5.8, 6.8, 8.8, 10.9, 12.9)を組み合わせたものとする. ステンレスボルト, 非鉄金属ボルト及びねじの呼び径42 mm以上の鋼ボルトに対する等級は, 仕上げ程度(上, 中, 並)及びねじの等級(4 h, 6 g, 8 g)を組み合わせたものとする. ただし, いずれの場合も小形六角ボルトに対する仕上げ程度は, 上及び中とする. なお, ねじの等級について特に指定のない場合は6 g.	〔鋼ボルト〕 呼び径39 mm以下の鋼ボルトに対する材料は, 製品が所定の機械的性質を満足する炭素鋼又は合金鋼とする. 呼び径42 mm以上の鋼ボルトに対する材料は, 受渡し当事者間の協定による. 〔ステンレスボルト〕 受渡し当事者間の協定による. 〔黄銅ボルト〕 受渡し当事者間の協定による.	〔ねじ〕 メートル並目及び細目ねじの4 h, 6 g, 8 g, 細目ねじのピッチは, 原則としてJIS B 0207の表3による組合せとする. 〔呼び径の範囲〕 六角ボルトの場合 　上：3~80 mm 　中：6~80 mm 　並：6~52 mm ただし, 細目ねじは8~39 mm 小形六角ボルトの場合 　上, 中：8~39 mm
四角ボルト (JIS B 1182)	〔種類〕 ねじの呼び径に対する二面幅の大きさによって 　四角ボルト 　大形四角ボルト の2種類が規定されている. 〔等級〕 四角ボルトの等級は, 仕上げ程度(上, 中, 並), ねじの等級(6 g, 8 g)及び機械的性質の強度区分(4.6, 4.8)を組み合わせたものとする. ただし, 大形四角ボルトの仕上げ程度は並だけ, ねじの等級は8 g, 強度区分は4.6とする.	材料は, JIS B 1051の3.に規定された炭素鋼とする.	〔ねじ〕 メートル並目ねじの6 g又は8 g. 〔呼びの範囲〕 四角ボルトの場合 　上：M 3~M 24 　中及び並：M 6~M 24 大形四角ボルトの場合 　並：M 6~M 24

2.1 ねじ部品の種類

(続き)

形　状	機械的性質	製品の呼び方
座付き(頭) 〔図〕 ・ねじ先はヘッダポイント，平先，又は丸先に面取りする．そのいずれかを必要とする場合は指定する．ただし，M6以下のものは，特に指定のない限り面取りは施さない． ・転造の場合 d_s は，ほぼねじの有効径とすることができる． ・特に大きな座面を必要とする場合は一段上の s 及び e 寸法を用いてもよい． ・座付きを必要とする場合は指定する．	〔鋼ボルト〕 呼び径39 mm以下の鋼ボルトの機械的性質は，JIS B 1051の強度区分4.6, 4.8, 5.6, 5.8, 6.8, 8.8, 10.9及び12.9による． 呼び径42 mm以上の鋼ボルトに対する機械的性質は，受渡し当事者間の協定による． 〔ステンレスボルト〕 受渡し当事者間の協定による．ただし，特に支障のない限り JIS B 1054-1の性状区分によるのがよい． 〔非鉄金属〕 受渡し当事者間の協定による．ただし，特に支障のない限り JIS B 1057の材質区分によるのがよい．	規格番号(^{1}) 種類 仕上げ程度 ねじの呼び×呼び長さ(l) ねじの等級 強度区分 材料 指定事項 注(^{1}) 規格番号は必要がなければ省略してよい．
〔図〕 ・ねじ先は面取り先又は丸先に面取りする．そのいずれかを必要とする場合は指定する．ただし，M6以下のものは特に指定のない限り面取りは施さない． ・転造ねじの場合は d_s は，ほぼねじの有効径とすることができる．	JIS B 1051の強度区分4.6及び4.8による．	次の項目をこの順に並べて呼ぶ． 規格番号(^{1}) 種類 仕上げ程度 ねじの呼び×呼び長さ(l) ねじ等級 強度区分 指定事項 注(^{1}) 規格番号は省略してもよい．

2. ねじ部品の種類と使い方

表 2.1.1

名　称 (規格番号)	種類・等級	材　料	ねじ及び 呼びの範囲
座金組込み六角ボルト (JIS B 1187)	〔種類〕 鋼製六角ボルトは鋼製座金を，黄銅製六角ボルトには銅合金製座金をそれぞれの組合せで規定したものである． (ボルトの種類) トリムド形六角ボルト トリムド形小形六角ボルト アプセット形六角ボルト アプセット形小形六角ボルト アプセット形十字穴付き六角ボルト (座金の種類) 平座金（小形丸とみがき丸） ばね座金 外歯形歯付き座金 皿ばね ばね座金と小形丸 ばね座金とみがき丸 外歯形歯付座金とみがき丸 ただし，皿ばね座金は銅合金製には適用しない． 〔強度区分〕 (鋼ボルト) 鋼ボルトに座金を組み込んだものには，機械的性質の強度区分によって，4.8, 6.8 及び 8.8 の 3 等級が設けられている．ただし，十字穴付きボルトの場合は 4.8 の 1 等級． (黄銅ボルト) 黄銅組込みボルトの等級は規定しない．	〔ボルト本体の材料〕 鋼ボルトの材料は機械的性質を満足する炭素鋼又は合金鋼とする．なお，JIS B 1051 にはこの強度区分 8.8 に対しては合金鋼は規定していない． 黄銅ボルトの材料は JIS H 3260 の C 2700 W による． 〔座金の材料〕 (鋼製座金) 平座金：JIS G 3141 ばね座金：JIS G 3506 の SWRH 57～SWRH 77 外歯形歯付き座金：JIS G 3311 の S 50 CM～S 70 CM 皿ばね座金：JIS G 3311 の 50 CM～S 70 CM (銅合金製座金) 平座金：JIS H 3100 の C 2600, C 2680, C 2720 及び C 2801 による． ばね座金：JIS H 3270 の C 5191 W, ただし，ばね座金 3 号にはりん青銅は使用しない． 外歯形歯付き座金：JIS H 3110 の C 5191 P, C 5212 P	〔ねじ〕 メートルねじ並目又は細目の 6 g とする． なお，めっきを施したねじの最大許容寸法は 4 h とする． 〔呼び径の範囲〕 トリムド六角： 　　　　5～12 mm トリムド小形六角： 　　　　8～12 mm アプセット六角： 　　　　4～12 mm アプセット小形六角：　　8～12 mm 十字穴付六角： 　　　　4～8 mm

2.1 ねじ部品の種類

(続き)

形　状	機械的性質	製品の呼び方
平座金組込みのもの 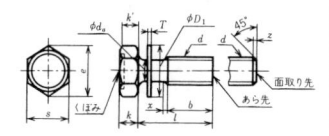 ばね座金と平座金組込みの場合 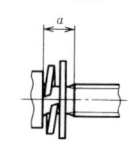	〔ボルト本体の機械的性質〕 鋼ボルトの機械的性質は，JIS B 1051の強度区分4.8，6.8及び8.8による．黄銅ボルト本体の機械的性質は，受渡し当事者間の協定による． 〔座金の機械的性質〕 座金の機械的性質は，それぞれの個別規格に準じて硬さ，ばね作用，粘り強さが規定されている．ただし，平座金の機械的性質は規定していない． ・ねじ本体の形状，寸法は，JIS B 1180の附属書に準じている．ただし，首下丸みrの最小値及び移行円直径d_aは適用できないので本規格独自の寸法となっている． ・アプセット形の頭部形状・寸法は，本規格独自の寸法である． ・座金の形状・寸法は，それぞれの個別規格に準じている．ただし，座金の内径は定めていないがボルトに組み込まれた座金は自由に回転し，ねじ部から容易に脱落しないこと．また，ボルトの首下丸み部と座金の内径との間に使用上有害な干渉がないこと． ・座面から完全ねじ部までの寸法(a)は 　平座金：Tの最大値$+2P$ 　ばね座金：Tの最小値$\times 2.1 + 2P$ 　歯付き座金：Tの最大値$\times 2 + 2P$ 　皿ばね座金：座金の基準高さ 　　　　　　　　$T' + 2P$	次の項目をこの順に並べて呼ぶ． 規格番号([1]) 種類 ねじの呼び×呼び長さ(l) 強度区分([2]) ボルト本体の材料 指定事項 注([1])　規格番号は省略してもよい． 　([2])　鋼ボルトの場合は材料を，黄銅ボルトの場合は強度区分を除く．

表 2.1.1

名　　称 （規格番号）	種類・等級	材　　料	ねじ及び 呼びの範囲
フランジ付六角ボルト （JIS B 1189） (1) 本体 対応する国際規格 　　ISO 4162	〔種類〕 首下部のくぼみの有無 有：U形座面・注文者の指定 無：F形座面・標準形 〔部品等級〕 JIS B 1021 の A	〔鋼製〕 JIS B 1051 の機械的性質を満足する炭素鋼又は合金鋼． 〔ステンレス鋼〕 JIS B 1054–1 の 3.によるA 2.	〔ねじ〕 メートル並目ねじの 6 g とする． 〔呼び径の範囲〕 M 5～M 16

2.1 ねじ部品の種類

(続き)

形　状	機械的性質	製品の呼び方
呼び径ボルト (標準形) F形座面 (標準形) U形座面 (注文者の指定による) 首下部の形状 (座面部) ・有効径ボルトでは軸径は座面より $0.5 \times d$ まで呼び径とする． ・頭部及びフランジ部の検査はゲージによる． ・座面部が $0°\sim1°30'$ の円すい状になっている．	〔鋼製〕 JIS B 1051 の強度区分 8.8, 9.8 及び 10.9 による． 〔ステンレス鋼〕 JIS B 1054-1 の性状区分 A 2-70	次の項目をこの順に並べて呼ぶ． 規格番号 ねじの呼び 呼び長さ 座面形状（U 形のみ指定する） 強度区分

表 2.1.1

名　　称 (規格番号)	種類・等級	材　　料	ねじ及び 呼びの範囲
(2) 附属書	〔種類〕 1種：フランジの上面が平らなもの． 2種：フランジの上面がテーパになっているもの． 〔等級〕 機械的性質の強度区分によって 4.8, 6.8, 8.8 及び 10.9 の 4 等級が設けられている．	ボルトの材料は，製品が JIS B 1051 の機械的性質を満足する炭素鋼又は合金鋼とする．	〔ねじ〕 メートル並目及び細目ねじの 6 g とする． 〔呼び径の範囲〕 1種：4〜12 mm 2種：4〜16 mm
溶接ボルト (JIS B 1195)	〔種類〕 頭部の座面側をプロジェクション溶接として用いるものを規定している．	JIS B 1051 の機械的性質を満足する炭素鋼．ただし，炭素含有量は，0.2% 以下とし，圧延鋼板への溶着性が良好なもの．	〔ねじ〕 メートルねじ並目又は細目の 6 g とする． 〔呼び径の範囲〕 4〜12 mm

2.1 ねじ部品の種類

(続き)

形 状	機械的性質	製品の呼び方
(図)	機械的性質は，JIS B 1051 の強度区分 4.8, 6.8, 8.8 及び 10.9 による．	次の項目をこの順に並べて呼ぶ． 規格番号又は規格名称 種類 ねじの呼び×呼び長さ(l) 強度区分 指定事項
・頭部頂面のくぼみは任意とする．ただし，ボルトの機械的性質を損なうものであってはならない． ・d_s は指定のない限り，ほぼ，ねじの有効径としてもよい． ・ねじ先は，指定のない限り呼び径 8 mm 以下はあら先，呼び径 10 mm 以上は面取り先とする．		
(図)	JIS B 1051 の強度区分 4.8.	次の項目をこの順に並べて呼ぶ． 規格番号又は規格名称 ねじの呼び(d)×呼び長さ(l) ねじの等級 強度区分 指定事項(ねじ先等)

表 2.1.2

名　　称 (規格番号)	種類・等級	材　　料	ねじ及び 呼びの範囲
溝付き六角ナット (JIS B 1170)	〔種類〕 ねじの呼び径に対する二面幅の大きさによって種類が，またナットの形状と高さの違いによって形状の区別と形式が次のように規定されている． | 種類 | 形状の区別 | 形式 | |---|---|---| | 溝付きナット | 1種,2種 | 高形 | | 小形溝付きナット | 3種,4種 | 低形 | 〔等級〕 呼び径39 mm以下の鋼ナット（低形は除く．）の等級は，仕上げ程度（上，中），ねじの等級（6 H, 7 H）及び機械的性質の強度区分（4 T, 5 T, 6 T, 8 T, 10 T）を組み合わせたものとする．ただし，小形溝付きナットの強度区分は，4 T, 5 T, 6 T, 8 Tとする． ステンレスナット，低形の鋼ナット及び呼び径42 mm以上の鋼ナットの等級は，仕上げ程度（上，中）及びねじの等級（6 H, 7 H）を組み合わせたものとする．	〔鋼ナット〕 39 mm以下の鋼ナットは炭素鋼とする．ただし，10 Tの材料は，他の合金元素を添加してもよい． 4 T, 5 T及び6 Tの材料は受渡し当事者間の協定によって快削鋼を使用してもよい．低形42 mm以上に対する材料は，受渡し当事者間の協定による． 〔ステンレスナット〕 受渡し当事者間の協定による．ただし，指定のない限り，JIS G 4303又はG 4315とする．	〔ねじ〕 メートル並目又は細目ねじの6 H, 7 H．ただし，特に規定のない場合は6 Hとする． 〔呼び径の範囲〕 溝付き六角ナットの 1種及び3種で 高形：4～39 mm 低形：10～39 mm 2種及び4種で 高形：12～100 mm 低形：14～100 mm 小形溝付きナットの 1種及び3種で 8～24 mm 2種及び4種で 高形：12～24 mm 低形：14～24 mm

2.1 ねじ部品の種類

ナット類

形　状	機械的性質	製品の呼び方
1種	〔鋼ナット〕 呼び径 39 mm 以下の鋼ナット（低形は除く．）の機械的性質は，（JIS B 1181 の追補 1 による附属書 2）強度区分 4 T, 5 T, 6 T, 8 T 及び 10 T による．低形の鋼ナット及び呼び径 42 mm 以上のものに対する機械的性質は，受渡し当事者間の協定による． 〔ステンレスナット〕 受渡し当事者間の協定による．ただし，呼び径 39 mm 以下には，支障のない限り，JIS B 1054−2 の性状区分を適用するのがよい．	次の項目をこの順に並べて呼ぶ． 規格番号([1]) 種類 形状の区別 形式 仕上げ程度 ねじの呼び ねじの等級 強度区分([2]) 材料 指定事項 注([1])　規格番号は省略してもよい． 　([2])　呼び径 39 mm 以下の鋼ナット（低形は除く．）の場合は材料を，その他のナットの場合は強度区分を除く．
2種		
3種		
4種		

・溝の数及び溝の位置は，指定によって変更することができる．
・溝部のねじは，指定によって取り除くことができる．

2. ねじ部品の種類と使い方

表 2.1.2

名　称 (規格番号)	種類・等級	材　料	ねじ及び 呼びの範囲
六角ナット (JIS B 1181) (1) 本体 対応する国際規格 　ISO 4032 　　〜4036 　ISO 8673 　　〜8675	〔種類〕 六角ナット高さ及び形状の違いによって，スタイル1，スタイル2，六角ナット，低ナット・両面取り及び，低ナット・面取りなしの5種類が規定されている．なお，低ナットはナットの呼び高さが0.5 d 以上から 0.8 d 未満のもので，それ以外は，0.8 d 以上である． 〔等級〕 M 16$\geqq d$：部品等級A M 16$<d$：部品等級B ただし，六角ナットは全サイズ：C，低ナット面取りなしは，M 1.6〜M 10 で部品等級Bとする．	〔鋼ナット〕 JIS B 1052 の附属書1 の4.又は附属書2の4.による炭素鋼又は合金鋼． 〔ステンレスナット〕 JIS B 1054-2 によるオーステナイト系ステンレス鋼A 2 とする． 〔非鉄金属ナット〕 JIS B 1057 の4.による銅合金又はアルミニウム合金とする．	〔ねじ〕 部品等級A及びBに対しては6Hとし，部品等級Cは7Hとする． 〔呼び径の範囲〕 スタイル1 並目：1.6〜64 mm 細目：8〜64 mm スタイル2 並目：5〜36 mm 細目：8〜36 mm 六角ナット 並目：5〜64 mm 低ナット・両面取り 並目：1.6〜64 mm 細目：8〜64 mm 低ナット・面取りなし 並目：1.6〜10 mm

2.1 ねじ部品の種類

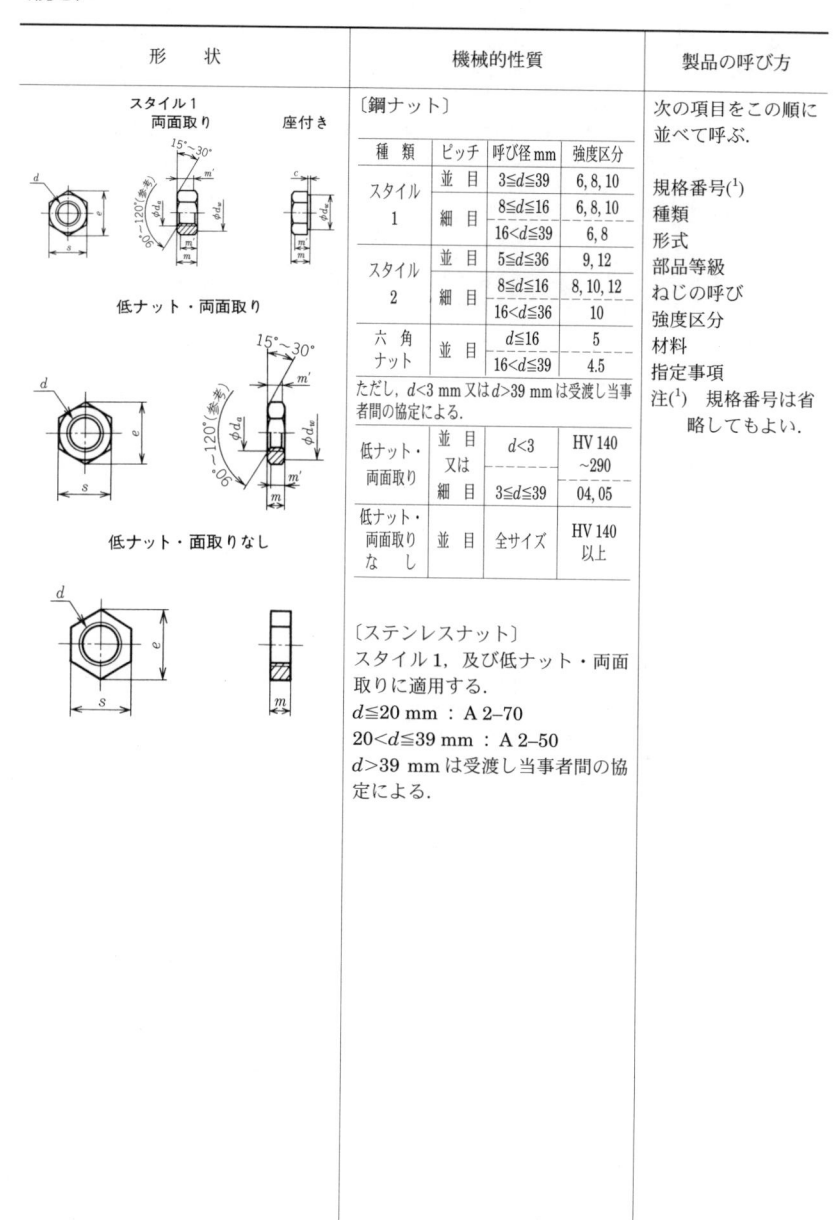

(続き)

形　状	機械的性質	製品の呼び方
スタイル1 両面取り／座付き 低ナット・両面取り 低ナット・面取りなし	〔鋼ナット〕	次の項目をこの順に並べて呼ぶ. 規格番号(^{1}) 種類 形式 部品等級 ねじの呼び 強度区分 材料 指定事項 注(^{1})　規格番号は省略してもよい.

〔鋼ナット〕

種類	ピッチ	呼び径 mm	強度区分
スタイル1	並目	$3≦d≦39$	6, 8, 10
	細目	$8≦d≦16$	6, 8, 10
		$16<d≦39$	6, 8
スタイル2	並目	$5≦d≦36$	9, 12
	細目	$8≦d≦16$	8, 10, 12
		$16<d≦36$	10
六角ナット	並目	$d≦16$	5
		$16<d≦39$	4.5

ただし, $d<3$ mm 又は $d>39$ mm は受渡し当事者間の協定による.

	ピッチ	呼び径 mm	強度区分
低ナット・両面取り	並目 又は 細目	$d<3$ $3≦d≦39$	HV 140 ~290 04, 05
低ナット・両面取りなし	並目	全サイズ	HV 140 以上

〔ステンレスナット〕
スタイル1, 及び低ナット・両面取りに適用する.
$d≦20$ mm : A 2-70
$20<d≦39$ mm : A 2-50
$d>39$ mm は受渡し当事者間の協定による.

2. ねじ部品の種類と使い方

表2.1.2

名　　称 (規格番号)	種類・等級	材　　料	ねじ及び 呼びの範囲
(2) 附属書	〔種類〕 ねじの呼び径に対する二面幅の大きさによって種類が, またナットの座面と高さの違いによって形状の区別が次のように規定されている. | 種　類 | 形状の区別 | | 六角ナット | 1種, 2種 | | 小形六角ナット | 3種, 4種 | 〔等級〕 呼び径39 mm 以下の鋼ナット (3種を除く.) の等級は, 仕上げ程度（上, 中, 並）, ねじの等級（5 H, 6 H, 7 H）及び機械的性質の強度区分 (4 T, 5 T, 6 T, 8 T, 10 T, 12 T) を組み合わせたものとする. 小形六角ナットの仕上げ程度は上と中, 強度区分は 4 T, 5 T, 6 T, 8 T とする. ただし, ステンレスナット, 非鉄金属ナット, 3種の鋼ナット及び呼び径42 mm 以上の鋼ナットの等級は仕上げ程度及びねじの等級を組み合わせたものとする.	〔鋼ナット〕 呼び径 39 mm 以下 (3種を除く.) の材料は機械的性質を満足するものとする. M 42 以上の鋼ナット及び3種は受渡し当事者間の協定による. 〔ステンレスナット, 非鉄金属ナット〕 受渡し当事者間の協定による.	〔ねじ〕 メートル並目及び細目ねじの 5 H, 6 H, 7 H. なお, めっきを施したねじも, 各等級の許容域内でなければならない. 〔呼び径の範囲〕 六角ナットの場合 　上：2～130 mm 　中, 並：6～130mm 小形六角ナットの場合 　上, 中：8～39 mm

2.1 ねじ部品の種類

（続き）

形　状	機械的性質	製品の呼び方
六角ナット・上 1種　2種　3種 4種	〔鋼ナット〕 呼び径 39 mm 以下の鋼ナット（3種を除く.）の機械的性質は，強度区分 4 T, 5 T, 6 T, 8 T, 10 T 及び 12 T とする. 3種の鋼ナット及び呼び径 42 mm 以上の鋼ナットに対する機械的性質は，受渡し当事者間の協定による. 〔ステンレスナット〕 受渡し当事者間の協定による．この場合，特に支障のない限り JIS B 1054-2 の性状区分を適用するのがよい.	規格番号(^{1}) 種類 形状の区別 仕上げ程度 ねじの呼び ねじの等級 強度区分 材料 指定事項 注(^{1})　規格番号は省略してもよい.

- M 5 以下の 6 種は，六角部及びねじ部の面取りは施さない．ただし，六角部は必要に応じて 15° の面取りをしてもよい.
- 特に必要がある場合は，指定によって高さ m をねじ外形の寸法にとることができる.
- ねじ部の面取りはその直径よりわずかに大きい程度とする.
- 特に大きな座面を必要とする場合は一段上の s 及び e を用いてよい.

表 2.1.2

名　称 (規格番号)	種類・等級	材　料	ねじ及び 呼びの範囲
六角袋ナット (JIS B 1183)	〔種類〕 次の種類と形状の区分が規定されている。 | 種　類 | 形状の区分(^{1}) | |---|---| | 六角袋ナット | 1形 | | 小形六角袋ナット | 2形 3形 | 注(^{1}) 1形は，六角部と頭部とが一体形でねじの逃げ溝のないもの，2形は，六角部と頭部とが一体形でねじの逃げ溝のあるもの，3形は，六角部と頭部とを溶接したものとする。 〔等級〕 鋼ナットには，機械的性質の強度区分によって4T, 5T及び6Tの3等級が設けられている。	〔鋼ナット〕 39 mm以上は炭素鋼．ただし，3形のキャップ部の材料はJIS G 3141とする． 〔ステンレスナット〕 原則として，JIS G 4303又はG 4305による．ただし，3形のキャップの材料は，JIS G 4305による． 〔黄銅ナット〕 原則としてJIS H 3260のC 2700若しくはC 3501又はJIS H 3250のC 3601〜C 3604による．ただし3形のキャップ部の材料はJIS H 3100のC 2600〜C 2801による．	〔ねじ〕 メートル並目又は細目ねじの6H． 〔呼び径の範囲〕 並目：4〜M 39 mm 細目：8〜M 39 mm 小形六角袋ナットの場合 呼び径8〜24 mm

2.1 ねじ部品の種類

(続き)

形　状	機械的性質	製品の呼び方
1形　2形　3形	〔鋼ナット〕 鋼ナットの機械的性質は，JIS B 1181の追補1による附属書2の強度区分4 T，5 T及び6 Tによる． 〔ステンレスナット，黄銅ナット〕 ステンレスナット及び黄銅ナットの機械的性質は，受渡し当事者間の規定による． なお，ステンレスナットには，支障のない限りJIS B 1054-2の性状区分を適用するのがよい．	次の項目をこの順に並べて呼ぶ． 規格番号([1]) 種類 性状の区分 ねじの呼び 強度区分 材料 指定事項 注([1])　規格番号は省略してもよい．

表 2.1.2

名　称 （規格番号）	種類・等級	材　料	ねじ及び 呼びの範囲
フランジ付き六角ナット （JIS B 1190） (1)　本体 対応する国際規格 ISO 4161	〔種類〕 なし 〔等級〕 $d \leq$ M 16 は，JIS B 1021 の A による． $d >$ M 16 は，JIS B 1021 の B による．	〔鋼ナット〕 JIS B 1052 の附属書 1 の 4.による炭素鋼, 又は合金鋼． 〔ステンレスナット〕 JIS B 1054-2 によるオーステナイト系ステンレス鋼とする．	〔ねじ〕 メートル並目ねじの 6 H とする． 〔呼び径の範囲〕 M 5～M 20
(2)　附属書 （JIS B 1190）	〔種類〕 なし 〔等級〕 機械的性質の強度区分によって 4T，6T，8T 及び 10T の 4 等級とする．	炭素鋼又は合金鋼とする．	〔ねじ〕 メートル並目又は細めねじの 6 H. 〔呼び径の範囲〕 並目：4～16 mm 細目：8～16 mm

2.1 ねじ部品の種類

(続き)

形　状	機械的性質	製品の呼び方
(図)	〔鋼ナット〕 鋼ナットの機械的性質は，JIS B 1052 の附属書 1 の強度区分 8, 9, 10 及び 12 による． 〔ステンレスナット〕 ステンレスナットの性状区分は，JIS B 1054–2 の A 2–70 による．	次の項目をこの順に並べて呼ぶ． 規格名称 規格番号 ねじの呼び 強度区分 指定事項
・座面部の形状は，0°~1°30′ の範囲で円すい状になっている．座面の傾きではない．		
(図) ・ねじ部の面取りは，その直径がねじの谷の径より，わずかに大きい程度とする．	・機械的性質は，JIS B 1181 の追補 1 による附属書 2 の強度区分 4 T, 6 T, 8 T 及び 10 T による．	次の項目をこの順に並べて呼ぶ． 規格番号又は規格名称 ねじの呼び 強度区分 指定事項

2. ねじ部品の種類と使い方

表 2.1.3

名　称 (規格番号)	種類・等級	材　料	ねじ及び 呼びの範囲
すりわり付き小ねじ (JIS B 1101) (1) 本体 対応する国際規格 　ISO 1207 　ISO 1580 　ISO 2009 　ISO 2010	〔種類〕 チーズ小ねじ なべ小ねじ 皿小ねじ 丸皿小ねじ 〔等級〕 JIS B 1021 の一般用ねじ部品等級 A による.	〔鋼小ねじ〕 強度区分 4.8, 5.8 に対しては炭素鋼. 〔ステンレス小ねじ〕 オーステナイト系ステンレス鋼 A 2 〔非鉄金属〕 JIS B 1057 で規定する中から受渡し当事者間で協定する.	〔ねじ〕 メートル並目ねじの 6 g とする. 〔呼びの範囲〕 M 1.6～M 10. ただし, チーズ小ねじは M 3.5～M 10.
(2) 附属書 (ISO によらないすりわり付き小ねじ)	〔種類〕 なべ小ねじ 皿小ねじ 丸皿小ねじ トラス小ねじ バインド小ねじ 丸小ねじ 平小ねじ 丸平小ねじ 〔等級〕 M 1.6 以上の鋼小ねじには, 機械的性質の強度区分によって 4.8 及び 8.8 の 2 等級が設けられている.	〔鋼小ねじ〕 製品が所定の機械的性質を満足する炭素鋼とする. 〔ステンレス小ねじ〕 JIS G 4315 〔黄銅小ねじ〕 JIS H 3260 の C 2700 W	〔ねじ〕 強度区分 4.8, 8.8 のものはメートル並目ねじ 6 g. 〔呼びの範囲〕 M 1～M 8 ただし, トラス小ねじ, バインド小ねじは M 2～M 8.

2.1 ねじ部品の種類

小ねじ類

形　状	機械的性質	製品の呼び方
チーズ小ねじ （図：この部分には丸みを付けてもよい，あら先（ねじ転造の場合），最大5°，w，d，n，ϕd_k，ϕd_s，t，k，l，x，b） ・ねじがない部分の径（d_s）は，一般にはほぼ有効径とするが，ほぼねじの呼び径にしてもよい． ・ねじ先の形状は，ねじ転造の場合はあら先，ねじ切削の場合は面取り先とする． （チーズ頭以外省略）	〔鋼小ねじ〕 JIS B 1051 の強度区分 4.8, 5.8 及び 8.8 による． 〔ステンレス小ねじ〕 JIS B 1054–1 による A 2–50, A 2–70 による．ただし A 2–70 は小ねじの呼び長さが $8 \times d$（ねじの呼び径）を超えるものには適用しない． 〔非鉄金属小ねじ〕 受渡し当事者間の協定による．	次の項目をこの順に並べて呼ぶ． 規格番号([1]) 小ねじの種類 部品等級 ねじの呼び×呼び長さ(l) 強度区分([2]) 指定事項 注([1]) 規格番号は省略してもよい． 　([2]) ステンレス小ねじの場合は性状区分．
皿小ねじ （図：$90°{+2°\atop 0}$，t，d，n，ϕd_k，k，c，x，l） ・d_s の値は，一般にほぼねじの有効径に等しくとる．必要に応じて，ほぼねじの外径に等しくしてもよい． ・ねじ先の形状は，指定のない限りあら先とし，面取り先，平先を必要とする場合は指定する． （皿頭以外省略）	〔鋼小ねじの場合〕 JIS B 1051 の強度区分 4.8 及び 8.8．ただし，M 1.4 以下は除く． 〔その他の小ねじ〕 ステンレス小ねじ，黄銅小ねじ及び M 1.4 以下の鋼小ねじに対する機械的性質は，受渡し当事者間の協定による． ただし，ステンレス小ねじの場合，特に支障のない限り JIS B 1054–1 の性状区分を適用するのがよい．	規格番号([1]) 種類([2]) ねじの呼び×呼び長さ(l) 強度区分([3]) 材料([3]) 指定事項 注([1]) 規格番号は省略してもよい． 　([2]) 規格番号を省略した場合は種類に"すりわり付き"と冠する． 　([3]) M 1.6 以上の鋼小ねじは強度区分を示し，その他の小ねじは材料を示す．

2. ねじ部品の種類と使い方

表 2.1.3

名　称 （規格番号）	種類・等級	材　料	ねじ及び 呼びの範囲
十字穴付き小ねじ (JIS B 1111) (1)　本体 対応する国際規格 　ISO 7045 　ISO 7046-1 　ISO 7046-2 　ISO 7047	〔種類〕 なべ小ねじ 皿小ねじ 丸皿小ねじ 〔等級〕 JIS B 1021 の一般用ねじ部品等級Aによる.	〔鋼小ねじ〕 強度区分 4.8, 5.8 に対しては炭素鋼. 〔ステンレス小ねじ〕 オーステナイト系ステンレス鋼A2 〔非鉄金属〕 皿小ねじに適用. JIS B 1057 の 4. による CU 2 及び CU 3.	〔ねじ〕 メートル並目ねじの 6 g とする. 〔呼びの範囲〕 M 1.6～M 10
(2)　附属書 (ISO によらない十字穴付き小ねじ)	〔種類〕 なべ小ねじ 皿小ねじ 丸皿小ねじ トラス小ねじ バインド小ねじ 丸小ねじ 〔等級〕 機械的性質の強度区分 4.8, 及び 8.8 の 2 等級とする.	〔鋼小ねじ〕 製品が所定の機械的性質を満足する炭素鋼. 〔ステンレス小ねじ〕 JIS G 4315 〔黄銅小ねじ〕 JIS H 3260 の C 2700 W	〔ねじ〕 メートル並目ねじの 6 g とする. 〔呼びの範囲〕 M 2～M 8

2.1 ねじ部品の種類

(続き)

形　状	機械的性質	製品の呼び方
十字穴 H形 Z形 この部分は平らでも丸みでもよい あら先(ねじ転造の場合) ・ねじがない部分の径 (d_s) は，一般にほぼ有効径とするが，ほぼねじの呼び径にしてもよい． ・ねじ先の形状は，ねじ転造の場合はあら先，ねじ切削の場合は面取り先とする． ・十字穴の形状・寸法は JIS B 1012 の H 形及び Z 形とする． ・強度区分によって，ϕd_k が異なる．	〔鋼小ねじ〕 なべ小ねじ及び丸皿小ねじの機械的性質は，JIS B 1051 の強度区分 4.8 とする． 皿小ねじの機械的性質は，JIS B 1051 の強度区分 4.8 及び 8.8 による． 〔ステンレス小ねじ〕 なべ小ねじ及び丸皿小ねじの性状区分は，JIS B 1054-1 の A 2-50, A 2-70 による． 皿小ねじの性状区分は，JIS B 1054-1 の A 2-70 による． ただし A 2-70 は小ねじの呼び長さが $8 \times d$ (d はねじの呼び径) を超えるものには適用しない． 〔非鉄金属小ねじ〕 JIS B 1057 の 4. による CU 2 及び CU 3．	次の項目をこの順に並べて呼ぶ． 規格番号[1] 小ねじの種類 部品等級 ねじの呼び×呼び長さ(l) 強度区分[2] 十字穴の種類 指定事項 注[1] 規格番号は省略してもよい． [2] ステンレス小ねじの場合は性状区分．
なべ小ねじ ・d_s の値は，一般にほぼねじの有効径に等しくとる． ・ねじ先の形状は指定のない限りあら先とし，平先を必要とする場合は指定する． ・十字穴の形状・寸法は JIS B 1012 の H 形とする．	〔鋼小ねじの場合〕 JIS B 1051 の強度区分 4.8 及び 8.8 による． 〔その他の小ねじ〕 ステンレス小ねじ，黄銅小ねじの機械的性質は，受渡し当事者間の協定による． ただし，ステンレス小ねじの場合，特に支障のない限り JIS B 1054-1 の性状区分によるのがよい．	規格番号[1] 種類 ねじの呼び×呼び長さ(l) 強度区分 材料 指定事項 注[1] 規格番号は省略してもよい．

2. ねじ部品の種類と使い方

表2.1.3

名　称 (規格番号)	種類・等級	材　料	ねじ及び 呼びの範囲
座金組込み十字穴付き小ねじ (JIS B 1188)	〔種類〕 鋼製十字穴付き小ねじには鋼製の座金を，黄銅製十字穴付き小ねじには銅合金製座金を，それぞれの種類の組合せで規定したものである． 〔小ねじの種類〕 なべ小ねじ 皿小ねじ 丸皿小ねじ トラス小ねじ バインド小ねじ 〔座金の種類〕 平座金（小形丸とみがき丸の2種類） 皿ばね座金([1]) ばね座金 歯付き座金（外歯形と皿形の2種類） ばね座金と平座金（小形丸） ばね座金と平座金（みがき丸） 歯付き座金と平座金（みがき丸） 注([1]) 皿ばね座金は銅合金製には適用しない． 〔等級〕 強度区分4.8とする．	〔小ねじ〕 鋼小ねじは機械的性質を満足する炭素鋼．黄銅小ねじはJIS H 3260のC 2700 Wとする． 〔座金〕 (鋼製座金) 平座金：JIS G 3141 ばね座金：JIS G 3506のSWRH 57〜SWKH 77 歯付き座金：JIS G 3311のS 50 CM〜S 70 CM 皿ばね座金：JIS G 3311のS 50 CM〜S 70 CM (銅合金製座金) 平座金：　JIS H 3110 ばね座金： 　　　　JIS H 3270 歯付き座金： 　　　　JIS H 3110	〔ねじ〕 メートル並目ねじの6gとする． 〔呼びの範囲〕 M 2〜M 8. ただし，皿小ねじ及び丸皿小ねじはM 3〜M 8とする．

(続き)

形　状	機械的性質	製品の呼び方
平座金組込みのもの ・小ねじ本体の形状，寸法は，JIS B 1111 の附属書に準じている．ただし，首下丸み r の最小値及び移行円直径 d_a は適用できないので本規格独自の寸法となっている． ・座金の形状・寸法は，それぞれの個別規格に準じている．ただし，座金の内径は定めていないが小ねじに組み込まれた座金は自由に回転し，ねじ部から容易に脱落しないこと．また，小ねじの首下丸み部と座金の内径との間に使用上有害な干渉がないこと． ・座面から完全ねじ部までの寸法 a は 　平座金：T の最大値 $+2P$ 　ばね座金：T の最小値 $\times 2.1 + 2P$ 　歯付き座金：T の最大値 $\times 2 + 2P$ 　皿ばね座金：座金の基準高さ 　　　　　　　　　$T' + 2P$	〔小ねじ本体の機械的性質〕 鋼小ねじの機械的性質は，JIS B 1051 の強度区分 4.8 による．黄銅小ねじの機械的性質は，受渡し当事者間の協定による． 〔座金の機械的性質〕 座金の機械的性質は，それぞれの個別規格に準じて硬さ，ばね作用，粘り強さが規定されている．ただし，平座金の機械的性質は規定していない．	次の項目をこの順に並べて呼ぶ． 規格番号[1] 種類 ねじの呼び×呼び長さ(l) 強度区分[2] 小ねじ本体の材料[2] 指定事項 注[1]　規格番号は省略してもよい． 　[2]　鋼小ねじの場合は材料を除き，黄銅小ねじの場合は強度区分を除く．

2. ねじ部品の種類と使い方

表 2.1.4

名　　称 (規格番号)	種類・等級	材　　料	ねじ及び 呼びの範囲
すりわり付きタッピンねじ (JIS B 1115) (1) 本体 　対応する国際規格 　　ISO 1481 　　　～1483	〔種類〕 頭部が3種類，ねじ部がJIS B 1007の本体に規定するC形及びF形の2種類 〔頭部〕 なべ 皿 丸皿 〔等級〕 JIS B 1021の部品等級A	冷間圧造加工及び表面硬化を施すのに適する鋼.	〔ねじ〕 JIS B 1007に規定するC形及びF形. 〔呼びの範囲〕 ST 2.2～ST 9.5
(2) 附属書	なべ，皿，丸皿の（1種）2種，3種及び4種. 1種はなるべく用いない.	〔鋼タッピンねじ〕 JIS G 3539又はJIS G 4051による炭素鋼とする. 〔ステンレスタッピンねじ〕 JIS G 4315のオーステナイト系ステンレス鋼とする.	〔ねじ〕 JIS B 1007の附属書に規定する1種，2種，3種，4種. 4種は2種をとがり先にしたもの. 〔呼び径の範囲〕 2～6 mm

2.1 ねじ部品の種類

タッピンねじ類

形　　状	機械的性質	製品の呼び方
なべ　C形　F形 （図）	JIS B 1055 の本体に規定する鋼タッピンねじの機械的性質による．なお，JIS B 1055 には機械的性質として次の項目を規定している． ・表面硬さ ・浸炭層深さ ・心部硬さ ・ミクロ組織 ・ねじ込み性 ・ねじり強さ	次の項目をこの順に並べて呼ぶ． 規格番号又は規格名称 ねじの種類 ねじ先の種類 ねじの呼び×呼び長さ(l) 指定事項
なべ　4種　1種　2種　3種 （図） (なべ頭以外の形状の図は省略)	〔鋼タッピンねじ〕 JIS B 1055 の附属書1に規定する．鋼タッピンねじの機械的性質による． 〔ステンレスタッピンねじ〕 JIS B 1055 の附属書2に規定するステンレスタッピンねじの機械的性質による．	規格番号又は規格名称 種類 ねじ部の種類 呼び径×呼び長さ(l) 材料 指定事項 ただし，鋼タッピンねじの場合は，材料を省略してもよい．

表 2.1.4

名　称 (規格番号)	種類・等級	材　料	ねじ及び 呼びの範囲
十字穴付きタッピンねじ (JIS B 1122) (1)　本体 対応する国際規格 　　ISO 7049 　　　～7051	〔種類〕 頭部が3種類，ねじ部がJIS B 1007の本体に規定するC形及びF形の2種類． (頭部) なべ 皿 丸皿 〔等級〕 JIS B 1021の部品等級A	冷間圧造加工及び表面硬化を施すのに適する鋼．	〔ねじ〕 JIS B 1007に規定する．C形及びF形． 〔呼びの範囲〕 ST 2.2～ST 9.5
(2)　附属書	〔種類〕 頭部の6種類とねじ部の4種類の組合せが規定されている． (頭部) なべ　　　　皿 丸皿　　　　トラス バインド　　プレジャ	〔鋼タッピンねじ〕 JIS G 3539 又は JIS G 4051 による炭素鋼． 〔ステンレスタッピンねじ〕 JIS G 4315のオーステナイト系ステンレス鋼．	〔ねじ〕 JIS B 1007の附属書の1種，2種，3種及び4種による．1種はなるべく用いない． 〔呼び径の範囲〕 2～6 mm
六角タッピンねじ (JIS B 1123) (1)　本体 対応する国際規格 　　ISO 1479	〔種類〕 ねじ部形状のC形及びF形の2種類が規定されている． 〔等級〕 JIS B 1021の規定による部品等級Aによる．	冷間圧造加工及び表面硬化を施すのに適する鋼．	〔ねじ〕 JIS B 1007に規定するC形，及びF形． 〔呼びの範囲〕 ST 2.2～ST 9.5
(2)　附属書	〔種類〕 頭部が3種類，ねじ部が4種類の組合せが規定されている． 〔頭部〕 六角 十字穴付き六角 フランジ付き六角	〔鋼タッピンねじ〕 JIS G 3539 又は JIS G 4051 による炭素鋼． 〔ステンレスタッピンねじ〕 JIS G 4315のオーステナイト系ステンレス鋼．	〔ねじ〕 JIS B 1007の附属書に規定する1種，2種，3種，4種．4種は2種をとがり先にしたもの． 〔呼び径の範囲〕 3～8 mm

2.1 ねじ部品の種類

(続き)

形　状	機械的性質	製品の呼び方
C形　なべ　F形 十字穴 H形　Z形 ・十字穴の形状は JIS B 1012 の H 形及び Z 形とする.	JIS B 1055 の本体に規定する鋼タッピンねじの機械的性質による.	次の項目をこの順に並べて呼ぶ. 規格番号又は規格名称 ねじの種類 ねじ先の種類 ねじの呼び×呼び長さ(l) 十字穴の種類 指定事項
なべ4種 (なべ頭以外の形状の図は省略) ・十字穴の形状は, JIS B 1012 の H 形とする.	〔鋼タッピンねじ〕 JIS B 1055 の附属書1に規定する鋼タッピンねじの機械的性質による. 〔ステンレスタッピンねじ〕 JIS B 1055 の附属書2に規定するステンレスタッピンねじの機械的性質による.	規格番号又は規格名称 種類 呼び径×呼び長さ(l) 材料 指定事項
C形　F形	JIS B 1055 の本体に規定する鋼タッピンねじの機械的性質による.	次の項目をこの順に並べて呼ぶ. 規格番号又は規格名称 ねじの種類 ねじ先の種類 ねじの呼び×呼び長さ(l) 材料 指定事項
4種　くぼみ ・十字穴の形状は, JIS B 1012 の H 形とする.	〔鋼タッピンねじ〕 JIS B 1055 の附属書1に規定する鋼タッピンねじの機械的性質による. 〔ステンレスタッピンねじ〕 JIS B 1055 の附属書2に規定するステンレスタッピンねじの機械的性質による.	規格番号又は規格名称 種類 呼び径×呼び長さ(l) 材料 指定事項

2. ねじ部品の種類と使い方

表 2.1.5

名　　称 (規格番号)	種類・等級	材　　料	呼びの範囲
ばね座金 (JIS B 1251)	〔ばね座金〕 次の2種類が規定されている 　一般用：2号 　重荷重用：3号	〔鋼〕 JIS G 3506 の SWRH 57 (A・B)〜SWRH 77 (A・B) 〔ステンレス〕 JIS G 4308 の SUS 304, 305, 316 〔りん青銅〕 JIS H 3270 の C 5191 W	2号：2〜39 mm 3号：6〜27 mm
	〔皿ばね座金〕 次の4種類が規定されている. | 種類 || 記号 | 適用ねじ部品 | |---|---|---|---| | 1種 | 軽荷重 | 1L | 一般ボルト,小ねじ,ナット | | | 重荷重 | 1H | | | 2種 | 軽荷重 | 2L | 六角穴付きボルト | | | 重荷重 | 2H | |	JIS G 3311 の 　S 50 CM〜S 70 CM 又は JIS G 4802 の 　S 50 C–CSP〜 　S 70 C–CSP, 　SK 5–CSP	1種軽荷重： 　　　3〜30 mm 1種重荷重： 　　　6〜22 mm 2種軽荷重： 　　　4〜30 mm 2種重荷重： 　　　4〜27 mm
	〔歯付き座金〕 形状により次の4種類が規定されている. 　内歯形：A 　外歯形：B 　皿　形：C 　内外歯形：AB	〔鋼〕 JIS G 3311 の 　S 50 CM〜S 70 CM 又は JIS G 4802 の 　S 50 C–CSP〜 　S 70 C–CSP 〔りん青銅〕 JIS H 3110 の 　C 5191 P〜H 又は 　C 5212 P–H	内歯形：2〜24 mm 外歯形：3〜24 mm 皿　形：3〜8 mm 内外歯形： 　　　4〜16 mm

2.1 ねじ部品の種類

座金類

形　状	機械的性質	製品の呼び方
(ばね座金の図) 注＊ 面取り又は丸み 断面形状が図示され， 厚さ $t = \dfrac{T_1 + T_2}{2}$ である旨，注記された． ここに， 　T_1：断面における外周側の厚さ 　T_2：断面における内周側の厚さ また，$T_2 - T_1 \leqq 0.064\,b$ ただし b は，最小値とする．	〔硬さ〕 （鋼座金） 42～50 HRC 又は 412～513 HV．ただし，パテンチングの材料を用いたときは，受渡し当事者間の協定によって硬さの最小値を 40 HRC 又は 392 HV としてもよい． （ステンレス座金） 34 HRC 又は 336 HV 以上 （りん青銅座金） 90 HRB 又は 192 HV 以上 〔ばね作用〕 所定の方法で試験をしたとき，自由高さは，規定の値を満足すること．ただし，ステンレス鋼製は，受渡し当事者間の協定による． 〔粘り強さ〕 所定の方法でねじり試験をしたとき，ねじり角 90° 未満で破損しないこと．	次の項目をこの順に並べて呼ぶ． 規格番号又は規格名称 製品名称又は略図 種類又はその記号 呼び 材料の略号 指定事項
(皿ばね座金の図) 1種	〔硬さ〕 40～48 HRC 又は 392～484 HV 〔ばね作用〕 所定の圧縮試験を行ったとき，座金の自由高さは，規定の値を満足すること． 〔粘り強さ〕 所定の締付け試験を行ったとき，割れ，き裂などを生じないこと．	
(歯付き座金の図) 外歯形(B) 皿形(C) （外歯形，皿形以外の図は省略）	〔硬さ〕 鋼座金の場合　40～50 HRC りん青銅座金の場合　85 HRB 以上又は 392～513 HV 〔ばね作用〕 所定の圧縮試験を行ったとき，自由高さは圧縮前の高さの 5/6 倍以上あること． 〔粘り強さ〕 所定のねじり試験を行ったとき破損しないこと．	

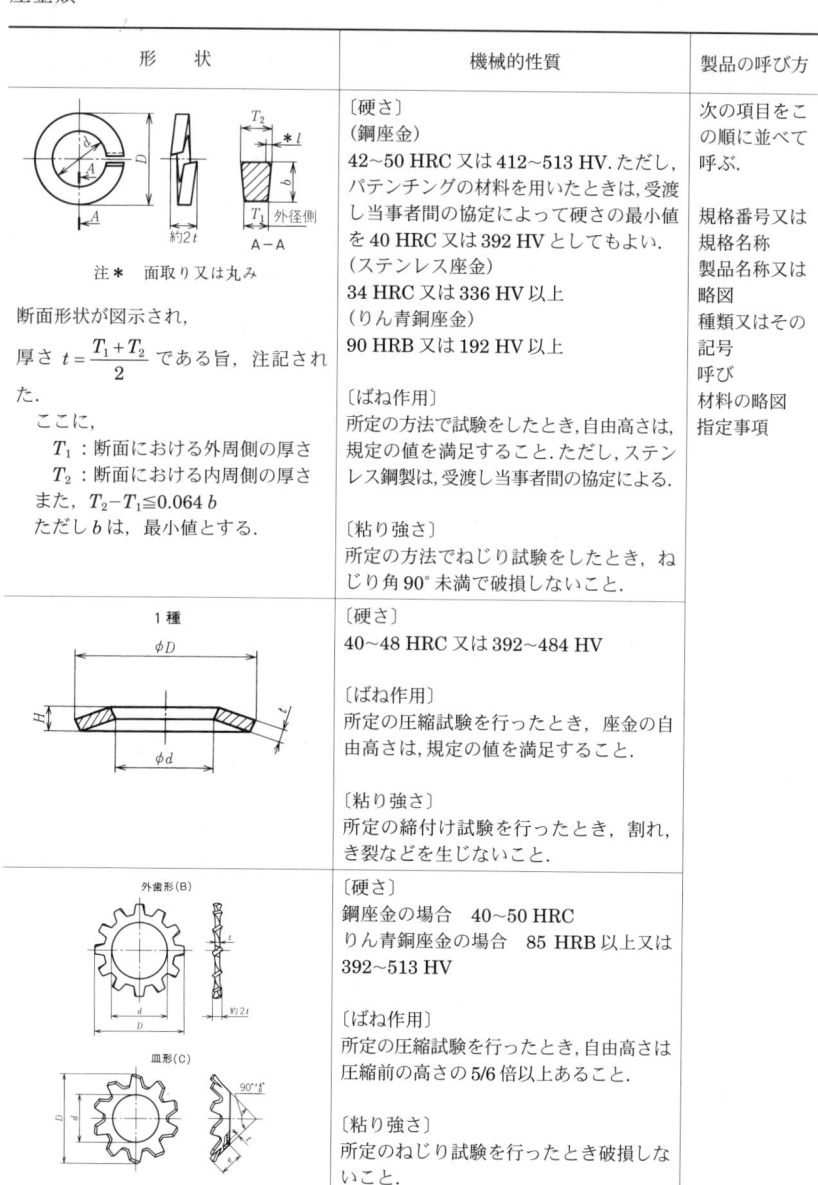

2. ねじ部品の種類と使い方

表 2.1.5

名　称 (規格番号)	種類・等級	材　料	呼びの範囲
(続き)	〔波形ばね座金〕 重荷重用：3号	〔鋼製波形ばね座金〕 JIS G 3506 の SWRH 57 (A·B)～SWRH 77 (A·B) 〔ステンレス鋼製の波形ばね座金〕 JIS G 4308 の SUS 304, 305, 316 〔りん青銅製波形ばね座金〕 JIS H 3270 の C 5191 W	2.5～27 mm

2.1 ねじ部品の種類

（続き）

形　状	機械的性質	製品の呼び方
（ばね座金の図：上面図および断面図、記号 D, b, t, H, s を含む） 注* 面取り又は丸み $*C \fallingdotseq \dfrac{t}{4}$ ・断面形状はほぼ長方形であり，厚さ t の範囲内でなければならない．	〔硬さ〕 （鋼製座金） 40〜48 HRC 又は 392〜484 HV． （ステンレス鋼製座金） 37 HRC 以上又は 336 HV 以上 （りん青銅製座金） 90 HRB 以上又は 192 HV 以上 〔ばね作用〕 （鋼製ばね座金） 所定の方法で試験をしたとき，試験後の高さは，規定の値を満足すること． （ステンレス鋼製座金及びりん青銅製座金） 所定の方法で試験し，試験後の自由高さの値は，受渡し当事者間の協定による． 〔粘り強さ〕 所定のねじり試験を行ったとき，ねじり角度 90°未満で破損しないこと．	

2.2 ねじ部品選択上の一般事項

2.2.1 ねじ部品の形状
(1) 頭部形状

(a) 小ねじ　小ねじの頭部形状は，締付け伝達部の違いによって，すりわり付きと十字穴付きとに大別される．一般に，使用者が再使用するため，すりわり付きが利用されてきたが，むしろ近年では，十字穴付きドライバの普及もあって，すりわり付きはあまり使用されなくなっている．

十字穴付きは，締付け作業においてその作業性がよく，また製造する側にとっても切削工程がなく冷間加工ですむことから生産性が高く，その普及はめざましいものがある．

従来十字穴は，フィリップス系のものであったが，この十字穴は，高いトルクで締め付けた際に，カムアウトと呼ばれるビット（ドライバ）が浮き上がる現象が起きることがある．この欠点を改良したのがアメリカで考案されたポジドライブ系の十字穴であるが，特許との関連もあり日本ではほとんど使用されていなかった．

その後特許が消滅したこともあり，ISO では1983年に規格化され，我が国でも1985年にJIS B 1012（ねじ用十字穴）に，フィリップス系をH形，ポジドライブ系をZ形として制定された．JIS B 1111（十字穴付き小ねじ）でも，規格本体では，H形，Z形の両方を規定している．しかし，附属書は，今までの実績もありH形だけを規定している．

頭部の形状はその名称によって種々規定されているが，頭部の径 d_k と，高さ k がそれぞれ異なっているので，その使用目的によって選択すればよい．なお，前述のJIS B 1101, B 1111で同じ名称であっても，規格本体と附属書では，寸法が異なっているので注意を要する．

(b) ボルト・ナット　締結用として広く利用されているのは六角ボルトと六角穴付きボルトである．六角穴付きボルトは，頭部にねじ込み用の六角穴を有するボルトで，ビットあるいは六角棒スパナを利用して締め付ける場合，締

2.2 ねじ部品選択上の一般事項

付けスペースの狭い場所や，沈め穴等に用いることが多い．反面，ねじサイズに対して，二面幅の寸法は小さくなり，締付けトルクの伝達に無理を生じ，ビットの破損，摩耗等の問題がある．近年，この欠点を補うため，六角を2倍の12角とした12ポイント穴付きが使用されてきたが，JIS化するには至っていない．

六角ボルトの場合，頭部二面幅は単に締付けトルクの伝達だけでなく，それ自体座面の大きさに関連することから，その選択はいろいろな条件が加味されなければならない．取付けスペースの問題，締付け部の座面強度，トルク係数のばらつき，座金の有無，ボルト単体としての質量等を考慮して選択しなければならない．締結用ボルトで重要なのは，その初期の締結力が保持されなければならないことである．すなわち，ゆるみが生じないよう設計することが重要である．ゆるみについての考察は，後の章で述べられるが，ここでは座面強度についてふれてみる．

JIS B 1082（ねじ部の有効断面積及び座面の負荷面積）では主なねじ部品の座面面積を計算し，それとねじ部の有効断面積の比を，面積比として規定している．その一例を表2.2.1に示す．

ISO 272（JIS B 1002）では，ねじサイズに対して，並形と大形の2種類の二面幅を規定している．しかし，部品規格では，並形シリーズだけが規定されていて，JIS B 1180の規格本体もそれによっている．附属書は小形，並形（旧JIS）の二つのシリーズが規定されている．これらの面積比を用いると，ボルトの締付け荷重が設定されれば要求される座面強度の大きさがわかる．

一方，日本ねじ研究協会が発表している締結部材の座面強度の実験データを表2.2.2に示す．

これらから，ねじ部品の適切な二面幅及び形状を選択することができる．以下に計算例を示す．

ボルトサイズ M 10，強度区分 10.9 とすれば，ボルトの耐力は，940 N/mm^2，ボルトの締付け軸力の最大値を，耐力の80%とすれば，940 N/mm^2×0.8=752 N/mm^2 となる．

ここで，表2.2.1より，面積比は，それぞれ六角並形（$s=17$）で1.9，小形（座なし）で1.3，フランジ付き六角2.7であるので，この場合の座面応力は，

$$752 \div 1.9 = 396 \text{ （N/mm}^2\text{）}$$
$$752 \div 1.3 = 578 \text{ （N/mm}^2\text{）}$$

及び

$$752 \div 2.7 = 279 \text{ （N/mm}^2\text{）}$$

表2.2.1 各種ボルト及びなべ小ねじの座面面積と面積比
（JIS B 1082 より抜粋）

種類 呼び	並形六角ボルト（座付き）負荷面積 A_{b1} mm²	面積比(^{1}) A_{b1}/A_s	小型六角ボルト（座なし）負荷面積 A_{b2} mm²	面積比(^{1}) A_{b2}/A_s	フランジ付き六角ボルト 負荷面積 A_{b1} mm²	面積比(^{2}) A_{b1}/A_s	六角穴付ボルト 負荷面積 A_{b1} mm²	面積比(^{2}) A_{b1}/A_s	なべ小ねじ 負荷面積 A_{b1} mm²	面積比(^{2}) A_{b1}/A_s
M 3	12.3	2.4	—	—	—	—	10.2	2.0	14.7	2.9
									15.6	3.1
M 4	18.8	2.1	—	—	28.3	3.2	16.2	1.8	22.6	2.6
									34.4	3.9
M 5	21.6	1.5	—	—	39.9	2.8	25.1	1.8	39.9	2.8
									47.1	3.3
M 6	36.7	1.8	—	—	60.8	3.0	32.8	1.6	52.4	2.6
									78.9	3.9
M 8	56.2	1.5 (1.4)	61.1	1.7 (1.6)	102	2.8 (2.6)	52.7	1.4	90.3	2.5
									137	3.7
M 10	86.4	1.5 (1.4)	74.7	1.3 (1.2)	159	2.7 (2.6)	85.7	1.5	219	3.8
	110	1.9 (1.8)	—	—						
M 12	86.5	1.0 (0.94)	107	1.3 (1.2)	237	2.8 (2.6)	85.7	1.0	—	—
	113	1.3 (1.2)	—	—						
M 16	168	1.1 (1.0)	179	1.1 (1.1)	466	3.0 (2.8)	174	1.1	—	—
M 20	258	1.1 (0.95)	251	1.0 (0.92)	—	—	266	1.1	—	—
M 24	388	1.1 (1.0)	356	1.0 (0.93)	—	—	408	1.2	—	—
M 30	645	1.1 (1.0)	600	1.1 (0.97)	—	—	623	1.1	—	—
M 36	950	1.2 (1.1)	970	1.2 (1.1)	—	—	950	1.2	—	—

注(^{1}) M 8～M 36で（ ）内の数値は細目ねじに対するもの．
　(^{2}) M 3～M 12までで，2段になっているものは，上段がISOに基づく二面幅又は頭部外径，下段が附属書に基づく二面幅又は頭部径による．

2.2 ねじ部品選択上の一般事項

となるので，締付け部材の材質が決定すれば，適切な二面幅を選択できる．

なお，JIS B 1002（二面幅の寸法）で計算されている座付きの座面面積は，ISO 272によるもので，座面直径の大きさd_wを，規格値の最小値によっている．上記 JIS B 1082では，d_wの大きさを，$0.95 \times s$（二面幅）としており，約10～20％程度の差があるので注意を要する．

表2.2.2 各種材料に対する限界面圧（ねじ締結ガイドブックより抜粋）

被締付け部材の材料			機械的性質[1]			限界面圧[3]
名　称	JIS番号	材料記号	引張強さ N/mm²	耐　力 N/mm²	硬　さ HB(10/3000)	N/mm²
一般構造用圧延鋼材	G 3101	SS 400	437.4	308.9	126	333.5
炭素鋼鋳鋼	G 5101	SC 450	459.9	302.0	137	363.0
ねずみ鋳鉄	G 5501	FC 200	144.2	—[2]	128	294.3
球状黒鉛鋳鉄	G 5502	FCD 450	479.5	312.8	170	421.8
熱間圧延ステンレス鋼板	G 4304	SUS 304	642.3	223.6	170	313.9
黄銅	H 3100	C 2801	361.9	197.1	131	—
アルミニウム合金	H 4040	A 2017	412.9	271.6	104	392.4

注([1]) 引張試験は JIS Z 2201（金属材料引張試験片）に規定される4号試験片を用いて，JIS Z 2241（金属材料引張試験方法）により実施．
 ([2]) 測定できなかった．
 ([3]) 換算は 1 kgf/mm²＝9.806 65 N/mm²
  黄銅は実験データのばらつきが大きく，限界値は決定できなかった．

(2) 首下丸み

古くはボルトの製造が，主に切削で行われたためと思われるが，首下丸みを単一のrとして規定されていた．ところが，近年ボルトの製造はほとんどが冷間加工で行われているところから，首下丸み規定が，使用上，製造上両方にメリットがある規定となった．図2.2.1に一例を示すが，丸みの最小値rは，ボルト機能上から最小値を保証し，締付け穴への干渉を防ぐ意味で移行円直径d_aを最大値で規制し，また軸部への丸み移行部fも最大値で規制している．

(3) 座面形状

フランジ六角ボルトの本体及びフランジ付六角ナットの本体で，首下部の座面部を円すい形状にすることが規定された．

規格本体図1では，半角の図示であり，従来の規格での座面の傾きに似ているので注意を要する．この円すいの角度範囲は，半角で0°～1°30′と非常に大

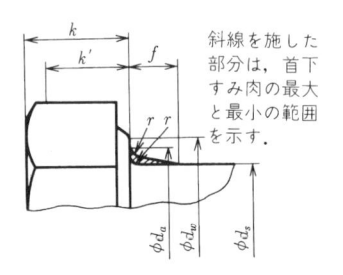

図 2.2.1　首下丸み部

きなものになっており，製造上止むを得ない面もあるが，締付部材の座面強度が大きい場合は変形が小さく，座面部が十分に密着しないおそれがある．

またボルト，ナットの初期締付力が小さい場合も円すい角度が大きいと，座面が十分に密着しないで，外側部分だけの接触となるので，実際の使用条件での確認をしたほうがよい．

(4) ねじ部の長さ

おねじ部品のねじ部長さ l は，単純には，めねじとのはめあい長さにあそび長さをプラスしたものと考えればよい．ところが JIS 部品の場合は，呼び長さに段階差があるので，締付け部材の厚みの組合せをねじ部長さで調整している．

そのため，呼び長さが長いと，ねじ部長さも長くなっている．その計算式を次に示す．

$s = 2d + 6$ 　　（$l \leq 125$）（d はねじの呼び径）

$s = 2d + 12$ 　（$125 < l \leq 200$）

$s = 2d + 25$ 　（$200 < l$）

実際の設計では，めねじにタップ穴を使用する場合，めねじの材質と強度がはめあい長さを決定する．アルミニウムを例にとれば，一応そのはめあい長さは，$2 \times d$ を必要とする．後述される塑性域締付けでは，弾性域と違って，あそびねじ部に塑性伸びを生じるので，その長さをできるだけ長くし，1山当たりの塑性伸びを小さくしないと，1山のピッチが大きくなり，ねじ部品の再使

2.2 ねじ部品選択上の一般事項

用がきかなくなる.

また,締付け部材が薄く,呼び長さが短い場合に軸太を採用し,ねじ部長さが $1 \times d$ くらいしかとれないような場合は,あそびねじ部が,不完全ねじ部を含めて,2~3 山になることがある.このような場合は,あそびねじ部の伸びが拘束されることから,見かけの引張強さが大きくなる. JIS B 1051 での引張試験では,あそび長さを $1 \times d$ 以上としているが,これを短くすれば(例えば 1~2 山程度)見かけ上の引張強さは,2~3 割程度大きくなる.

(5) ねじのピッチ

部品規格には,ねじの呼び径が 8 mm 以上では並目ねじと細目ねじの両方が規定されている.どちらを使うのがよいかは,一概に決めにくく,決定的な優位性はないものの,次のようなことが特徴づけられる.

① めねじの材質が,鋳物あるいはアルミニウム合金等の材料の場合,同じはめあい長さであれば,ねじの応力分布から,1 山当たりの強度が高い並目がよいとされている.

② 並目ねじは,リード角が大きいので,締付け作業が早くなる.

③ 細目ねじの場合,ねじのリード角が小さく,ゆるみにくい.

④ 細目ねじの場合,有効断面積が並目と比較して約 5~10% 程度大きくなることから,引張強さが同じでも破断荷重は増加する.

これらを考慮して,自動車用の場合は,M 8 までは並目,M 10 以上は細目が多いが,一般には並目ねじのほうが市場性がある.

(6) ねじ先の形状

JIS B 1003(ねじ先の形状・寸法)を図 2.2.2 に示す.古い規格では,ねじが切削で製造されたことから,平先が多く規格化されていたが,近年,製造方法が冷間加工に移行したことから,面取り先,またはあら先に変更されている.また近年,自動組立てに伴い,棒先の採用が増加している. JIS では,棒先の径の寸法 d_p は,ねじの谷径より小さくしてあり,転造ダイスによる圧痕が残らないようになっているが,実際には圧痕を残してもよいから,谷径より大きくしたほうが締付け作業性が向上するようである.

120   2. ねじ部品の種類と使い方

切り刃先も，JIS の形状では冷間加工による加工は困難なので，溝を浅くし，2箇所あるいは3箇所として，冷間加工で製造している例が多くなっている．

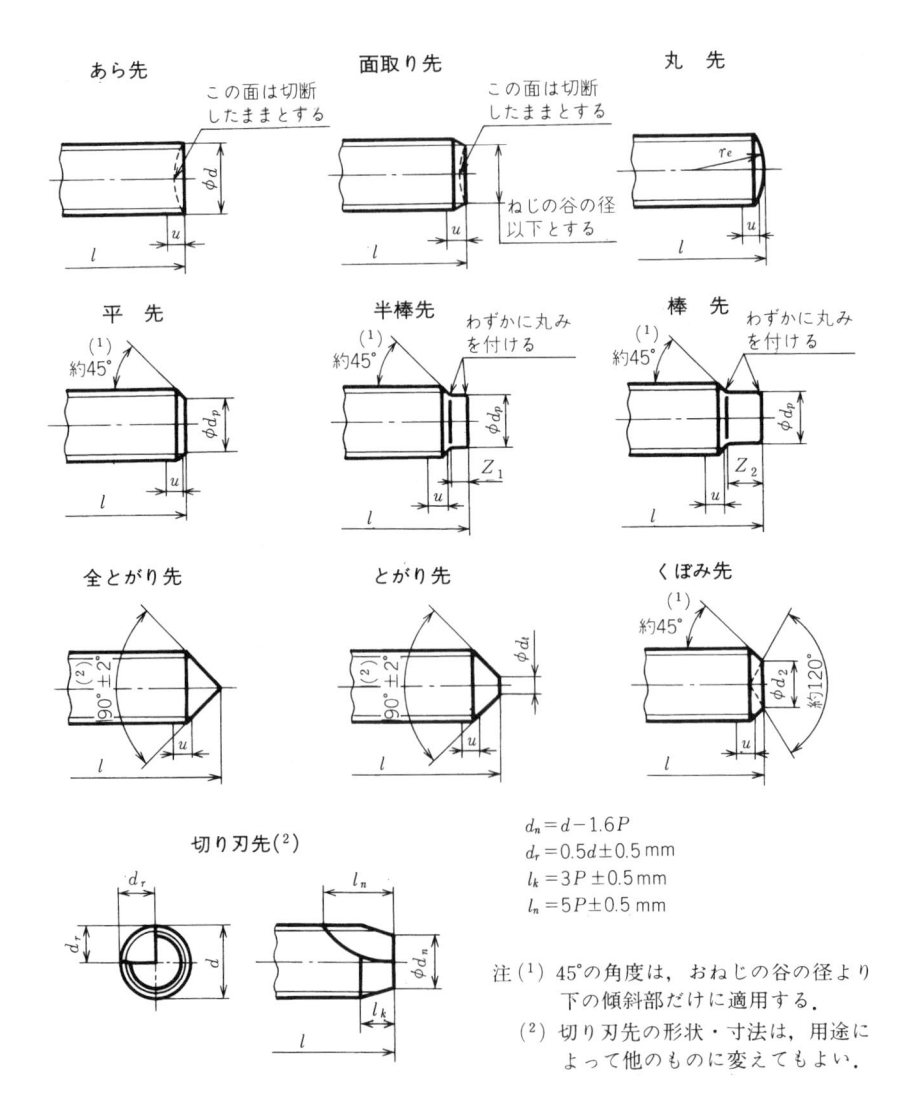

$d_n = d - 1.6P$
$d_r = 0.5d \pm 0.5$ mm
$l_k = 3P \pm 0.5$ mm
$l_n = 5P \pm 0.5$ mm

注 (1) 45°の角度は，おねじの谷の径より下の傾斜部だけに適用する．
　 (2) 切り刃先の形状・寸法は，用途によって他のものに変えてもよい．

図 2.2.2 ねじ先の形状・寸法（JIS B 1003 より抜粋）

(7) ねじの山形

JIS B 0209–1 のおねじ用 4 h, 6 g, 8 g と旧規格の 1 級, 2 級, 3 級は, それぞれの許容限界寸法及び公差は大きな差はなく製造上ほとんど問題ない. ところが, 旧規格では規定されていない谷底の丸みが規定されている (ただし, 強度区分 8.8 以上).

従来, 我が国では谷底丸みについては規定がなく, 高強度ボルトでは, 耐疲労, 耐遅れ破壊を考慮して MIL 規格を準用し, 丸みの大きさを $0.108\,P \sim 0.144\,P$ (P : ねじのピッチ) で管理してきたが, JIS 本体の規定では, 丸みの最小値は $0.125\,P$ となっている. また最大値は, 切取り高さ $H/6$ より計算すれば $0.144\,P$ となり, 従来のものより公差が約半分になっている. その関係を図 2.2.3 に示す.

図で分かるように基準山形では, 谷底 R の最大値は $0.144\,P$ となるが, 実際には, ねじ部品のねじの精度は総合有効径で管理されるため, 単独の有効径は公差域の下半分を利用することになるので, 谷底 R は $0.144\,P$ より大きくとることができる.

また現実に, おねじと組み合わせるめねじの下穴径 (めねじの内径) は,

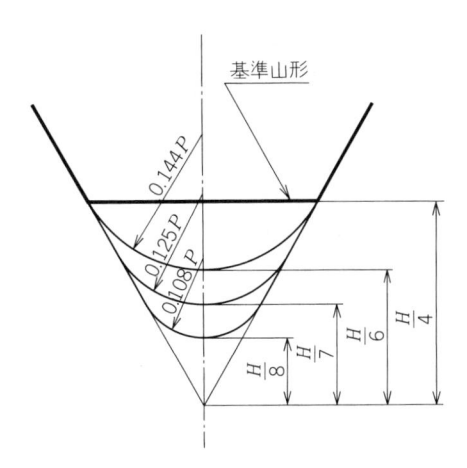

図 2.2.3 おねじ谷底の形状

JIS B 1004での最小値は基準山形の（谷径の）寸法よりかなり大きい値となっているので，おねじの谷底丸みが $0.144\,P$ を大きく超えてもおねじ谷底が干渉することはほとんど考えられない．

2.2.2　材料及び強度

ねじ部品の重要な特性の一つは，その機械的性質である．

種々の用途に対していろいろな材料が適用されるが，それぞれの特性を明確にしておくことは重要である．

近年 ISO では，締結用のねじ部品はもちろん，止めねじに至るまで，その機械的性質を規格化している．

我が国で JIS 化されているものを表 2.2.3 に示し，主なものについて材料選択の留意点を述べる．

(1) 鋼製ボルトの材料と強度

JIS B 1051 に各強度区分に対する材料の化学成分（チェック分析）と熱処理が規定されているが，その範囲は大きいので個々の部品選択時に注意しなければならない．

表2.2.3

JIS B 1051	炭素鋼及び合金鋼製締結用部品の機械的性質 ―第1部：ボルト，ねじ及び植込みボルト
JIS B 1052	鋼製ナットの機械的性質
JIS B 1053	炭素鋼及び合金鋼製締結用部品の機械的性質 ―第5部：引張力を受けない止めねじ及び類似のねじ部品
JIS B 1054–1	耐食ステンレス鋼製締結用部品の機械的性質 ―第1部：ボルト，ねじ及び植込みボルト
JIS B 1054–2	耐食ステンレス鋼製締結用部品の機械的性質 ―第2部：ナット
JIS B 1054–3	耐食ステンレス鋼製締結用部品の機械的性質 ―第3部：引張力を受けない止めねじ及び類似のねじ部品
JIS B 1055	タッピンねじ―機械的性質
JIS B 1056	プリベリングトルク形鋼製六角ナット―機械的性質及び性能
JIS B 1057	非鉄金属製ねじ部品の機械的性質

熱処理を施さない強度区分3.6〜6.8までの材料は，炭素量のみ規定されている．しかし，この規格の適用範囲の−50〜300℃を考慮すれば，その使用状態での適切な材料選択が必要である．例えば，強度区分3.6〜5.8に多く用いられているリムド鋼（SWCH 10 R〜22 R）は，−50℃付近の低温側での強度はかなり低下する（この種の材料の遷移温度は，−10〜0℃である．）のでこの範囲での使用は避けるべきであろう．

熱処理を必要とする強度区分8.8以上で最低焼戻し温度が規定され，一応の歯止めはなされているが，使用環境が悪い場合は必ずしも十分でなく，耐遅れ破壊性を考慮すれば，焼戻し温度は高いほどよく，焼戻し温度が430℃以上になるように炭素量あるいは合金元素を選択したほうがよい．

今回の改正JISでは，強度区分12.9クラスに浸りん防止が規定された．これは冷間加工の際，潤滑性を向上させるため，りん酸亜鉛皮膜処理された素材が後工程の熱処理時に皮膜中のりんが鋼中に浸入する現象で，材料の不純物としてのりんを0.035%と低く規定していても，応力が働く表面に局部的には数パーセント（約3%程度）ものりんが浸入する．これを防ぐために冷間加工後にりん酸亜鉛皮膜を取り除けばよいが，そのための酸洗いは，水素ぜい性の理由から避けられるべきであり，アルカリによる洗浄又は冷間加工の潤滑としてりん酸亜鉛皮膜を使わない他の方法が選択されるべきである．

近年，強度区分10.9クラスの材料として，ボロン鋼が使用されていて，この場合，規格上は許容されているがおくれ破壊のリスクを避けるためにはできる限り浸りん防止の対策をとるべきである．

溶接ボルトでは，その溶接性を考慮して炭素量を0.2%以下と規定している．その関係から強度区分は4.8だけになっているが，最近では低炭素ボロン鋼を使用することで，溶接性を損なうことなく，強度区分8.8クラスまで使用される例が多い．溶接後の局部硬さも，低炭素であれば，それほどは硬くならないので，使用上問題はない．

(2) 鋼製ナットの材料と強度

ナットの場合の機械的性質は，おねじの場合と違って，その材料の機械的性

質そのものではない．

　ナットは軸方向に引張荷重が加わると，底面部には圧縮荷重がかかり，二面幅の方向に広がろうとする．そのため，ナットの強度は，この二面幅に依存する．二面幅が，呼び径に対して小さくなると，めねじが半径方向に広がり，おねじのねじ山とのひっかかりが小さくなり，せん断荷重が低下する．また，高さは，はめあい長さに直接関係するので，そのまま破断強度に比例する．

　JISで規定されているナットの機械的性質は，二面幅及び高さ（スタイル1，スタイル2）が決定している場合の保証荷重応力（ナットにはめあわされた試験用マンドレルのねじ部に発生する応力）である．

　スタイル1は，ナットの高さmがねじの呼び径dの0.8〜0.9倍程度であり，スタイル2はナットの高さmが約$1 \times d$程度である．

(3) ステンレス鋼製ボルト・ナットの材料と強度

　ステンレス鋼製のねじ部品は，耐食性あるいは耐熱性，耐寒性を目的として使用されるが，ねじ部品は締結部品である以上その機械的性質は重要である．ステンレス鋼は，使用目的あるいはコストから，フェライト系，マルテンサイト系及びオーステナイト系の3種類に分類できる．JIS B 1054–1及びB 1054–2に規定されている性状区分を表2.2.4に示す．

　フェライト系は，加工性を考慮して，45, 60の2クラスとし，オーステナイト系は，冷間による深絞り（リダクションで40〜50%程度）も可能なので，50, 70及び80クラスの3クラスとする．

　鋼種区分が従来，3種類であったが，実際に使用されているものを加え，5種類になった．それぞれの使用目的，使用環境に合った鋼種を選択するのがよい．なお，選択にあたっては，JIS B 1054–1の附属書Bを参考にするのがよい．

　これらのステンレス鋼は，線の強度アップのため圧造前の伸線工程でのリダクションを大きくすると，加工硬化が進行し，圧造性が悪くなるので注意を要する．鋼製ボルト・ナットでは，強度区分が同じでも，材料の機械的性質は多少違っているが（これは，ボルトは引張強さ，ナットはせん断強さのため．），

ステンレス鋼の場合は，同じ強度区分に対して，同じ硬さレベルを規定してあるので，ボルトの締付け力によって1クラス下のものと組み合わせてもよい．

マルテンサイト系は，焼入焼戻しによる硬さの調整が可能なので，50，70，80及び110クラスの4クラスが規定されている．なお，ナットの場合は形状との関係があり，ステンレス鋼の場合は，スタイル1及び低ナットの2種類が規定されている．

表 2.2.4 ステンレス鋼の鋼種区分及びボルト，ナットの強度区分に対する呼び方の体系（JIS B 1054–1, –2 より抜粋）

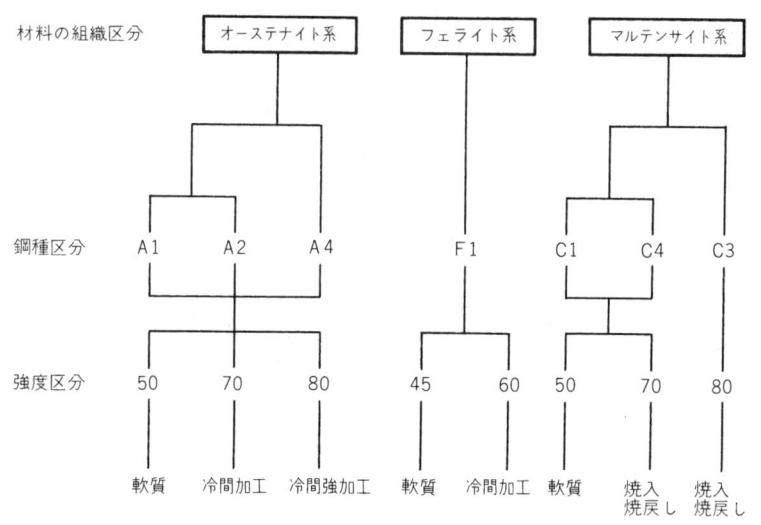

材料の組織区分	オーステナイト系	フェライト系	マルテンサイト系
鋼種区分	A1　A2　A4	F1	C1　C4　C3
強度区分	50　70　80	45　60	50　70　80
	軟質　冷間加工　冷間強加工	軟質　冷間加工	軟質　焼入焼戻し　焼入焼戻し

2.2.3 表面処理

JIS の部品規格で，六角穴付きのねじ部品は黒色酸化皮膜を表面処理として規定しているが，その他の部品規格では，"原則として表面処理を施さない．"としている．しかし，実際には市場に出回っているねじ部品は，何らかの表面処理が施されている．国際規格でも，ISO 4042（ねじ部品－電気めっき）が規格化され，JIS B 1044 が一致規格として制定された．その種類を表 2.2.5 に示す．鉄鋼素地上の表面処理は目的として防食と装飾が考えられる．JIS の電

気めっきでは，防食を目的として亜鉛めっき及びカドミウムめっきを，防食と装飾をかね備えたものとして，ニッケルめっき及びニッケル・クロムめっきを規定している．しかし，カドミウムめっきはその性能は優れているが，環境の問題もあって一部航空機部品等，特殊な用途以外はほとんど使用されなくなっている．

亜鉛めっきの耐食性は，鉄鋼素地上の亜鉛が鉄より電気化学的に卑なため，鉄を保護する犠牲防食と，亜鉛表面のクロメート皮膜が亜鉛を保護する防食が重なったものである．耐食性としての評価方法である塩水噴霧試験では，後者の防食を白さびまでの時間として評価し，前者を白さび発生から赤さび発生までの時間として評価する．

このクロメート皮膜も実用化されているもので，光沢クロメート，黄色クロメート，緑色クロメート，黒色クロメートの4種類があるが，それぞれの色調

表 2.2.5 表面処理の種類（JIS B 1044）

皮膜金属/合金		呼び方
記　　号	成　　分	
Zn	亜鉛	A
Cd([1])	カドミウム	B
Cu	銅	C
CuZn	黄銅	D
Ni b	ニッケル	E
Ni b Cr r ([2])	ニッケル-クロム	F
CuNi b	銅-ニッケル	G
CuNi b Cr r ([2])	銅-ニッケル-クロム ([3])	H
Sn	すず	J
CuSn	銅-すず（青銅色）	K
Ag	銀	L
CuAg	銅-銀	N
ZnNi	亜鉛-ニッケル	P
ZnCo	亜鉛-コバルト	Q
ZnFe	亜鉛-鉄	R

注([1]) カドミウムの使用を制限又は禁止される国もある．
　([2]) ISO 種別コードは，ISO 1456 参照．
　([3]) クロムめっきの厚さは，約 0.3 μm．

と耐食性が異なるので目的に応じて選択すればよい．なお，耐食性の順序は，緑色クロメート＞黄色クロメート＞黒色クロメート＞光沢クロメートとなる．

　最近のめっき技術は，めっき光沢剤の向上と，クロメート処理技術が飛躍的に向上し，防食性の向上はもちろん，装飾性が改善されて美観を高めている．

　耐食性は，めっきされている部品形状によっての違いも考えられるが，ねじ部品の場合，JIS H 8610（電気亜鉛めっき）に規定されたクロメート皮膜の耐食性よりも，2～5倍の耐食性を有するものが実用化されている．

　めっきの耐食性を大きくするには，めっきの厚みを厚くすることが一般的だが，ねじ部品の場合は，おねじとめねじのはめあいの問題があり，厚みが制限される．JIS B 0209-1 又は0209-4（一般用メートルねじ）によれば"表面処理を施すねじの等級は，原則として表面処理前のものに適用する．表面処理（溶融めっきは除く．）後の寸法は，公差位置Hの最小許容限界，又は公差位置hの最大許容限界を超えてはならない．"と規定されている．なお，めっき厚さは，JIS B 1044で頭部を測定（図2.2.4参照）することになっているが，おねじ先端部分はほぼ同じ厚みになる．通常締結用おねじ部品であれば，強度的なことも考慮して，公差位置gが選択される．この場合，公差位置hを超えないためには，めっき厚さのばらつきを考えればめっき厚さの等級は3級（最小厚さ8μm）が限度である．

　このため最近，皮膜の耐食性を向上させるため，Zn–Fe, Zn–Ni というように，皮膜を合金化することが規格化された．同じ皮膜厚さであれば，Zn 単体

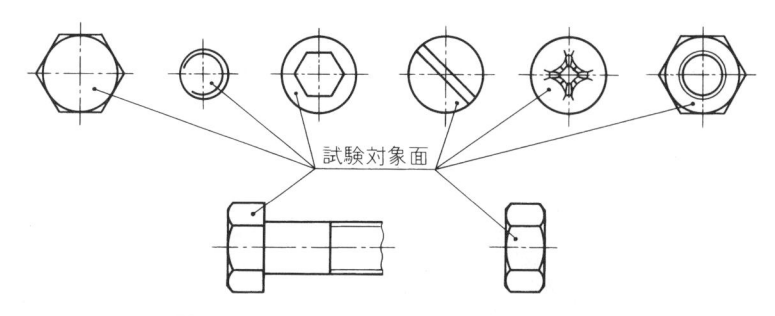

図 2.2.4　ねじ部品の局部めっき厚の測定位置

の数倍の耐食性を得ることができる．

このように，電気めっきの耐食性は年々改善されている．一方，使用されているおねじ部品の機械的性質は，高強度化の方向にあり，強度区分 10.9, 12.9 クラスのものが実用されているが，これらのクラスのねじ部品は電気めっきによる水素ぜい性の影響を受けやすくなる．

JIS B 1044:1993（ISO 4042:1989）では，水素ぜい性除去の規定があったが，現実の製造工程では，どのような管理がなされているか不明であり，水素ぜい性除去処理の条件について規定することはむりとの判断から，ISO 4042:1999 では，その項目は参考になり，JIS B 1044 でも一致規格として規定した．

しかし，おおよその見当のため，JIS B 1044:1993 の規定を参考に示す．実際にめっきによる水素ぜい性を除去する場合は，JIS B 1044:2001 附属書 A に注意すべき項目が記載されているので，ぜひ参考にすべきである．もっとも，最近では電気めっきによらない耐食性皮膜が実用化されている．亜鉛末クロム酸皮膜のディップ・スピン方式あるいはメカニカル・プレーティング等である．これらは，水素ぜい性の危険がないため，高強度ボルトには最適であるが，

表 2.2.6 （参考）電気めっき後の水素ぜい性除去（JIS B 1044:1993）

部　　品	180℃～230℃における 最小ベーキング時間
	h
強度区分 10.9 のボルト及びねじ	4
強度区分 12.9 のボルト及びねじ	6
HV 390～500 のばね座金組込品	8
HV 500～600 のばね座金組込品	12
表面硬化されたねじ（タッピンねじ）	2
スレッドフォーミングねじ	6

備考　もしも，部品に対し効果が認められるならば，他の時間及び温度条件を規定し，使用できるが，ベーキング温度は焼戻し温度を超えてはならない．いくつかのタイプの鋼は，他のものより水素ぜい性に影響されやすい．また，ある状況では，この表のベーキング条件では不適当であるかもしれない．それゆえに，危険な部品に対して脱ぜい性条件は，実験によって決定するのが得策である．

表2.2.7　各種表面処理の特徴

表面処理名		特徴 長所	特徴 短所	外観・色	耐食性の例(^{1}) (h)	価格比(^{2})	量産実績
電気亜鉛めっき	＋有色クロメート	・技術的に完成されている． ・クロメート皮膜処理により亜鉛めっきに大きな耐食性が付加される． ・特にグリーンクロメートが大きな耐食性を与える．	・ねじ精度の点から膜厚に制限がある．(MFZn 8 くらいまで) ・めっき工程で水素ぜい性を起こすため，高強度への適用は注意を要する．(強度区分 10.9 以上はベーキングすべきであり，12.9 への適用は避けるべきである．) ・クロメート皮膜は 80℃ くらいの熱で破壊してしまうため，これ以上の高温では耐食性が半減する．	黄色	300	1.0 (8μ:1.3)	多量に生産
電気亜鉛めっき	＋光沢クロメート			無色	150	1.0 (8μ:1.3)	多量に生産
電気亜鉛めっき	＋黒色クロメート			黒色	200	2.5 (8μ:2.8)	多量に生産
電気亜鉛めっき	＋グリーンクロメート (MFZn 8–G)			緑色	600	1.5	多量に生産
電気合金めっき	Zn–Ni	・耐食性が大きい．(低電流部は Ni が多く析出する．) ・クロメート皮膜により，更に耐食性が向上する． ・黒色処理が可能．	・亜鉛めっきと同様． ・トルク係数が大きい． ・干渉色が現れる．	黄～橙色 (有色クロメート) 無色 (光沢クロメート)	1 000	4～7	少量
電気合金めっき	Zn–Fe 合金めっき (Fe 0.2～0.7%)	・耐食性が大きい． ・高耐食性の黒色が得られる． ・クロメート皮膜により，更に耐食性が向上する．	・亜鉛めっきと同様．	黒色 黄色 無色	1 000	5.0	少量
亜鉛フレーク		・耐食性が大きい． ・水素ぜい性を起こさない． ・300℃ くらいまでの耐熱性がある．	・小さな穴部に液が回らず皮膜がつかないことがある． ・ふりきり等が十分でないとねじ部にたまりを生じ，ねじ精度を損なうものが出る．	シルバー	1 000 以上	1.5～3.0	多量に生産

注(^{1})　塩水噴霧試験による評価（試験開始より赤錆発生までの時間）．
　(^{2})　MFZn 5·C を 1 とする．

処理コストが多少高めになる．これらの種々のめっきの特徴を表 2.2.7 に示す．

近年，環境問題から自動車業界では，クロメート皮膜中の六価のクロムをなくす動きがあり，早ければ 2002 年 7 月から，遅くとも 2007 年頃までには全廃するようである．耐食性についても，ほとんどそん色のない三価クロム処理剤が開発されているが，色調，コスト共に未確定である（亜鉛フレーク皮膜も，クロムなしが実現している．）．表 2.2.7 の特徴は，大きく変わるであろうと思われる．

締結用ねじ部品の表面処理は，その特性の一つに表面の摩擦係数がある．後述するねじの締付け管理に，この摩擦係数が重要な役割を果たす．摩擦係数は，めっきの種類，油の有無によって大きく変化するので，実際の締付け条件で，十分なテストを行うことが必要である．

2.2.4 おねじ部品とめねじ部品の組合せ

(1) ボルト・ナット

ねじ部品は，おねじ部品とめねじ部品の組合せで使用するので，その締結強度は，ねじ部品単体の強度よりも組合せの強度に左右される．おねじとめねじのはめあい部の強さは，各々の素材の強さとはめあい部における寸法によって決定される．一般に，おねじとめねじの材料強度が等しい場合，そのはめあい長さは，ねじの呼び径 d に対し，$0.6\,d \sim 0.7\,d$ 程度でよいとされている．ただし，これはめねじの二面幅が JIS 並形シリーズで，部品等級も A あるいは B の場合である．ナットの二面幅が小さい場合，おねじの引張荷重によってナットの締結部側座面が半径方向に広がることにより，ねじのひっかかり率が小さくなり，ねじ部のせん断荷重が低下する．また，ねじ精度が悪くても同じようなことがいえる．

JIS の鋼製ナットの基本的な考え方は，ナットと組み合わせるボルトの強度区分の最小値が，ナットの保証荷重と一致するのが望ましいとされているが，JIS B 1052（鋼製ナットの機械的性質）では，ナットの高さの違い（スタイ

2.2 ねじ部品選択上の一般事項

ル1,スタイル2)及び呼び径の違いによって,少しずつ値が違うので注意を要する.実際にボルトに組み合わせるナットの強度区分を表2.2.8及び表2.2.9に示す.

これらJISの根拠は,おねじ部品の締付け力は引張強さの多くて約70〜80%(耐力の80〜100%)と考えられているが,最近の締結方法では塑性域締付けが多く用いられるようになった.この場合,おねじの強度区分の最大値のボルトで締結されると,めねじの保証荷重より締付け力が高いことになり,めねじのねじ山のせん断破壊が起こり得る.このような場合,1クラス高い強度区分のナットを使用すればよい.

おねじとめねじの強度及び材料が異なる場合は,その組合せによって,めねじのねじ山がせん断したり,おねじのねじ山がせん断破壊したりするので,はめあい長さ,あるいは,めねじの下穴径等をよく検討しなければならない.

表2.2.8 並高さナットの強度区分及びそれと組み合わせるボルト
(JIS B 1052 より抜粋)

並高さナットの強度区分	メートル並目ねじ			メートル細目ねじ		
	組み合わせるボルト		ナットの呼び径範囲 mm		組み合わせるボルト		ナットの呼び径範囲 mm	
	強度区分	ねじの呼び径範囲 mm	スタイル1	スタイル2	強度区分	ねじの呼び径範囲 mm	スタイル1	スタイル2
4	3.6, 4.6, 4.8	16を超え39以下	16を超え39以下	—	—	—	—	—
5	3.6, 4.6, 4.8	16以下	16以下					
	5.6, 5.8	39以下	39以下					
6	6.8	39以下	39以下	—	6.8以下	39以下	39以下	—
8	8.8	39以下	39以下	—	8.8	39以下	39以下	16以下
9	8.8	16を超え39以下	—	16を超え39以下				
	9.8	16以下	—	16以下				
10	10.9	39以下	39以下	—	10.9	39以下	16以下	39以下
12	12.9	39以下	16以下	39以下	12.9	39以下	—	16以下

備考 一般に,高い強度区分に属するナットを,それより低い強度区分のナットの代わりに使用することができる.

2. ねじ部品の種類と使い方

通常,ボルトの強度がナットの強度を上回っているので,はめあい長さが 0.6 d 以上であれば,ボルトのねじ山がせん断破壊することはほとんど考えられない(一般にめねじの下穴径の大小によるひっかかり率の変化は,めねじのねじ山のせん断強さには無関係で,おねじのねじ山のせん断強さを大きく左右する.).したがって,めねじのせん断荷重を増加させるために,はめあい長さを長くしたような場合は,めねじ下穴径を基準より大きくしてもおねじのねじ山のせん断破壊は生じない.

ひっかかり高さと下穴径についての関係は JIS B 1004(ねじ下穴径)に述べられている.6Hめねじの内径の最大値にぎりぎりで下穴径を設計した場合,

表2.2.9 ねじ下穴径

メートル並目ねじ
単位 mm

呼び径 ×ピッチ	6Hねじ下穴径 (ひっかかり率)	6Hめねじ内径	
		最小寸法	最大寸法
1.6×0.35	1.32 (75%)	1.221	1.321
2 ×0.4	1.65 (80%)	1.567	1.679
2.5×0.45	2.13 (75%)	2.013	2.138
3 ×0.5	2.59 (75%)	2.459	2.599
3.5×0.6	3.01 (75%)	2.850	3.010
4 ×0.7	3.39 (80%)	3.242	3.422
5 ×0.8	4.31 (80%)	4.134	4.334
6 ×1	5.13 (80%)	4.917	5.153
8 ×1.25	6.85 (85%)	6.647	6.912
10 ×1.5	8.62 (85%)	8.376	8.676
12 ×1.75	10.40 (85%)	10.106	10.441
14 ×2	12.2 (85%)	11.835	12.210
16 ×2	14.2 (85%)	13.835	14.210
18 ×2.5	15.7 (85%)	15.294	15.744
20 ×2.5	17.7 (85%)	17.294	17.744
22 ×2.5	19.7 (85%)	19.294	19.744
24 ×3	21.2 (85%)	20.752	21.252
27 ×3	24.2 (85%)	23.752	24.252
30 ×3.5	26.6 (90%)	26.211	26.771
33 ×3.5	29.6 (90%)	29.211	29.771
36 ×4	32.1 (90%)	31.670	32.270
39 ×4	35.1 (90%)	34.670	35.270
42 ×4.5	37.6 (90%)	37.129	37.799
45 ×4.5	40.6 (90%)	40.129	40.799
48 ×5	43.1 (90%)	42.587	43.297
52 ×5	47.1 (90%)	46.587	47.297
56 ×5.5	50.6 (90%)	50.046	50.796
60 ×5.5	54.6 (90%)	54.046	54.796
64 ×6	58.2 (90%)	57.505	58.305

メートル細目ねじ
単位 mm

呼び径 ×ピッチ	6Hねじ下穴径 (ひっかかり率)	6Hめねじ内径	
		最小寸法	最大寸法
8 ×1	7.13 (80%)	6.917	7.153
10 ×1.25	8.85 (85%)	8.647	8.912
10 ×1	9.13 (80%)	8.917	9.153
12 ×1.5	10.62 (85%)	10.376	10.676
12 ×1.25	10.85 (85%)	10.647	10.912
14 ×1.5	12.62 (85%)	12.376	12.676
16 ×1.5	14.62 (85%)	14.376	14.676
18 ×1.5	16.62 (85%)	16.376	16.676
20 ×2	18.2 (85%)	17.835	18.210
20 ×1.5	18.62 (85%)	18.376	18.676
22 ×1.5	20.62 (85%)	20.376	20.676
24 ×2	22.2 (85%)	21.835	22.210
27 ×2	25.2 (85%)	24.835	25.210
30 ×2	28.2 (85%)	27.835	28.210
33 ×2	31.2 (85%)	30.835	31.210
36 ×3	33.2 (85%)	32.752	33.252
39 ×3	36.2 (85%)	35.752	36.252
42 ×3	39.2 (85%)	38.752	39.252
45 ×3	42.2 (85%)	41.752	42.252
48 ×3	45.2 (85%)	44.752	45.252
52 ×4	48.1 (90%)	47.670	48.270
56 ×4	52.1 (90%)	51.670	52.240
60 ×4	56.1 (90%)	55.670	56.270
64 ×4	60.1 (90%)	59.670	60.270

備考 JIS B 1181 に規定されている呼び径の場合について JIS B 1004 より抜粋.

2.2 ねじ部品選択上の一般事項

サイズによるばらつきはあるが，ひっかかり率は 75~85% の範囲となる．その例を表 2.2.9 に示す．これは，ナットの高さが 0.7 d~1.5 d 程度であるので，はめあい長さが長い場合は，下穴をもっと大きく取ることができる．この場合，おねじのねじ山のせん断面積は次式より求めることができる．

$$S_b = Z \cdot \pi \cdot D_1 \cdot \left\{ \frac{P}{2} + (d_2 - D_1)\frac{1}{\sqrt{3}} \right\}$$

ここに，$Z = \dfrac{L - 0.5P}{P}$

L：はめあい長さ

Z：有効山数

3. ねじ部品の強さ

3.1 ボルト・ナット結合体の静的強度

3.1.1 ボルト・ナット結合体の軸引張荷重-伸び特性

JIS B 1051（炭素鋼及び合金鋼製締結用部品の機械的性質―第1部：ボルト，ねじ及び植込みボルト）に従って，ボルト・ナット結合体のボルトに加えられる軸引張荷重とボルト及びナット両座面間の伸びとの関係を求めると，図3.1.1 に示すようになる．ⓞ～ⓐは弾性範囲で，ⓐを超えるとナット座面に最も近いボルト側のねじ谷底部に巨視的な降伏が起こる．荷重がさらに加わると降伏域は他のねじ谷底及びナットのフランク面にも生じるようになり，ⓑに至る．ⓑからⓒまでの間はナット座面に近いねじ部から首下部に至る多くのねじ谷底に降伏が起こり，伸びが増大している状態である．

ちなみに，図3.1.2 は，ナット座面に最も近いボルト側のねじ谷底（第1ねじ谷底）における応力分布の状態を有限要素法により解析した結果を示したも

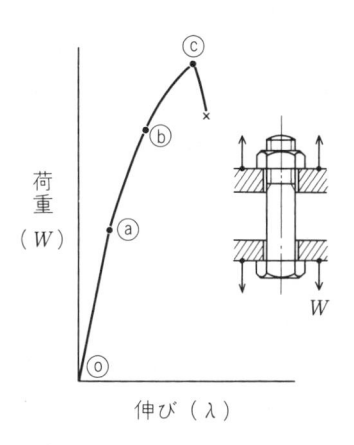

図 **3.1.1** ボルト・ナット結合体の荷重-伸び線図

M 24×3

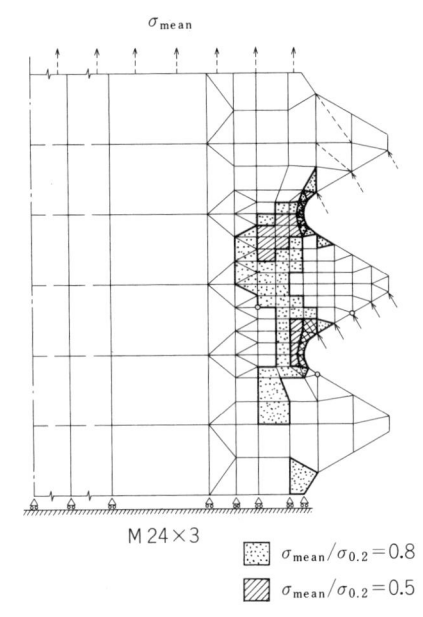

$\sigma_{mean}/\sigma_{0.2}=0.8$
$\sigma_{mean}/\sigma_{0.2}=0.5$

σ_{mean}：ねじ谷底横断面における公称軸引張応力
$\sigma_{0.2}$：材料の降伏応力

図 3.1.2　弾塑性解析[1]

のである．これより，ねじ山基底部に沿って塑性域が進展し，軸中心部に向かっての塑性域の進展は少ないことがわかる．このことは，ねじ山が破壊する場合は基底部に沿ってずれる(せん断する)ような形で起こることを裏づけている．

さて，ⓐの降伏開始荷重が極めて小さいのは，図3.1.2にも示したようにナット座面に最も近いボルト側のねじ谷底部に集中的に過大な応力が生じている(応力集中)ためである．このねじ谷底に生じる応力の大きさは，ナットとはめあっているねじ山で受け持っている荷重の分布状況に大きな影響を受ける．はめあい部の荷重分布が一様に近ければ，ねじ谷底部に生じる応力も小さくなる．そのため，降伏開始荷重も大きくなる．

そこで，ねじはめあい部の荷重分布をより均一にし，応力集中を緩和するために種々のナットが考案されている．図3.1.3はこの種々のナットを使用した

3.1 ボルト・ナット結合体の静的強度

ナットの種類	各ナットの応力集中係数/標準的なナットの応力集中係数
標準的なナット	1
外周支持ナット	0.97
球面座金付きナット	0.98
二条ねじナット	0.97
テーパねじ付きナット	0.80
テーパリップ付きナット	0.78

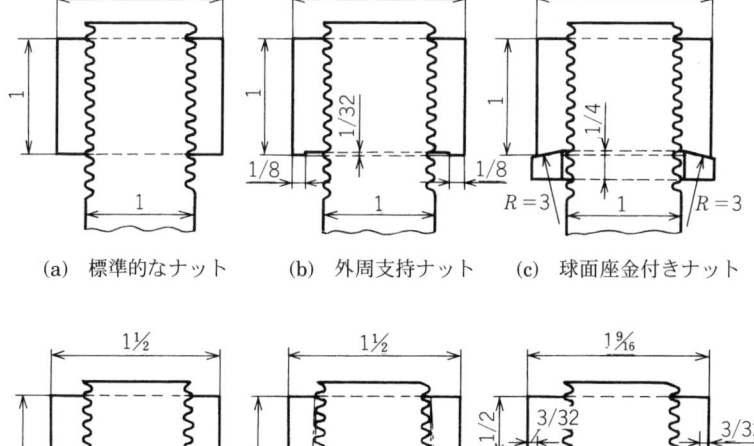

(a) 標準的なナット　(b) 外周支持ナット　(c) 球面座金付きナット

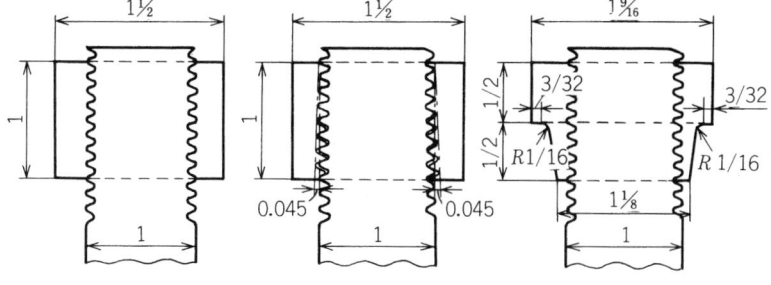

(d) 二条ねじナット　(e) テーパねじ付きナット　(f) テーパリップ付きナット
（図中寸法：呼び径1とした場合の寸法）

図 3.1.3 種々のナットを使用した場合にボルトに生じる最大応力[2]

138   3. ねじ部品の強さ

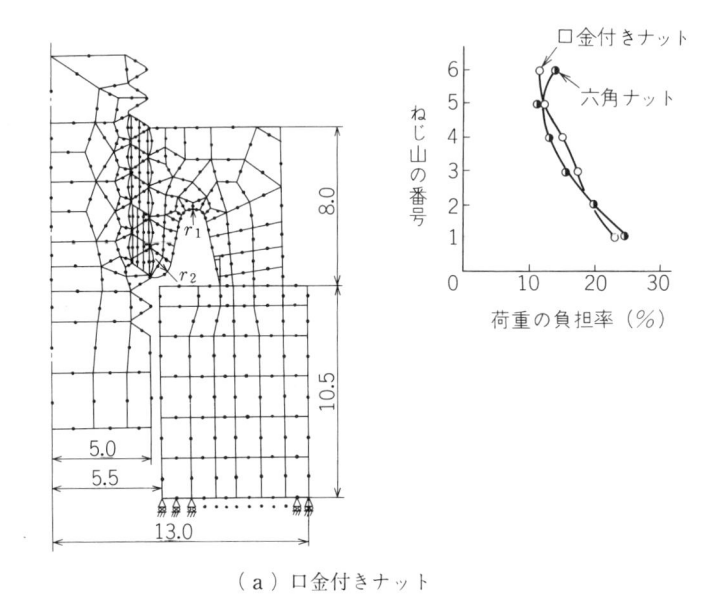

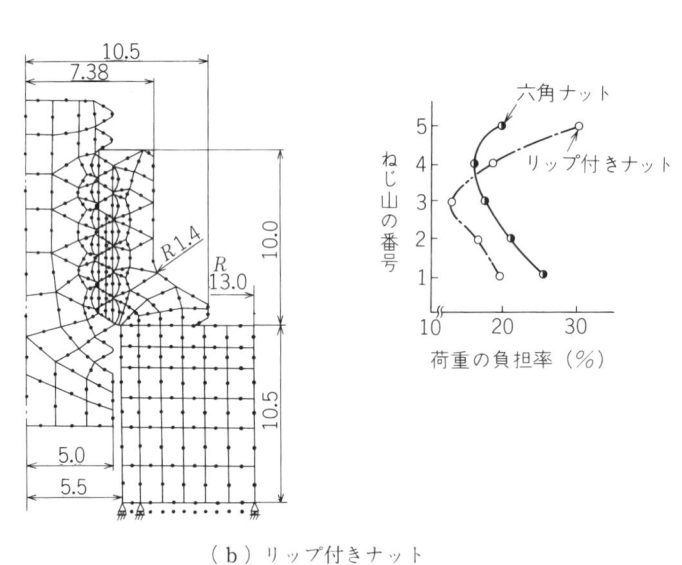

(a) 口金付きナット

(b) リップ付きナット

図3.1.4 ナットとのはめあい部の荷重分布[3]

場合にボルトに生じる最大応力を光弾性実験により求め，標準的なナットを使用した場合の最大応力を基準として示したものである．テーパねじ付きナット，テーパリップ付きナットが有効であることがわかる．また，図3.1.4は口金付きナット，リップ付きナットの場合について，はめあい部のねじ山が負担する荷重を有限要素法により解析した結果を示したものである．この結果からは，標準的な六角ナットに比較して，リップ付きナットでは，第1ねじ山で負担する荷重が小さく，その有効性がうかがわれる．

3.1.2 ねじ山の負担する荷重

ボルトとナットをはめあわせ，軸方向に荷重を加えた場合，はめあい部の各ねじ山の負担する荷重の分布状況は，ボルト・ナット結合体の疲れ強さあるいはゆるみに多大な影響をもつ．この荷重分布は以下のようにして計算できる．

$$\frac{w_n}{W} = \frac{P}{\pi d_2} \frac{\lambda \cdot \cosh \lambda \{m-(n-1)P\}}{\sinh \lambda m} \tag{3.1.1}$$

ただし，

$$\lambda^2 = \frac{\pi d_2}{P} \frac{\dfrac{1}{E_b A_b} + \dfrac{1}{E_n A_n}}{\dfrac{C_b}{E_b} + \dfrac{C_n}{E_n}}$$

ここに，　W：ボルトに加わる軸引張荷重

w_n：ナット座面から数えてn番目のねじ山が負担する荷重

C_b, C_n：ボルト及びナットのねじ山のたわみ性を表す係数（表3.1.1参照）

A_b：おねじ谷の径の基準寸法を直径とする円柱の横断面積

A_n：ナット二面幅を外径とし，めねじの谷の径の基準寸法を内径とする円筒の横断面積

E_b, E_n：ボルト及びナット材の縦弾性係数

d_2：おねじ有効径の基準寸法

P：ピッチ

140　　　　　　　　　3. ねじ部品の強さ

　　m ： ナットの高さ
　　n ： ナット座面からのねじ山数

ねじ山のたわみ性を表す係数 C_b, C_n は，ねじのつる巻き線に沿って，ねじ山単位幅当たりに単位荷重が作用するとした場合のたわみ量を表す．理論的には，式 (3.1.2) に従って，ねじ山の曲げによる変位，せん断力による変位，ねじ山基底部のせん断変形による変位及びナット，ボルト本体の半径方向の変位によるずれなどを総和して概略計算できる[4]．あるいは，複素応力関数を利用しても計算できる[5]．C_b, C_n の値が大きいほど，荷重分布は一様に近づく．表 3.1.1 に，メートルねじについて，C_b, C_n 及び式 (3.1.1) を利用して計算される w_n/W の値を示しておいた．これより，同じ呼び径の場合，細目ねじであればあるほど，荷重分布は一様に近づくことがわかる．

ねじ山基底部の回転による変位：

$$\delta_1 = \left(1-\nu^2\right)\frac{12c}{\pi E a^2}\left(c - \frac{b}{2}\tan\beta\right)w \tag{3.1.2}$$

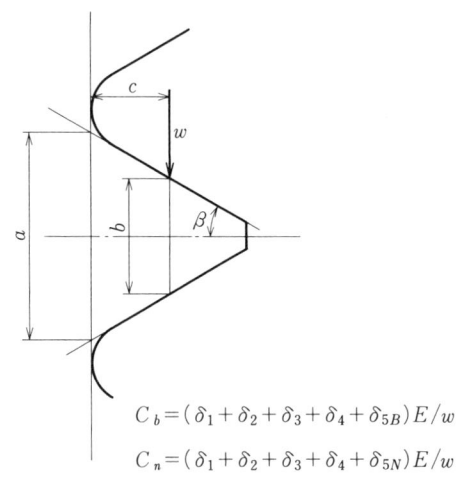

$$C_b = (\delta_1 + \delta_2 + \delta_3 + \delta_4 + \delta_{5B})E/w$$
$$C_n = (\delta_1 + \delta_2 + \delta_3 + \delta_4 + \delta_{5N})E/w$$

図 **3.1.5**　C_b, C_n を算出するに当たってのねじ山

3.1 ボルト・ナット結合体の静的強度

ねじ山の曲げによる変位：

$$\delta_2 = (1-\nu^2)\frac{3}{4E}\left[\left\{1-\left(2-\frac{b}{a}\right)^2 + 2\log_e\left(\frac{a}{b}\right)\right\}\cot^3\beta - 4\left(\frac{c}{a}\right)^2\tan\beta\right]w$$

表3.1.1 各ねじ山が負担する荷重（ISOメートルねじについて）

	ねじの呼び	ねじ谷底丸み半径 R/P	ナット高さ m mm	ねじ山のたわみ係数 C_b	C_n	n番目のねじ山が負担する荷重 w_n/W (N/mm)/N×10^{-2}					
						$n=1$	$n=2$	$n=3$	$n=4$	$n=5$	$n=6$	$n=7$
並目ねじ	M 6×1	0.144	3.6	3.31	4.75	2.49	1.87	1.48	1.30			
		〃	5.0	〃	〃	2.27	1.62	1.20	0.93	0.76	0.73	
		〃	6.0	〃	〃	2.20	1.56	1.12	0.82	0.64	0.53	0.50
		0.108	5.0	3.50	〃	2.24	1.62	1.20	0.93	0.78	0.74	
		0.192	5.0	3.16	〃	2.28	1.63	1.20	0.92	0.77	0.72	
	M 10×1.5	0.144	6.0	3.39	4.97	1.35	1.03	0.82	0.70	0.67		
		〃	8.0	〃	〃	1.24	0.92	0.69	0.54	0.45	0.41	
		〃	10.0	〃	〃	1.20	0.87	0.64	0.48	0.37	0.30	0.26
		0.108	8.0	3.58	〃	1.23	0.91	0.69	0.54	0.45	0.42	
		0.192	8.0	3.24	〃	1.25	0.92	0.69	0.54	0.45	0.41	
	M 12×1.75	0.144	7.2	3.41	4.98	1.09	0.84	0.67	0.57	0.54		
		〃	10.0	〃	〃	1.00	0.74	0.56	0.43	0.35	0.31	
		〃	12.0	〃	〃	0.97	0.71	0.52	0.39	0.30	0.25	0.22
		0.108	10.0	3.60	〃	0.99	0.73	0.55	0.43	0.36	0.32	
		0.192	10.0	3.26	〃	1.00	0.74	0.56	0.43	0.35	0.31	
	M 24×3	0.144	14.4	3.55	5.72	0.49	0.38	0.30	0.26	0.23		
		〃	18.0	〃	〃	0.45	0.35	0.27	0.21	0.18	0.15	0.15
		〃	24.0	〃	〃	0.44	0.33	0.25	0.19	0.14	0.11	0.09
		0.108	18.0	3.74	〃	0.45	0.34	0.27	0.21	0.18	0.16	0.15
		0.192	18.0	3.39	〃	0.46	0.35	0.27	0.21	0.17	0.15	0.15
細目ねじ	M 6×0.75	0.144	5.0	3.55	5.54	1.76	1.34	1.02	0.80	0.65	0.55	0.15
	M 10×0.75	0.144	8.0	4.17	7.55	0.68	0.56	0.47	0.39	0.33	0.28	0.24
	1.0	〃	〃	3.78	6.26	0.88	0.69	0.55	0.44	0.36	0.31	0.27
	1.25	〃	〃	3.55	5.48	1.06	0.81	0.62	0.49	0.40	0.35	0.32
	M 12×1.0	0.144	10.0	4.01	6.90	0.62	0.50	0.41	0.34	0.28	0.23	0.20
	1.25	〃	〃	3.73	6.00	0.75	0.59	0.46	0.37	0.30	0.25	0.22
	1.50	〃	〃	3.55	5.40	0.87	0.66	0.51	0.40	0.33	0.28	0.25
	M 24×1.0	0.144	18.0	5.41	2.66	0.17	0.15	0.14	0.12	0.11	0.10	0.09
	1.5	〃	〃	4.48	9.17	0.25	0.21	0.18	0.15	0.13	0.11	0.10
	2.0	〃	〃	4.01	7.44	0.32	0.26	0.21	0.17	0.15	0.12	0.11

せん断力による変位：

$$\delta_3 = (1+\nu)\frac{6}{5E}\cot\beta \cdot \log_e\left(\frac{a}{b}\right)w$$

ねじ山基底部のせん断変形による変位：

$$\delta_4 = (1-\nu^2)\frac{2}{\pi E}\left\{\frac{P}{a}\log_e\frac{P+\dfrac{a}{2}}{P-\dfrac{a}{2}} + \frac{1}{2}\log_e\left(4\frac{P^2}{a^2}-1\right)\right\}w$$

半径方向分力による変位：

　ボルトでは

$$\delta_{5B} = (1-\nu)\frac{1}{2E}\frac{d_1}{P}\tan^2\beta \cdot w$$

　ナットでは

$$\delta_{5N} = \left(\frac{S^2+D_1^2}{S^2-D_1^2}+\nu\right)\frac{1}{2E}\frac{D_1}{P}\tan^2\beta \cdot w$$

　ここに，　　E：ねじ材の縦弾性係数
　　　　　　　ν：ねじ材のポアソン比
　　　　　　　w：ねじ山に加わる軸方向荷重
　　　　　a, b, c：図3.1.5中に示した寸法
　　　　　　　β：フランク角
　　　　　　　S：ナット二面幅
　　　　　　　d_1：おねじ谷の径の基準寸法
　　　　　　　D_1：めねじ谷の径の基準寸法

角ねじとかねじ山角度が60°以外のねじについての荷重分布を検討するような場合は，上記に従って計算し直す必要がある．

3.1.3　ねじ各部の強さ

(1)　軸　部

適切に設計されたボルト・ナット結合体では，破壊はナット座面に最も近い

3.1 ボルト・ナット結合体の静的強度

ボルト側の完全ねじ部のねじ谷底を横切るかたちで起こる．この場合の引張破壊荷重 W_T は［JIS B 1051（炭素鋼及び合金鋼製締結用部品の機械的性質―第1部：ボルト，ねじ及び植込みボルト）参照］，

$$W_T = \sigma_B \cdot A_s \tag{3.1.3}$$

$$A_s = \frac{\pi}{4}\left(\frac{d_2+d_3}{2}\right)^2 \tag{3.1.4}$$

$$d_3 = d_1 - \frac{H}{6}$$

ここに，　d_1：おねじ谷の径の基準寸法（JIS B 0205-4 参照）
　　　　　d_2：おねじの有効径の基準寸法（JIS B 0205-4 参照）
　　　　　d_3：おねじの谷の径
　　　　　H：ねじ山のとがり三角形の高さ
　　　　　σ_B：ボルト材の引張強さ
　　　　　W_T：ボルトの軸引張破壊荷重

ここで，留意すべきことは，一般の切欠き材の引張破壊荷重は，切欠き底部の横断面積に材料の引張強さを掛けて求めるのに対し，ボルト・ナット結合体の場合は，ねじ谷底の横断面積でなく式 (3.1.4) で表される有効断面積による．有効断面積については，JIS B 1082（ねじの有効断面積及び座面の負荷面積）に規定されている．

(2) 頭 部

ボルトは往々にして，首下部あるいは不完全ねじ部等完全ねじ部以外で破壊し，材料のもつ強度を十分に生かせない場合がある．ボルトの破壊は，軸径が最も小さい完全ねじ部で起こるようにすべきである．それゆえ，首下部などは何にも増して強くしておく必要がある[6]．JIS B 1005（おねじ部品の首下丸み）にもおねじ部品の首下丸み r が規定されている．

ここで，ボルト頭部のせん断破壊荷重 W_H は図 3.1.6 に従うと，近似的に，

$$W_H = \pi d_c \cdot K' \cdot \tau_b \tag{3.1.5}$$

$$d_c = d_s + r(1-\sin\theta)$$

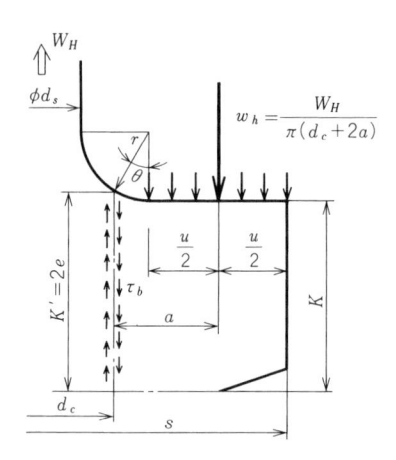

図 3.1.6 頭部のせん断破壊位置（$\theta=30°$）

$$K'=K+r(1-\cos\theta)$$

ここに，　r：首下丸み部の半径

　　　　　K：頭部の高さ

　　　　　τ_b：ボルト材のせん断強さ

　　　　　W_H：頭部のせん断破壊荷重

で計算される．ここで適正に設計されたボルトでは，$W_H>W_T$でなくてはならない．金属材料では，一般に$\tau_b/\sigma_b\fallingdotseq0.65$であるので，この値と式 (3.1.3)，式 (3.1.5) を用い$W_H>W_T$を満足する最小のK/d_sを求めると，表3.1.2 のようになる．メートルねじ諸寸法は，これらの値より大きく，静的破壊に対して十分

表 3.1.2 頭部の高さ K 及び応力集中係数 α_f

| ねじの呼び | 頭部の高さ K/d_s | | 頭部の応力集中 |
(並目)	現用のもの	限界頭部高さ	係数 α_f
M 8	0.69	0.26	2.54
M 10	0.70	0.27	2.77
M 12	0.67	0.27	2.65
M 16	0.62	0.28	3.24
M 20	0.65	0.28	3.13
M 24	0.63	0.29	3.49

3.1 ボルト・ナット結合体の静的強度

に安全であることがわかる.

次に,疲れ破壊などに対する安全性を知るために必要な首下部に生じる最大応力を求める.最大応力は,Heywoodに従えば図3.1.6($\theta=30°$)の位置に生じ,式(3.1.6)で計算できる[7].

$$\sigma_{\max} = \left\{1+0.26\left(\frac{e}{r}\right)^{0.7} \frac{\dfrac{5.6K}{d_s}+1}{\dfrac{2.0K}{d_s}+1}\right\}\left\{\frac{1.5a}{e^2}+\sqrt{\frac{0.36}{a \cdot e}}\right\}w_h \tag{3.1.6}$$

$$a = \frac{S-d_s}{4} - \frac{r}{2}$$

$$e = \frac{1}{2}(K+0.134r)$$

$$w_h = \frac{W_H}{\pi(d_c+2a)}$$

$$W_H = \frac{\pi d_s^2}{4} \cdot \sigma_{\mathrm{mean}}$$

いま,メートルねじにおける首下部の応力集中係数 $\alpha_f = \sigma_{\max}/\sigma_{\mathrm{mean}}$ を式(3.1.6)より計算すると,表3.1.2に併記したようになる.これらの値は,後述するボルト・ナット結合体におけるねじ部の応力集中係数より小さい.それゆえ,首下部から破壊するおそれは少ない.

しかし,首下部は使用目的によって,形状を変化せざるをえない場合が生じる.そのような場合について最大応力を求める簡易計算式はなく,光弾性実験あるいは有限要素法で求めざるをえない.ちなみに,図3.1.7は,呼び径10 mmのボルトについての光弾性実験による応力集中係数を示したものである.JISに規定されているボルトは,図3.1.7の(b)にほぼ相当する.他の呼び径の場合についても,形状が相似であれば,応力集中係数は同じとなる.

(3) 不完全ねじ部

同一形状をした連続切欠きが存在する場合には,最大応力は最端部の切欠き底に現れることはよく知られている.

そこで,JIS B 1006(おねじ部品の不完全ねじ部長さ及びねじの逃げ溝)

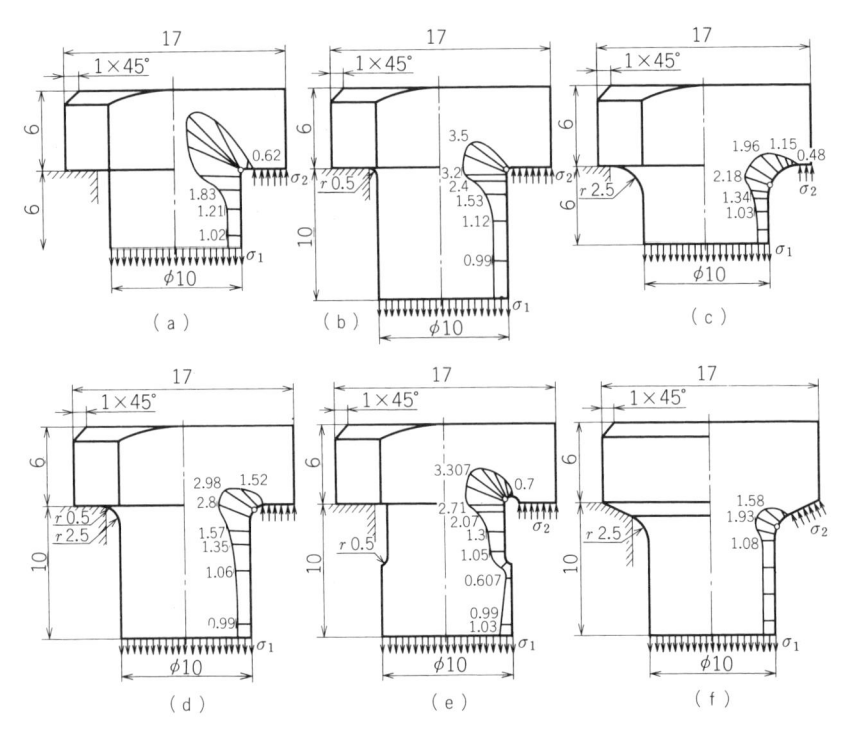

図 3.1.7　首下部の応力集中係数

にねじ切終わり部の不完全ねじ部の長さ及びねじの逃げ溝をピッチに対応させて規定している．しかし，不完全ねじ部の長さを規定するだけでは強度的には不十分で，不完全ねじ部の谷底部にも丸みをもたせる必要がある．現用の転造ねじでは，ダイスに丸みをもたせることができるので，おのずとこの対処はなされている．

さて，不完全ねじ部長さ x とピッチ P の比 x/P と不完全ねじ部の応力集中係数 α_g との関係を銅めっき応力測定法により検討した結果[8]によれば，図 3.1.8 に示すように x/P が 2 以上であれば α_g の値がかなり小さくなる．JIS B 1006 に規定されている寸法は，通常の製造の場合で $x/P>2.5$ となっているので，妥当なものと考えられる．

逃げ溝については，図 3.1.9 (a) のように細くした溝の径及び長さを規定し

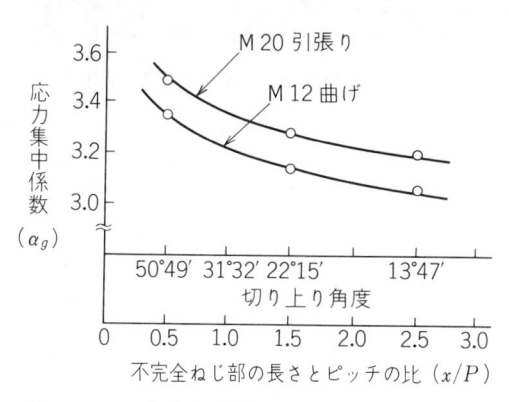

3.1 ボルト・ナット結合体の静的強度

図 3.1.8 不完全ねじ部の長さと応力集中係数 α_g

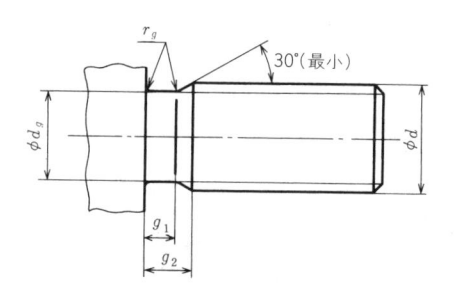

（a）JIS B 1006 に規定されている逃げ溝

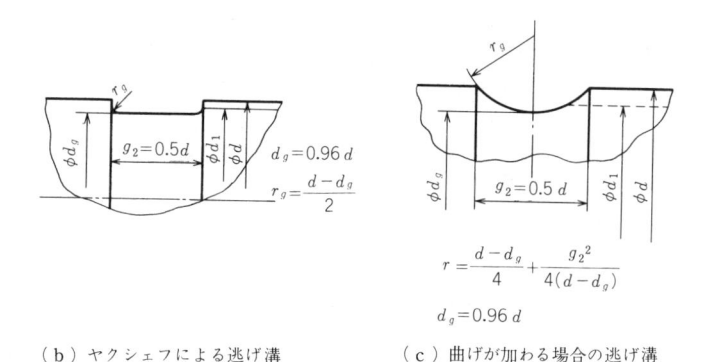

（b）ヤクシェフによる逃げ溝

$g_2 = 0.5d$
$d_g = 0.96d$
$r_g = \dfrac{d - d_g}{2}$

（c）曲げが加わる場合の逃げ溝

$g_2 = 0.5d$
$r = \dfrac{d - d_g}{4} + \dfrac{g_2^2}{4(d - d_g)}$
$d_g = 0.96d$

図 3.1.9 逃げ溝の形状

ている．これは図 3.1.9 (b) のようにヤクシェフ（ソビエト；ねじの疲れ強度等に関して多大な研究成果を残した．）が提唱[9]している溝の長さ $0.5\,d$，丸み半径 $0.02\,d$ をほぼ満足するものである．

ともあれ，細くした径は，ねじ谷径より若干小さい程度であることは留意する必要がある．

JIS B 1006 には規定されていないが，曲げが付加するような場合には，ヤクシェフが提唱[9]しているように図 3.1.9 (c) のように円弧状の溝を設けることによって，直角度に対する敏感性をゆるめ，静的強度を高めることができるようである．

3.1.4 限界はめあい長さ

JIS B 0209-1（一般用メートルねじ―公差―第 1 部：原則及び基礎データ）ねじでは，はめあい長さとして

$$l_{N\min}(約) = 2.24 P d^{0.2}$$
$$l_{N\max}(約) = 6.7 P d^{0.2} \tag{3.1.7}$$

を適用[10]しているが，ねじ継ぎ手を適正に設計するには，ボルト及びナット材の強度をも考慮に入れた合理的なはめあい長さを決定する必要がある．

山本[11]は図 3.1.10 に示したようにねじ山の破壊状況を解析し，ねじ山のせん断破壊荷重とおねじの軸引張破壊荷重とを均衡させるはめあい長さをもって限界はめあい長さ $L_{\min}$ としている．

すなわち，

(i) $\sigma_n \geqq \sigma_b$ の組合せの場合

$$L_{\min} \geqq \left\{ \frac{A_{s\max}}{\pi(D_{1\max} - \overline{AB}_{\min} \cdot \sin\varphi)\overline{AB}_{\min} \dfrac{\cos\rho \cdot \cos\beta}{\cos(\beta - \varphi - \rho)}} \times \frac{1}{\tau_b/\sigma_b} + 0.5 \right\} P \tag{3.1.8}$$

ここに，$\quad A_{s\max} = \dfrac{\pi}{4}\left(\dfrac{d_{2\max} + d_{1\max}}{2}\right)^2$

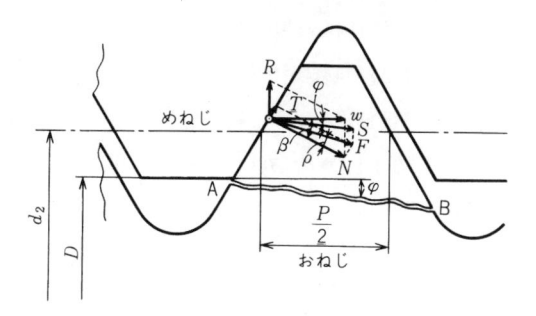

3.1 ボルト・ナット結合体の静的強度

(a) おねじねじ山のせん断破壊

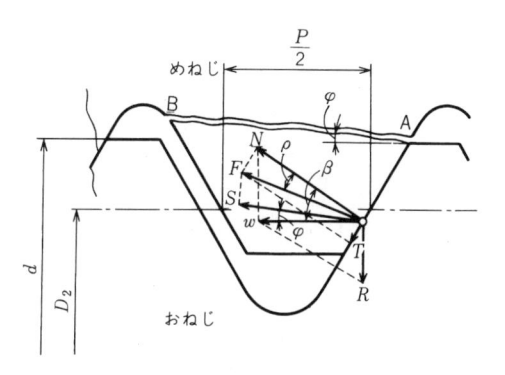

(b) めねじねじ山のせん断破壊

図 3.1.10 ねじ山のせん断破壊 [11]

$$\overline{AB}_{\min} = \left\{\frac{P}{2} + (d_{2\min} - D_{1\max})\tan\beta\right\}\frac{\cos\beta}{\cos(\beta+\varphi)}$$

$$\frac{\tau_b}{\sigma_b} = 0.65, \quad \varphi = 18°, \quad \rho = 8°30'$$

$d_{2\max}$ ：おねじの有効径の最大許容寸法

$d_{1\max}$ ：おねじ谷の径の最大許容寸法

$D_{1\max}$ ：めねじ内径の最大許容寸法

$D_{2\max}$ ：めねじ有効径の最大許容寸法

β ：フランク角

σ_n：めねじ材の引張強さ

σ_b：おねじ材の引張強さ

τ_b：おねじ材のせん断強さ

$\overline{AB}_{\min}$：図 3.1.10 の破断面，A, B 間の最小距離

φ, ρ：図中の寸法

(ii) $\sigma_b > \sigma_n$ の組合せの場合

$$L_{\min} \geqq \left\{ \frac{A_{s\max}}{\pi(d_{\min} + \overline{AB}_{\min}\sin\varphi)\overline{AB}_{\min}\dfrac{\cos\rho\cdot\cos\beta}{\cos(\beta-\varphi-\rho)}} \times \frac{1}{\tau_n/\sigma_b} + 0.5 \right\} P$$

(3.1.9)

ここに，$A_{s\max} = \dfrac{\pi}{4}\left(\dfrac{d_{2\max} + d_{1\max}}{2}\right)^2$

$\overline{AB}_{\min} = \left\{\dfrac{P}{2} + (d_{\min} - D_{2\max})\tan\beta\right\}\dfrac{\cos\beta}{\cos(\beta+\varphi)}$

$\dfrac{\tau_n}{\sigma_n} = 0.6$

図 3.1.11 は $L_{\min}/d$ を σ_b/σ_n を媒介として示したものである．これから，$\sigma_n \geqq \sigma_b$ の組合せでは，ほぼ $L_{\min}/d = 0.6$ となる．

$\sigma_b > \sigma_n$ の組合せでは，ボルト材料とナット材料との強度比 σ_b/σ_n が大きいものほど $L_{\min}/d$ は大きくしなくてはならない．また，$L_{\min}/d$ の値はねじの呼び径

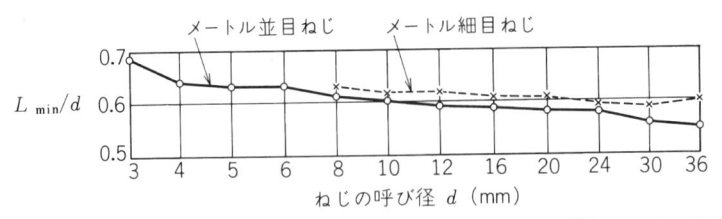

(a) 鋼おねじのねじ山がせん断破壊する場合（$\sigma_n \geqq \sigma_b$）の限界はめあい長さ $L_{\min}$

図 3.1.11 限界はめあい長さ [11]

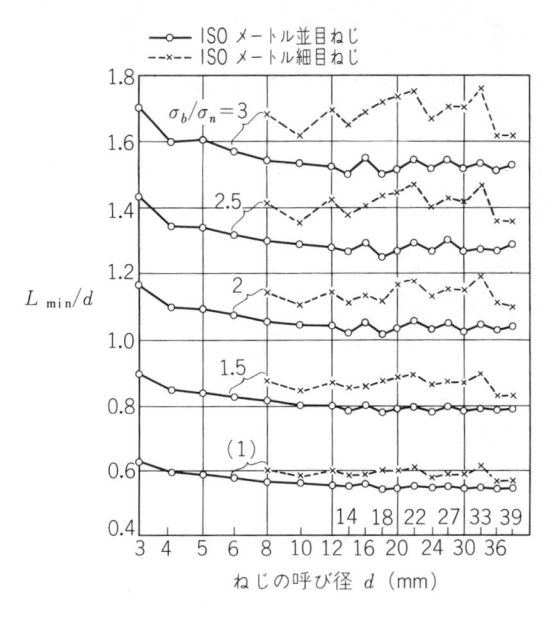

3.1 ボルト・ナット結合体の静的強度

(b) 鋼めねじのねじ山がせん断破壊する場合 ($\sigma_n < \sigma_b$) の限界はめあい長さ L_{min}

図 3.1.11 (続き)

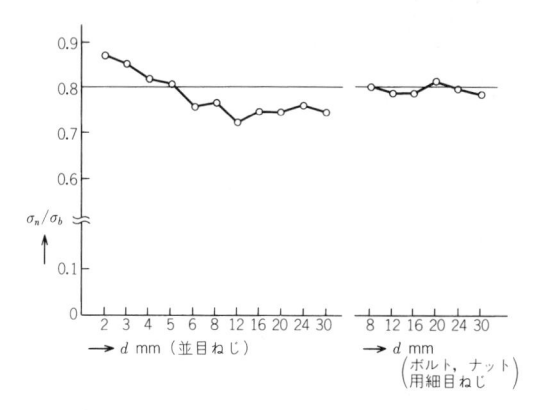

図 3.1.12 JIS B 0209-1 のはめあい長さを有するボルト・ナット結合体における適切なボルト・ナットの引張強さ比 (σ_n: ナットの引張強さ, σ_b: ボルトの引張強さ)

が大きいものほど小さくてすむ．そして，細目ねじでは概して並目ねじの1.1倍程度のはめあい長さを必要とすることもわかる．JIS B 0209–1 の値は，この値以上となっている．

転造ボルトでは，切削ボルトに比べ，σ_b で 4~7%，τ_n で 4~8% 増加するが，τ_n/σ_b の値としては相殺されるので，$L_{\min}$ に影響を与えない．

次に規格ナットのように何らかの制約によって，はめあい長さがあらかじめ決められている場合については，図 3.1.12 に示すように適切な引張強度比をもつボルト材とナット材を選択しなければならない．

3.1.5 熱処理の影響

おねじ部品の強度区分に対する材料の種類及び熱処理条件は，JIS B 1051 の材料中に規定されている．その規定によると，その最小焼戻し温度は，強度区分 8.8 で 698 K，10.9（90% マルテンサイト組織）で 613 K，12.9 で 653 K となっている．

ちなみに，焼戻し温度とボルトの引張強さを検討した結果[12]では，図 3.1.13 に示すように，焼戻し温度の低下とともに引張強度は増加する．この例では，焼戻し温度を 623 K 以下としてもそれほど引張強度の向上はみられな

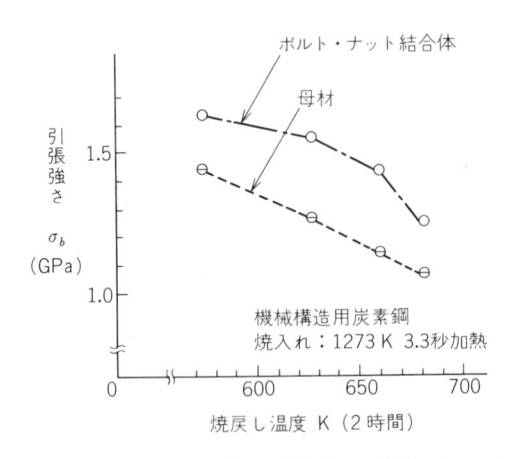

図 3.1.13 焼戻し温度と引張強さの関係（M 12）

い．それゆえ，焼戻し温度は 623 K 程度で十分であるとしている．JIS B 1051 で規定されている材料も同様の傾向をたどるものとみられる．

次に，破断箇所について述べる．図例のものでは，573 K で焼戻した場合，ナット座面に最も近いねじ谷底で始まり，623 K 以上で焼戻した場合ではナット座面からある程度離れたねじ谷底部で生じる．その破面は，573 K 焼戻しの場合で，軸方向にほぼ直角の平面状となる．いわゆるぜい性破面に類似したものとなる．高温焼戻しの場合は，軸方向に相当傾斜した凹凸面で，さらに破断箇所付近でかなりの断面収縮を生じる．いわゆる，延性破壊に近い形態となる．また高周波焼入れのような短時間加熱・焼入れでは，焼入れ前の組織によって焼入れ後の機械的性質が左右される．特に引抜き組織のものを短時間加熱・焼入れすると強度とじん性との組合せが良好となる．それゆえ，転造ボルトの引抜き処理は，その後の焼入れ強度増大に役立っている．

ここで付言しておくと，転造機の種類によって，製作ボルトの表面状態は異なるが，静的強度にはそれほど影響を与えないようである．

3.2 疲れ強さ

3.2.1 疲れ限度線図

ねじ部品の疲れ試験については，JIS B 1081（ねじ部品—引張疲労試験—試験方法及び結果の評価）に試験に用いる治具の形状寸法及びデータのまとめ方に至るまできめ細かく規定されている．ねじ継ぎ手の場合は，疲れ強さに影響を及ぼす因子が多く，このような規定を設けないと信頼性あるデータが得られない．そのため，ISO 3800 に規定されたものを適用したものである．今後，実験を行うような場合はこの規定に準拠するよう喚起しておきたい．

次に，従来はデータを整理するに当たって，しばしばボルトのねじ谷径部の横断面積（A_{d3}）で負荷を除して基準応力を求めてきた．しかし，JIS B 1081 では，ねじの有効断面積（A_s）により算出することを規定している（ただし，使用者と供給者の合意で A_{d3} を用いてもよい．）．ここでは，A_s に従って，おね

じ部の応力計算をしているので，従来の実験値などと比較するような場合には注意を要する．

さて，ボルトに加わる平均応力は，図 3.2.1 より

$$\sigma_{\mathrm{mean}} = \frac{1}{2}(\sigma_1 + \sigma_2) \tag{3.2.1}$$

σ_1：上限応力 $\left(= \dfrac{F_1}{A_s}\right)$

σ_2：下限応力 $\left(= \dfrac{F_2}{A_s}\right)$

応力振幅は，

$$\begin{aligned}\sigma_a &= \frac{1}{2}(\sigma_1 - \sigma_2) \\ &= \frac{1}{2}\frac{K_b}{K_b + K_c}\frac{\Delta F}{A_s}\end{aligned} \tag{3.2.2}$$

で計算される．ただし，ボルト及び被締付け物の内力係数 K_b, K_c については 4.1 節に詳細に述べられている．

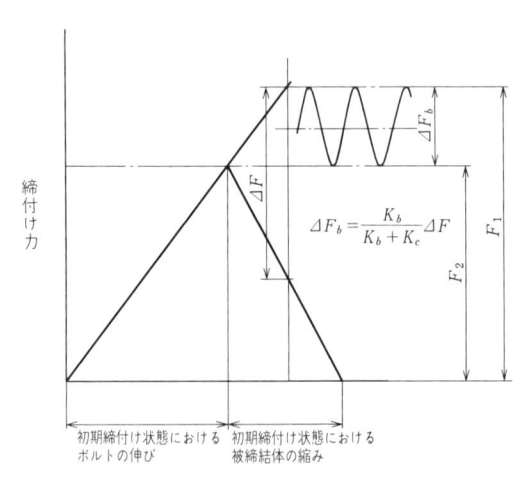

図 3.2.1 ボルトに加わる力

ここで，平均応力を一定とした場合，種々の応力振幅のもとでボルトが破壊するまでの繰返し回数を求める．繰返し回数の対数を横軸に，応力振幅を縦軸にとったものが S–N 線図（ウェーラ線図）である（JIS B 1081 ではこのウェーラ線図を短期間で求めるステアケース法が適用されている．）．

応力振幅がある値以下になると，いくら繰り返しても破壊を生じず，曲線が水平になる．この曲線が水平となる限界の応力を疲れ強さと呼ぶ．また，曲線が水平になり始める境の応力繰返し数を限界繰返し数という．

図 3.2.2 は，S–N 線図の一例を示したものである．S–N 線図は，ボルト母材の強度が低い場合には，有限寿命領域，無限寿命領域とも平均応力の大小にかかわらずほぼ同一の曲線となるようである．母材の強度が高い場合には，平均応力によって異なるようになる．とりわけ有限寿命領域での影響が大きい．

疲れ強さと平均応力との関係を表すものとして，横軸に平均応力 σ_{mean}，縦軸に疲れ強さにおける上限応力 σ_1 と下限応力 σ_2 をとり，これを疲れ限度線図と名づけている．

疲れ破壊について系統的な膨大な実験研究を行い，詳細な検討を加えたヤクシェフ[13]の結果によれば，ボルトの疲れ限度線図は図 3.2.3 のようになる．ここで，焼入れ，焼戻し温度が低くて，静的強さが高いボルト（$\sigma_B \geqq 1.07$ GPa）

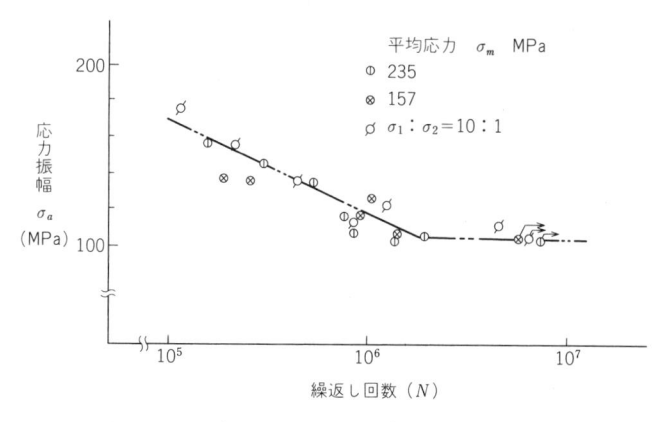

図 3.2.2 ボルト・ナット結合体の S–N 線図例

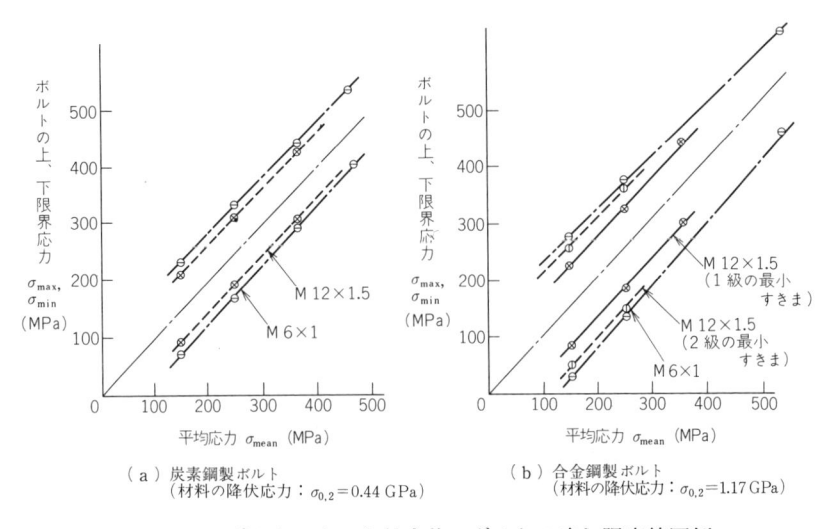

図 3.2.3 ボルト・ナット結合体のボルトの疲れ限度線図例

(a) 炭素鋼製ボルト (材料の降伏応力：$\sigma_{0.2}=0.44\,\text{GPa}$)

(b) 合金鋼製ボルト (材料の降伏応力：$\sigma_{0.2}=1.17\,\text{GPa}$)

では平均応力が小さい範囲で影響も現れるようである．しかし，それ以下のボルトでは，上限応力が材料の降伏域を超えるほどに至るまで，疲れ強さは平均応力によらずほぼ一定となるようである．後述する塑性域締付けにおいても，ある範囲までは疲れの点からも安全であることを裏づけている．

次に，疲れき裂の入る箇所及び破面の特徴について述べておく．適切に設計されたボルトの疲れ破壊はナット座面に最も近いボルト側のねじ谷底（第1ねじ谷底）で起こる．というのも，3.1.1項で述べたように，この部分には，ボルトとナットのはめあい部におけるねじ山の曲げ作用による応力とボルトの軸引張応力とが重畳して極めて大きな応力集中を生じているためである．そして，その疲れ破面は，ボルト母材の強度が高い場合には軸におおむね直角な面となる．低い場合には凹凸の激しいものとなる．

3.2.2 ボルト・ナット結合体の応力集中係数

おねじのねじ谷底部の応力集中の度合いを表すのに，ねじ谷底部に生じる最大応力 σ_{max} と有効断面積で軸力を除した公称軸引張応力 σ_{mean} との比を用い

る．これをボルト・ナット結合体の応力集中係数 α （$=\sigma_{max}/\sigma_{mean}$）とする．

ここで，ボルトのねじ谷底部における応力分布の状況は，複素応力関数を用い解析した結果[14]によると図3.2.4のようになる．ナット座面に近いボルト側の第1ねじ谷底に最も大きな応力を生じ，ナット頂部に近づくにつれ急速に減少する．それゆえ，破壊はナット座面に近いボルト側の第1ねじ谷底に生じる．き裂の発生位置は最大応力の発生位置と合致するものとすれば，ねじ谷底中央より少しばかり山側へ寄ったほぼ20°の位置となる．この位置は，図例の呼び以外のメートルねじの場合でもほぼ同じである．

さて，最大応力の大きさは，ねじ谷底の丸み R に最も大きな影響を受けることは予想に難くない．しかし，JIS B 0205–1~4 はメートル並目ねじの基準寸法を規定しているものの谷底の丸みは決めていない．そこで，メートルねじの許容限界寸法及び公差を規定した JIS B 0209–1~5 によって検討すると，最大 $0.144\,P$，最小 $0.125\,P$ の丸みを付けられることになる．

そこで，上記の場合をも含めてねじ谷底に生じる最大応力は，大滝[14]によれば次式によって計算できるとしている．

(i)　$R/P=0.192$

$$\alpha = (3.413w_1 + 0.627w_2 + 0.353w_3 + 0.247w_4 + 0.190w_5 + 0.154w_6)\frac{A_s}{P\cdot\cos\beta}$$
$$+2.222$$

(ii)　$R/P=0.144$

$$\alpha = (3.562w_1 + 0.662w_2 + 0.373w_3 + 0.261w_4 + 0.201w_5 + 0.163w_6)\frac{A_s}{P\cdot\cos\beta}$$
$$+2.309$$

(iii)　$R/P=0.108$

$$\alpha = (3.963w_1 + 0.670w_2 + 0.370w_3 + 0.257w_4 + 0.197w_5 + 0.159w_6)\frac{A_s}{P\cdot\cos\beta}$$
$$+2.440$$

(3.2.3)

158   3. ねじ部品の強さ

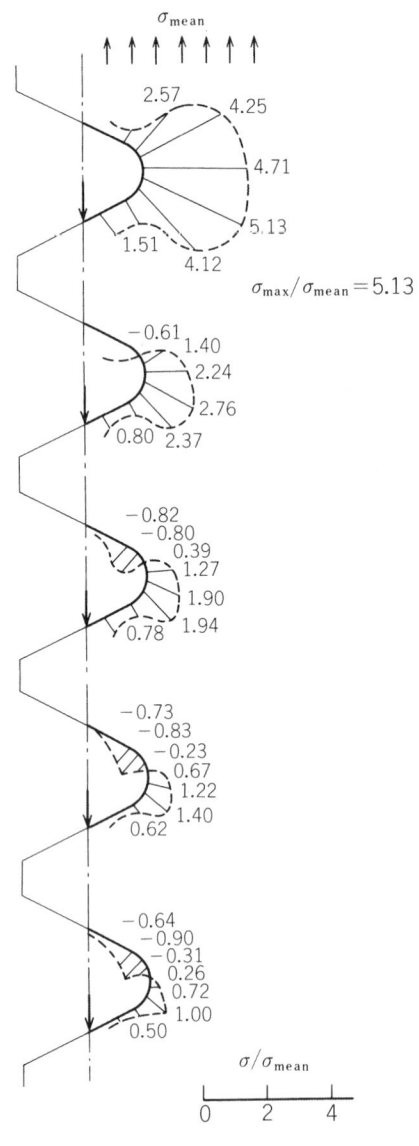

σ_{mean}

$\sigma_{\max}/\sigma_{\text{mean}} = 5.13$

$\sigma/\sigma_{\text{mean}}$

図 **3.2.4** ボルト・ナット結合体のボルトのねじ谷底に生じる応力分布例

ここに，R：おねじのねじ谷底丸み
β：フランク角

w_n（$n=1, 2, \cdots$）は各ねじ山に加わる荷重であり，式 (3.1.1) により求めることができる．また，A_s は JIS B 1082 による．

図 3.2.5 に，ねじの幾何学的形状とボルト・ナット結合体の応力集中係数との関係を示す．これによると，

① ねじ呼び径 d が大きくなるほど，応力集中係数 α は大きくなる．
② ナットの高さ m のみを変化させた場合，応力集中係数 α は，m/d の増加とともに減少する．
③ 細目ねじになるほど，応力集中係数は大きくなる．
④ ねじ呼び径 d 及びピッチ P を一定とし，おねじのねじ谷底丸み R を変化させた場合，応力集中係数 α は R/P の増加とともに減少する．しかし，おねじのねじ谷底丸み R を $0.144\,P$ より大きくしても，α の減少

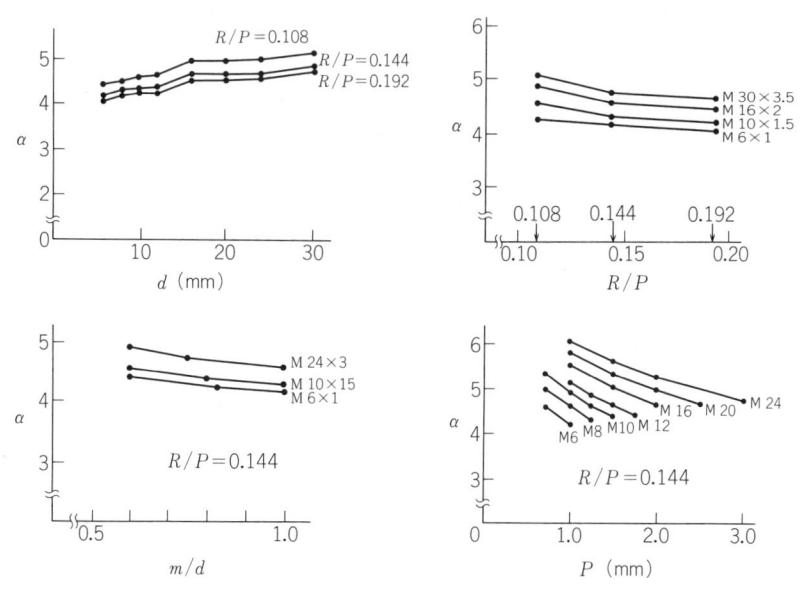

図 3.2.5 ねじの幾何学的形状とボルト・ナット結合体の応力集中係数の関係

に対してはそれほど大きな期待はできない．ことがわかる．

これらの結果は，多くの研究者による光弾性実験結果[15), 16)]を包括的に説明できるものである．

3.2.3 ボルト・ナット結合体の疲れ強さの算出

(1) 疲れ強さの算出

ねじ谷底の最大応力発生点を起点とし，そこから内部へ若干入った部分までの応力分布を模図的に示すと図3.2.6のようになる．ここで，石橋の疲れ破壊に関する説[17)]によれば，結晶粒の大きさに関係するある深さ ε_o だけ入った部分の応力 $\beta\sigma_{mean}$ が材料の疲れ強さに至った場合に破壊が生じるとしている．この説を適用すると，

$$\sigma_w = \beta\sigma_{mean} \tag{3.2.4}$$

ただし，$\beta = \alpha(1-\chi\varepsilon_o)$

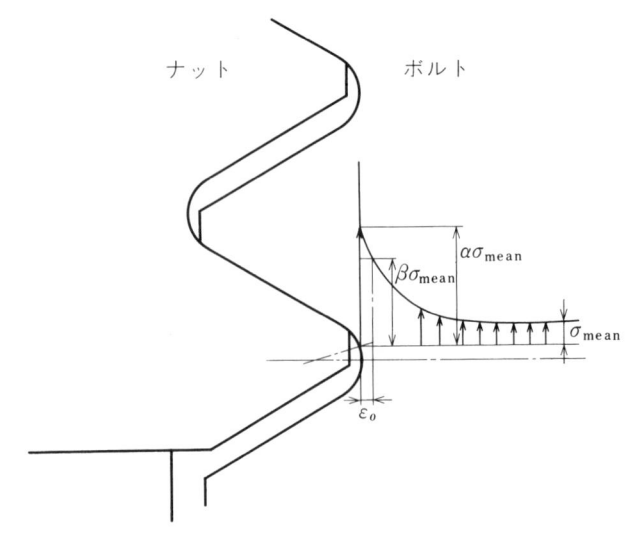

図 3.2.6 ねじ谷底部の応力分布と疲れ強さに影響を及ぼす層 ε_o との関係

ここに，　σ_w：材料の疲れ強さ

χ：ねじ谷底の最大応力こう配 $\left(=-\dfrac{1}{\sigma_{max}}\dfrac{d\sigma}{ds}\right)$

ε_o：結晶粒の大きさに影響を受ける定数

α：ボルト・ナット結合体の応力集中係数

β：切欠き係数

の関係がある．

　大滝[18]は，平均応力の比較的高い状態下で実験されたボルト・ナット結合体の疲れ強さが平均応力に依存しない点を勘案し，石橋の説に従って β の値を求めている．また，山本[19]も疲れ強さが平均応力に依存しないと仮定し，従来発表された疲れ強さを整理し，実験式を提案している．この両者による値には差異がある．吉本[20]は図 3.2.7 に示したようにこの差異を埋める説を提案している．この説に従えば，平均応力が低い範囲では平均応力の増大に伴って平滑材の場合と同様低下する．しかし，ε_o の層が材料の降伏点に至った時点で一定値となる．それゆえ，図を参照し，

平均応力の小さい領域では，疲れ強さが

$$\sigma_{wk} = \frac{\sigma_{w0}}{\beta}\sigma_T/(\sigma_T+\sigma_{w0}) \tag{3.2.5}$$

平均応力の大きい領域では，

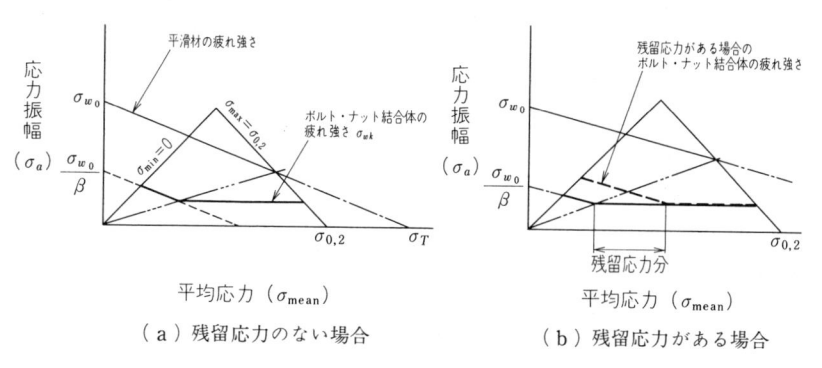

（a）残留応力のない場合　　　　　（b）残留応力がある場合

図 3.2.7　ボルト・ナット結合体の疲れ強さ算出

$$\sigma_{wk} = \frac{\sigma_{w0}}{\beta} \cdot (\sigma_T - \sigma_{0,2})/(\sigma_T - \sigma_{w0})$$

ここに,　σ_T：おねじ材の真破断応力

　　　　　σ_{w0}：おねじ材の両振り引張・圧縮疲れ強さ

　　　　　$\sigma_{0,2}$：おねじ材の降伏応力

で計算される.

　この説によれば，ゆるみを勘案し平均応力の高い状態下で実施されてきた従来の実験値が平均応力に依存しなかったことも説明できるし，平均応力の低い範囲で最近実施された結果が平均応力の影響を受ける傾向にあることをも説明できる.

　さらに，熱処理後転造されたねじについても，圧縮残留応力の影響を扱うことができる．すなわち，線図を図3.2.7 (b) のように残留応力分だけ正方向へ平行移動すればよい．これにより，平均応力の低い範囲で転造後熱処理されたねじに比較して疲れ強さが増大することも説明がつく．この説は，X線による残留応力の測定や説の部分的な修正が加えられ，ねじの疲れ強さがよく説明できるものとして定着してきている.

　表3.2.1，表3.2.2に式 (3.2.5) に従って疲れ強さを算出するに当たって必要となる切欠き係数 β の値を式 (3.2.4) によって算出し示す.

　さらに，代表的な呼びについて，式 (3.2.5) によって算出した疲れ強さを表3.2.3に示す.

(2) ねじ各部の寸法と疲れ強さの関係

　ねじ各部の寸法と疲れ限度の関係については，ヤクシェフ[13]が詳細な実験を行って，図3.2.8のような結果を得ている．一方，前述のようにして理論的にも求められる．しかも，この両者は傾向及びその値をほぼ一にしている.

　これらの結果を整理すると，ボルト・ナット結合体の疲れ破壊の特徴は以下のようにまとめ上げられる.

　　① ボルト・ナット結合体の疲れ強さは，ねじの呼び径 d が大きくなるほど小さくなる.

3.2 疲れ強さ

表 3.2.1 ISO メートルねじの応力集中係数 α 及び切欠き係数 β（並目ねじ）

ねじの呼び	ねじ形状		応力集中係数 α	最大応力こう配 χ 1/mm	切り欠き係数 β*			
	ねじ谷底丸み R/P	ナット高さ m mm			強度区分			
					4.8 ($\varepsilon_0=0.102$)	6.8 ($\varepsilon_0=0.068$)	8.8 ($\varepsilon_0=0.045$)	10.9 ($\varepsilon_0=0.038$)
M 6	0.144	3.6	4.40	6.48	1.49	2.63	3.11	3.31
	〃	5.0	4.21	6.45	1.44	2.52	2.98	3.17
	〃	6.0	4.13	6.45	1.41	2.47	2.93	3.11
	0.108	5.0	4.43	5.25	2.05	2.98	3.38	3.54
	0.192	5.0	4.10	5.35	1.86	2.74	3.11	3.26
M 8	0.144	4.8	4.47	5.18	2.10	3.03	3.42	3.59
	〃	6.5	4.30	5.16	2.03	2.92	3.30	3.45
	〃	8.0	4.21	5.16	1.99	2.86	3.23	3.38
	0.108	6.5	4.53	4.24	2.57	3.33	3.66	3.80
	0.192	6.5	4.18	4.32	2.33	3.06	3.36	3.49
M 10	0.144	6.0	4.58	4.30	2.57	3.35	3.69	3.83
	〃	8.0	4.37	4.30	2.45	3.20	3.52	3.65
	〃	10.0	4.27	4.30	2.39	3.13	3.44	3.57
	0.108	8.0	4.61	3.57	2.93	3.58	3.86	3.98
	0.192	8.0	4.25	3.70	2.64	3.27	3.54	3.65
M 12	0.144	7.2	4.61	3.69	2.87	3.55	3.84	3.96
	〃	10.0	4.38	3.69	2.73	3.37	3.65	3.76
	〃	12.0	4.30	3.68	2.68	3.31	3.58	3.69
	0.108	10.0	4.62	3.06	3.17	3.74	3.98	4.08
	0.192	10.0	4.26	3.17	2.88	3.42	3.65	3.74
M 16	0.144	9.6	4.84	3.20	3.26	3.87	4.14	4.25
	〃	13.0	4.64	3.23	3.11	3.71	3.96	4.07
	〃	16.0	4.56	3.23	3.05	3.64	3.89	4.00
	0.108	13.0	4.90	2.75	3.52	4.06	4.29	4.38
	0.192	13.0	4.50	2.43	3.38	3.82	4.00	4.08
M 20	0.144	12.0	4.85	2.56	3.58	4.08	4.29	4.37
	〃	16.0	4.65	2.58	3.42	3.90	4.11	4.19
	〃	20.0	4.57	2.58	3.36	3.83	4.03	4.12
	0.108	16.0	4.92	2.20	3.81	4.24	3.44	4.50
	0.192	16.0	4.52	2.34	3.44	3.86	3.40	4.11
M 24	0.144	14.4	4.88	2.15	3.80	4.22	4.40	4.48
	〃	18.0	4.70	2.15	3.66	4.07	4.24	4.31
	〃	24.0	4.57	2.15	3.56	3.96	4.12	4.19
	0.108	18.0	4.97	1.85	4.03	4.39	4.55	4.62
	0.192	18.0	4.56	1.97	3.64	4.00	4.15	4.21
M 30	0.144	18.0	5.00	1.83	4.06	4.43	4.58	4.65
	〃	22.0	4.83	1.83	3.92	4.28	4.43	4.49
	〃	30.0	4.69	1.84	3.80	4.15	4.30	4.36
	0.108	22.0	5.11	1.60	4.27	4.60	4.74	4.79
	0.192	22.0	4.68	1.71	3.86	4.18	4.31	4.37

*$\beta=\alpha(1-\chi\varepsilon_0)$

表 3.2.2 ISO メートルねじの応力集中係数 α 及び切欠き係数 β (細目ねじ)

ねじの呼び	ピッチ P	応力集中係数 α	最大応力こう配 $\chi 1/\mathrm{mm}$	切り欠き係数 β^* 強度区分			
				4.8 ($\varepsilon_0=0.102$)	6.8 ($\varepsilon_0=0.062$)	8.8 ($\varepsilon_0=0.045$)	10.9 ($\varepsilon_0=0.038$)
M 6	0.75	4.61	8.60	—	2.15	2.82	3.10
M 8	1.0	4.60	6.45	1.57	2.76	3.26	3.47
	0.75	4.99	8.53	—	2.35	3.07	3.37
M 10	1.25	4.63	5.16	2.19	3.14	3.55	3.72
	1.0	4.93	6.40	1.71	2.97	3.51	3.73
	0.75	5.30	8.45	—	2.52	3.28	3.59
M 12	1.5	4.59	4.30	2.57	3.34	3.70	3.83
	1.25	4.84	5.16	2.29	3.29	3.71	3.89
	1.0	5.14	6.38	1.79	3.10	3.66	3.89
M 16	1.5	5.03	4.27	2.83	3.69	4.06	4.21
	1.0	5.55	6.30	1.98	3.38	3.97	4.22
M 20	2.0	4.96	3.23	3.32	3.96	4.23	4.35
	1.5	5.34	4.23	3.03	3.93	4.32	4.48
	1.0	5.82	6.25	2.10	3.56	4.18	4.43
M 24	2.0	5.24	3.18	3.54	4.20	4.49	4.60
	1.5	5.60	4.20	3.20	4.14	4.54	4.70
	1.0	6.05	6.15	2.25	3.74	4.37	4.63
M 30	3.0	6.04	2.13	3.94	4.37	4.55	4.63
	1.5	5.89	4.17	3.38	4.36	4.78	4.95
	1.0	6.29	6.08	2.38	3.91	4.56	4.83

*$\beta = \alpha(1-\chi\varepsilon_0)$

表 3.2.3 ボルト・ナット結合体のボルトの疲れ強さ推定値

単位 MPa

ねじの呼び	強度区分		
	8.8	10.9	12.9
M 10×1.25	54	61	67
M 10	50	59	70
M 16	45	53	64
M 24	43	51	61

3.2 疲れ強さ

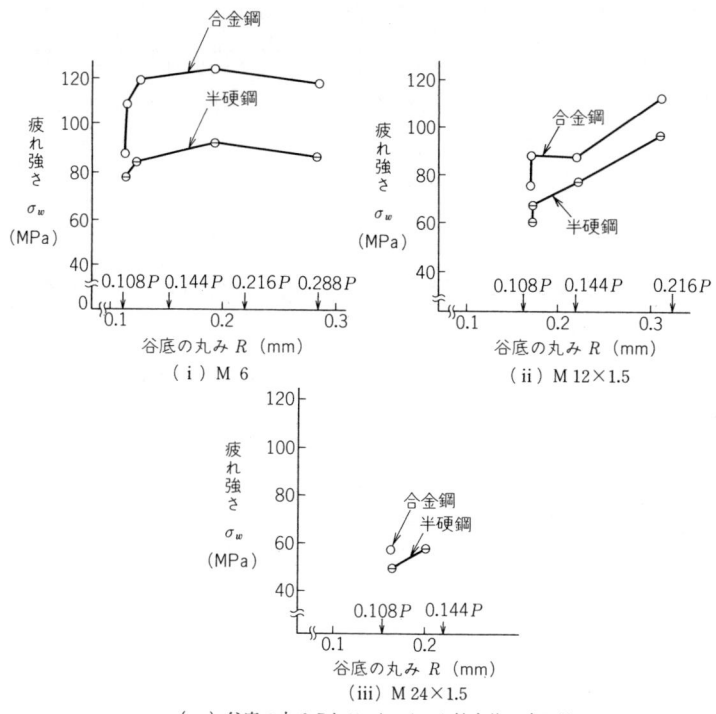

(a) 谷底の丸み R とボルト・ナット結合体の疲れ強さ

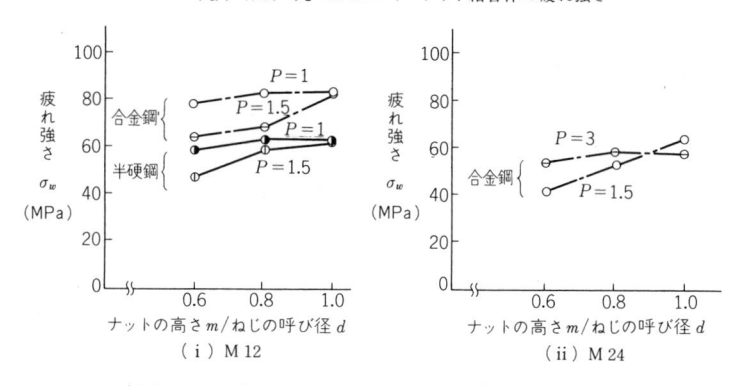

(i) M6　(ii) M12×1.5　(iii) M24×1.5

(b) ピッチ P 及びはめあい長さとボルト・ナット結合体の疲れ強さ

(i) M12　(ii) M24

図3.2.8 ねじ各部の寸法とボルト・ナット結合体の疲れ強さの関係

② 疲れ強さが最小となるピッチが存在し，細目ねじとしても疲れ強さは必ずしも向上するわけではない．しかし，谷の断面積を掛けて得られる疲れ破壊の荷重では細目ねじの方が一般的にかなり有利となる．

③ ナットの高さ m は，高いほど疲れ強さが大となる．しかし，現用のものより多少高くしてもそれほど向上は期待できない．

④ 疲れ強さが最大となるねじの谷底丸み R が存在する．すなわち，現在のものより多少大きめの R を選べば最大の疲れ強さが得られそうである．

⑤ ねじの呼び径が小さいものでは，低炭素鋼より合金鋼の方が疲れ強さは高いが，大きなものになると差は小さくなる．

3.2.4 疲れ強さに対する許容応力

ボルト・ナット結合体の疲れ強さに対する許容応力 σ_{ae} は，日本機械学会が提唱している一般式[21]を準用して計算できる．

$$\sigma_{ae} = \frac{\zeta}{f_m \cdot f_s} \sigma_{wk} \tag{3.2.6}$$

ここに，f_m：ボルト・ナット結合体の疲れ強さに対する安全率
f_s：使用応力に対する安全率
ζ：表面状況，腐食作用などによる疲れ強さの補正係数
σ_{wk}：式 (3.2.5) より計算される疲れ強さの推定値

f_m は材料の欠陥，熱処理，化学成分の不均一性など，ボルトの疲れ強さに影響を与える諸因子に対する推定値の不確実さを補うものである．この値は，ボルト・ナット結合体の疲れ強さについて系統的な実験を行い，最も信頼性ある値を得たヤクシェフによる実験結果 σ_w と式 (3.2.5) を用い理論的に計算した疲れ強さ σ_{wk} とを確率論的に整理して求められる．すなわち，σ_w と σ_{wk} との比を 0.1 とびに区分し，その中に含まれる全数に対する比率を求め，図 3.2.9 のように整理する．この分布を正規分布とみなせば，平均 μ 及び標準偏差 σ_c が求まる．図 3.2.9 におけるばらつきの下限を $\mu_c = \mu - k\sigma_c$ にとるものとすれば，

3.2 疲れ強さ

k	安全率 f_m	信頼度 %
1	1.20	68.3
2	1.56	95.4
3	2.21	99.7

$\mu_c = \mu - k\sigma_c$

$\mu = 1.02$
$\sigma_c = 0.108$
(総数 34)

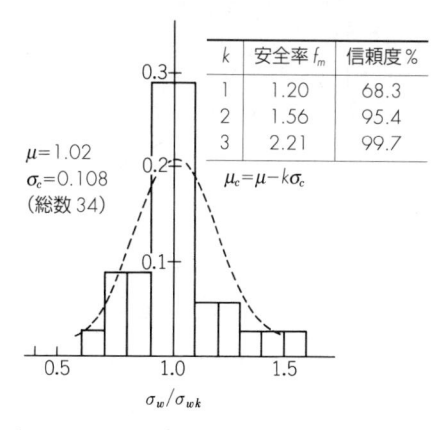

図 3.2.9 ボルト・ナット結合体の疲れ強さに対する安全率

計算に対する安全率 f_m は，$f_m = 1/\mu_c$ となる．

下限を μ_c にとった場合，その中に含まれる数の全数に対する理論上の比率は，正規分布の性質から

$$\mathrm{P_r}\left(\left|\frac{\sigma_w}{\sigma_{wk}} - \mu\right| \leq k\sigma_c\right)$$

となる．これが，安全率 f_m の場合の信頼度となる．図中には，このようにして求めた安全率と信頼度を示しておいた．

f_s はボルトにかかる応力のばらつき，製品寸法の不同や精度を補うもので，予測困難な荷重の生じる可能性があったり，頻度の少ない衝撃荷重などが加わるおそれのある場合は，その程度に応じて，$f_m = 1.5 \sim 2.0$ に選ぶ．

ζ は表面状況に関する日本機械学会発行資料を利用し推察できる．すなわち，

(i) **めっきによる補正係数** クロムめっきなどではめっき層内に生じる引張残留応力のため，疲れ強さは低下する．その割合は，図 3.2.10 に示すようになる．亜鉛めっき，酸化皮膜はほとんど影響をもたず $\zeta \fallingdotseq 1$ である．

(ii) **転造による補正係数** ボルトの疲れ強さは，転造ダイスの種類，転造時間，転造圧力によって影響を受ける．ヤクシェフによれば，切削加工後調質

168   3. ねじ部品の強さ

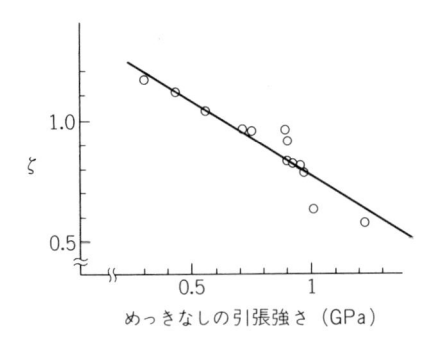

図 3.2.10 素材の引張強さとクロムめっきによる疲れ強さの補正係数

し，谷底のみ転造したものが最も疲れ強さが向上する．

しかし，全ねじ山を丸ダイスとか平ダイスで転造する一般的な製造方法の場合には，転造後熱処理を行うのが一般的である．そのような場合は，疲れ強さは切削したボルトの場合と変わらず $\zeta\fallingdotseq1$ として扱ってよい．

転造したままの状態で使用する場合は，ζ の値としてユンカーによる表 3.2.4 の値をとればよい．

表 3.2.4 転造ボルトの補正係数

ボルト加工法		ボルト材料強度区分	ζ		
ねじ部	頭部・軸部		M 4~M 8	M 10~M 16	M 18~M 30
応力除去後転造	冷間押出し・圧造	6.9	1.7	1.8	2.0
		6.9			
焼入焼戻し後転造		8.8			
		10.9	1.8	2.0	1.8
		12.5			

備考　転造後応力除去，転造又は切削後焼入焼戻し $\zeta=1$

3.3 遅れ破壊

3.3.1 遅れ破壊機構

遅れ破壊は，1.2 GPa 以上の引張強さを有する摩擦接合用高力ボルト等を使用する場合に考慮しなくてはならない問題である．

この遅れ破壊は，常温で静的な引張負荷あるいは曲げ負荷がある時間加わった後，外見上塑性変形を伴わず突然破壊する現象である．しかし，実際的には，切欠き部からき裂が発生し，それが数分から数年かけて徐々に進展する．それに伴い，断面積が減少し，ある時点で不安定破壊を起こす．この不安定破壊は遅れ破壊とは関係なく，き裂をもつ試片の短時間引張破壊と同じである．それゆえ，破面は徐々に進展した部分と急速に進展した部分の二つに分かれて見える．

この遅れ破壊の機構[22]は，図3.3.1に示すように，

① 水素ぜい化
② 応力腐食割れ

の二つに大別される．前者は，鋼中に何らかの要因によって浸入した水素が応力集中部近傍に集中し，カソード割れを引き起こすことによる．後者は，き裂先端がアノードとなり，材料が選択的に溶解されていくことによってき裂が進展していくことによって起こる．

水素ぜい化による破壊はJIS B 1045（締結用部品―水素ぜい化検出のため

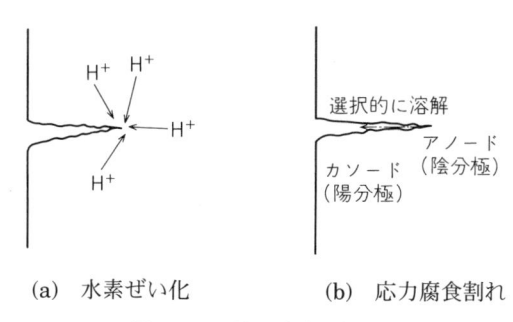

(a) 水素ぜい化　　　(b) 応力腐食割れ

図 3.3.1　遅れ破壊の機構

の予荷重試験―平行座面による方法）でも述べられているように，鋼の溶解時に吸蔵された水素が凝固時に析出し発生する白点現象，溶解後ある時間経過して発生する溶接割れなど過飽和な水素の析出に起因する．あるいは，電気めっきを行ったり，酸洗いを行ったりして，水素が多分に含まれる場合にも起こる．

防止は，脱水素処理を行うとか，電気めっきを避けるなどして行っている．低温溶接割れに対しては，予熱，後熱処理により水素を取り除くなどの策が施される．JIS B 1044（締結用部品―電気めっき）では，電気めっき皮膜厚さを規定し，水素ぜい化除去に対する推奨を与えている．

応力腐食割れは，通常の熱処理工程を経，しかもめっきなどの処理を行わず，特に多量の水素が吸蔵されているとは考えにくい場合にも起こる破壊である．オーステナイトステンレス鋼が食塩水程度の電解質水溶液中で起こるものがこれに該当する．

3.3.2　遅れ破壊試験

遅れ破壊の特性を検討するには，遅れ破壊試験を実施しなくてはならない．しかし，これまで短期間で遅れ破壊性を評価できる試験方法が検討されてきているものの，いまだ正式な規格化には至っていない．検討されている試験方法には外部水素起因型遅れ破壊促進試験法と内部水素起因型遅れ破壊促進試験法とがある．前者には水中切欠き試験方式，ボルト締付け暴露試験方法，酸中破壊試験方式などが，後者には酸大気方式，電気めっきボルトの破壊試験方式などがある．

いずれの方式の場合も，結果を負荷応力と破壊までの時間で整理し，疲れ試験におけるウェーラ線図に類似した図3.3.2のような応力-破壊時間線図を求める．そして，100時間あるいは1 000時間耐える応力をもって遅れ破壊強さとして評価する．ただし，JIS B 1045で規定されている試験方法は，応力又はトルクを少なくとも48時間保持する．そして24時間ごとに初期応力又は初期トルクまで再締結し，同時に水素ぜい化による破損が起きていないかどうか確認するという簡便的な方法である．

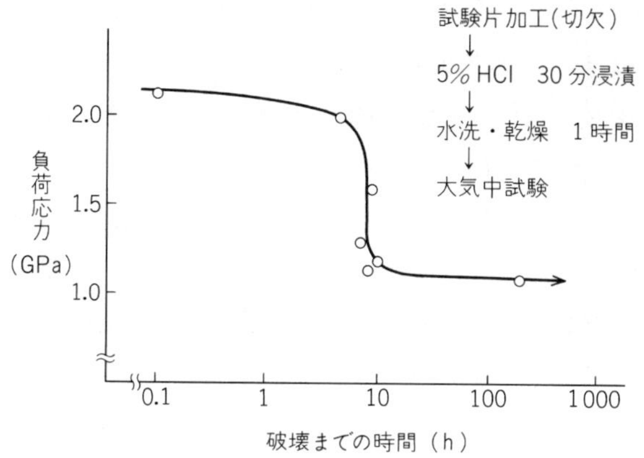
試験片加工(切欠)
5% HCl 30分浸漬
水洗・乾燥 1時間
大気中試験
負荷応力(GPa)
2.0
1.5
1.0
0.1
1
10
100
1000
破壊までの時間(h)

図 3.3.2 遅れ破壊試験結果例 (SCM 435)

3.3.3 き裂進展の特徴

き裂の成長は連続的ではなく，間欠的である．しかも，結晶粒内を通過する場合もあるが，ほとんどが結晶粒界を通過するのが特徴的である．

3.3.4 材料の強度の影響

遅れ破壊試験法によって遅れ破壊強さを検討した結果によると，破壊の発生

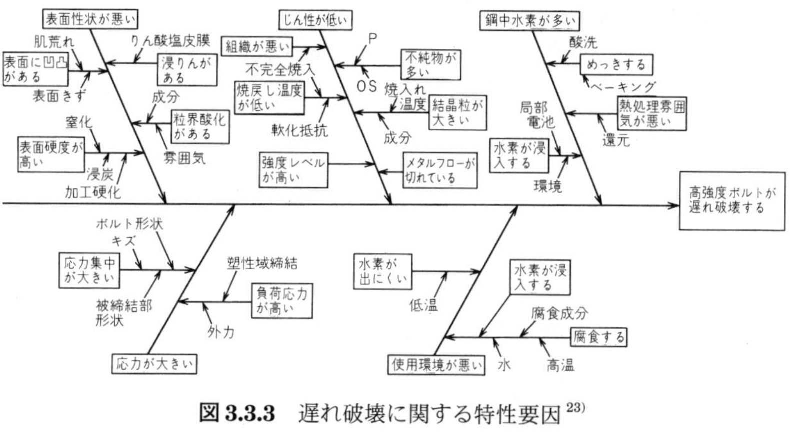
表面性状が悪い
肌荒れ
りん酸塩皮膜
表面に凹凸がある
浸りんがある
表面きず
成分
窒化
粒界酸化がある
表面硬度が高い
雰囲気
浸炭
加工硬化
じん性が低い
組織が悪い
P
不完全焼入
不純物が多い
OS
焼戻し温度が低い
焼入れ温度
結晶粒が大きい
軟化抵抗
成分
強度レベルが高い
メタルフローが切れている
鋼中水素が多い
酸洗
めっきする
ベーキング
局部電池
熱処理雰囲気が悪い
還元
水素が浸入する
環境
高強度ボルトが遅れ破壊する
ボルト形状
キズ
応力集中が大きい
塑性域締結
被締結部形状
負荷応力が高い
外力
応力が大きい
水素が出にくい
低温
水素が浸入する
腐食成分
腐食する
使用環境が悪い
水
高温

図 3.3.3 遅れ破壊に関する特性要因[23)]

要因は図3.3.3に示すようになる．この中で最も大きな影響をもつのは材料の強度レベル，雰囲気，応力集中である．

ちなみに，図3.3.4は首下に応力集中係数10の切欠きを設けたボルト試験片について，引張強さと水中遅れ破壊強さの関係を示したものである．これより通常の焼入焼戻し処理を行う限り，引張強さ1.3 GPaまでの低合金鋼では，遅れ破壊強さが引張強さの1.5倍ほどある．すなわち，短時間で破壊させる場合の引張強さの方が，それだけ小さいため，遅れ破壊は起こり得ないことを示している．1.5 GPa以上の引張強さのものとなると，いずれの鋼種でも遅れ破壊強さの方が引張強さより小さくなるので，遅れ破壊が先行して起こる．

このデータに対し，ボルト・ナット結合体の応力集中係数は図3.2.5に示したように，図3.3.4の場合の1/2程度である．そこで，応力集中係数と遅れ破壊強さの関係を求めた結果が図3.3.5のようになっているので，両者を付き合わせ，遅れ破壊の程度を推察することができる．

確かに，応力集中係数が6以下になると遅れ破壊は起こりにくくなっているので，とかく遅れ破壊の起こりやすいとされているボルト首下部，ねじ切り終わり部などの切削加工時に伴う引っかき傷などの微細なクラックには留意する必要性がある．

3.3.5　雰囲気の影響

図3.3.6は使用中外部から浸入する水素が原因となる破壊を想定し，大気中，水道中，0.3%食塩を添加した水溶液中などで実施した実験結果である．これによれば，遅れ破壊強さは，空気中と油中がほぼ同じで0.3%食塩中が最低となっている．これより，腐食度合いが強くなるほど遅れ破壊が起こりやすくなることがわかる．したがって，鋼表面に吸着して水との接触を妨げるような防食法は遅れ破壊防止に役立つようである．

しかし，めっきなど異種金属と接触する場合には，遅れ破壊に影響を与える[22]．陰極防食として効果のある金属としてよく知られているZn, Mgは完全な被覆でない限り，鋼表面に水素を発生させるので有害である．一方，Alは

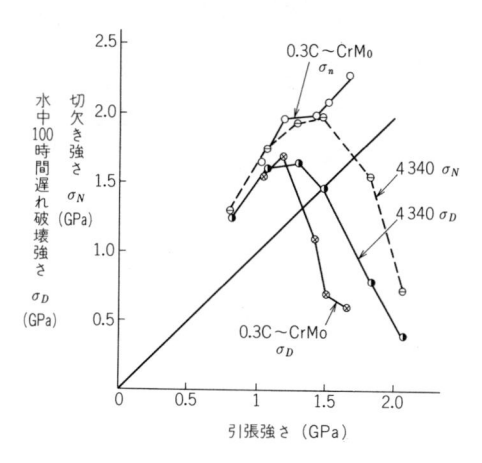

図 3.3.4 引張強さと遅れ破壊強さの関係

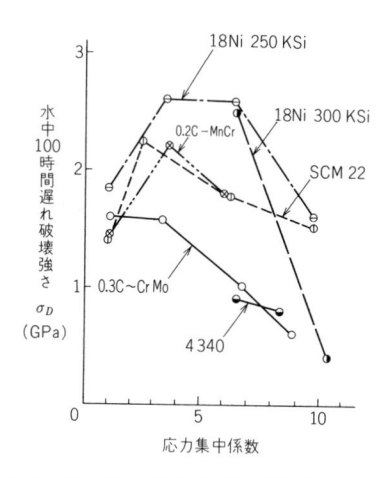

図 3.3.5 応力集中係数と遅れ破壊強さの関係[22]

酸化皮膜を作りやすいこともあって遅れ破壊に影響をあまり与えないようである．このように，現段階では防食に優れていても，遅れ破壊に悪影響を及ぼすこともあるので，遅れ破壊のおそれのあるような場合には，そのつど実験的に確かめる必要がある．

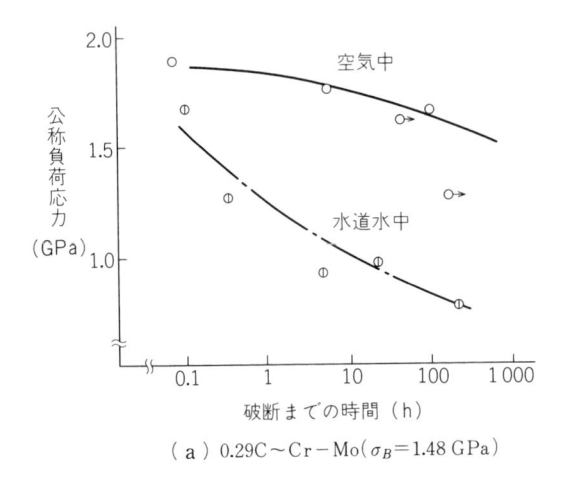

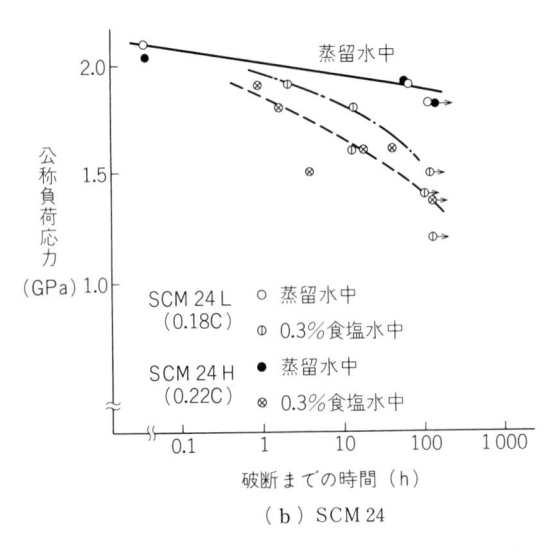

(a) 0.29C〜Cr-Mo ($\sigma_B = 1.48$ GPa)

(b) SCM 24

図 3.3.6 大気中遅れ破壊，水中遅れ破壊及び 0.3% NaCl 水溶液中遅れ破壊

引用・参考文献

1) 砂本大造（1979）：日本機械学会論文集（C編），Vol.45, No.399, p.1287
2) M.Hetenyi (1943) : J Appl Mech Trans ASME, Vol.10, No.2, A-93
3) 田中道彦（1981）：日本機械学会論文集（C編），Vol.47, No.417, p.602
4) 山本晃（1970）：ねじ締結の理論と計算，養賢堂，p.43
5) 大滝英征（1976）：日本機械学会論文集（第3部），Vol.42, No.357, p.1560
6) BS 3580:1964 Guide to Design Consideration on the Thread Strength of Screw Threads, 邦訳 機械の研究, Vol.18, No.3, (1966) p.9, Vol.18, No.4, (1966) p.84
7) Heywood (1952)： Designing by Photoelasticity, 220, Chapman & Hall
8) 清家政一郎（1972）：日本機械学会論文集（第1部），Vol.38, No.315, p.2771
9) ねじ技術研究会：機械と工具（1965-8）p.100, (1966-6) p.62
10) ISO 965-1 ISO general purpose metric screw threads — Tolerance — Part 1: Principles and basic data
11) 山本晃：前掲4), p.28
12) 藤井太一，曽山義朗（1965）：材料，Vol.14, No.142, p.557
13) ねじ技術研究会：機械と工具（1966-6）p.62
14) 大滝英征（1972）：日本機械学会論文集（第3部），Vol.38, No.311, p.1885
15) 西田正孝（1967）：応力集中，森北出版，p.666
16) 島村昭治（1956）：機械技術研究所報告，Vol.10, No.6, p.7
17) 石橋正（1969）：金属の疲労と破壊の防止，養賢堂，p.270
18) 大滝英征：日本機械学会論文集
19) 山本晃：前掲4), p.110
20) 吉本勇（1983）：精密機械，Vol.49, No.6, p.111
21) 金属材料の疲れ強さの設計資料I (1965) 5，日本機械学会
22) 山本俊二，藤田達（1968）：高張力ボルトの遅れ破壊，R&D，神戸製鋼技報，Vol.18, No.3, p.93
23) 山田凱朗，長谷川豊文，中原猛（1991）：機械設計，Vol.35, No.3, p.41

4. ねじの締付け

4.1 ねじ締結体の設計の考え方

　JIS B 1083（ねじの締付け通則）では，ねじ締結とは"2個以上の品物（被締結部材）をボルト，小ねじなどのおねじ部とナット又は品物に形成されためねじ部とをはめ合わせ，ねじ締付けによって結合する方法又は結合した状態"と定義している．また，ねじ締結体とは"ねじ締結部をもつ構造物全体又はねじ締結部を含む構造物の一部"と定義している．

　一般に，ねじ締結には，容易に所望の締付け力に締め付け，また保守・点検や修理の際に容易に分解できる機能が要求される．また，ねじ締結によって結合されたねじ締結体には，ねじ締結体に作用する外力，環境条件のもとで，ねじ部品又は被締結部材が破損したり，ゆるみが発生することなく最初の締結状態を保持し続けることが要求される．これらの要求事項を満足するようなねじ締結体を完成させるためには，図4.1.1に示すような手順をとるべきであろう．

　すなわち，ねじ締結体の設計段階では，与えられた設計条件に対して締結体としての機能を十分に果たすようなボルト・ナット・座金などの締結用部品の仕様の選定を行い，その締結用部品に対して使用実績及び強度計算によって締付け力の範囲を決定する．組付けの段階では，まず設計段階で指示された締付け力の範囲に収めるための締付け方法を選択し，その方法における指標の目標値を決める必要がある．ねじ締結体の強度計算においては，まず締結体に作用する外力とボルトに作用する内力の関係を知ることが基本といえる．ここでは，これらを図4.1.2に示すような，2個の円筒形被締結部材を1組のボルト・ナットで締結する比較的簡単なねじ締結体をモデルとして，締付け線図をもとに考えてみる．

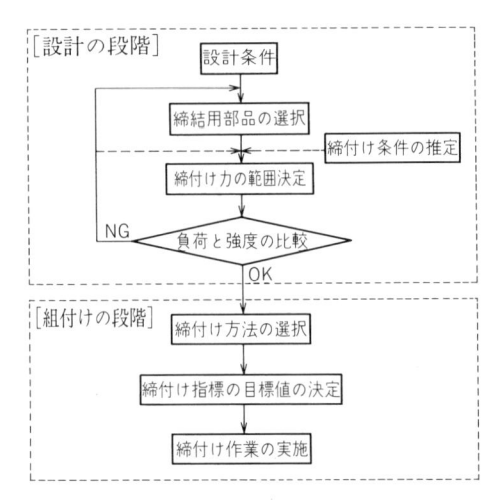

図 4.1.1 ねじ締結体の設計から組付け作業までの手順

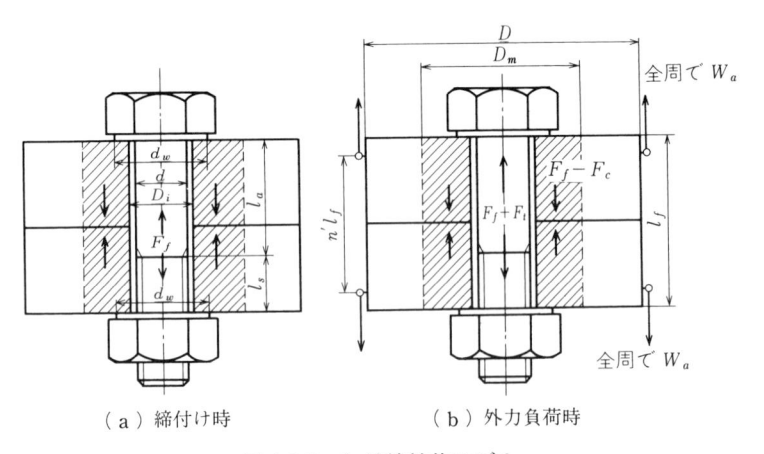

図 4.1.2 ねじ締結体モデル

(a) 締付け時 (b) 外力負荷時

4.1.1 ねじ締結体に作用する外力と内力の関係

図 4.1.2 (a) において,ナットによって F_f の締付け力まで締め付けるとボルトは λ_t の伸び,被締結部材は λ_c の縮みが発生する.図 4.1.3 において (a) はボルトの引張力と伸びの関係,(b) は被締結部材の圧縮力と縮みの関係である.

4.1 ねじ締結体の設計の考え方

(a) ボルトの引張力と伸びの関係　(b) 被締結部材の圧縮力と縮みの関係　(c) 基本的な締付け線図

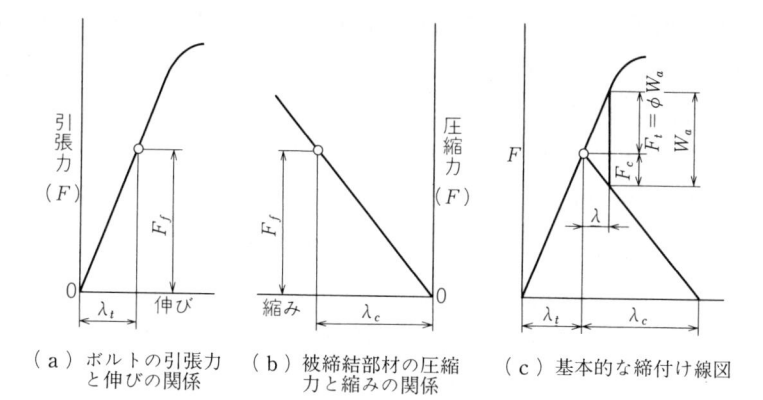

図 4.1.3　締付け線図

図 4.1.3 (c) は，(a) の直線の引張力 F_f の点と (b) の直線の圧縮力 F_f の点を重ね合わせたもので，締付け線図と呼ばれている．

引張力と伸び及び圧縮力と縮みのそれぞれが比例関係にあるとすれば，それらの関係は次式で表される．

$$F_f = K_t \lambda_t, \quad F_f = K_c \lambda_c \tag{4.1.1}$$

ここに，K_t：ボルトの引張ばね定数
K_c：被締結部材の圧縮ばね定数

F_f まで締め付けられた締結体に，図 4.1.2 (b) に示すように軸方向外力 W_a が作用すると，締付け長さ（ボルトとナットの座面間距離）は λ だけ伸び，ボルト軸部に F_t なる引張力が追加されて ($F_f + F_t$) の軸力，被締結部材から F_c なる圧縮力が失われて ($F_f - F_c$) の締付け力となる．これらの関係は，図 4.1.3 (c) のように図示され，次の関係式が成り立つ．

$$F_f + F_t = K_t(\lambda_t + \lambda), \quad F_f - F_c = K_c(\lambda_c - \lambda) \tag{4.1.2}$$

$$W_a = F_t + F_c \tag{4.1.3}$$

$$F_t = \phi W_a, \quad F_c = (1 - \phi) W_a \tag{4.1.4}$$

ただし，

$$\phi = \frac{K_t}{K_t + K_c} \tag{4.1.5}$$

ϕ は外力 W_a のうちのボルトが分担する荷重の割合を示し,内力係数と呼ばれる(内外力比とも呼ばれる.). ϕ の値は K_t と K_c の大小関係によって左右され,外力 W_a が同じであっても F_t が大きくなったり F_c が大きくなったりする.その様子を図 4.1.4 に示す.

一般に,F_c が大きいことによる被締結部材の締付け力の減少よりも,F_t が大きいことによるボルト・ナット系の破損の方が危険であるので,ϕ を小さくすることがねじ締結体を設計するうえでの重要事項とされている.ただし,λ が λ_c を超えると,被締結部材の間にすき間が生じると同時に,F_t は $(W_a - F_f)$ となり ϕW_a で推定した値よりはるかに大きくなるので,$(F_f - F_c)$ がある値より小さくならないような注意が必要である.

図 4.1.2 に示したような,ねじの外径 d と円筒部の外径が等しい呼び径ボルト系の引張ばね定数 K_t に関しては,次の計算式が推奨されている[1].

$$\frac{1}{K_t} = \frac{1}{E_b}\left(\frac{0.4d}{A_a} + \frac{l_a}{A_a} + \frac{l_s}{A_3} + \frac{0.4d}{A_a}\right) \qquad (4.1.6)$$

ここに,E_b:ボルト材の縦弾性係数

A_a:円筒部の断面積

A_3:ねじの谷径の断面積

上式の右辺の各項は,左からボルト頭部,円筒部,遊びねじ部及びはめあいねじ部のコンプライアンス(ばね定数の逆数)である.

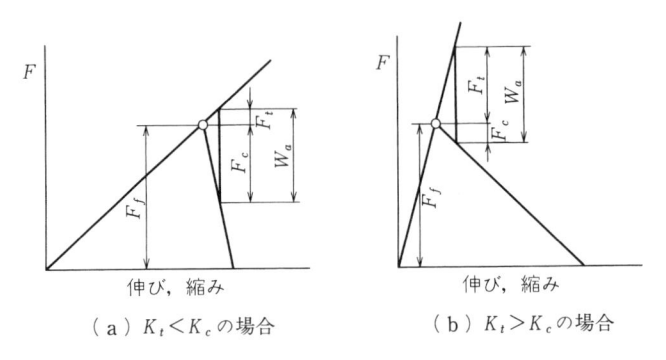

(a) $K_t < K_c$ の場合 　　　(b) $K_t > K_c$ の場合

図 4.1.4 ばね定数と内力係数の関係

4.1 ねじ締結体の設計の考え方

一方,図 4.1.2 に示すような円筒形被締結部材系の圧縮ばね定数 K_c に関しては,次の計算式が推奨されている[1].

$$K_c = \frac{E_c}{l_f} \frac{\pi}{4} \left(D_m^{\,2} - D_i^{\,2} \right) \tag{4.1.7}$$

ただし,E_c は被締結部材の縦弾性係数,D_m は図 4.1.2 (b) に斜線で示したような圧縮変形が等価であるような中空円筒の直径で,次式で計算される.

$D \leqq d_w$ の場合:

$$D_m = D$$

$d_w \leqq D \leqq 3d_w$ の場合:

$$D_m = \sqrt{d_w^{\,2} + \frac{l_f}{10}\left(\frac{D}{d_w}-1\right)\left(d_w + \frac{l_f}{20}\right)}$$

$D > 3d_w$ の場合:

$$D_m = d_w + \frac{l_f}{10}$$

$$\tag{4.1.8}$$

ただし,D 及び D_i はそれぞれ被締結部材の外径及びボルト穴径,d_w はボルト又はナットの座面直径である.

図 4.1.5 は,図 4.1.2 において遊びねじ部の長さ l_s を $1\,d$,d_w を $1.5\,d$,D_i を $1.1\,d$ として,式 (4.1.6)〜式 (4.1.8) によってばね定数を計算し,l_f/d を横軸,$K_t/(d \cdot E_b)$ 及び $K_c/(d \cdot E_c)$ を縦軸にとって描いた線図である.図 4.1.6 は,図 4.1.5 におけるボルト系のばね定数 K_t と被締結部材系のばね定数 K_c とから式 (4.1.5) によって求めた内力係数 ϕ であり,l_f/d に応じた ϕ の値を速算することができる.

式 (4.1.5) 又は図 4.1.6 によって求まる ϕ の値は,図 4.1.2 (b) における外力 W_a の着力点をボルト座面及びボルト座面と同一平面上にある軸線位置と想定した場合のもので,現実にはこのような場合はあり得ないが,この場合の ϕ の値は最大になる.したがって,これによってボルトに生じる内力を推定すると,ボルトの強度設計上安全側に入る.しかし,より厳密な ϕ が必要な場合には,外力の着力点の位置によって,式 (4.1.5) で計算される ϕ の値に次式[2]の修正

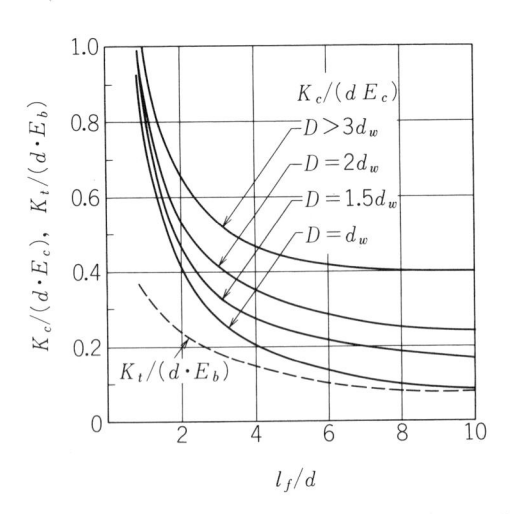

図 4.1.5 ボルト系及び被締結部材系のばね定数[3]

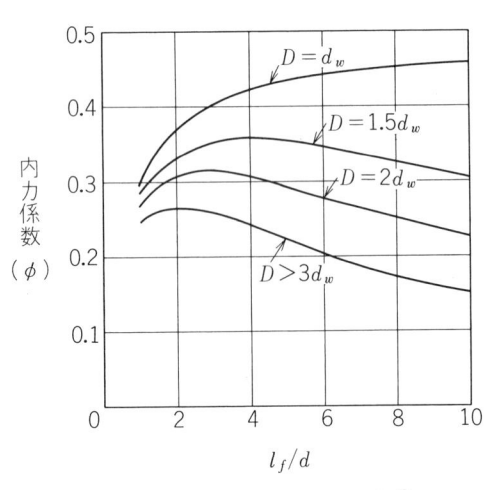

図 4.1.6 円筒形ねじ締結体の内力係数[4] ($E_b=E_c$)

係数 n を乗じて求めるとよい.

$D < d_w + l_f$ の場合：

$$\left.\begin{array}{l} \phi_n = n\phi \\[6pt] n = n' \dfrac{D_m{}^2 - D_i{}^2}{D^2 - D_i{}^2} \\[14pt] n = 0.5 \dfrac{D_m{}^2 - D_i{}^2}{(d_w + l_f)^2 - D_i{}^2} \end{array}\right\} \quad (4.1.9)$$

$D \geqq d_w + l_f$ の場合：

4.1.2　適正締付け力

実際の組付け作業においては，初期締付け力 F_f は締付け方法などによって異なるが $F_{f\min} \sim F_{f\max}$ の間でばらつく．この初期締付け力の最大値 $F_{f\max}$ と最小値 $F_{f\min}$ の比 $F_{f\max}/F_{f\min}$ が締付け係数 Q と呼ばれる．図 4.1.7 (a) は $F_{f\min}$ と $F_{f\max}$ によって描いた締付け線図である．締付け終了後に，被締結部材及びねじ部品間の接触部の小さな凹凸が平坦化したり，被締結部材表面部が塑性的に陥没すると，図 4.1.7 (a) における初期締付け力 $F_{f\min}$ 及び $F_{f\max}$ は低下して $F_{p\min}$, $F_{p\max}$ になる．ここで，$F_{f\max}$ がねじ締結体に外力が作用しない場合において，ねじ部品及び被締結部材に有害なほどの変形を与えるかどうかを検討する値になる．$F_{p\min}$ が締結体に振動などが加わった場合のゆるみ，接合面間で

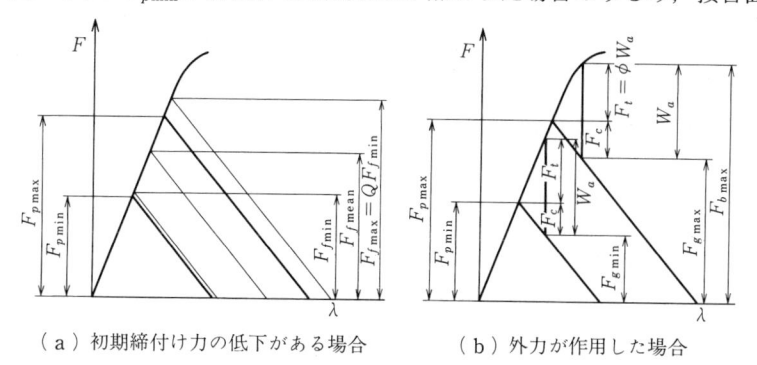

（a）初期締付け力の低下がある場合　　（b）外力が作用した場合

図 4.1.7　初期締付け力がばらついた場合の締付け線図

滑りが発生するかどうかなどを検討する値となる.

図 4.1.7 (b) は，$F_{p\min}$ 又は $F_{p\max}$ で締結されている締結体に軸方向外力 W_a が作用した場合の締付け線図である．ここで，$(F_{p\min}-F_c)=F_{g\min}$ が外力が作用する場合の最低の締付け力になり，ガスもれなどの密閉機能，ゆるみなどを検討する値となる．$(F_{p\max}+F_t)=F_{b\max}$ がボルトの破損などを検討する値となる．また，外力が最小値 0，最大値 W_a で変動する繰返し荷重の場合は，$(F_p+F_t/2)$ がボルトに作用する平均荷重で，$F_t/2$ が荷重振幅となるので，これがボルトの疲労破壊を検討する値となる．

ねじ締結体設計の際の締結用部品の仕様及び適正な初期締付け力は，これらを十分検討して決定されるべきである．

4.2 締付け管理の方法

JIS B 1083 では，締付け管理を"締付け作業における初期締付け力の管理"と定義している．一般に，直接締付け力を観察しながら締付けを行うことはできないので，ある指標によって締付け力を推定し，それによって締付け力を管理することになる．

機械部品のねじ締結では，一般に初期締付け力の目標値をボルトの規格降伏点又は耐力の 60～70% の弾性域にとり，締結体に外力が作用してもボルトが弾性限界を超えないように十分余裕を見込んで設計されている．しかし，近年高い締付け力を得るとともにボルト自体の特性を利用してばらつきの小さな締付け管理を行うためにボルトの弾性限界又は塑性域まで締め付ける方法（JIS B 1083 ではこれらを総称して塑性域締付けと呼んでいる．）も行われている．

JIS B 1083 では，ナット又はボルト頭部を回転して，ボルトの弾性域及び塑性域に締め付ける場合の代表的な締付け管理方法であるトルク法，回転角法及びトルクこう配法の特徴，目標値の決め方及び締付け用具について述べている．表 4.2.1 は，それらの締付け管理方法の指標，締付け領域及び一般的な初期締付け力のばらつきの程度（締付け係数 Q で表す．）である．

4.2 締結け管理の方法

表 4.2.1 代表的なねじ締付け管理方法

締付け管理方法	指　　標	締付けの領域	$Q(^1)$(参考値)
トルク法	締付けトルク	弾性域	1.4~3
回転角法	締付け回転角	弾性域	1.5~3
		塑性域	1.2
トルクこう配法	締付け回転角に対する締付けトルクのこう配	弾性限界	1.2

注(^{1}) 実際の締付け力のばらつきは，それぞれの締付け方法に関与する固有ないくつかの因子によって大きく変化するため，その範囲を厳密に示すことはできない．

4.2.1 トルク法締付け

初期締付け力 F_f を生じさせるために，ナット又はおねじ部品を回転させるのに必要なトルクを締付けトルク T_f という．トルク法は，この T_f と F_f との線形関係を利用した締付け管理法である．締付けトルク T_f を指標とするこの方法は，取扱いが比較的簡単な手動のトルクレンチや動力工具によって実施できるので，作業性に優れた簡便な方法である．しかし，締付けトルク T_f の90％前後はねじ面及び座面の摩擦によって消費されるため，初期締付け力のばらつきは，締付け作業時の摩擦特性の管理の程度によって大きく変化する．

(1) 締付けトルクと締付け力の関係

ねじのリードを利用して締付け力 F_f を発生させる場合，トルクレンチなどの締付け工具によって与える締付けトルク T_f は，ねじ山に作用するねじ部トルク T_s と，ナット又はボルト頭部座面に作用する座面トルク T_w とに分けられる．

$$T_f = T_s + T_w \tag{4.2.1}$$

T_s 及び T_w は，それぞれねじ面及び座面における力のつりあいから次式で表される．

$$T_s = \frac{F_f}{2}\left(\frac{P}{\pi} + \mu_s d_2 \sec\alpha'\right)$$

4. ねじの締付け

$$T_w = \frac{F_f}{2}\mu_w D_w$$

$$\tan\alpha' = \tan\alpha\cos\beta \qquad (4.2.2)$$

ここに，μ_s ：ねじ面摩擦係数
μ_w ：座面摩擦係数
D_w ：座面における摩擦トルクの等価直径
P ：ねじのピッチ
β ：ねじのリード角
d_2 ：ねじの有効径
α ：ねじ山のフランク角
α' ：山直角断面におけるフランク角

なお，D_w は座面の面圧が均一であると仮定し，接触する座面の内径を D_i，外径を D_o とすれば次式で算出できる．

$$D_w = \frac{2}{3}\cdot\frac{D_o{}^3 - D_i{}^3}{D_o{}^2 - D_i{}^2} \qquad (4.2.3)$$

一般の締付け用のねじの β は，最大でも $3.5°$ 程度の小さな値であるので，α' の代わりに α（通常 $30°$）を用いても誤差はわずかであり，実用上問題ない（表4.2.3参照）．したがって，式(4.2.1)及び式(4.2.2)から，T_f と F_f との関係は，次式で表すことができる．

$$T_f = \frac{F_f}{2}\left(\frac{P}{\pi} + \mu_s d_2 \sec\alpha + \mu_w D_w\right) \qquad (4.2.4)$$

一般に，式(4.2.4)はトルク係数 K とねじの呼び径 d とを用いて次式のように表される場合が多い．

$$T_f = KF_f d$$

$$K = \frac{1}{2d}\left(\frac{P}{\pi} + \mu_s d_2 \sec\alpha + \mu_w D_w\right) \qquad (4.2.5)$$

式(4.2.5)において K が定まると，T_f によって F_f を管理することができる．しかし，締付け過程中に K が一定であっても，ボルトが降伏すると T_f と F_f と

の線形関係は保たなくなる．したがって，トルク法はボルトが降伏しない範囲でしか適用できない．

(2) 降伏締付け軸力

締付けの際にボルトのねじ部には，次式で計算される締付け軸力 F_f による軸方向引張応力 σ とねじ部トルク T_s によるせん断応力 τ とが同時に作用する．

$$\sigma = \frac{F_f}{A_s} \tag{4.2.6}$$

$$\tau = \frac{T_s}{\dfrac{\pi}{16}d_A^{\,3}} = \frac{8F_f}{\pi d_A^{\,3}}\left(\frac{P}{\pi} + \mu_s d_2 \sec\alpha\right) \tag{4.2.7}$$

ここで，A_s 及び d_A は，それぞれねじの有効断面積及びねじの有効断面積に等しい面積をもつ円の直径である．A_s については JIS B 1082（ねじの有効断面積及び座面の負荷面積）でその計算方法が規定されている．

このように引張応力 σ とせん断応力 τ とが同時に作用したときの材料の降伏の条件についてはいくつかの説がある．その中で，次式で表される相当応力 σ_v が材料の単純引張における降伏点 R_{eL} 又は耐力 $R_{p0.2}$（以下，R_{eL} と $R_{p0.2}$ の両者の記号を σ_y とする．）に達すると材料が降伏するというせん断ひずみエネルギー説が，鋼製のボルトに対して比較的よく適合することが実験的に認められている[5),6)]．

$$\sigma_v = \sqrt{\sigma^2 + 3\tau^2} \tag{4.2.8}$$

この説を適用すれば，降伏締付け軸力 F_{fy} は，式 (4.2.6)～式 (4.2.8) によって次式で求められる．

$$F_{fy} = \frac{\sigma_y A_s}{\sqrt{1 + 3\left[\dfrac{2}{d_A}\left(\dfrac{P}{\pi} + \mu_s d_2 \sec\alpha\right)\right]^2}} \tag{4.2.9}$$

なお，ボルトの円筒部が最弱断面である伸びボルトの降伏締付け軸力 F_{fy} は，式 (4.2.9) 中の d_A 及び A_s をそれぞれ最弱断面の直径及び断面積に置き換えることによって求められる．

188   4. ねじの締付け

式 (4.2.9) からわかるように，ボルトの降伏締付け軸力 F_{fy} はねじ面摩擦係数 μ_s の関数であり，ボルトの単純引張における降伏点又は耐力 σ_y が一定でもその値は，μ_s の値によって図 4.2.1 のような変化を示し，トルク法ではこの F_{fy} 値までしか管理することができない．

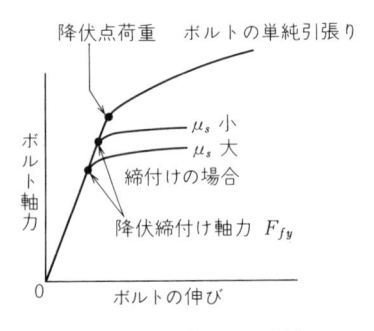

図 4.2.1 ボルトの降伏

(3) 降伏締付けトルク

式 (4.2.9) で計算される降伏締付け力 F_{fy} に対応する降伏締付けトルク T_{fy} は，式 (4.2.5) によって次式で求められる．

$$T_{fy} = KF_{fy}d = \frac{F_{fy}}{2}\left(\frac{P}{\pi} + \mu_s d_2 \sec\alpha + \mu_w D_w\right) \tag{4.2.10}$$

すなわち，降伏締付けトルク T_{fy} は，降伏締付け軸力 F_{fy}，ねじ面摩擦係数 μ_s 及び座面摩擦係数 μ_w の値によって変化することになる．

図 4.2.2 は，M 10，強度区分 8.8 のボルトについて，式 (4.2.9) 及び式 (4.2.10) によって μ_s 及び μ_w に対する F_{fy} と T_{fy} を計算した結果である．ただし，σ_y は，JIS B 1051（炭素鋼及び合金鋼製締結用部品の機械的性質—第 1 部：ボルト，ねじ及び植込みボルト）で規定している 0.2% 耐力 $R_{p0.2}$（規格で定められた耐力の最小値）を用いている．

表 4.2.2 は，各種ねじサイズ，強度区分，μ_s，μ_w に対する降伏締付け軸力 F_{fy} 及び降伏締付けトルク T_{fy} の計算例である．ただし，図 4.2.2 でわかるように F_{fy} は，μ_s が大きくなると漸次小さくなるが，それに対応する T_{fy} は主として

4.2 締結け管理の方法

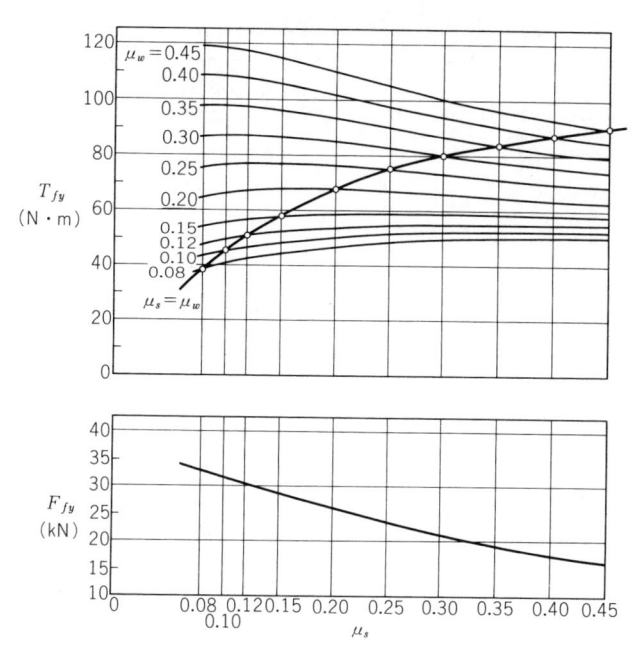

図 4.2.2 μ_s 及び μ_w に対する F_{fy} と T_{fy} (M 10, 強度区分 8.8)

μ_w に依存し, μ_s の変化の影響が小さい (μ_w=0.08〜0.3 の範囲) ので, 表中の T_{fy} の値は, μ_s=0.15 一定で算出している. また, 各部の寸法は表 4.2.3 の値を用いている.

(4) トルク係数及び摩擦係数

ねじ部品の寸法が決まると, 式 (4.2.5) によってねじ面摩擦係数 μ_s 及び座面摩擦係数 μ_w に対しトルク係数 K を計算することができる. 表 4.2.4 において, (a) は K の値が比較的大きくなる並目ねじと並形六角ボルト・並形六角ナットの組合せ, (b) は K の値が比較的小さくなる細目ねじと小形六角ボルト・小形六角ナットの組合せについて μ_s 及び μ_w に対する K を計算した例である. ただし, 表中の値は, 各ねじサイズに対して表 4.2.3 の寸法を用いて計算した K (ねじのサイズによって若干異なる.) の平均値である. ねじ面及び座面の表面状態などから摩擦係数の値が推定できるならば, 表 4.2.4 によってトルク係

4. ねじの締付け

表 4.2.2 ねじ面摩擦係数 μ_s 及び座面摩擦係数 μ_w に対する降伏締付け軸力 F_{fy}

ねじの呼び	強度区分	F_{fy} kN ねじ面摩擦係数 μ_s								
		0.08	0.10	0.12	0.15	0.20	0.25	0.30	0.35	0.40	0.45
M 4	4.8	2.6	2.5	2.4	2.3	2.0	1.8	1.7	1.5	1.4	1.3
	6.8	3.7	3.5	3.4	3.2	2.9	2.6	2.3	2.1	1.9	1.8
	8.8	4.9	4.7	4.5	4.2	3.8	3.4	3.1	2.8	2.6	2.4
	10.9	7.2	6.9	6.6	6.2	5.6	5.1	4.6	4.2	3.8	3.5
	12.9	8.4	8.1	7.8	7.3	6.6	5.9	5.4	4.9	4.4	4.1
M 5	4.8	4.2	4.1	3.9	3.7	3.3	3.0	2.7	2.5	2.3	2.1
	6.8	6.0	5.8	5.5	5.2	4.7	4.2	3.8	3.5	3.2	2.9
	8.8	8.0	7.7	7.4	7.0	6.3	5.6	5.1	4.6	4.2	3.9
	10.9	11.7	11.3	10.9	10.2	9.2	8.3	7.5	6.8	6.2	5.7
	12.9	13.7	13.2	12.7	12.0	10.8	9.7	8.8	8.0	7.3	6.7
M 6	4.8	6.0	5.8	5.5	5.2	4.7	4.2	3.8	3.5	3.2	2.9
	6.8	8.4	8.1	7.8	7.3	6.6	6.0	5.4	4.9	4.5	4.1
	8.8	11.2	10.8	10.4	9.8	8.8	7.9	7.2	6.5	6.0	5.5
	10.9	16.5	15.9	15.3	14.4	12.9	11.7	10.5	9.6	8.8	8.1
	12.9	19.3	18.6	17.9	16.9	15.1	13.6	12.3	11.2	10.3	9.4
M 8	4.8	11.0	10.6	10.2	9.6	8.6	7.8	7.0	6.4	5.8	5.4
	6.8	15.5	14.9	14.3	13.5	12.2	11.0	9.9	9.0	8.2	7.6
	8.8	20.6	19.9	19.1	18.0	16.2	14.6	13.2	12.0	11.0	10.1
	10.9	30.3	29.2	28.1	26.4	23.8	21.4	19.4	17.6	16.1	14.8
	12.9	35.4	34.2	32.9	30.9	27.8	25.1	22.7	20.6	18.9	17.3
M 10	4.8	17.4	16.8	16.2	15.2	13.7	12.4	11.2	10.2	9.3	8.5
	6.8	24.6	23.7	22.8	21.5	19.4	17.5	15.8	14.4	13.1	12.1
	8.8	32.8	31.7	30.5	28.7	25.8	23.3	21.1	19.1	17.5	16.1
	10.9	48.2	46.5	44.7	42.1	37.9	34.2	30.9	28.1	25.7	23.6
	12.9	56.4	54.4	52.4	49.3	44.4	40.0	36.2	32.9	30.1	27.6
M 12	4.8	25.4	24.5	23.6	22.2	20.0	18.0	16.3	14.8	13.6	12.5
	6.8	35.9	34.6	33.3	31.4	28.3	25.5	23.0	20.9	19.1	17.6
	8.8	47.8	46.2	44.4	41.8	37.7	34.0	30.7	27.9	25.5	23.4
	10.9	70.3	67.8	65.2	61.4	55.3	49.9	45.1	41.0	37.5	34.4
	12.9	82.2	79.3	76.3	71.9	64.8	58.4	52.8	48.0	43.8	40.3
M 16	4.8	48.0	46.3	44.7	42.1	38.0	34.2	30.9	28.1	25.7	23.6
	6.8	67.7	65.4	63.0	59.4	53.6	48.4	43.7	39.7	36.3	33.3
	8.8	90.3	87.2	84.1	79.2	71.5	64.5	58.3	53.0	48.4	44.5
	10.9	133	128	124	116	105	94.7	85.6	77.8	71.1	65.3
	12.9	155	150	145	136	123	111	100	91.1	83.2	76.4
M 20	4.8	74.8	72.3	69.7	65.7	59.2	53.4	48.3	43.9	40.1	36.8
	6.8	106	102	98.4	92.7	83.6	75.4	68.2	62.0	56.6	52.0
	8.8	145	140	135	128	115	104	93.8	85.2	77.9	71.5
	10.9	207	200	193	182	164	148	134	121	111	102
	12.9	242	234	225	213	192	173	156	142	130	119
M 24	4.8	108	104	100	94.6	85.4	77.0	69.6	63.3	57.8	53.1
	6.8	152	147	142	134	121	109	98.3	89.3	81.6	74.9
	8.8	209	202	195	184	166	150	135	123	112	103
	10.9	298	288	278	262	236	213	193	175	160	147
	12.9	349	337	325	306	276	249	225	205	187	172
M 30	4.8	172	166	161	151	137	123	111	101	92.5	84.9
	6.8	243	235	227	214	193	174	157	143	131	120
	8.8	334	323	312	294	265	239	216	197	180	165
	10.9	478	460	444	419	378	341	308	280	256	235
	12.9	557	539	519	490	442	399	361	328	299	275
M 36	4.8	252	243	235	221	200	180	163	148	135	124
	6.8	355	344	331	313	282	255	230	209	191	175
	8.8	488	472	456	430	388	350	317	288	263	241
	10.9	696	673	649	612	553	498	451	410	374	343
	12.9	814	787	759	716	647	583	528	479	438	402

備考 1. F_{fy} は式 (4.2.9) によって計算した値である。ただし、σ_y は JIS B 1051 (炭素鋼及び合金鋼製締結用部品の機械的性質―第1部：ボルト、ねじ及び植込みボルト) の表3で規定する降伏点又は耐力の最小値、A_s は JIS B 1082 (ねじの有効断面積及び座面の負荷面積) の表1で規定する値、d_2 は A_s に対応する値、d_w は JIS B 0205-1 の表1で規定する値を用いている。

4.2 締結け管理の方法

及び降伏トルク T_{fy} の計算値（並目ねじ，六角ボルト・ナットの場合）

\multicolumn{10}{c}{T_{fy} N·m 座面摩擦係数 μ_w}
0.08	0.10	0.12	0.15	0.20	0.25	0.30	0.35	0.40	0.45
1.5	1.6	1.7	1.9	2.2	2.5	2.9	3.2	3.5	3.8
2.1	2.2	2.4	2.7	3.1	3.6	4.0	4.5	4.9	5.4
2.7	3.0	3.2	3.6	4.2	4.8	5.4	6.0	6.6	7.2
4.0	4.4	4.7	5.2	6.1	7.0	7.9	8.8	9.6	10.5
4.7	5.1	5.5	6.1	7.2	8.2	9.2	10.3	11.3	12.3
2.9	3.1	3.4	3.7	4.3	5.0	5.6	6.2	6.8	7.4
4.1	4.4	4.8	5.3	6.1	7.0	7.9	8.7	9.6	10.4
5.4	5.9	6.3	7.0	8.2	9.3	10.5	11.6	12.8	13.9
8.0	8.6	9.3	10.3	12.0	13.7	15.4	17.1	18.8	20.5
9.3	10.1	10.9	12.1	14.1	16.0	18.0	20.0	22.0	23.9
4.9	5.4	5.8	6.4	7.5	8.5	9.6	10.6	11.7	12.8
7.0	7.6	8.2	9.1	10.5	12.0	13.5	15.0	16.5	18.0
9.3	10.1	10.9	12.1	14.1	16.1	18.0	20.0	22.0	24.0
13.6	14.8	16.0	17.7	20.6	23.6	26.5	29.4	32.4	35.3
15.9	17.3	18.7	20.7	24.2	27.6	31.0	34.4	37.9	41.3
12.0	13.0	14.0	15.6	18.1	20.7	23.3	25.9	28.4	31.0
16.9	18.3	19.8	22.0	25.6	29.2	32.9	36.5	40.1	43.8
22.5	24.5	26.4	29.3	34.1	39.0	43.8	48.7	53.5	58.4
33.1	35.9	38.8	43.0	50.1	57.3	64.4	71.5	78.6	85.7
38.7	42.0	45.4	50.4	58.7	67.0	75.3	83.6	92.0	100
23.6	25.6	27.6	30.6	35.7	40.7	45.7	50.8	55.8	60.8
33.3	36.1	39.0	43.2	50.3	57.4	64.5	71.7	78.8	85.9
44.4	48.2	52.0	57.7	67.1	76.6	86.1	95.5	105	115
65.2	70.8	76.3	84.7	98.6	113	126	140	154	168
76.3	82.8	89.3	99.1	115	132	148	164	181	197
40.7	44.2	47.6	52.7	61.2	69.8	78.3	86.8	95.4	104
57.5	62.3	67.2	74.4	86.4	98.5	111	123	135	147
76.7	83.1	89.5	99.2	115	131	147	164	180	196
113	122	132	146	169	193	217	240	264	287
132	143	154	171	198	226	253	281	309	336
101	110	118	131	152	174	195	216	238	259
143	155	167	185	215	245	275	305	335	366
190	206	222	247	287	327	367	407	447	487
280	303	327	362	421	480	539	598	657	716
327	355	382	424	493	562	631	700	769	838
197	214	231	256	297	339	381	422	464	506
279	302	326	361	420	479	538	596	655	714
383	415	448	496	577	658	739	820	901	982
546	592	638	707	822	937	1 050	1 170	1 280	1 400
638	692	746	827	962	1 100	1 230	1 370	1 500	1 640
341	369	398	441	513	584	656	728	799	871
481	521	562	622	724	825	926	1 030	1 130	1 230
661	717	772	856	995	1 130	1 270	1 410	1 550	1 690
941	1 020	1 100	1 220	1 420	1 620	1 810	2 010	2 210	2 410
1 100	1 190	1 290	1 430	1 660	1 890	2 120	2 350	2 590	2 820
681	740	798	886	1 030	1 180	1 320	1 470	1 620	1 760
962	1 040	1 130	1 250	1 460	1 660	1 870	2 080	2 280	2 490
1 320	1 440	1 550	1 720	2 000	2 290	2 570	2 850	3 140	3 420
1 880	2 050	2 210	2 450	2 850	3 260	3 660	4 060	4 470	4 870
2 200	2 390	2 580	2 870	3 340	3 810	4 280	4 760	5 230	5 700
1 190	1 290	1 390	1 540	1 800	2 050	2 310	2 560	2 820	3 070
1 680	1 820	1 960	2 180	2 540	2 900	3 260	3 620	3 970	4 330
2 310	2 500	2 700	3 000	3 490	3 980	4 480	4 970	5 470	5 960
3 280	3 570	3 850	4 270	4 970	5 670	6 380	7 080	7 780	8 490
3 840	4 170	4 500	5 000	5 820	6 640	7 460	8 290	9 110	9 930

2. T_{fy} は式 (4.2.10) によって計算した値である．ただし，図 4.2.2 で明らかなように T_{fy} は μ_s の影響が小さいので μ_s 一定 (0.15) で算出している．
 なお，d_2, D_i 及び D_o は表 4.2.3 (a) の値を用いている．

K のおおよその値を見積もることができる.

摩擦係数 μ_s 及び μ_w のばらつきは大きいので,トルク係数 K もかなり変動する.図4.2.3は K のばらつきを示す試験結果の一例であるが,$K=0.12\sim0.25$ の範囲で変動している.これは $\mu_s=\mu_w=0.08\sim0.2$ に相当する.一般のボルト・ナット締付けでは,$\mu_s=\mu_w=0.15$ を想定して,K の基準値として 0.2 を用

表 4.2.3 締付けに関係する各部の寸法

(a) 並目ねじ,並形六角ボルト・並形六角ナット

d	P	d_2([1])	$\beta°$	$\alpha'°$	D_i([2])	D_o([3])	D_W
4	0.7	3.545	3.597	29.951	4.5	6.65	5.64
5	0.8	4.480	3.253	29.960	5.5	7.6	6.6
6	1	5.350	3.405	29.956	6.6	9.5	8.14
8	1.25	7.188	3.168	29.962	9	12.35	10.76
10	1.5	9.026	3.028	29.965	11	15.2	13.21
12	1.75	10.863	2.935	29.967	13.5	17.1	15.37
16	2	14.701	2.480	29.977	17.5	22.8	20.27
20	2.5	18.376	2.480	29.977	22	28.5	25.39
24	3	22.051	2.480	29.977	26	34.2	30.29
30	3.5	27.727	2.301	29.980	33	43.7	38.6
36	4	33.402	2.183	29.982	39	52.25	49.95

(b) 細目ねじ,小形六角ボルト・小形六角ナット

d	P	d_2([1])	$\beta°$	$\alpha'°$	D_i([4])	D_o([5])	D_W
8	1	7.35	2.480	29.977	8.4	11.4	9.98
10	1.25	9.188	2.480	29.977	10.5	13.3	12
12	1.25	11.188	2.037	29.984	13	16.15	14.63
16	1.5	15.026	1.820	29.987	17	20.9	19.02
20	1.5	19.026	1.438	29.992	21	25.65	23.4
24	2	22.701	1.606	29.990	25	30.04	27.6
30	2	28.701	1.271	29.994	31	38.95	35.13
36	3	34.051	1.606	29.990	37	47.5	42.47

注([1]) JIS B 0205-4(一般用メートルねじ—第4部:基準寸法)
 ([2]) JIS B 1001(ボルト穴径及びざぐり径)の2級(面とりなし)
 ([3]) JIS B 1002(二面幅の寸法)の六角の二面幅(並形系列)の基準寸法に 0.95 を乗じた値
 ([4]) JIS B 1001 の1級(面取りなし)
 ([5]) JIS B 1002 の六角の二面幅(小形系列)の基準寸法に 0.95 を乗じた値

いることが多い．

μ_s 及び μ_w については幾つかの実験データ[7)~11)]が公表されているが，一般的なボルト・ナット及び被締結部材の組合せの場合は，ほぼ表 4.2.5 (a) の範囲に入ると考えられる．表 4.2.5 (b) は，代表的な条件の組合せにおける μ_s と μ_w

表 4.2.4 ねじ面摩擦係数 μ_s 及び座面摩擦係数 μ_w に対するトルク係数 K の計算値

(a) 並目ねじ，六角ボルト・ナットの場合

μ_s \ μ_w	0.08	0.10	0.12	0.15	0.20	0.25	0.30	0.35	0.40	0.45
0.08	0.117	0.130	0.143	0.163	0.195	0.228	0.261	0.294	0.326	0.359
0.10	0.127	0.140	0.153	0.173	0.206	0.239	0.271	0.304	0.337	0.369
0.12	0.138	0.151	0.164	0.184	0.216	0.249	0.282	0.314	0.347	0.380
0.15	0.154	0.167	0.180	0.199	0.232	0.265	0.297	0.330	0.363	0.396
0.20	0.180	0.193	0.206	0.226	0.258	0.291	0.324	0.356	0.389	0.422
0.25	0.206	0.219	0.232	0.252	0.284	0.317	0.350	0.383	0.415	0.448
0.30	0.232	0.245	0.258	0.278	0.311	0.343	0.376	0.409	0.442	0.474
0.35	0.258	0.271	0.284	0.304	0.337	0.370	0.402	0.435	0.468	0.500
0.40	0.285	0.298	0.311	0.330	0.363	0.396	0.428	0.461	0.494	0.527
0.45	0.311	0.324	0.337	0.357	0.389	0.422	0.455	0.487	0.520	0.553

(b) 細目ねじ，小形六角ボルト・ナットの場合

μ_s \ μ_w	0.08	0.10	0.12	0.15	0.20	0.25	0.30	0.35	0.40	0.45
0.08	0.106	0.118	0.130	0.148	0.177	0.207	0.237	0.267	0.296	0.326
0.10	0.117	0.129	0.141	0.158	0.188	0.218	0.248	0.278	0.307	0.337
0.12	0.128	0.140	0.151	0.169	0.199	0.229	0.259	0.288	0.318	0.348
0.15	0.144	0.156	0.168	0.186	0.215	0.245	0.275	0.305	0.334	0.364
0.20	0.171	0.183	0.195	0.213	0.242	0.272	0.302	0.332	0.361	0.391
0.25	0.198	0.210	0.222	0.240	0.270	0.299	0.329	0.359	0.389	0.418
0.30	0.225	0.237	0.249	0.267	0.297	0.326	0.356	0.386	0.416	0.445
0.35	0.252	0.264	0.276	0.294	0.324	0.353	0.383	0.413	0.443	0.472
0.40	0.279	0.291	0.303	0.321	0.351	0.381	0.410	0.440	0.470	0.500
0.45	0.306	0.318	0.330	0.348	0.378	0.408	0.437	0.467	0.497	0.527

備考　表 4.2.4 (a) 及び (b) は，それぞれ表 4.2.3 (a) 及び (b) の値を用いて式 (4.2.5) によって計算したトルク係数の平均値である．

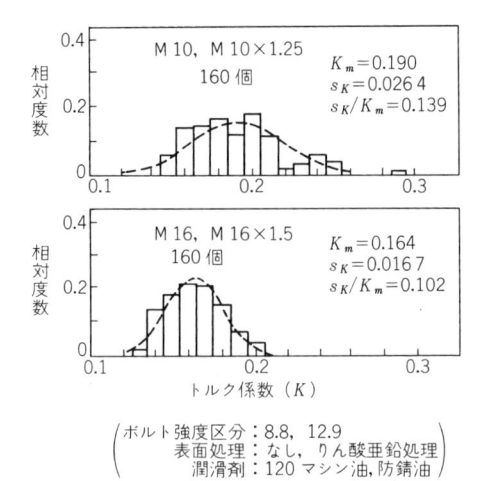

図4.2.3 トルク係数の分布 [12]

の実験値の一例である．

(5) トルク法における目標値の決め方

トルク法によって得られる締付け力 F_f は，トルク係数 K と締付けトルク T_f の影響を受けてばらつくので，これらを考慮に入れて目標とする締付けトルク T_{fA} を決めなければならない．JIS B 1083 では，以下の二とおりの場合について，締付けの指標の目標値を決めるための方法を示している．この方法を実施するためのより具体的な手順を以下に示す．

(a) 締付け力の下限値及び上限値が与えられている場合　この場合は，図4.2.4 に示すように，ねじ締結体の設計段階で許容する締付け力の下限値 F_{fl} 及び上限値 F_{fh} が指示され，実際の締付けにおいて，締付け力のばらつきの最小値 $F_{f\min}$ が F_{fl} を下回らず，最大値 $F_{f\max}$ が F_{fh} を超えないという条件で目標締付けトルク T_{fA} を決める．

通常，締付け力は与えられた許容限界のうちでも高い方が締結性能の面で有利な場合が多いので，$F_{f\max}=F_{fh}$ となるようにする．その場合，4.2.1項(1)で示したように締付けトルク T_f と締付け力 F_f はトルク係数 K を用いて $T_f=KF_f d$ で表されるので，締付け力を与えられた許容限界内に収めるには，次の二つの

4.2 締結け管理の方法

表 4.2.5 ねじ面摩擦係数 μ_s 及び座面摩擦係数 μ_w

(a) μ_s 及び μ_w の範囲

潤滑状態	油潤滑	MoS$_2$潤滑	無潤滑
μ_s	0.10〜0.18	0.08〜0.16	0.17〜0.25
μ_w	0.10〜0.27	0.05〜0.12	0.15〜0.70

(b) 各種潤滑剤の μ_s 及び μ_w （実験値）[12]

潤滑剤	表面処理なし ボルト，ナット		亜鉛めっきクロメート処理 ボルト，ナット	
	μ_s	μ_w	μ_s	μ_w
60スピンドル油	0.17〜0.20	0.16〜0.22	0.13〜0.17	0.15〜0.27
120マシン油	0.14〜0.18	0.12〜0.23	0.11〜0.15	0.13〜0.19
防錆油，NP-7	0.13〜0.15	0.13〜0.18	0.09〜0.13	0.12〜0.19
菜種油	0.12〜0.15	0.11〜0.18	0.08〜0.12	0.10〜0.22
カップグリース	0.13〜0.17	0.09〜0.22	0.11〜0.14	0.13〜0.21
MoS$_2$ペースト	0.09〜0.12	0.04〜0.10	0.09〜0.11	0.09〜0.12
無潤滑	0.17〜0.25	0.15〜0.70	0.10〜0.18	0.17〜0.50

ボルト：M 10，強度区分 8.8 表面粗さ　表面処理なし　ねじ面　Rz 12.5
　　　　　　　　　　　　　　亜鉛めっきクロメート　ねじ面　Rz 3.2
ナット：六角2種，強度区分 8，表面処理なし　　　　　ねじ面　Rz 12.5
　　　　　　　　　　　　　　　　　　　　　　　　　　座　面　Rz 3.2
　　　　　　　　　　　　　　亜鉛めっきクロメート　ねじ面　Rz 25
　　　　　　　　　　　　　　　　　　　　　　　　　　座　面　Rz 3.2
座面板：SCM 435，40 HRC，熱処理後研削　Rz 0.4
締付け速度：2 rpm

条件を同時に満足しなければならない．

$F_{f\max}$ が F_{fh} と一致する条件（図 4.2.4 の Ⓐ 点）：

$$\left(1+\frac{m}{100}\right)T_{fA} = K_{\min}F_{fh}d \tag{4.2.11}$$

$F_{f\min}$ が F_{fl} を下回らない条件（図 4.2.4 の Ⓑ 点）：

$$\left(1-\frac{m}{100}\right)T_{fA} \geqq K_{\max}F_{fl}d \tag{4.2.12}$$

ここで，m は締付け用具，締付け停止などによる締付けトルクのばらつきであり，これを百分率で表している．また，$K_{\min}$ 及び $K_{\max}$ はそれぞれトルク係

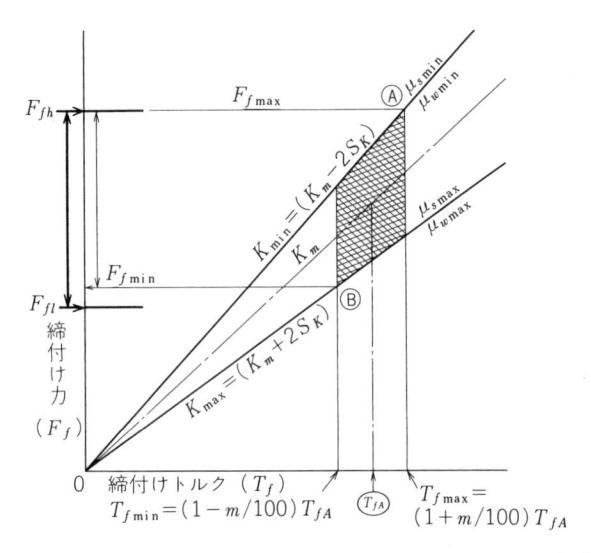

図 4.2.4 締付け力の下限値及び上限値が与えられている場合の目標締付けトルク（トルク法締付け）

数のばらつきの最小値及び最大値であり，例えば図 4.2.4 のようにトルク係数の分布の平均値 K_m 及び標準偏差 S_K を用いて表すこともある．式 (4.2.11) 及び式 (4.2.12) の条件が満足されるならば，実際の締付けの状態は図 4.2.4 の斜線内の一点として表される．

手順1 ねじ部品及び被締結部材の表面状態，潤滑条件に対するねじ面及び座面の摩擦係数の最小値（$\mu_{S\min}$, $\mu_{W\min}$），最大値（$\mu_{S\max}$, $\mu_{W\max}$）又はトルク係数の最小値 $K_{\min}$，最大値 $K_{\max}$ を見積もる．

見積もる方法は，JIS B 1084（ねじ部品の締付け試験方法）によって試験して求めるのが最も望ましい．表 4.2.5 のような過去の実験値を参考にする場合には，表面状態・潤滑状態などに十分考慮を払う必要がある．

手順2 手順1で摩擦係数を見積もった場合には，次式又は表 4.2.4 によって $K_{\min}$ 及び $K_{\max}$ を求める．

$$K_{\min} = \frac{1}{2d}\left(\frac{P}{\pi} + \mu_{S\min} d_2 \sec\alpha + \mu_{W\min} D_W\right) \tag{4.2.13}$$

4.2 締結け管理の方法

$$K_{\max} = \frac{1}{2d}\left(\frac{P}{\pi} + \mu_{S\max}d_2\sec\alpha + \mu_{W\max}D_W\right) \quad (4.2.14)$$

手順3 締付けトルクのばらつき $\pm m\%$ を見積もる．締付け用具の精度については，4.3節を参照．

手順4 設計段階で与えられている上限値 F_{fh} が降伏締付け軸力 F_{fy} を超える値となるおそれがあるかどうか次式又は表 4.2.2 によって確認する．ただし，σ_y は規格値を用いる．

$$F_{fh} \leq F_{fy} = \frac{\sigma_y A_s}{\sqrt{1 + 3\left[\frac{2}{d_A}\left(\frac{P}{\pi} + \mu_{S\min}d_2\sec\alpha\right)\right]^2}} \quad (4.2.15)$$

もし，式 (4.2.15) の条件を満足しない場合には，例えば，ねじのサイズを大きくしたり，より強度区分の高いねじ部品に変更するなどの方策をとる必要がある．

手順5 式 (4.2.11) 及び式 (4.2.12) と等価の次式の条件を満たすかどうかを確認する．

$$\frac{K_{\max}}{K_{\min}} \leq \frac{1 - \dfrac{m}{100}}{1 + \dfrac{m}{100}} Q \quad (4.2.16)$$

$$Q = \frac{F_{fh}}{F_{fl}}$$

もし，式 (4.2.16) を満足しない場合には，例えば潤滑剤の種類を変更するなど，μ_s 及び μ_w のばらつきを小さくする方策をとる必要がある．

手順6 目標締付けトルク T_{fA} を次式で求める．

$$T_{fA} = \frac{K_{\min}F_{fh}d}{1 + \dfrac{m}{100}} \quad (4.2.17)$$

このような手順で求めた目標締付けトルク T_{fA} の値を用いて締め付けた場合の締付け係数 Q は，図 4.2.4 のⒶ点とⒷ点の締付け力の比であり，次式で表さ

$$Q = \frac{K_{\max}}{K_{\min}} \cdot \frac{1+\dfrac{m}{100}}{1-\dfrac{m}{100}} \qquad (4.2.18)$$

(b) 高い締付け力を与えたい場合　この場合は，締付け力の許容範囲が指示されずに，与えられたボルトに対してトルク法で管理できる最大の締付け力を得ようとするものである．すなわち，図 4.2.5 に示すように摩擦係数や締付けトルクがばらついても，締付け力の上限値 $F_{f\max}$ が降伏締付け軸力 F_{fy} を超えないように目標締付けトルク T_{fA} を決定する．これは (a) の場合において，締付け力の上限値 F_{fh} をボルトの降伏点又は耐力の規格値 σ_y（規格で定められた最小の値）を用いて計算した降伏締付け軸力とした場合（下限値 F_{fl} は指示されない．）に相当する．

手順 1　ねじ部品及び被締結部材の表面状態，潤滑条件に対するねじ面及び座面の摩擦係数の最小値（$\mu_{S\min}$，$\mu_{W\min}$）を見積もる．その方法は，(a) の場合と同様である．

手順 2　手順 1 で見積もった $\mu_{S\min}$ を用いて式 (4.2.15) 又は表 4.2.2 によって降伏締付け軸力 F_{fy} を求める（図 4.2.5 のⒶ点）．ただし，σ_y は規格値を用いる．

手順 3　手順 1 で見積もった $\mu_{S\min}$ 及び $\mu_{W\min}$ を用いて式 (4.2.13) 又は表 4.2.4 によってトルク係数の最小値 $K_{\min}$ を求める．

手順 4　締付けトルクのばらつき $\pm m\%$ を見込んで，目標締付けトルク T_{fA} を次式で求める．

$$T_{fA} = \frac{K_{\min} F_{fy} d}{1 + \dfrac{m}{100}} \qquad (4.2.19)$$

この場合の締付け係数 Q は，(a) の場合と同様に式 (4.2.18) で計算できる．

4.2 締結け管理の方法

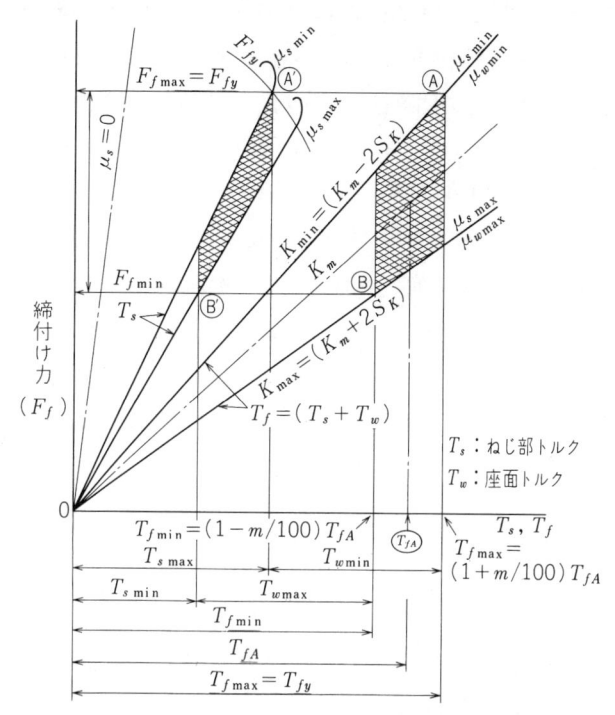

図4.2.5 高い締付け力を与えたい場合の目標締付けトルク
（トルク法締付け）

4.2.2 回転角法締付け

初期締付け力F_fを生じさせるための，おねじ部品とめねじ部品との相対回転角を締付け回転角θ_fという．回転角法は，このθ_fを指標として初期締付け力を管理する方法で，弾性域締付けと塑性域締付けの両方に用いることができる．

(1) 締付け回転角と締付け力の関係

ボルト系の引張ばね定数をK_t，被締結部材系の圧縮ばね定数をK_cとすると締付け力F_fでボルトはF_f/K_bの伸び，被締結部材はF_f/K_cの縮みを生じ，図4.1.3で示したような締付け線図が描ける．締結体において，締付け力F_fを得

るためには，ナットをこの伸びと縮みに対応する量だけ進ませる必要がある．ナットの進み量と回転角の関係はねじのピッチ P によって決まるので，締付け回転角 θ_f と締付け力 F_f の関係は，一条ねじの場合，次式で示される．

$$\theta_f(\text{度}) = 360 \frac{F_f}{P}\left(\frac{1}{K_b} + \frac{1}{K_c}\right) \tag{4.2.20}$$

図 4.2.6 は，締付け回転角 θ_f と締付け力 F_f との関係線図の一例である．締付けの初期においては，ねじ面，座面などの接触面の粗さ，うねり，形状誤差などによって不安定なので式 (4.2.20) の関係は成り立たない．接触面が完全に密着すると F_f が θ_f に対して直線的に増加する領域（線形領域）に入る．直線になりはじめる点がスナグ点と呼ばれる．この線形領域での締付けが弾性域締付けであり，この直線のこう配 η は次式で示される．

$$\eta = \frac{P}{360}\frac{K_b K_c}{K_b + K_c} \tag{4.2.21}$$

ボルトが降伏すると θ_f–F_f 曲線のこう配はゆるやかになり，極限締付け軸力（締付けにおいてボルトが破断するまでに発生する最大の軸力の値）F_{fu} に達す

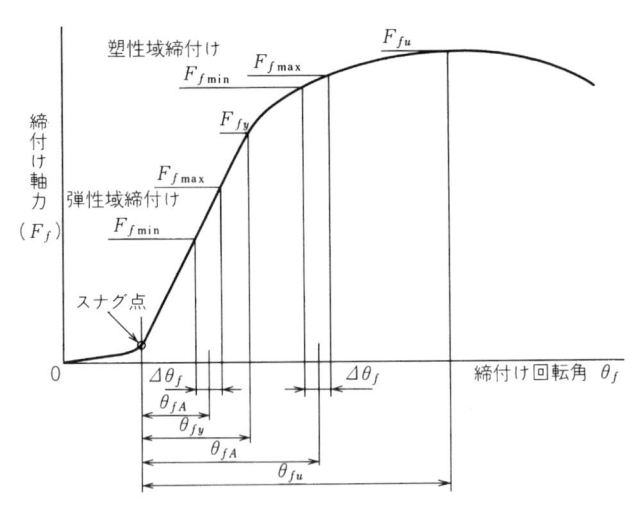

図 **4.2.6** 締付け回転角と締付け軸力との関係
（回転角法締付け）

4.2 締結け管理の方法

る．この領域での締付けが塑性域締付けになる．

θ_f–F_f 曲線のこう配が急な場合は，回転角の設定誤差による締付け力のばらつきが大きくなるため，弾性域締付けでは，被締結部材及びボルトの剛性が高い場合には不利になる．回転角の設定誤差は，単に締付け作業の開始前に決める締付け停止の設定角度誤差だけでなく，回転角の読取り開始点の設定や，締付け停止の際の誤差が含まれる．

一方，塑性域締付けでは，初期締付け力のばらつきは，主として締付け時のボルトの降伏点 F_{fs} に依存し，回転角の誤差の影響を受けにくく，そのボルトの能力を最大限に利用できる（より高い締付け力が得られる．）という利点をもつが，ボルトのねじ部又は円筒部が塑性変形を起こすため，ボルトの延性が小さい場合及びボルトを再使用する場合には注意を要する．また，現行のJIS B 1051では，ボルト材の降伏点及び引張強さについて，最小値だけが規定されており，最大値は規定されていない．したがって，塑性域の回転角法締付けでは，ボルトの強度区分だけを指示しても，締付け力の上限値が定まらない．過剰な締付け力によって被締結部材に不都合が生じる場合などには，使用するボルトの降伏点（又は耐力）及び引張強さの上限値を管理しなければならない．

(2) 回転角法における目標値の決め方

JIS B 1083 では，弾性域締付けの場合及び塑性域締付けの場合について指標の目標値（目標締付け回転角 θ_{fA}）を決める代表的な方法を示している．この方法を実施するためのより具体的な手順を以下に示す．

(a) 弾性域締付けの場合

手順1 θ_f–F_f 線図における弾性域のこう配 η の値を，式 (4.2.21) 又は θ_f–F_f 線図によって推定する．

手順2 スナグ点の締付け力 F_{fs} に対応する締付けトルク T_{fs} の値を，前述のトルク法による締付けの場合に準じて求める．T_{fs} はスナグトルクと呼ばれる．

$$T_{fs} = K_m F_{fs} d \tag{4.2.22}$$

ここに，K_m：トルク係数の平均的な値

手順3 次式又は θ_f–F_f 線図によって,スナグトルクを作用させた点を起点とした目標締付け回転角 θ_{fA} を求める.

$$\theta_{fA} = \frac{1}{\eta}\left(F_{fA} - \frac{T_{fs}}{K_m d}\right) \tag{4.2.23}$$

ここに,F_{fA}:締付け力の目標値

実際には,トルク係数 K_m の値は摩擦係数によってかなり大きく変化する [4.2.1項 (4) 参照] が,F_{fs} の値自体が小さいため,そのばらつきの影響は全体としては小さい.したがって,F_{fs} の値をなるべく小さく設定するのが望ましいといえる.

また,JIS では取り上げていないが,図 4.2.7 に示すように締付け中に締付け回転角 θ_f と締付けトルク T_f を同時に電気的に計測し,そのこう配から着座点 θ_{fo} を求める方法[13]なども考案されている.

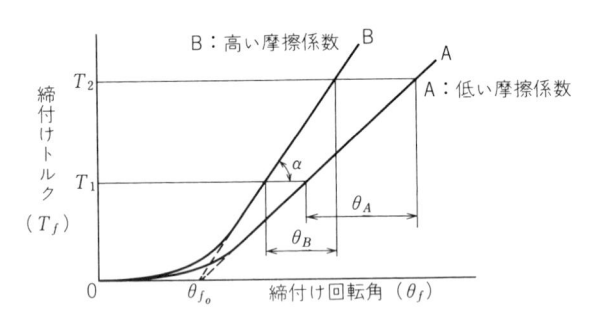

図 4.2.7 着座点の求め方の一例

(b) 塑性域締付けの場合

手順1 θ_f–F_f 線図などの締付け特性線図又は式 (4.2.9) によって降伏締付け軸力 F_{fy} を推定する.ただし,式 (4.2.9) 中の σ_y は規格値ではなく実際のボルト材の降伏点又は耐力を用いる.

手順2 (a) の手順1と同様にして θ_f–F_f 線図における弾性域のこう配 η の値を推定する.

手順3 (a) の手順2と同様にしてスナグトルク T_{fs} を求める.

手順4 次式又は θ_f–F_f 線図によって，手順1で推定した降伏締付け軸力 F_{fy} の値に対応する締付け回転角 θ_{fy} をスナグ点を起点として求める．

$$\theta_{fy} = \frac{1}{\eta}\left(F_{fy} - \frac{T_{fs}}{K_m d}\right) \tag{4.2.24}$$

手順5 θ_f–F_f 線図などによって極限締付け軸力 F_{fu} に対応する締付け回転角 θ_{fu} の最小値をスナグ点を起点として推定する．

手順6 スナグ点を起点とした目標締付け回転角 θ_{fA} は，次式を目安として選ぶ．

$$\theta_{fy} \leqq \theta_{fA} \leqq \frac{1}{2}(\theta_{fy} + \theta_{fu}) \tag{4.2.25}$$

塑性域の回転角法において，締付け回転角 θ_f の上限をどの程度にするかは，ねじ締結体の設計段階の問題であり，ボルトの再使用，締結体に作用する外力などの条件を考慮して決めるべきであるが，極限締付け軸力 F_{fu} 近くまで一度締め付けたボルトでも，ボルト単体としての疲労強度は低下しないという実験結果も発表されている[14]．

4.2.3 トルクこう配法締付け

トルクこう配法締付けは，図 4.2.8 に示すように，締付け回転角 θ_f に対する締付け軸力 F_f と締付けトルク T_f 曲線とのこう配の傾向がよく一致するという性質を利用し，θ_f–T_f 曲線のこう配 ($dT_f/d\theta_f$) を検出して，その値の変化を指標として初期締付け力を管理する方法で，通常はそのボルトの降伏締付け軸力 F_{fy} が初期締付け力の目標値となる．JIS では指標の目標値を最大こう配 $(dT_f/d\theta_f)_{\max}$ の 1/2～1/3 程度に選ぶことを推奨している．

トルクこう配法は，トルク法における摩擦係数の管理の問題及び塑性域の回転角法におけるボルトの再使用の問題を解消し，初期締付け力のばらつきを小さくするとともに，個々のボルトがもつ強度を有効に利用する締付けといえる．ただし，初期締付け力の値を管理するためには，塑性域の回転角法の場合と同様に，ボルトの降伏点又は耐力について十分な管理を行う必要がある．

4. ねじの締付け

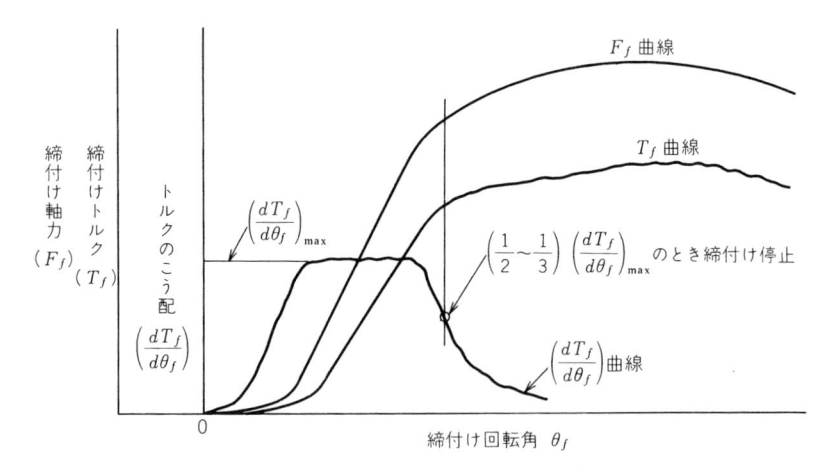

図 4.2.8 締付け回転角に対する締付け軸力及び締付けトルクの関係（トルクこう配法締付け）

θ_f–T_f 曲線のこう配 ($dT_f/d\theta_f$) を求めるためには，電気的な検出器とマイクロコンピュータなどの演算装置を内蔵した用具が必要である．実際の θ_f–$dT_f/d\theta_f$ 曲線は，θ_f–T_f 曲線の微視的な変動に対して極めて敏感であるため，サンプリング間隔の選択などによってその影響を避けるような工夫が必要である．

図 4.2.9 に示すように，締付け作業途中での θ_f–T_f 曲線の傾斜を求め，これをもとに前もって実際の θ_f–T_f 曲線と平行に $\Delta\theta$ 移動した仮想直線を設定しておき，締付けが進行して仮想直線と実際の θ_f–T_f 曲線と交差した点で締付けを停止する方法[15]などが考えられているが，これもトルクこう配法の一種とすることができるであろう．

トルク法締付けとトルクこう配法締付けにおける締付け力の分布を比較した実験の一例を図 4.2.10 に示す．横軸は締付け力を有効断面積 A_s で割った応力をとっている．トルクこう配法締付けでは，高い締付け力が得られると同時に，ばらつきの程度を表す変動係数 $S\sigma_f/\sigma_{fm}$ は，トルク法の約 1/2〜1/4 と小さいことがわかる．

4.2 締結け管理の方法

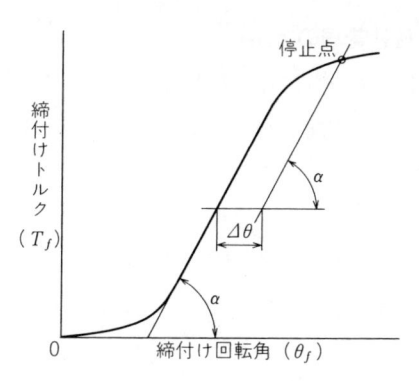

図 4.2.9 降伏締付けの一例

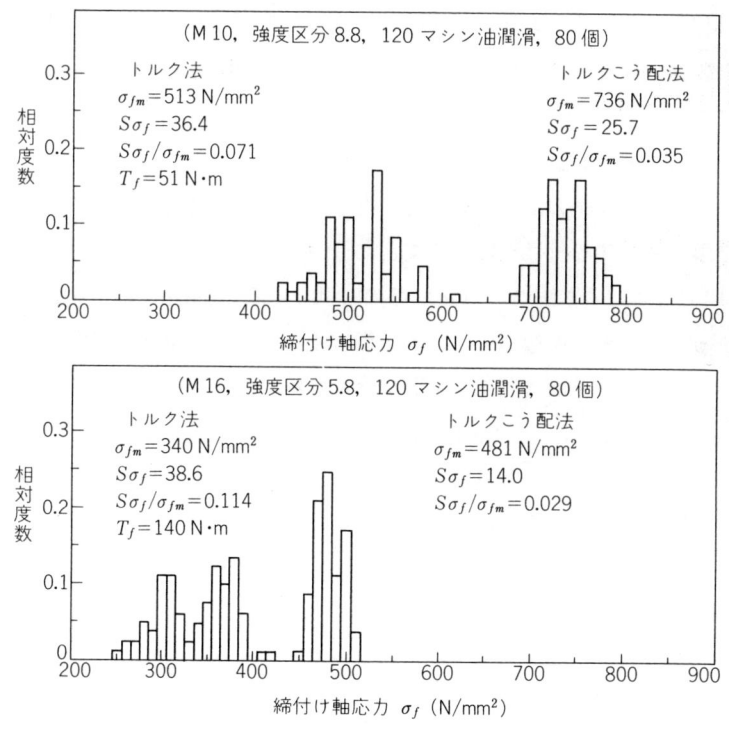

(M 10, 強度区分 8.8, 120 マシン油潤滑, 80 個)

トルク法
$\sigma_{fm}=513\ \text{N/mm}^2$
$S\sigma_f=36.4$
$S\sigma_f/\sigma_{fm}=0.071$
$T_f=51\ \text{N·m}$

トルクこう配法
$\sigma_{fm}=736\ \text{N/mm}^2$
$S\sigma_f=25.7$
$S\sigma_f/\sigma_{fm}=0.035$

(M 16, 強度区分 5.8, 120 マシン油潤滑, 80 個)

トルク法
$\sigma_{fm}=340\ \text{N/mm}^2$
$S\sigma_f=38.6$
$S\sigma_f/\sigma_{fm}=0.114$
$T_f=140\ \text{N·m}$

トルクこう配法
$\sigma_{fm}=481\ \text{N/mm}^2$
$S\sigma_f=14.0$
$S\sigma_f/\sigma_{fm}=0.029$

図 4.2.10 トルク法締付けとトルクこう配法締付けにおける締付け力のばらつき[16]

4.2.4 その他の締付け管理の方法

六角ボルト・ナットのようなはん用ねじ部品に対しての締付けには，トルク法，回転角法及びトルクこう配法が一般に適用されるが，ねじのサイズ，締付け作業条件，管理の精度などに応じて種々の締付け管理の方法がとられている．ここでは実際に使われている方法の原理を紹介する．

(1) ねじ部品を回転しないで締付け力を得る方法

レンチなどの締付け回転工具の作業スペースがない場合や，大きな締付けトルクが必要な大径ボルトの場合に対しての締付けには，ボルト軸を弾性限界内で軸方向に機械的又は熱膨張によって伸ばした後にナットをセットして締付け力を得る機械的張力法又は熱膨張法がしばしば用いられる．この方法は摩擦係数の管理が必要なく，またボルトにねじり力が作用しないので，締付け時のボルトの弾性限界をボルト材の単純引張における弾性限界そのものに見積もることができる．

(a) 機械的張力法 ボルト先端を把握して油圧で引っ張るこの方法は，例えば原子炉のカバーのように近づくことが困難な場所にある締結部や，多くのボルト群を同時に締付け管理する場合に適用されている．

図4.2.11はこの方法による締付けの一例である．油圧によって中空ピストン，グリップナットを通してボルトを引っ張ると，被締結部材のカバーフランジとベースナット座面の間にすき間が発生する．その状態でベースナットを回転してカバーフランジにセットし，その後に油圧を開放し，グリップナット，ピストン，シリンダを取り外すと締付けが完了する．原子炉のカバーの場合にはナットの回転をシリンダに取り付けたモータによって遠隔操作される．締付け力 F_f は，油圧 P_o とピストンの受圧面積 A_p とによって次式で表される．

$$F_f = P_o \cdot A_p \tag{4.2.26}$$

ただし，シリンダ内の圧力を開放すると，ボルト・ベースナットのかみあいねじ面及びベースナットと被締結部材の接触面の局部的な塑性変形が発生して F_f が低下するのでこれを考慮して P_o を決める必要がある．

(b) 熱膨張法 ボルト軸を加熱してその熱膨張を利用し，伸びたボルトに

4.2 締結け管理の方法

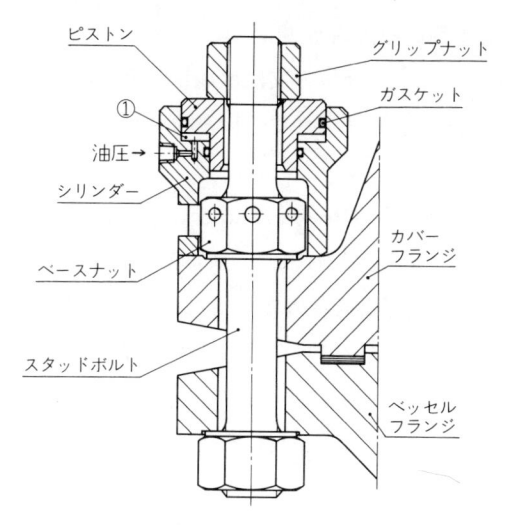

図 4.2.11 機械的張力法締付けの一例[17]

ナットを容易にねじ込み，冷却作用によって締付け力を得るこの方法は，狭い場所で大径ボルトを用いる舶用エンジンの連接棒，火力発電用タービン部品などの締付けに適用される．この方法を用いるには，あらかじめボルトの軸方向に，電気ヒータの挿入又は高温蒸気の導入のための穴を設けておかなければならない．

締付け力 F_f は，ボルトの軸方向の熱膨張伸び λ を直接測定するか，又は加熱温度 t によって管理される．ボルト材の線膨張係数 α_t，ボルト系の引張りばね定数を K_b，被締結部材系の圧縮ばね定数を K_c 及び締付け長さを l_f とすると，F_f は次式で表される．

$$F_f = \frac{\lambda}{\dfrac{1}{K_b}+\dfrac{1}{K_c}} \tag{4.2.27}$$

$\lambda = \alpha_t \cdot t \cdot l_f$

この場合も機械的張力法と同様に，接触部での局部的な塑性変形が発生するので，このことを考慮しなければならない．

(2) 特殊な座金を用いる方法

特殊な座金を被締結部材とナット又はボルト座面の間に挿入し，座金の変形量によって締付け力を管理する方法に，代表的なものとして次の座金が用いられている．

(a) PLI座金 PLI座金（Preload Indicating Washer）は，航空機用ボルトの締付け用として開発されたもので，図4.2.12に示すように2枚の平座金の間に特殊材質でできた径と高さの異なるA，B二つのリングが組み合わされて挟まれている．ナットを締め付けていくと背が高い内側のリングAが圧縮力によって塑性変形を起こし始め，これが外側のリングBと同じ高さに達し，Bのリングが動かなくなった点で締付けを停止すれば，ボルトに規定の締付け力を与えることができる．

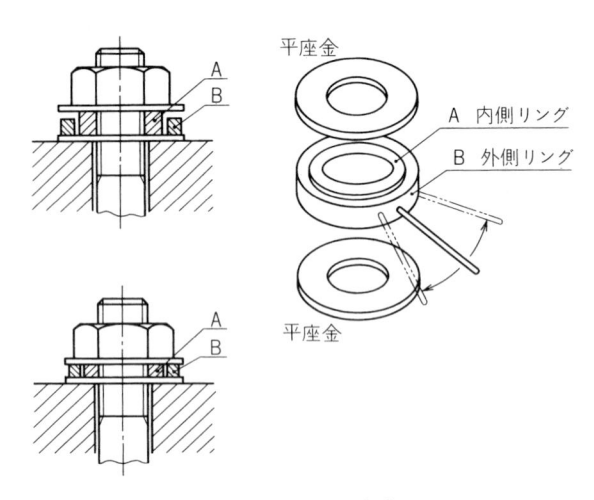

図4.2.12 PLI座金

(b) コロネット荷重指示座金 主に摩擦接合高力ボルト用として考案された座金で，図4.2.13に示すように鋼座金の片面の4箇所に突起がある．通常この座金はボルト座面と被締結部材の間に挿入する．ナットを締め付けていくと圧縮力によって突起がつぶれ，ボルト座面と座金表面のすき間が減少する．このすき間の大きさを座金の3箇所の突き出た部分から厚みゲージを挿入して

図 4.2.13 コロネット荷重指示座金

測定し，これによって締付け力を管理する．

(3) 伸び管理ボルトを用いる方法

締付け中におけるボルトの軸方向の伸びをマイクロメータなどで測定したり，又はひずみをボルトの軸の表面あるいは軸部に埋め込んだ電気抵抗線ひずみゲージによって測定できれば，精度のよい締付け管理が行える．しかしこれらの方法は，締結体の試作段階で締付けの条件を決める場合など，特別な場合には有効であるが，コストや作業性の面で一般の組付け作業に対しては実用的でない．

図 4.2.14 は，コストや作業性などを考慮して開発された伸び管理ボルトの構造である．ボルト軸心にあけられた細長い穴の底部に，ボルト本体と同材質のゲージピンが固定され，ボルト本体の頭部端面とゲージピンの頭との間にワッシャー状のロードインジケータがわずかなすき間 g を保持して挟まれている．ナットを締め付けていくとボルト本体は軸力に対応して伸びるが，ゲージピンは伸びないのですき間 g がなくなり，コントロールキャップは手で回すことができなくなる．この状態で締付けを停止するとボルトには g の伸びを与えたことになり，そのときの締付け力 F_f は次式で表される．

$$F_f = \frac{g \cdot E_b \cdot A}{L} \qquad (4.2.28)$$

ここに，E_b：ボルト材の弾性係数
　　　　A：ボルト本体ゲージ部の断面積
　　　　L：ゲージ長さ

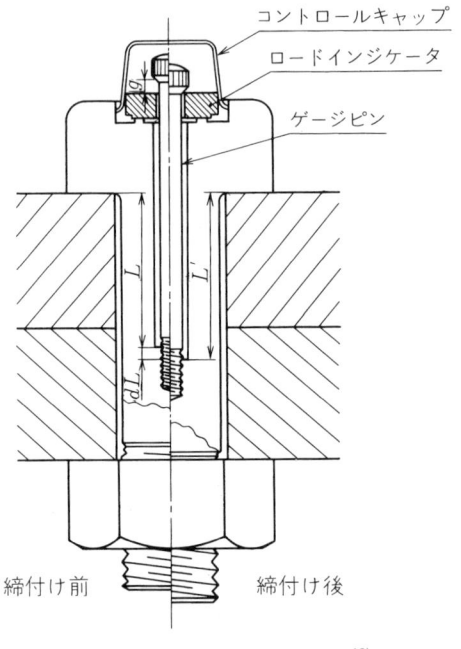

図 4.2.14　伸び管理ボルト [18]

4.3 締付け用具

ねじ部品にトルクを与える締付けは，締付け方法，作業条件などに応じてスパナなどの手動式用具又はインパクトレンチなどの動力式用具が用いられる．動力式の締付け用具とねじ部品の自動供給装置を組み合わせた自動組立機や，同時に数箇所のボルトを管理しながら締め付ける多軸締付け機なども使われている．

(1) 手動締付け用具

手動でねじを締め付ける場合，小ねじ，タッピンねじなどに対してはねじ回し，ボルト・ナットなどに対してはスパナ，レンチの締付け工具を用いる．工具は互換性がなければならないので，一般に使われている手動締付け工具の大部分は表 4.3.1 の JIS で標準化されている．

4.3 締結け用具

表 4.3.1 ねじ締付け用用具の JIS

区　分	JIS番号	規格名称	適　用
ねじ回し	B 4609	ねじ回し―すりわり付きねじ用	すりわり付きのねじ部品に用いる.
	B 4633	十字ねじ回し	十字穴付きのねじ部品に用いる.
スパナ及びレンチ	B 4630	スパナ	ボルト・ナットなどに用い, 片口タイプと両口タイプがある.
	B 4604	モンキレンチ	口（二面幅）の開きを調整することができるレンチ.
	B 4632	めがねレンチ	内面が 12 角のめがね形のレンチ.
	B 4651	コンビネーションスパナ	一端がスパナで他端がめがねレンチであるスパナ.
	B 4636-1	ソケットレンチ―12.7 角ドライブ	12.7 mm 角ドライブのソケット及びそれ用のハンドル, ユニバーサルジョイント, エクステンションバー.
	B 4636-2	ソケットレンチ―6.3〜25 角ドライブ	6.3, 10, 12.5, 20 及び 25 mm 角ドライブのソケット及びそれ用のハンドル, ユニバーサルジョイント, エクステンションバー, レンチ用アダプタ.
	B 4648	六角棒スパナ	六角穴付きボルト, 止めねじなどに用いる棒状のスパナ.
	B 4650	手動式トルクレンチ	所定のトルクで締付ける場合, 若しくは締付けトルクの測定に用いるレンチで, プレート形, ダイヤル形, プレセット形及び単能形がある.

　JIS B 4650 の手動式トルクレンチは, トルク法締付けで用いるほかに, 回転角法締付けにおけるスナグトルクの管理やスパナなどによって締め付けたねじのトルクの確認などに使われ, そのレンチのトルクの精度は, 表 4.3.2 のように規定されている.

(2) 動力締付け用具

　動力締付け用具は, 一般に駆動モータの動力源から空動式と電動式に分類され, 手持ちの締付け機では, モータが比較的軽量でまたむりがきくなどから圧

表 4.3.2　トルクレンチの精度（JIS B 4650）

種類		トルクの誤差率(^{1})
プレート形		±3%
ダイヤル形	精密級	±1%
	普通級	±3%
プレセット形		±3%
単能形		±3%

注(^{1})　トルクの誤差率
$$= \frac{\text{指示トルク} - \text{実トルク}}{\text{指示トルク}} \times 100 \ (\%)$$

縮空気を駆動源とする空動式を用いることが多い．エネルギー効率がよく，またモータの制御が容易であるなどから自動締付け機などには電動式を用いることが多い．

　ナットやボルトを回転させる締付けトルクの締付け機からの伝達は，動的な方法と静的な方法に分けられる．図4.3.1は動的な方法として代表的な圧縮空気を用いるインパクトレンチの機構の一例である．締付け機のモータとソケットの間にハンマリング機構を設け，アンビルを打撃し，そのエネルギーによってねじを締め付ける．この方式は，大きな締付けトルクが得られるが，その反力は締付け自体で吸収されるので作業者への負担は少ない．

　図4.3.1のレンチは，締付け停止トルクを規制することができないが，作動空気圧と作動時間によって締付け力は図4.3.2のように変化するので，所定の締付け力に対する空気圧と作動時間によって締付け管理が行われる．図4.3.3はトルク制御インパクトレンチの一例であり，レンチの先端に取り付けたトーションバーが所定の締付けトルクに相当分の角度にねじれると自動的にアンビルの回転が停止する．

　静的な締付け機は，モータの回転を直接又は歯車によって減速・増力してナットに静的な回転力を与える．手持ちの静的な締付け機では，ナットを締め付けるトルクと同じ反力トルクを作業者が受け止めなければならないので，締付けトルクは100 N·m程度が限度であり，これ以上に対しては反力を受け止め

4.3 締結け用具

る機構が必要になる．電動モータによる静的な締付け機に，締付けトルク及び回転角の検出器を組み込み，この信号によってトルク法締付け又は回転角法締付け，更にマイクロコンピュータを組み込んでトルクこう配法締付けが行える締付け装置が自動車エンジンの組立ラインなどで使われている．

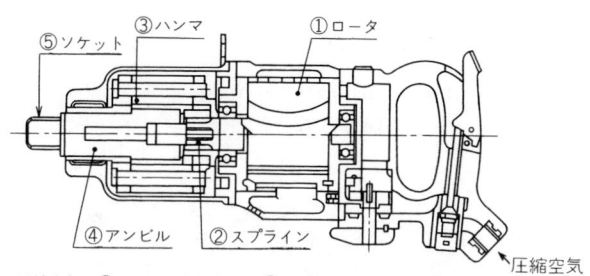

①ロータ
③ハンマ
⑤ソケット
④アンビル
②スプライン
圧縮空気

圧縮空気で①のロータを回転し，②のスプラインをへて③のハンマを回転，このハンマの摩擦あるいは衝撃によって④のアンビルを通して⑤のソケットを回転する．

（a）レンチの構造

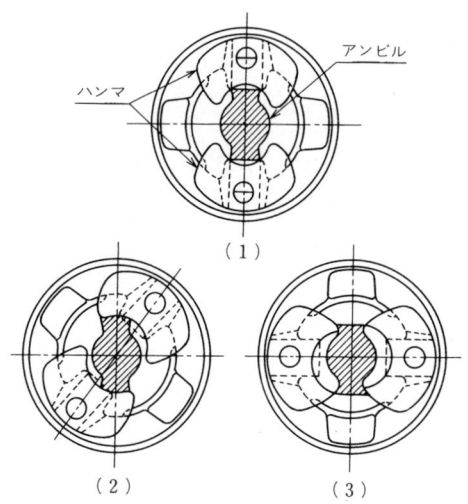

ハンマ
アンビル

（1）
（2）
（3）

（1）：摩擦力でアンビルが回転(一定トルクまで)
（2）：ハンマのみが回転
（3）：ハンマがアンビルの一端をたたくと同時に（1）の状態に戻る．

（b）ハンマリングの機構

図 4.3.1 空気式インパクトレンチ[19]

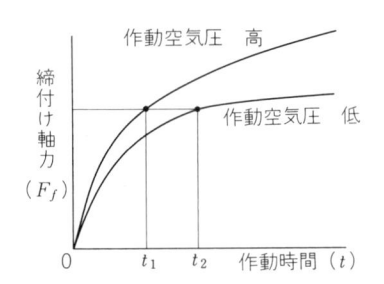

図4.3.2 インパクトレンチの作動時間と締付け力との関係

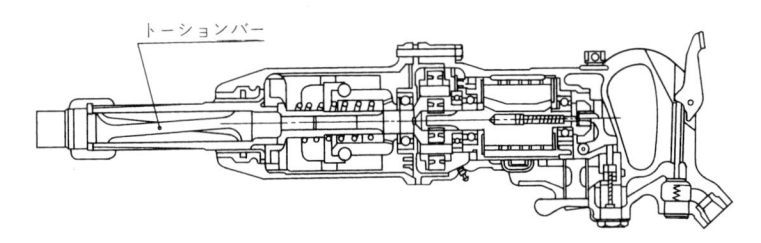

図4.3.3 トルク制御インパクトレンチ[19]

引用・参考文献

1) VDI 2230 (1977): Systematische Berechnung hochbeanspruchter Schraubenverbindungen, VDI Verag, p.8 ［訳；日本ねじ研究協会 (1982)：高度ねじ結合の体系的計算法，日本ねじ研究協会，p.8］
2) 萩原正弥 (1982)：ねじ締結体の内力係数の簡易計算法，日本機械学会論文集 (C編)，Vol.48, No.428, p.622
3) 山本晃 (1991)：解説・ねじ締結体のばね定数，日本ねじ研究協会誌，Vol.22, No.1, p.12
4) 山本晃 (1991)：解説・ねじ締結体の内外力比とその速算図表，日本ねじ研究協会誌，Vol.22, No.3, p.81
5) 山本晃 (1970)：ねじ締結の理論と計算，養賢堂，p.39
6) 大橋宣俊，石村光敏 (1984)：塑性域締付けにおけるボルトの再使用特性，精密機械，Vol.50, No.10, 1607
7) 池田馨，中川元，光永公一 (1870)：ボルトの締付けについて，日本機械学会論文集，Vol.36, No.290, p.1735
8) 酒井智次 (1977)：ねじ部品の摩擦係数，日本機械学会論文集 (第3部)，Vol.43, No.370, p.2372

9) 石橋真（1981）：ボルト・ナットの摩擦係数とトルク係数，潤滑，Vol.26, No.4, p.225
10) 日本ねじ研究協会（1979）：高強度ボルトの締結性能に関する標準化のための調査研究報告書（第II報），日本ねじ研究協会，p.9
11) 日本ねじ研究協会（1982）：高強度ボルトの締結性能に関する標準化のための調査研究報告書（第V報），日本ねじ研究協会，p.91
12) 丸山一男，益田亮，大橋宣俊（1981）：高強度ボルトの締付管理に関する研究，精密機械，Vol.47, No.4, p.436
13) 槙前辰己ほか（1990）：エンジン主要ボルトの角度締付法の開発，精密工学会春季講演論文集，p.41
14) 大橋宣俊，石村光敏（1987）：弾性域を超えたボルトの耐疲労特性，精密工学会秋季講演論文集，p.575
15) 第一電通株式会社（1989）：ナットランナーの特徴・技術資料，第一電通株式会社，p.4
16) 大橋宣俊，萩原正弥，吉本勇（1985）：塑性域ねじ締結の特性―締付軸力のばらつきと耐疲労特性，精密機械，Vol.51, No.7, p.1383
17) 土井鉄太郎（1979）：スタッド・テンショナー装置・容器の組立作業の省力化，配管と装置，p.1
18) 布施武（1985）：軸力モニタ機能をもったボルト，応用機械工学，No.303, p.188
19) 渡辺昭俊編（1973）：ねじ締付機構設計のポイント，日本規格協会，p.183

5. ねじのゆるみと防止対策

5.1 ゆるみのメカニズム

5.1.1 ゆるみの分類

　ねじ締結体が確実に機能するためには，予張力（初期締付け力）が適正に与えられ，それが保持されることが必要である．しかし，摩擦の作用により保持されているはずの予張力が何らかの原因で低下することがあり，それをねじのゆるみという．ゆるみがあると，締結体の剛性低下はもちろん，部品の脱落やもれ，場合によってはねじの疲労破壊にもつながりかねない．

　図5.1.1はねじ締結体の簡単なモデルであるが，ゆるみ発生について問題となるのは，いくつかの接触部があることと被締付け物に繰返し外力が作用することである．このような接触部と外力のことを考え，一部に他の場合も加えてゆるみのメカニズムを述べる．

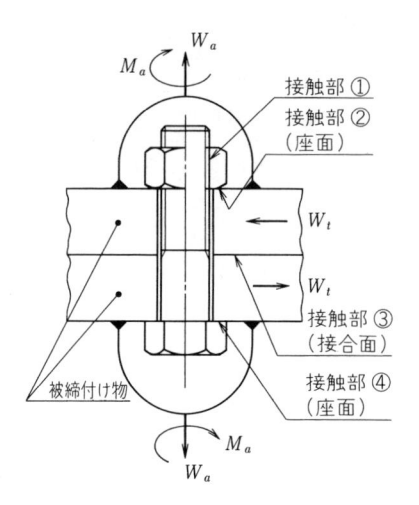

図5.1.1　ねじ締結体の簡略モデル

表5.1.1に示すように，ゆるみはねじが戻り回転しないで生じるものと，戻り回転して生じるものがあり，それらはさらに細分できる[1)~4)]．各々の締結体の条件により，予張力の低下がどれほどになるかは一概にいえないが，戻り回転によらない場合は通常ボルト軸力が消失してしまうほどにはならない．一方，戻り回転による場合には，それが連続して生じる条件に入ると大きな軸力損失も比較的簡単に起こると考えられる．

表5.1.1 ゆるみの分類

戻り回転 "なし"	(1)	初期ゆるみ
	(2)	陥没ゆるみ
	(3)	微動摩耗によるゆるみ
	(4)	密封材の永久変形，塗装材の破損によるゆるみ
	(5)	過大外力によるゆるみ
	(6)	熱的原因によるゆるみ
戻り回転 "あり"	(1)	軸周り方向繰返し外力によるゆるみ
	(2)	軸直角方向繰返し外力によるゆるみ
	(3)	軸方向繰返し外力によるゆるみ

文献[1)~4)]をもとに整理．

5.1.2 戻り回転によらないゆるみ

表5.1.1の中で熱的原因の場合を除けば，時間経過や外力の作用によってねじ締結体各部に各種の永久変形や摩耗が起こり，締付け時に与えられたボルトの弾性伸び量が減少することが原因となる．締付け力を高くし，軽量化等のためにいろいろな材料を用いることが多くなっていることを考えると決して無視はできない．

(1) 初期ゆるみ

図5.1.1における接触部①，②，③及び④の表面粗さやうねりなどの微小な凹凸が締付け後の時間経過によりへたれば，このゆるみが生じる．それとは別に，ボルトやナットが安定な状態に締め付けられていなくて，使用初期により安定な状態に移って予張力の低下をもたらすこともある．

図5.1.2で締付け線図を使ってへたりによる予張力の低下を考える．締付け

5.1 ゆるみのメカニズム

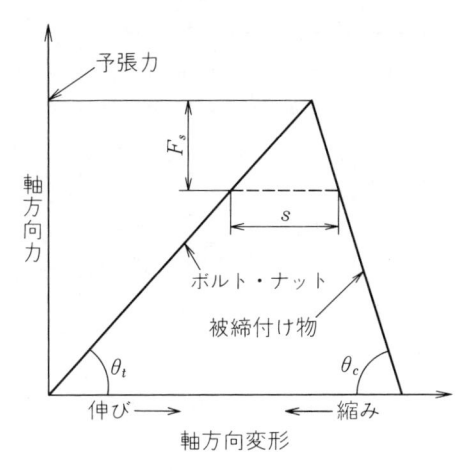

図 5.1.2 へたりによるゆるみ

後にボルト，ナット被締付け物の各々に軸方向の微小な永久変形が生じたとすると，それらの合計量が問題となるへたり s である．へたりによる予張力の低下を F_s とすると，

$$s = \frac{F_s}{\tan\theta_t} + \frac{F_s}{\tan\theta_c} \tag{5.1.1}$$

となる．ボルト・ナット系と被締付け物のばね定数を各々 k_t, k_c とすると，$\tan\theta_t = k_t$, $\tan\theta_c = k_c$ であるから，式 (5.1.1) より，

$$F_s = \frac{k_t k_c}{k_t + k_c} s = Zs \tag{5.1.2}$$

式 (5.1.2) の Z [$=k_t k_c/(k_t+k_c)$] のことをユンカー (Junker) はへたり係数と呼んだ[5]．

図 5.1.3 に山本による鋼製ボルト・ナット締結におけるへたり係数 Z の速算図を示す．d はねじの呼び径，l_f はボルトのグリップ長さである．Z については新たな検討結果[2]があるので，必要な場合にはそれを参照されたい．

へたり量 s を正確に知るのはむずかしい．ユンカーによるもの[5]や VDI (ドイツ技術者協会) による資料[6]があるが，後者が新しいのでその記述を紹介する．

5. ねじのゆるみと防止対策

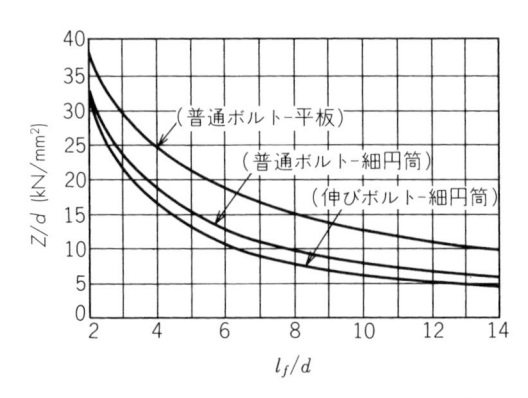

[図: Z/d (kN/mm²) 対 l_f/d のグラフ。曲線: (普通ボルト−平板), (普通ボルト−細円筒), (伸びボルト−細円筒)]

図 5.1.3 鋼製ねじ締結体のへたり係数 [1]

それによると，平坦化は締付け中に大部分生じてしまうのが普通で，後に繰返し外力が作用する場合でも接触面の面圧変動は通常小さいので，s は接触面の表面粗さから予想される値より一般に小さく，接触面の数並びにその表面粗さの合計値に関係するというより，むしろ主にグリップ長さ比 l_f/d に依存するとして，実験式と思われる次式を示している [6]．

$$s \fallingdotseq 3.29\left(\frac{l_f}{d}\right)^{0.34} \quad (\mathrm{\mu m}) \tag{5.1.3}$$

図 5.1.4 に式 (5.1.3) による計算値を示す．ただし，式 (5.1.3) は限界面圧（後述）を超えない場合に適用されるべきものであり，薄板構造のように剛性が低く，締付けによる真の接触面積が狭くなりがちな場合には適用できない．

一例として，鋼製の普通ボルト−平板締結，M 10，$l_f = 40$ mm の場合を考えると，$l_f/d = 4$ であるから，図 5.1.3 より $Z/d = 25$ kN/mm²，式 (5.1.3) より $s \fallingdotseq 4.6$ μm となるので，式 (5.1.2) から $F_s \fallingdotseq 1\,150$ N の締付け力の低下が見積もられる．

へたり量を正確に予測することはできないが，通常の締結では 10 μm 程度以下と考えておくことにする．へたり係数 Z は l_f が大きいほど，またボルト軸部が呼び径に対して細いほど小さく，一般にそのような場合に初期ゆるみは小さいといえる．

5.1 ゆるみのメカニズム

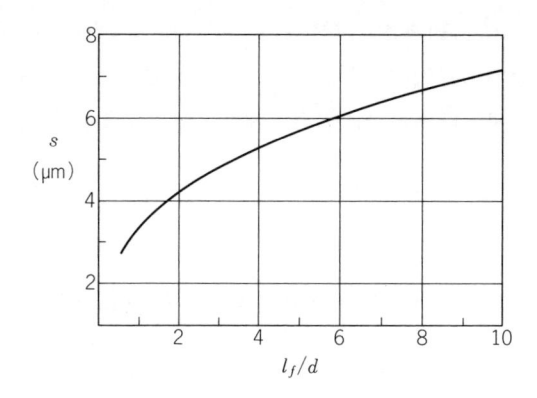

図 5.1.4 へたり量（VDI）[6]

(2) 陥没ゆるみ

座面部（図5.1.1の接触部②，④）における面圧が高すぎると，小さな表面凹凸が多少平坦化する程度を超えて被締付け物の接触部表面が塑性変形する．これが締付けの際にだけ生じるものであれば特に問題ではないが，締付け後に時間経過によるクリープや外力の作用のためにさらに進行する場合は重大であり，当然ゆるみの原因となる．この種のゆるみを陥没ゆるみという．

このゆるみは，ボルトの最大軸力から計算される座面の面圧 p_w が被締付け物についての面圧許容値（限界面圧と呼ぶ．）p_L より小さければ生じない．陥没ゆるみが生じないためには，締付けの際に発生するボルト軸力とその後に外力によって追加される分を考慮して，

$$p_w = \frac{F_f + \phi W_{a\max}}{A_b} \leqq p_L \tag{5.1.4}$$

であることが必要である．

ここに，　F_f：締付け時のボルト軸力
　　　　　ϕ：内外力比（内力係数）[7]
　　　$W_{a\max}$：被締付け物に作用する軸方向外力の最大値
　　　　　A_b：問題とする座面の負荷面積（JIS B 1082）

接触する座面の外径 D_o，内径を D_i とすると，$A_b = (\pi/4)(D_o^2 - D_i^2)$ となる．な

お，$F_f + \phi W_{a\max}$ の値を知ることができない場合には，外力が作用してもボルト軸部の応力が材料の降伏応力を超えないように設計されているとして，ボルト軸部に作用する最大応力を降伏応力とみなし，式 (5.1.4) の代わりに，

$$p_w = \frac{0.8\sigma_y A_s}{A_b} \leqq p_L \tag{5.1.5}$$

とする[4]．

ここに，σ_y：ボルトの降伏応力又は耐力（JIS B 1051 参照）

A_s：ボルトの有効断面積（JIS B 1082 参照）

限界面圧 p_L は VDI のデータによると表 5.1.2 のようになる．

また，トルクこう配法や回転角法という塑性域締付けの場合は p_w を式 (5.1.5) におけるより大き目に見積もる必要があろう．

表 5.1.2 各種材料の限界面圧（VDI によるデータ[8] を整理）

種　類	材　料 ドイツ規格	相当 JIS	引張強さ (N/mm^2)	限界面圧 (N/mm^2)
低炭素鋼	St 37	S 10 C	370	260
中炭素鋼	St 50	S 30 C	500	420
熱処理炭素鋼	C 45	S 45 C	800	700
CrMo 鋼	42 CrMo 4	SCM 440	1 000	850
ステンレス鋼	×5 CrNiMo 1810	SUS 316	500～700	210
鋳　鉄	GG 15 GG 25 GG 35 GG 40	FC 150 FC 250 FC 350 —	150 250 350 400	600 800 900 1 100
Mg 合金鋳物	GDMgAl 9 GKMgAl 9	MC 2	300(200) 200(300)	220(140) 140(220)
Al 合金鋳物	GKAlSi 6 Cu 4	AC 2 B	—	200
Al 合金	Al 99 AlZnMgCu 1.5	A 1200 A 7075	160 450	140 370
FRP			—	120～140

備考　動力締付けの場合には，限界面圧は 25% 低下することがある．

5.1 ゆるみのメカニズム

(3) 微動摩耗によるゆるみ，密封材の永久変形によるゆるみ

図 5.1.1 に示す接触部のうち，特に被締付け物の接合面（接触部③）が外力の作用によって滑り，摩耗を生じてある程度のゆるみを起こすことがある[9]．軸方向の摩耗量を w とし，式 (5.1.2) で s を w に置き換えれば，w によるゆるみ量 F_w は，

$$F_w = Z \cdot w \tag{5.1.6}$$

とみなされる．

ガスケット等の異種材料の密封材が用いられている場合，そのへたりによるゆるみも考慮する必要がある．密封材はその材料構成から，金属とは異なる圧縮特性をもつことが多く，特に温度や時間効果が大きいと予想される．この種のゆるみが問題となる場合にはそれらに関する基礎データを求めなければならない．

(4) 過大外力によるゆるみ

ボルト又は被締付け物が締付け後の外力によって塑性変形を起こすとゆるみが生じる．被締付け物の面圧による陥没は既に述べたが，それ以外に外形的な塑性変形がゆるみの原因になるのは当然である．

ボルト自体の塑性変形の進行によるゆるみを図 5.1.5 の締付け線図で考える．このゆるみは塑性域締付け等で高い予張力を与え，ボルトがさらに塑性変

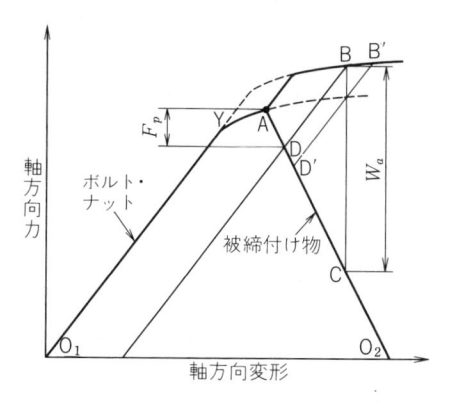

図 5.1.5　過大外力によるゆるみ（塑性域締付けの場合）

形を起こしやすい場合に検討しなければならないので，ボルトは塑性域締付けされているとする．塑性域に関連したボルトの変形挙動はかなり複雑[10]であるが，ここでは簡単化して考える．

図5.1.5の点Aが締付け終了時を示し，その後使用中に締結体に軸方向外力W_aが加わったとする．その時点でボルトの軸力は点Bまで増加し，一方被締付け物内の圧縮力はある部分失われ，接合面における締付け力は点Cにまで低下する．次にW_aが減少すると，軸力はBから直線O_1Yに平行な経路をたどり，接合面の締付け力はCから直線O_2Aをたどり，W_aが消えると新たに点Dでつり合う．点AとDの高さの差がゆるみ量F_pである．次なる外力の作用で，それが上述のW_aより小さければ，何度外力が作用してもボルト軸力は弾性を示す直線DBに沿って変化するだけであるから，新たな塑性変形は生じず，外力が消えれば結局は点Dのつりあい点に落ち着いてゆるみの進行はない．しかし，後でW_aを超える外力が作用すれば，ボルトは例えば点B′から新たなつりあい点D′へというようになってゆるみが進む．

(5) 熱的原因によるゆるみ

締結体各部の材質に違いがあり，ねじ締付け時と使用時に温度変化があると，線膨張係数の違いによる熱変形のため，予張力が変化する．山本[11]はこの場合の予張力変化量F_aを次式で与えている．

$$F_a = Zl_f\{(t_b-t_f)\alpha_b - (t_c-t_f)\alpha_c\} \tag{5.1.7}$$

ここに，　t_f：締付け時の温度

t_b, t_c：ボルト，被締付け物各々の使用時の温度

α_b, α_c：ボルト，被締付け物各々の線膨張係数

l_f：グリップ長さ

Z：式(5.1.2)参照

式(5.1.7)のF_aがプラスであれば，締結体は使用温度状態でゆるみ，マイナスであれば締まる．いくつかの材料の線膨張係数は表5.1.3に示す程度である．

表5.1.3　各種材料の線膨張係数

単位　$10^{-6}\,°C^{-1}$

鉄	11.7	ステンレス鋼	17〜18
アルミニウム	23.0	10% Ni 鋼	13
銅	16.6	20% Ni 鋼	20
炭素鋼	10〜11	ジュラルミン	23
鋳鉄	10〜12	アルミ青銅	16

機械工学便覧（日本機械学会，1977）より抜粋

一例として，M 10, l_f=40 mm，温度上昇 $t_b-t_f=t_c-t_f=200°C$（$t_b=t_c$ と仮定）であり，材料は鋼で多少成分が異なるとして $\alpha_b=11\times10^{-6}/°C$, $\alpha_c=10\times10^{-6}/°C$ の締結体を想定すると，$l_f/d=4$，図5.1.3より $Z/d=25$ kN/mm^2, したがって，式(5.1.7)より $F_a=2\,000$ N（≒204 kgf）のゆるみとなる．

このように多少の線膨張差でも温度変化の大きさによってはかなりの予張力変化が現れる．例えば，ボルト材料が鋼で被締付け物がアルミニウム合金の場合のように $\alpha_b<\alpha_c$ の場合には温度上昇により締付け力が上がり，座面の面圧の増加に配慮する必要が出てくる．

以上とは性格の異なるものとして，リラクセーション（応力弛緩）の現象によるゆるみが考えられる．これは温度とも密接な関係があり，特に高温時には再結晶などと重なってかなりのゆるみを起こす原因となることが予想される．

5.1.3　戻り回転によるゆるみ

ねじ締結体が F_f なる予張力で締め付けられているとすると，スパナ等の工具を用いてねじをゆるめる場合に必要なトルク T_l は，

$$T_l = \frac{F_f}{2}\{d_p \tan(\rho'-\beta)+D_w\mu_w\} \tag{5.1.8}$$

となる[12]．

ここに，d_p：ねじの実際の有効径
　　　　ρ'：ねじ面における摩擦角
　　　　β：ねじのリード角

D_w：ゆるめにおけるナット又はボルト頭座面の摩擦平均直径

μ_w：同座面の摩擦係数

であり，μ_s をねじ面の摩擦係数，α' をねじ山直角断面におけるねじ山の傾斜角とすれば，$\tan\rho' = \mu_s/\cos\alpha'$ の関係がある．

ねじ山の半角 α が 30°の通常のねじでは，式 (5.1.8) は，

$$T_l = \frac{F_f}{2}\{d_p(1.15\mu_s - \tan\beta) + D_w\mu_w\} \quad (5.1.9)$$

と近似化できる[1]．

$T_l \leqq 0$ なら，ねじは自立条件が破れてスパナ等でゆるめトルクを加えなくとも自らゆるむ．M 8～M 16 のねじを対象に平均化して，$D_w = 1.3d$（d は呼び径），$d_p = 0.92d$，$\tan\beta = 0.044$ とし，$\mu_s = \mu_w = \mu_{sw}$ と考えて $T_l \leqq 0$ を解くと，$\mu_{sw} \leqq 0.018$ となる[13]．すなわち，回転方向の摩擦係数 0.018 以下となると，ねじは自らゆるむことになる．

ねじ締結体に軸方向又は軸直角方向の振動的な外力が加わり，上のように自立条件が破れる事態が生じることが戻り回転によるゆるみの原因とする説がある[14]．しかし，これだけでは抽象的で，結果的には自立条件が破れたことに相当するとしても戻り回転の機構を明らかにすることはできない．

(1) 軸回り方向繰返し外力によるゆるみ

図 5.1.1 で M_a で示されるボルト軸線回りのモーメントが被締付け物に作用し，まず接触部③が滑り，その滑りが存在する状態でナット又はボルト頭座面でも滑りが生じる場合が考えられる．この場合にナット又はボルトが戻り回転し，ゆるみが生じることがある[15]．

図 5.1.6 によりゆるみ機構を説明する．便宜上，一方の被締付け板が固定され（固定板），もう一方の被締付け板（振動板）が相対的に滑り振動するとし，ボルト頭部が固定板に固定，ナットが振動板上にあるとする．ナット側を固定して考えても同様のことになる．

右ねじの場合ゆるみが生じるのは，振動板が右回りするとき，(a) に示すようにナットは座面で滑って右回転せずにそのままの位置を保ち，次いで振動板

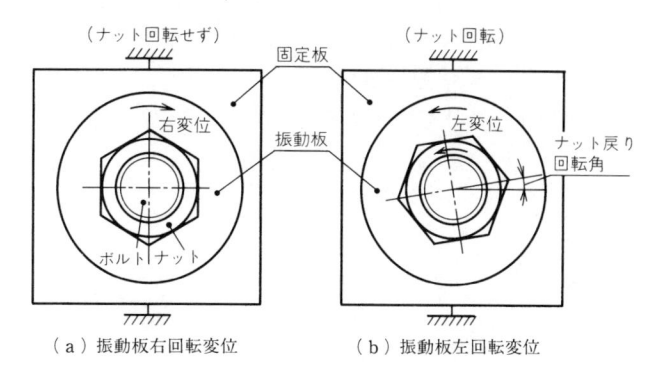

図5.1.6 軸回り繰返し外力によるゆるみ機構

が左回りするとき，今度は (b) のように座面で滑らず，ねじ部で滑ってナットもともに左回転する場合である．このようにして回転変位1サイクルについて1回ずつ戻り回転が生じる．

　以上は基本的な説明で，実際には摩擦係数が変動するなどのため，上述のような明瞭な挙動だけでなく，ナットの右回転も含まれたりして複雑になることが予想される．しかし，要はナットの左回転分の方が大きければ，ゆるみが発生する．

　ここで，ねじ面に関する締めトルクを T_{sf}，ゆるめトルクを T_{sl}，座面トルクを T_w として，図5.1.6の説明にあてはめると，(a) では $T_{sf} > T_w$，(b) では $T_w > T_{sl}$ である．したがって，ゆるみの発生条件は，

$$T_{sf} > T_w > T_{sl} \tag{5.1.10}$$

となる．なお，

$$\left. \begin{array}{l} T_{sf} = \dfrac{F_f}{2} d_p \tan(\rho' + \beta) \fallingdotseq \dfrac{F_f}{2} d_p (1.15\mu_s + \tan\beta) \\[2mm] T_w = \dfrac{F_f}{2} D_w \mu_w \\[2mm] T_{sl} = \dfrac{F_f}{2} d_p \tan(\rho' - \beta) \fallingdotseq \dfrac{F_f}{2} d_p (1.15\mu_s - \tan\beta) \end{array} \right\} \tag{5.1.11}$$

ただし，記号等については式 (5.1.8)，式 (5.1.9) の説明を参照．

　図5.1.7は，簡単のため $\mu_s = \mu_w = \mu$ とおき，代表例として $\mu = 0.15$ を取り上げ

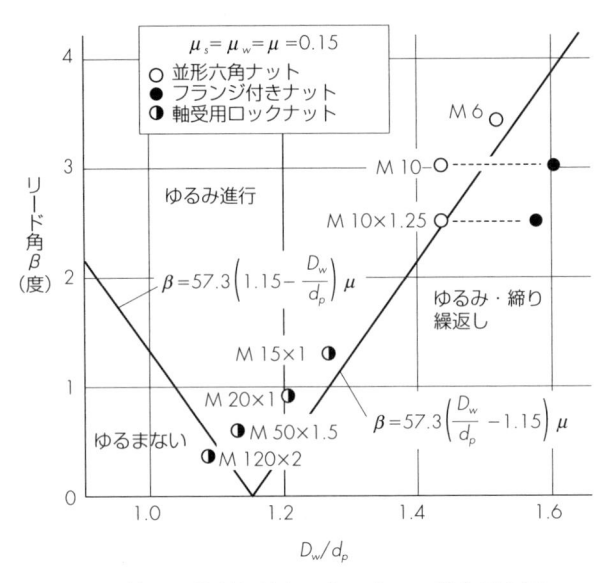

図5.1.7 軸回り繰返し外力によるゆるみ発生判定図

て式 (5.1.10) の関係を示したゆるみ発生判定図である．横軸にボルト又はナットの座面の摩擦平均直径 D_w とねじの有効径 d_p の比，縦軸にねじのリード角 β を取り，"ゆるみ進行"，"ゆるみと締まり繰返し"及び"ゆるまない"の領域を示す．また，参考のためいくつかのナットについての座標位置を付記した．μ の値により直線の傾きが変わり，各領域の範囲も変動するが，図5.1.6のような場合，多くの実用ナットがゆるみ進行の危険域にあることの見当がつく．

酒井[15]はゆるみ実験を行い，図5.1.8のような結果を得ている．座面及びねじ面に滑りが並行して生じる場合が図5.1.6の説明に対応したもので，そのときにゆるみが進んでいる様子が明らかにわかる．

以上ではボルト軸の弾性を考えなかったが，実際には座面が滑るまでにはボルト軸はねじれ変形する．したがって，その範囲内で振動板が回転変位するだけなら座面は滑らずゆるみも生じない．

(2) 軸直角方向繰返し外力によるゆるみ

図 5.1.1 において W_t で示されるボルト軸線に直角方向の繰返し外力が被締

5.1 ゆるみのメカニズム

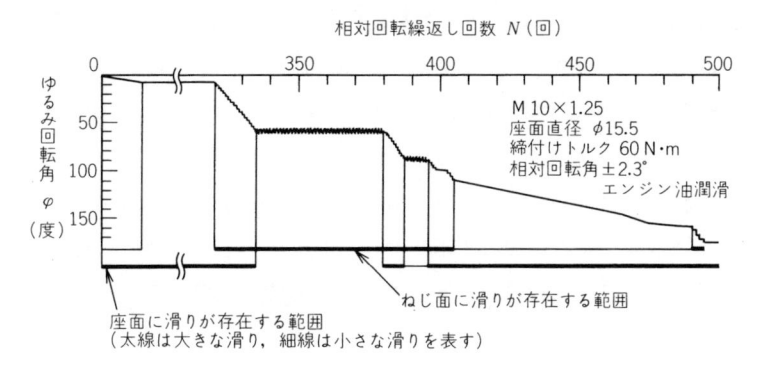

図5.1.8 軸回り繰返し外力によるゆるみ実験[15]

付け物に作用するか，エンジンの連接棒の場合のように軸線方向の外力が偏心して作用し，接触部③が滑り，ナット又はボルト頭座面でも滑りが生じると，ほぼ確実に戻り回転が生じる．ユンカー[14]はこの場合のゆるみに注目し，大きな予張力低下にも簡単につながるものとして最重視した．ここでは，山本，賀勢ら[16)~20)]による考え方に基づいて説明する．

図5.1.9にゆるみ機構の概要を示す．右ねじを考えて，被締付け物の一方を

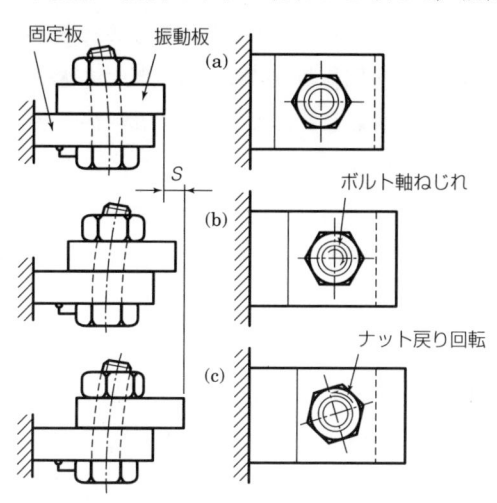

図5.1.9 軸直角方向繰返し外力によるゆるみ機構[18]

固定板とし，他方がそれに対して滑る振動板とする．ボルト頭部側を固定とし，右側の図はボルト・ナットを上から見ている．振動半サイクル間のボルト・ナットの挙動が示され，(a)は振動の左死点，(b)はボルト軸が最も右傾した状態，(c)は振動の右死点となる．Sは振動板の全振幅を意味する．

　はめあいねじ部に注目すると，(a~b)間ではナット座面はまだ滑らないが，ボルト軸が傾き変化するにつれてボルトねじ面はナットねじ面上を滑る．ねじにはリード角があり，さらにねじ面における力の関係を考察すると，この滑りにはねじのリードを下がる方向（軸力が下がる方向）の成分がいくらか含まれる．そのため，図のようにボルト軸部には上から見て矢印の方向の弾性ねじれが生じ，おねじはめねじに対してゆるみ方向にいくらか相対変位する．

　次に(b)の状態を過ぎてナット座面が滑ると，ボルトは弾性ねじれを解除しようとするのでねじれトルクによる復元作用のため，ナット座面の滑りには回転成分が含まれ，(c)に達すると，戻り回転が生じていることになる．ナット側が固定でも同様の過程で，ボルトが戻り回転する．

　このような過程は次の右から左への半サイクル間でも生じ，基本的には1サイクル当たり2回の戻り回転が進む．しかし，現実には種々の要因が重なることが予想されるので，実際の挙動はもっと複雑になると思われる．

　半サイクルについての戻り回転角は弾性ねじれの大きさや座面の滑り量の大きさに関係する．また，弾性ねじれの大きさはボルトの寸法やねじの種類，ねじ面の滑りやすさによる．

　以上のように，座面で滑りが生じると，通常は確実にゆるみの発生と進行につながるが，図5.1.9 (b)の状態を超えることがなければ，座面滑りがないので弾性ねじれがボルト軸に発生，蓄積してもはめあいねじ部内だけの動きに止まり，戻り回転は生じない．

　図5.1.10，図5.1.11はゆるみ機構の実証例である．前者では，軸直角変位に伴うボルト軸の弾性ねじれトルクを予張力F_fと振動の速さf_vを変えて検出している．図形はA→B→C→D→Aと変化し，図5.1.9に対応させると，A→Bが(a~b)，B→Cが(b~c)に対応して戻り回転はB→C (D→A)の過

5.1 ゆるみのメカニズム

程で起こる．後者の図5.1.11では，より小さな準静的な変位に対するボルト軸の弾性ねじれ u とナットの戻り回転角 θ を記録している．両方の図から，ここで述べたゆるみ機構がかなりよく実証されていることがわかる．

図5.1.12は座面に滑りを繰り返し生じさせた場合のゆるみの進行状況を示す．座面に滑りが生じていると確実にゆるみが進み，100サイクル程度で予張力は早くも1/5以下にまで低下している．これは強制的にゆるませた結果ではあるが，座面が滑ると極めて簡単にゆるみが進行し得ることに注意したい．

軸直角外力が衝撃的な繰返しの場合でもゆるみ機構は基本的には同様である[19]．ただ，座面滑りが生じやすくなり，その分ゆるみは生じやすく進み方も早くなるおそれがある．

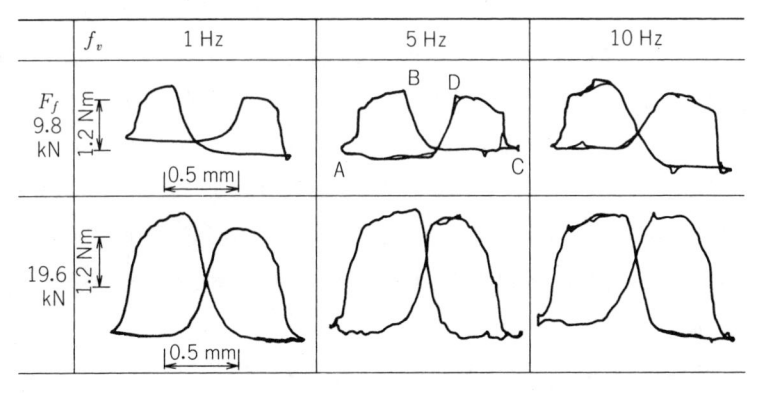

図5.1.10 ボルト軸ねじれトルクの挙動（M 10, スピンドル油潤滑）[19]

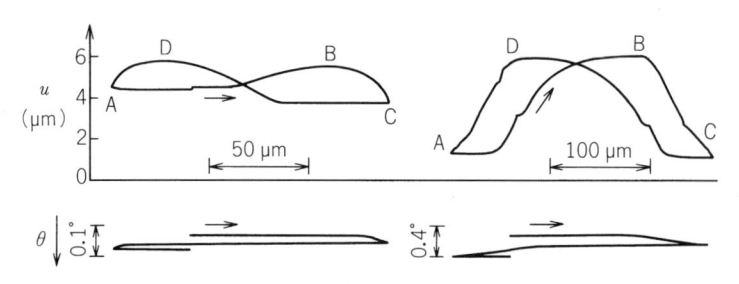

図5.1.11 ボルト軸弾性ねじれとナット戻り回転
（M 10, 予張力9.8 kN, MoS_2 潤滑）[20]

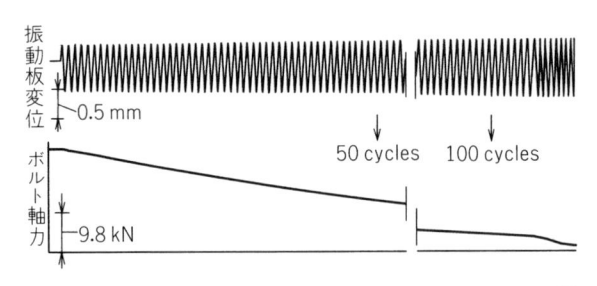

図5.1.12 軸直角方向繰返し外力によるゆるみの進行[19]
(M 10, さび止め油潤滑, 2 Hz)

(3) 軸方向繰返し外力によるゆるみ

図5.1.1において, W_aなるボルト軸方向の外力が繰返し作用する場合に当たる. ここでは, W_aが準静的に増減する場合と衝撃の場合について述べる.

W_aが準静的に増減する場合, ボルト軸には伸びと縮み, ナットには拡張と収縮の変形がボルト軸力の増加と減少に伴って生じる. その過程で, ねじ面と座面に相対滑りが起こる事態になると, その相対滑りにつれてわずかの戻り回転が生じるとされる[21]〜[23]. しかし, この種の戻り回転によるゆるみは実際には生じにくいとの考え方がかなり一般化しており, ゆるみはW_aの変動幅が大きい場合に生じ, ボルト軸力の変動比 (=W_aの振幅/軸力の平均値) が0.6以上の場合に限られるとの説も見られる[24].

図5.1.13に熊倉による検討結果を示す. この実験は, ねじのサイズM 20, ボルト・ナットの座面間距離170 mm, ボルト軸力F_f=2.45〜29.4 kNとし, グリース潤滑と無潤滑 (乾燥) の条件で, 被締付け物のない引張試験のような具合で行われた. なお, 図中にはGoodier[21]らの実験結果と, 熊倉[25]による理論計算結果2種類も付記されている. グリース潤滑の場合には, わずかずつのゆるみ回転が進行していることが分かる. ただし, 検討対象は通常の締結体とは異なるオープンジョイント形であり, 軸力増減幅も相当に大きく, 通常のねじ締結体とはかなり大きな違いがある. 以上のようなことを考え合わせると, この場合のゆるみは, 通常のねじ締結体では生じないとしてもよいと考えられる.

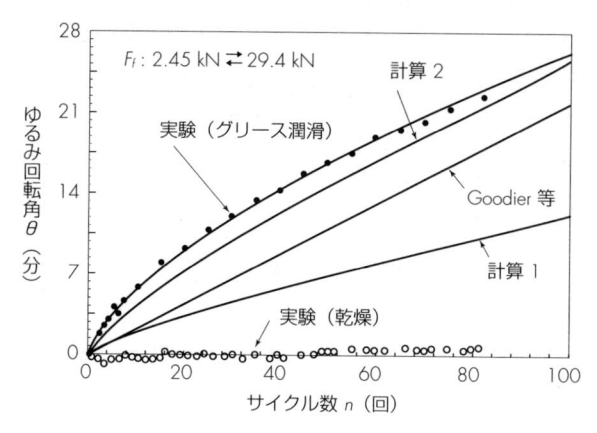

図 5.1.13 軸方向繰返し外力によるゆるみ[25]

W_a が衝撃的な場合については，衝撃応力の伝播特性を考慮した古賀ら[26),27)]の研究がある．それによると，この場合の戻り回転発生についての基本事項として以下のことがいえるようである．

衝撃により，締付け状態のおねじとめねじが反発離間してしまうボルト軸力の限界値を F_{PR}，被締付け物の接合面圧力が完全に失われてしまうときのボルト軸力の限界値を F_{R0} とする（通常は，$F_{R0}>F_{PR}$）．その場合，実際のボルト軸力 F_f が $F_f<F_{PR}$ なら，衝撃の作用によりボルトに回転方向に瞬間的にフリーとなる状況が現れるのでゆるみ回転が生じ得ることになり，$F_f>F_{R0}$ なら，その状況はなく，ゆるみ回転が生じることはない．なお，$F_{PR}<F_f<F_{R0}$ の場合には，複雑な考察が必要になるとされている．

5.2 ゆるみ防止の考え方

前節のゆるみ機構の考え方をもとにすれば，ゆるみ防止については次のような基本事項があげられる．

(1) 予張力の増大と関連事項

予張力を高くすることは，ねじ締結部をより以上に一体構造に近づけること

になる．それは，へたりによる予張力低下の補償，接触部の滑り防止などの直接的な効果をもたらし，最も基本的で決め手となる対策である．予張力増大には，ねじの強度の向上と同時に，確実な軸力管理も必要である．

特に，戻り回転によるゆるみ防止については，被締付け物の接合面（図5.1.1参照）に滑りを起こさせないことが第一の要点である．そこでの滑りはねじ面，座面の滑り発生につながり，ゆるみに直結するおそれが大きいからである．

ここで，図5.1.1において軸直角方向の外力が作用する場合を考えて，それをW_l，接合面の滑り係数[28]をμ_{cs}，ボルト軸力を予張力と等しくF_fとすれば，接合面の滑りを防止する条件は簡単に，

$$W_l < \mu_{cs} F_f \tag{5.2.1}$$

で表される．

しかし，予張力を高めようとする場合，ボルト又はナットの座面強度に注意し，座面圧を限界値以下にする必要がある（表5.1.2参照）．したがって，接合面滑りと座面陥没の防止を考慮する場合には，式(5.1.5)，式(5.2.1)より，

$$\frac{W_l}{\mu_{cs}} < F_f < A_b p_L \tag{5.2.2}$$

の条件を満足しなければならない．

図5.2.1にボルト軸力についての計算例を示す．M 10とM 10×1.25の強度区分6.8，8.8及び10.9のボルトをトルク法で締め付けるものとし，得られる軸力幅は山本[30]による方法で計算している．また，実線は座面の限界面圧p_L三例における陥没防止のための許容軸力の限界値を示し，破線は$W_l=2$ kN，$\mu_{cs}=0.1, 0.2$と仮定した場合に得られる座面すべり防止の必要最小軸力を表している．実線と破線各々のハッチング部分は危険側であり，ボルト軸力を危険側に入れないようにする必要がある．図によれば，場合によっては危険側に入るおそれがあることが分かる．実線が表す座面の負荷能力を高めるためには，フランジ付きボルト，同ナットによる負荷面積の増加や十分の強度と厚さをもった座面板を用いることも効果的と考えられる．

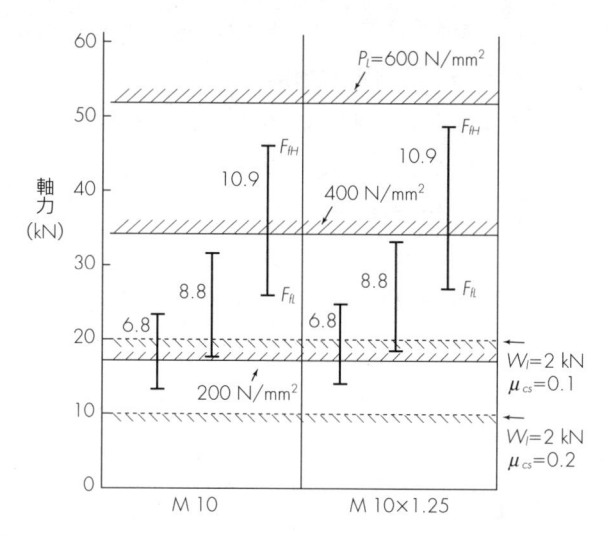

図 **5.2.1** トルク法による軸力幅,限界面圧による最大許容軸力及び接合面滑り防止に必要な最小軸力[29]

(2) 接合面における滑り限界について

上述 (1) では接合面の滑りを完全に防止することを条件としたが,それが限界値以内ならば,摩擦により座面 (図5.1.1参照) に滑りは生じず,戻り回転によるゆるみは発生しないと考えることもできる.

例えば,軸直角方向の外力が作用する場合,図5.1.9に示す全振幅 S の限界値 S_{cr} は次式のようになり,ねじのサイズ **M 10** についての計算例が図5.2.2のように表されている[31].

$$S_{cr} = 2F_f \left\{ \left(\frac{l_s^3}{3EI_s} + \frac{l_p^3}{3EI_p} + \frac{l_p l_s l}{EI_s} + kl^2 \right) \mu_w \right.$$

$$\left. - \left(\frac{l_s^2}{2EI_s} + \frac{l_p^2}{2EI_p} + \frac{l_s l_p}{EI_s} + kl \right) \frac{m}{4} \frac{\mu_s'}{\cos^2 \alpha} \right\} \qquad (5.2.3)$$

ここに, F_f : ボルト軸力
E : ボルトの縦弾性係数 (鋼 210 GPa)

I_s, I_p : 断面二次モーメント, $I_s = \pi d_s^4/64$, $I_p = \pi d_p^4/64$

d_p : ねじの実際の有効径

k : 固定部（例えばボルト頭部）がモーメントに比例して傾くとした傾き定数

μ_w : 座面の摩擦係数

μ_s' : ねじ面の静摩擦係数

α : ねじ山の半角

その他の記号は図5.2.2を参照.

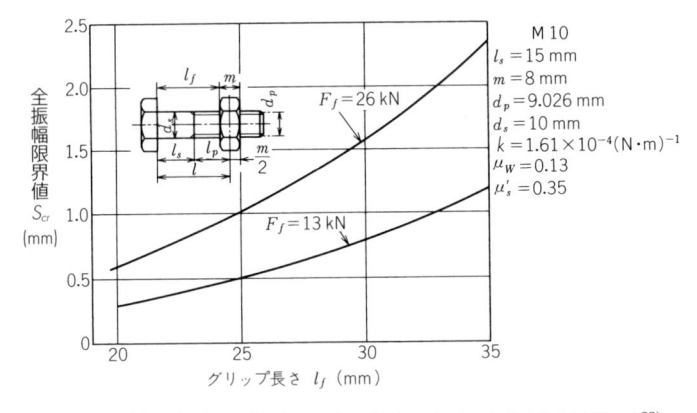

図5.2.2 軸直角方向繰返し外力の場合の限界全振幅の計算例[22]

しかし，これはあくまでも巨視的な考え方であり，振動板全振幅が式(5.2.3)から求められるような限界値より小さくても，座面には小さな滑りが生じることを考慮する必要がある[32),33)]．

図5.2.3に，座面に巨視的滑りを与えずに，ハンマにより軸直角衝撃を一方側からだけ繰返し与えた場合のゆるみ実験結果を示す．形状の異なる4種のM 10×1.25ナットについて，初期締付け力を6.4 kNとしたもので，振動板の初期位置からの累積ずれ量とナットの戻り回転角の実測例である．前者から，各サンプルとも衝撃1回当たりの座面滑りはゼロか微小であると推測されるが，微小滑りがある三つのサンプルでは戻り回転が徐々に進行しており，滑り

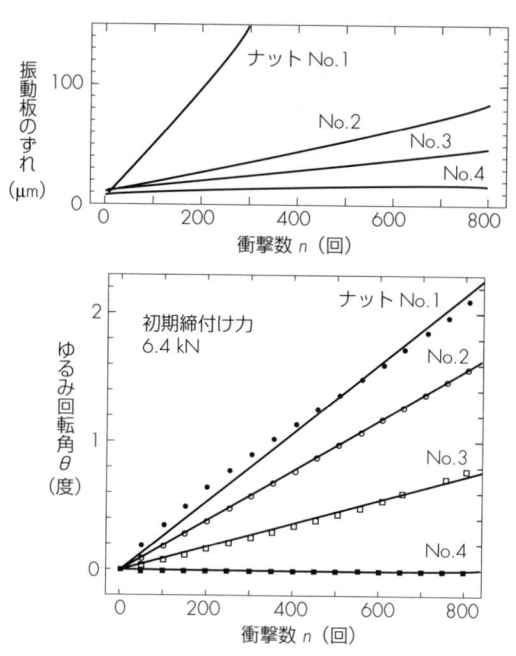

図 5.2.3 微小座面滑りの累積とゆるみ回転[33]
（M 10×1.25 ナット 4 種，MoS_2 潤滑）

量とゆるみ量には明らかな対応がある．このことからは，接合面の滑りを完全に防止する対策が必要といえる．

(3) 座面の圧力分布について

ボルト及びナットの座面圧分布は，座面の弾性又は塑性変形や滑り発生に影響を及ぼすことから，ゆるみに及ぼす影響も大きいものと考えられる．

この分布形状には，ボルト頭部やナットの剛性，座面の負荷面積，材料，表面形状，幾何偏差（例えば直角度）等が関係する．問題は相当に複雑であるが，座面の負荷面積を広げ，その上で面圧分布の均一化を目指すのが当面の妥当な考え方ではないかと思われる．フランジ付き六角ボルト（JIS B 1189），同ナット（JIS B 1190）の使用はその考え方にかなうところがあり，それに基づいた商品や，フランジ付きナット形状の工夫[34]がある．

ここで，座面の幾何学的形状が座面圧分布に及ぼす影響を知るため，一例として，図5.2.4にフランジ付き六角ボルトにおいて座面実質側をわずかに円錐凹形状とした場合の有限要素解析結果を示す．ねじのサイズはM 10，強度区分8.8，軸力23.4 kNであり，円錐底角3種（0°はボルト軸線に対して直角な座面を意味）の場合を比較している．負の面圧分布は実際には接触しないことを示す．座面圧分布状態は座面の角度に大きく影響され，0.1°程度の変化にも敏感であることが明らかである．この例から推測されるように，座面圧分布はわずかの座面形状変化にも大きく左右される．

座面とゆるみには密接な関係があることに注意を向け，その点からゆるみ防止対策を考える必要もあるだろう．

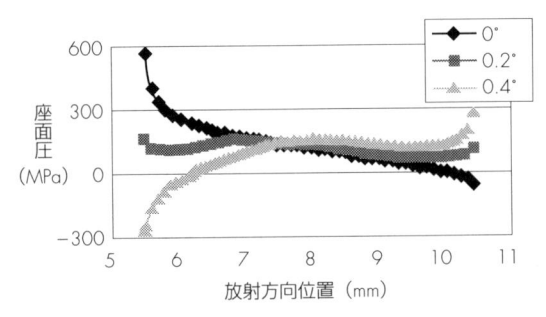

図5.2.4 フランジ付き六角ボルトの座面圧分布[35]（M 10）

(4) ボルトの弾性変形能力の向上

軸部を細めることや，比（グリップ長さ/呼び径）を大きくすることによりボルトの弾性変形性が高まる．この場合，締付けによるボルトの弾性伸び量が大きいため，へたりによる影響を低めると同時に，各種の外力によるねじ部や座面部の滑りを生じにくくする効果が得られる．

(5) ゆるみ止め部品の併用

基本的には補助手段であり，高い予張力を与えられない部分や，不意の外力が作用するおそれがある部分に適切な選択によって用いるのが合理的である．後述（5.4節）のように，ゆるみ止め部品の性能には注意する必要がある．

(6) その他の事項

① おねじとめねじとの間のすき間（有効径差）が小さいからといって戻り回転防止には結びつかない．

② 細目ねじは戻り回転の進み具合をある程度遅くはするが，並目ねじと同様の機構でゆるみをもたらす．

③ へたり対策として適時の増締めは有益である．

④ ねじ締結体に曲げモーメントが作用する場合などは特に，被締付け物やねじ部に塑性変形を進行させないことが必要である．また，おねじ部とめねじ部について，一方の強度が低すぎる設計を避けなければならない．

⑤ 設計上の配慮により，大きな外力が直接ねじ締結体に作用しないようにする．

5.3 ゆるみ止め部品の種類

ゆるみ止め部品には次のような機能が一つ又は複数必要である．

① へたり等の永久変形の影響をばね作用で補償
② ねじ部で相対変位に対する抵抗を増して戻り回転を防止
③ 座面部で相対変位に対する抵抗を増して戻り回転を防止

ゆるみ止め部品には表5.3.1のような方式がある．

表5.3.1 ゆるみ止めの方式

① 座金方式（主にばね性）	⑤ リード差利用方式
② プリベリングトルク形	⑥ ねじ部密着度増加方式
③ フリースピニング形	⑦ ダブルナット方式
④ 機械的回り止め方式	⑧ 接着剤使用方式

座金方式は上の①又は③の機能を与えようとするもので，ばね座金，皿ばね座金，歯付き座金（JIS B 1251）等がある．

プリベリングトルク（prevailing torque）形は，表5.3.2に示すように，ねじ山を変形させたり，ねじの有効径をすぼませたり，特殊ねじ山形状を用いたり，ナイロン等を介在させたりして，始めからおねじとめねじ間に干渉を与え，戻り回転に対する抵抗を増そうとするもので，②の機能にあたる[36]．このタイプのナットについては，JIS B 1199–1, 2, 3, 4 が制定されている．

フリースピニング（free spinning）形は，表5.3.3に示すように，締付け力を発生させてそれによる特殊ナットの弾性変形やセレーション付き座面により戻り回転に対する抵抗をねじ部又は座面部で高めようとするもので，②又は③の機能に対応する．フランジ付き六角ボルト及びナット（JIS B 1189, B 1190）も座面の摩擦直径を大きくして戻り回転に対する抵抗を高めようとするものと考えれば，このタイプに入れることもできる．

機械的回り止め方式は，ピン，ワイヤ，舌付き座金，つめ付き座金等を用い

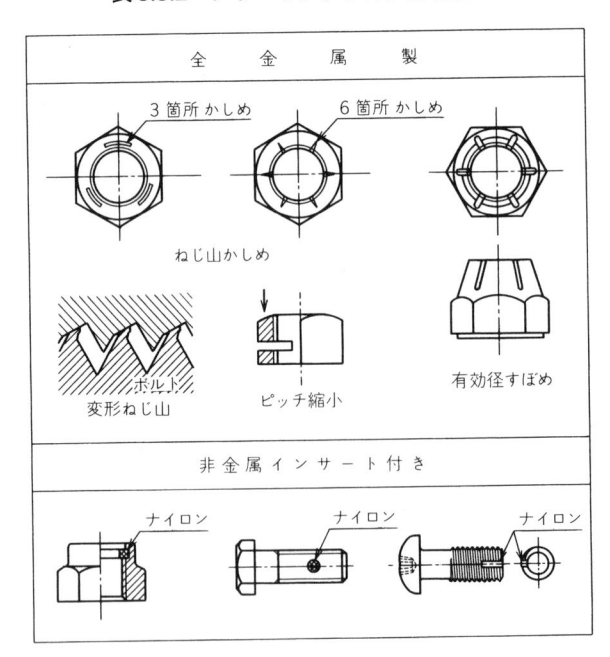

表 **5.3.2** プリベリングトルク形各種[36]

5.3 ゆるみ止め部品の種類

るもので，②又は③の機能である．図 5.3.1 には溝付き六角ナット（JIS B 1170）と割りピン（JIS B 1351）の組合せと舌付き座金の場合を示す．この方式は，例えば溝付きナットと割りピンの位置関係から適正締付け力を与えにくいこと，遊びが出やすいことなどの欠点はあるが比較的確実な方法である．

リード差利用方式は図 5.3.2 のようなもので②の機能をもつ．同図 (a) は一種のダブルナット方式であるが，下側ナットのねじのリードを上側のそれより

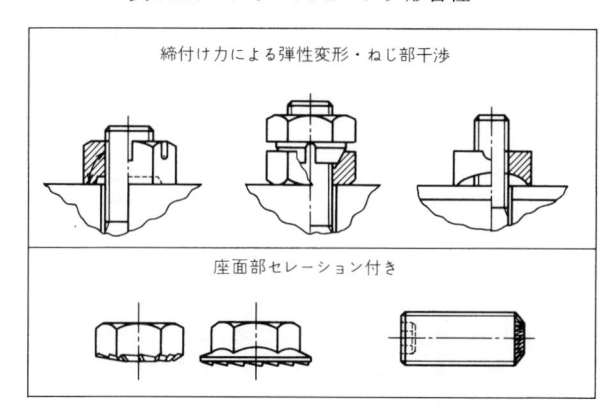

表 5.3.3　フリースピニング形各種[36]

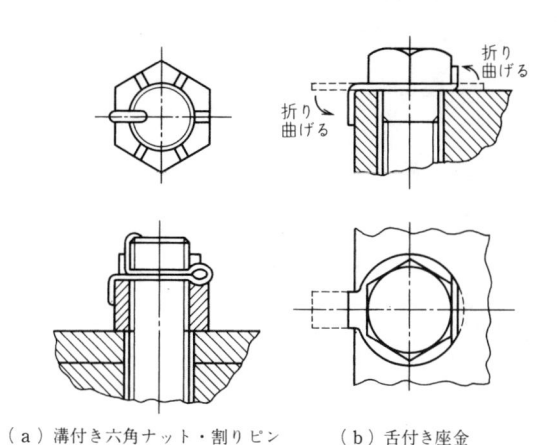

(a) 溝付き六角ナット・割りピン　　(b) 舌付き座金

図 5.3.1　機械的回り止め方式の例[36]

大きくしたもの，同図 (b) は座金とナット座面に一定傾斜の歯をつけて組み合わせ，その傾斜角をねじのリード角より大きくしたものである．ナットがゆるもうとしてもねじ A，座金が回らなければ，圧着力が増してゆるまなくなる．

ねじ部密着度増加方式はねじ部のすき間を取り，密着度を高め，②の機能を期待する．塑性的なねじ立てを行うタッピンねじやコイル状インサートを利用する場合の方式といえる．

ダブルナット方式は二つのナットを用い，はめあいねじ部の遊びを取ることによって確実なロッキングを行って②の機能を実現する．いくつかの考案例があるが，基本的な場合の締付けにおける負荷状態は図 5.3.3 のように考えられる．同図 (a) は下ナット締め，(b) は下ナット回り止めしたうえでの上ナット締め，(c) はロッキング状態である．

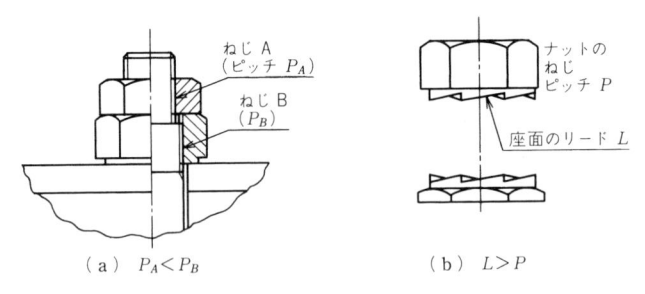

(a) $P_A < P_B$　　(b) $L > P$

図 5.3.2　リード差利用方式の例[36)]

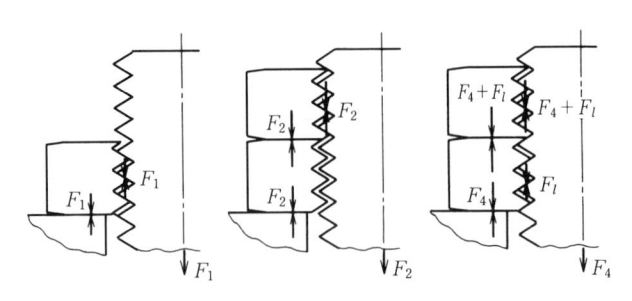

(a) 下ナット締め　(b) 上ナット締め　(c) ロッキング

図 5.3.3　ダブルナット使用における負荷状態[37)]

同図 (c) に示すように下ナットにより遊びが完全に取られ，ロッキング力 F_l が作用し，ねじ部の相対変位が阻止されるようになって初めて本当のロッキング状態となる．この状態では軸力 F_4 は上ナットが担うので，上ナットに軸力に対応できる強度が要求される．

ロッキング作業として，同図 (c) で下ナットを回り止めして (b) に続けて上ナットを正転する"上ナット正転法"と，(c) で逆に上ナットを回り止めて下ナットを逆転する"下ナット逆転法"がある．同図 (c) で完全なロッキングを施し，F_4 を適正な軸力とするのはむずかしい作業であり，実際に用いられるダブルナットに確実なロッキングが行えているかどうか疑問がある．山本[37]によると，"下ナット逆転法"の方が正しい締付けを行いやすい．

接着剤使用方式については，ねじ面間の狭いすき間で硬化する嫌気性接着剤がゆるみ止め製品としてよく知られている．締付け時に塗布作業をするものと，カプセル封入された接着剤をあらかじめねじ部に付着させたプレコートタイプがある．

5.4 ゆるみ試験とゆるみ止め部品の評価

5.4.1 試験方法と試験装置

ゆるみ試験方法は表 5.4.1 のように整理できる．軸直角振動形式はユンカーら[39]に基づくもので確実な強制試験法としてよく知られている．この形式の試験装置の主要部は図 5.4.1 に示すような形となる．固定部と振動板の間には多数の鋼球が配され，振動板の軸直角変位（全振幅 0～2 mm 程度可変）は変位計で，ゆるみ量はひずみゲージ利用のロードセルで検出される．ボルト頭又はナットを確実に固定するために回り止め固定具をロードセルの内側にねじ込み（左ねじ），相手をがっちり押し付ける．これは固定側のがたつきを防ぎ，試験条件を一定にするのに役立つ．この場合の振動変位は回転軸の偏心機構や油圧サーボ式疲労試験機を利用して与える．

NAS 式とは，図 5.4.2 のような試験片を 30 Hz 程度で加振し，衝撃による

表 5.4.1 ゆるみ試験形式の説明[38]

試験形式		説　　　明
軸直角振動		固定板と振動板とを試験ボルト・ナットで締結し，振動板に軸直角方向の外力を加えて振動変位させる．変位は回転成分が入らない平行変位だけとする．
軸回り振動	トルク式	固定板に対し振動板にトルクを加えてボルト軸の回りに回転変位させる．変位は平行変位を含まない回転変位だけとする．
	加振式	振動板にアームを設けてその先に重りをつける．固定板を振動台に載せ加振することで回転変位を起こさせる．
軸方向荷重増減		ボルト頭及びナット座面にそれぞれ金具をあてがい引張試験機で軸方向の負荷を繰り返す．
衝撃	加振式（NAS*式）	試験ボルト・ナットで締付けたねじ締結体を鉛直方向の長穴内に横たえ，長穴の本体を振動台で上下に振動させ長穴の上下端で軸直角方向の衝撃を加える．
	落下式	試験ボルト・ナットで二つの円筒を締め付けた締結体を一定の高さから落下させ，二つの円筒を軸方向に分離させるような衝撃を加える．
	ハンマ式	固定体と衝撃受け板とを試験ボルト・ナットで締結し，衝撃受け板にハンマ振り下げによる軸直角方向の衝撃を加える．

注* National Aerospace Standard（米国）

ゆるみを一定サイクル数加振後に調べるものである．

5.4.2 ゆるみ止め性能の評価方法

ゆるみ止め性能を数値的に示すものとして，二，三の方法をあげる．

(1) 加振1サイクル当たりのボルト軸力低下と加振変位全振幅による評価[42]

図5.1.12において，例えば加振開始後20サイクル間について1サイクル当たりの軸力低下δを求め，それを縦軸に，そのときの振動板の変位全振幅Sを横軸にとる．ボルトの初期軸力を一つに決め，Sを段階的に変えて試験し，それに対するδをグラフ上にプロットする．このS-δ図においてδの立ち上がりのSが大きいほど，また立ち上がり後のδが小さいほどゆるみ止め性能は高

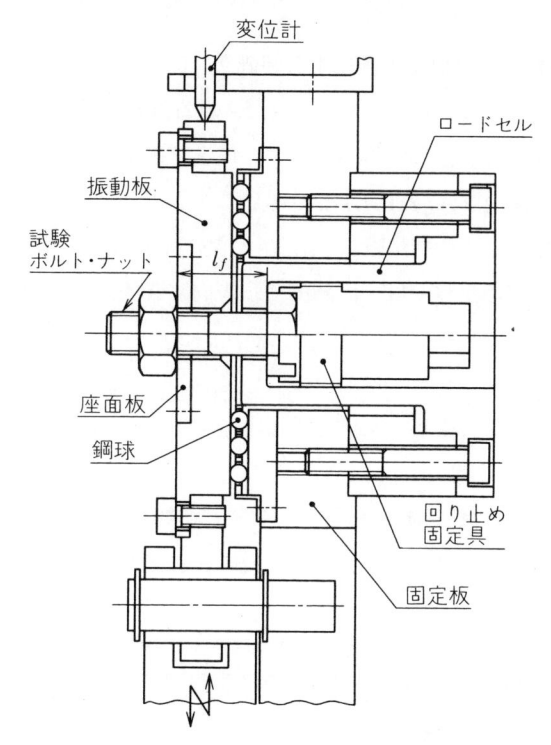

5.4 ゆるみ試験とゆるみ止め部品の評価

図 5.4.1 軸直角振動形式ゆるみ試験装置の主要部例 [40]

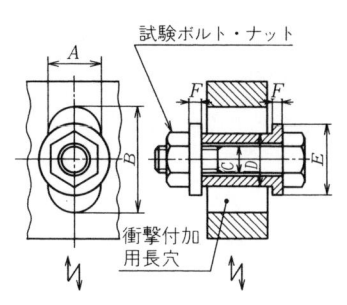

図 5.4.2 加振式衝撃ゆるみ試験（NAS 式）[41]

いとみなす.

(2) ゆるみが生じない限界値による評価[38]

ゆるみ止め性能を最も適切に表すとみなされる試験因子を選び,それを評価因子Xとし,ゆるみが生じない限界のXの値を評価値X_{cr}とする.

日本ねじ研究協会では,表5.4.1に対応してXとX_{cr}を表5.4.2のようにした.ボルトの初期軸力を決めて試験し,X_{cr}が大きいほど(落下式衝撃では逆),高く評価する.実際の試験では,段階的に一方向にXを与える(一方向段階法)か,それを上げ下げする(ステアケース法)かしながら,そのつどあらかじめ設定された判定条件に従ってゆるみの有無を判定して評価値X_{cr}を求めることになる.なお,加振式衝撃(NAS式)の場合には規定された方法があるので,この方法は適用しにくい.

ステアケース法では,"ゆるまない(○)","中間(△)"及び"ゆるむ(×)"の3水準判定により図5.4.3の手順で平均値$\hat{\mu}$をX_{cr}の推定値とする.この方

表 5.4.2 ゆるみ試験形式と評価因子及び評価値[38]

ゆるみ試験形式		評価因子 X		評価値 X_{cr}	
軸直角振動		全振幅	S	ゆるみが発生しない最大限界の全振幅	S_{cr}
軸回り振動	トルク式	全振幅角	θ	ゆるみが発生しない最大限界の全振幅角	θ_{cr}
	加振式	加振台の振動全振幅	α	ゆるみが発生しない最大限界の全振幅	α_{cr}
軸方向の荷重増減		軸力差	ΔF	ゆるみが発生しない最大限界の軸力差	ΔF_{cr}
衝撃	加振式	振動繰返し数（できれば初期締付け軸力F）	N	軸力がなくなるまでの振動繰返し数 $\begin{pmatrix}\text{ゆるみが発生しない最小}\\\text{限界の初期締付け軸力}F_{cr}\end{pmatrix}$	N_{cr}
	落下式	初期締付け軸力	F	ゆるみが発生しない最小限界の初期締付け軸力	F_{cr}
	ハンマ式	衝撃エネルギー	E	ゆるみが発生しない最小限界の衝撃エネルギー	E_{cr}

5.4 ゆるみ試験とゆるみ止め部品の評価

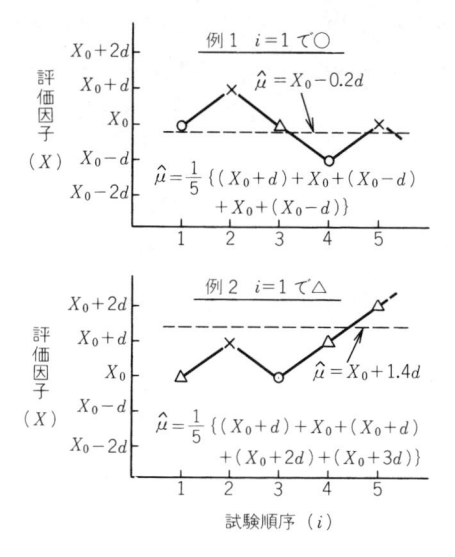

図 5.4.3 ステアケース法の試験手順[38] ($n=5$)

法は少数サンプルの統計的方法であり，X_0 は X の出発値，d は段階幅，n はサンプル数である．判定結果が○なら次は d だけ上げ，×なら次は d だけ下げて試験し，△なら，一つ前が○の場合は次は d だけ上げ，一つ前が×の場合は次は d だけ下げるという手順をとる．ここで，△は一定以上のゆるみを止める効果を考慮するために設けられている．

表 5.4.3 に判定基準の一例を示すが，これは必要に応じて変えればよい．

上述の一方向段階法を発展させ，軸直角振動形式においてゆるみが生じない最大限界の全振幅 S_{cr} だけでなく，ゆるみが生じない最大限界のボルト軸力 F_{cr} も評価する方法が試みられている[43]．図 5.4.4 のように，ある力で締め付けたままで変位全振幅 S を段階的に増大させ，段階ごとに表 5.4.3 のような基準に

表 5.4.3 ゆるみ試験における判定基準の一例[38]

100 サイクル経過時の軸力低下率	判	定
10% 以下	○	ゆるまない
10% を超え 30% 未満	△	中間 (保留)
30% 以上	×	ゆ る む

従ってゆるみを判定する．"ゆるむ（×）"と初めて判定されたところで一つの S_{cr} と F_{cr} の組合せの値を求める．いくつか異なった締付け力に対して同様の手順で試験結果を求め，それらを図のようにグラフに表示すれば，見通しよくゆるみ止め性能を評価できる．

　ゆるみ試験において，試験形式，試験装置及び評価値の決め方に違いがあっても，試験結果の相互比較や評価がより客観的に行えるようにするためには，基準試験品（例えば標準のボルト，ナット）を決め，次式のような無次元化評

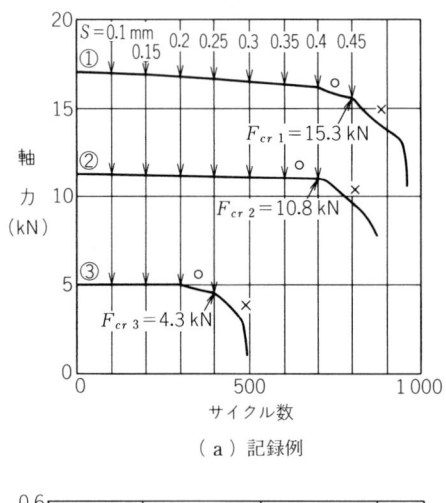

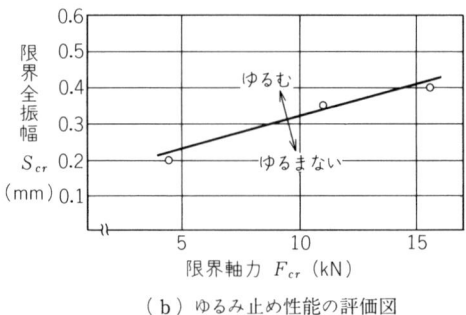

（a）記録例

（b）ゆるみ止め性能の評価図

図 5.4.4 最大限界の全振幅・軸力を用いる評価法[43]
（軸直角振動形式 M 8，エンジンオイル潤滑，5 Hz）

価を行うのがよい．X_{crs} は基準試験品の評価値である．

$$無次元評価数 = \frac{X_{cr}}{X_{crs}} \tag{5.4.1}$$

5.4.3 ゆるみ止め部品の効果

　実際のゆるみ止め部品が真に"ゆるみ止め"といえるかどうかは，なかなかむずかしいところがある．ねじの使用条件はさまざまで，サイズも使用分野も極めて多岐にわたるので各々の箇所で合理的な使用を心がけるべきであろう．

　ここでは，いくつかの文献[44]や筆者らの実験結果を総合して，ひとまず初期ゆるみ対策用，ボルト軸力消失防止用及び戻り回転防止用に分けて，ゆるみ止め部品の有効性について触れる．表5.4.4がその分類である．その中で戻り回転防止用は予張力の低下をほとんど許さない部類のもので，戻り回転によるゆるみに対する性能が最も高いとみなされる．軸力消失防止用はあるところま

表5.4.4　ゆるみ止め部品の有効性

有効性	機能	適合例
初期ゆるみ対策	ばね反力([1])	皿ばね座金
軸力消失防止	機械的回り止め	溝付きナット・割りピン付きボルト ワイヤからげ，舌付き座金 つめ付き座金
	ねじ部密着度増加	（塑性ねじ立て）タッピンねじ コイル状インサート
	戻しトルク増大 （プリベリングトルク形，フリースピニング形）	非金属インサート付き戻り止めナット([2]) 全金属製戻り止めナット フランジ付きボルト，ナット セレーション付きフランジボルト，ナット
戻り回転防止	はめあいすき間除きの強制ロッキング	ダブルナット([3])
	はめあいすき間内での固化，接着	嫌気性接着剤([2]) 接着剤入りカプセル付きボルト([2])

注　([1]) 高剛性が望ましい．　　([2]) 温度依存性あり．　　([3]) ロッキング作業に注意．

では予張力の低下を許してもそれ以上にはゆるませないというものである．これにはかなり確実度の高いものと，単に分解防止用と考えられるものが含まれよう．初期ゆるみ対策用は戻り回転によるゆるみには適さないのが通例である．座面の滑りを確実に防止する機能が乏しいからである．

なお，ダブルナットは完全なロッキング状態（図5.3.3参照）が与えられなければ，その性能は大きく落ちる．また，嫌気性接着剤も使用条件に注意すべき点があると思われる．

引用・参考文献

1) 山本晃（1970）：ねじ締結の理論と計算，p.89，養賢堂
2) 山本晃（1995）：ねじ締結の原理と設計，p.102，養賢堂
3) 酒井智次（2000）：ねじ締結概論，p.44，養賢堂
4) 日本機械学会編（1985）：機械工学便覧（応用編B1），p.78，日本機械学会
5) 前掲1) p.94
6) 丸山一男，賀勢晋司，沢俊行訳（1989）：VDI 2230 Blatt 1(1986) 高強度ねじ締結の体系的計算法，p.55，日本ねじ研究協会
7) 前掲1) p.53，前掲2) p.54
8) 前掲6) p.97
9) 酒井智次（1977）：連接棒キャップボルトのゆるみ特性の研究，日本機械学会論文集（第3部），Vol.43, No.368, p.1454
10) 丸山一男（1988）：塑性域ねじ締結，機械の研究，Vol.40, No.12, p.1295
11) 前掲1) p.110
12) 例えば，前掲1) p.41
13) 前掲1) p.97
14) 例えば，G. H. Junker (1969) : New Criteria for Self-Loosening of Fasteners under Vibration, *SAE Transactions*, No.690055, p.314
15) 酒井智次（1978）：ボルトのゆるみ（第2報，回転荷重を受けるボルトの場合），日本機械学会論文集（第3部），Vol.44, No.377, p.288
16) 山本晃，賀勢晋司（1977）：軸直角振動によるねじのゆるみに関する研究（ゆるみ機構の解明），精密機械，Vol.43, No.4, p.470
17) 山本晃，賀勢晋司，久保輝芳（1977）：軸直角振動によるねじのゆるみに関する研究（ゆるみ止め性能曲線の理論化），精密機械，Vol.43, No.9, p.1069
18) 山本晃（1978）：ねじのゆるみ機構について，日本機械学会誌，Vol.81, No.716, p.617
19) 賀勢晋司（1985）：軸直角外力によるねじのゆるみの機構について，精密機械，Vol.51, No.9, p.1783
20) 賀勢晋司，石村光敏，大橋宣俊（1988）：巨視的座面すべりがない場合のねじのゆるみ挙動―軸

直角方向繰返し外力下のゆるみ機構，精密工学会誌，Vol.54, No.7, p.1381
21) J. N. Goodier, R. J. Sweeny (1945) : Loosening by Vibration of Threaded Fastenings, *Mechanical Engineering*, No.12, p.798
22) E. G. Paland (1967) : Die Sicherheit der Schrauben-Muttern–Verbindung bei dynamischer Axialbeanspruchung, *Konstruktion*, Vol.19, No.12, p.453
23) 佐藤進，細川修二，山本晃（1985）：ボルト・ナット結合体のゆるみに関する研究（第2報，軸方向荷重増減によるゆるみ機構の解明），精密機械，Vol.51, No.8, p.1540
24) P. Wolfsteiner, F. Pfeiffer (1998) : Selbsttatiges Losdrehen von Schrauben-verbindungen unter dynamischen Belastungen, *VDI BERICHTE*, No.1426, p.191
25) 熊倉進（1997）：軸方向外力によるねじ結合体の緩みに関する研究，信州大学博士学位論文，p.55
26) 古賀一夫（1969）：衝撃によるねじのゆるみに関する考察，日本機械学会論文集（第3部），Vol.35, No.273, p.1104
27) 磯野宏秋（1987）：軸方向衝撃を受けるねじのゆるみの研究動向，機械の研究，Vol.39, No.3, p.369
28) 日本ねじ研究協会（1993）：ねじ締結体の接合面の滑り係数に関する実験結果報告書
29) 賀勢晋司（1999）：ゆるみのメカニズムとゆるみ止め設計，機械設計，Vol.43, No.5, p.42
30) 前掲2) p.70
31) 日本ねじ研究協会編（1993）：ねじ締結ガイドブック―締結編，p.62, 日本ねじ研究協会
32) 賀勢晋司，松岡浩仁，大澤哲也（1999）：ねじのゆるみ止め性能評価について（微小座面滑りの累積によるゆるみ試験），日本機械学会関西支部第257回講演会講演論文集，p.7–5
33) 賀勢晋司（2000）：微小座面滑りの集積がもたらすねじのゆるみの特性と機構，科研費補助金研究成果報告書（課題番号10650140), p.10
34) 宮田忠治（1985）：ゆるみ防止機能付きナットの提案，日本機械学会論文集（C編），Vol.51, No.467, p.1833
35) 岡田学，賀勢晋司，田中道彦（1999）：有限要素解析によるボルト，ナットの座面圧分布の検討（フランジボルトの座面直角度が及ぼす影響），日本機械学会関西支部第257回講演会講演論文集，p.7–3
36) 例えば，渡辺昭俊編集（1973）：ねじ締付機構設計のポイント，p.294, 日本規格協会，岩井輝興（1975）：各種ゆるみ止め装置の機能と試験，機械設計，Vol.19, No.10, p.46
37) 山本晃（1989）：ダブルナットの正しい使い方，機械の研究，Vol.38, No.9, p.1023
38) 前掲31) p.66
39) G. Junker, D. Strelow (1966) : Untersuchungen über die Mechanik des selbsttätigen Lösens und die zweckmäβige Sicherung von Schraubenverbindungen (III), *Draht-Welt*, Vol.52, No.5, p.317
40) 賀勢晋司，沢井実（1983）：ステアケース法によるねじのゆるみ試験，精密機械，Vol.49, No.12, p.1663
41) 渡辺昭俊編（1973）：ねじ締付機構設計のポイント，p.293, 日本規格協会
42) 山本晃，賀勢晋司（1976）：軸直角振動によるねじのゆるみに関する研究（ゆるみ止め性能曲線の表し方と各種ゆるみ止め装置の評価），精密機械，Vol.42, No.6（臨時増刊），p.507
43) 森茂（1990）：ステップ状増大法によるゆるみ試験，日本ねじ研究協会誌，Vol.21, No.12, p.373
44) 例えば，前掲6) p.100

6. ねじ締結体と幾何公差方式

6.1 幾何公差方式

ねじ部品は，数年前まで寸法による形状精度の規制が主流であった．しかし，JIS B 0024（製図―公差表示方式の基本原則）の制定によって，"特に指示がない限り，寸法公差，幾何公差，表面粗さなど技術的要求事項は独立して適用される．"ことが主流になってきた．

この新しい概念をねじ締結体に適用した場合，寸法公差表示方式（dimensional tolerancing）と幾何公差表示方式（geometrical tolerancing）がどのように解釈されるであろうか．

6.1.1 データム及びデータム系

ねじ締結体に関する設計を行う場合に，例えば，ボルトの軸線に対する頭部座面の直角の度合い（これを直角度という．）やナット二面幅側面の平行の度合い（これを平行度という．）などを規制しなければならないことがある．これらの最大許容値（幾何公差）を指示するとき，基準となる側がデータム（datum）である．

JIS B 0022（幾何公差のためのデータム）では，データムを"関連形体に幾何公差を指示するときに，その公差域を規制するために設定した理論的に正確な幾何学的な基準である．"（図6.1.1）と定義している．

図6.1.1において，データム形体（datum feature）はデータムを設定するために用いる対象物の実際の形体（部品の表面，穴など．）であり，実用データム形体（simulated datum feature）はデータム形体に接してデータムの設定を行う場合に用いる十分に精密な形状をもつ実際の形体（定盤，マンドレルなど．）である．

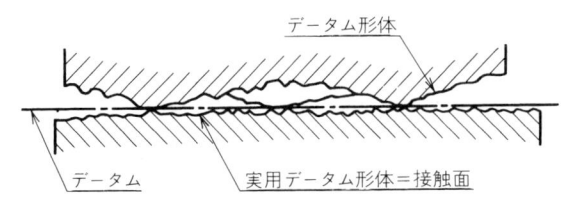

図 6.1.1 データム

データムは，二つ以上組み合わせてデータムのグループとして用いる場合がある．これを，データム系（datum system）という．特に，直角座標系の三平面で構成されるデータム系を三平面データム系（three plane datum system）と呼ぶ．ただし，二つのデータム形体によって設定される単一のデータムは，共通データム（common datum）という．例えば，両端のセンタ穴を用いた回転中心は，単一のデータムとして扱う．

6.1.2　図　示　方　法

(1)　幾何公差特性とその記号

JIS B 0021［製品の幾何特性仕様（GPS）―幾何公差表示方式―形状，姿勢，位置及び振れの公差表示方式］には，14種類の幾何公差特性とその記号及び付加記号が規定されている（表6.1.1及び表6.1.2）．これらの特性のうち，真直度公差から円筒度公差まではデータムをとらないので，単独形体（single feature）だけに適用される．線の輪郭度公差及び面の輪郭度公差は設計要求によってデータムをとる場合ととらない場合とがあるので，データムをとらない場合には単独形体に適用され，データムをとる場合には関連形体（related feature）に適用される．そして，平行度公差から全振れ公差まではデータムをとるので，関連形体に適用される．

なお，位置度公差については，例外としてデータムを指定しなくてもよい場合がある．

(2)　公差域

公差の種類とその公差値の指示方法によって，公差域は8種類（表6.1.3）

6.1 幾何公差方式

表6.1.1 幾何公差特性とその記号

適用する形体	公差の種類		記　号
単独形体	形状公差	真直度公差	―
		平面度公差	▱
		真円度公差	○
		円筒度公差	⌭
単独形体又は関連形体		線の輪郭度公差	⌒
		面の輪郭度公差	⌓
関連形体	姿勢公差	平行度公差	∥
		直角度公差	⊥
		傾斜度公差	∠
	位置公差	位置度公差	⌖
		同軸度公差又は同心度公差	◎
		対称度公差	≡
	振れ公差	円周振れ公差	↗
		全振れ公差	⌰

のうちのいずれか一つになる．

　なお，公差域が円や円筒の場合には公差値の前に記号 ϕ を，球の場合には公差値の前に記号 $S\phi$ を付記する．この"S"は，Sphere（球）の意であり，国際的に合意された記号である．

　公差付き形体（toleranced feature）は，指示された公差内，すなわち，公差域内になければならない．この公差域は，通常，指示線の矢印の方向に存在するものとして扱うが，公差値の前に記号 ϕ 又は $S\phi$ を付記してある場合には，指示線の矢印の方向とは無関係になる．

　幾何公差の図示方法の詳細については，JIS B 0021 を参照されたい．

6. ねじ締結体と幾何公差方式

表 6.1.2　付加記号

説明	記号
公差付き形体指示	(図)
データム指示	A
データムターゲット	φ2 / A1
理論的に正確な寸法	50
突出公差域	Ⓟ
最大実体公差方式	Ⓜ
最小実体公差方式	Ⓛ
自由状態(非剛性部品)	Ⓕ
全周(輪郭度)	(図)
包絡の条件	Ⓔ
共通公差域	CZ

参考　P, M, L, F, E 及び CZ 以外の文字記号は，一例を示す．

表 6.1.3　公　差　域

公　差　域	公　差　値
(1) 円の中の領域	円の直径
(2) 二つの同心円の間の領域	同心円の半径の差
(3) 二つの等間隔の線又は二つの平行な直線の間に挟まれた領域	二線又は二直線の間隔
(4) 球の中の領域	球の直径
(5) 円筒の中の領域	円筒の直径
(6) 二つの同軸の円筒の間に挟まれた領域	同軸円筒の半径の差
(7) 二つの等距離の面又は二つの平行な平面の間に挟まれた領域	二面又は二平面の間隔
(8) 直方体の中の領域	直方体の各辺の長さ

6.1 幾何公差方式

6.1.3 ねじ部品への幾何公差表示方式の適用

(1) 適用の原則

幾何公差表示方式の基本的な適用の原則は上述のとおりであるが，ねじ部品への適用についてはいくつかの原則がある．主なものは，次のとおりである．

① ねじ部に姿勢・位置公差などが指示された場合には，特に指示がない限り，ねじの有効径に適用される．そのため，めねじの下穴径に対しても幾何公差を適用する設計要求があるときには，これと有効径の両方に幾何公差を指示する．内燃機関のヘッドボルトねじ穴に幾何公差を指示する例を図 6.1.2 に示す．

② データムについても，特に指示がない限り，ねじの有効径からデータムが設定される．そして，ねじ自体の姿勢や位置を規制する設計要求があるときには，ねじを立てる平面部分にデータムを指定する．

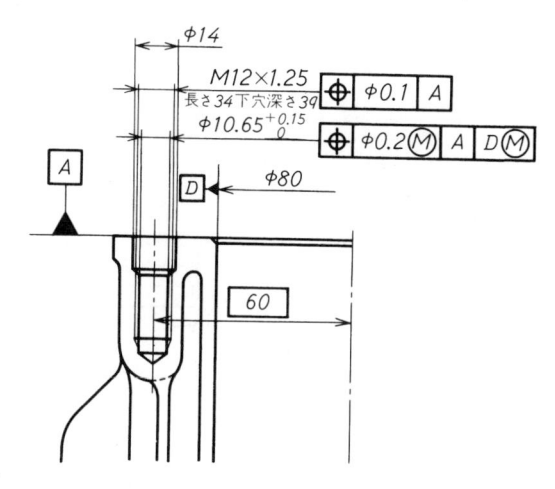

図 6.1.2　ヘッドボルト穴に幾何公差を指示する例

(2) 幾何公差方式の適用

(a) 真直度公差　ボルトなどおねじは，特別な使用目的でない限り，テーラーの原理 (Taylor's principle)[1] によってナットがねじ込める程度の曲がりは許容される．しかし，締結体に使用されるボルトの場合，ねじ深さ，締結部

品とのクリアランスなどの関係から，曲がりを厳しく規制しなければならないことがある．ボルトの完全ねじ部の軸線に対して真直度を規制する例を図6.1.3に示す．

首下の長さ全体についての軸線の真直度を規制する場合には，外径寸法の寸法線の矢印に対向して真直度公差（straightness tolerance）の指示線の矢印を当てる（図6.1.4）．このときの公差域は円筒であり，真直度公差は，最小領域法[2]で定義される．また，データムもとらないことに注意しなければならない．

設計要求から，特定の長さの範囲について真直度公差を指示する場合には，太い一点鎖線（特殊指定線という.）を外形線に沿って少し離して引き，それに指示線の矢印を当てる（図6.1.5）．

(b) 平面度公差 締結体に対して平面の形状偏差（form deviation）を規制する例は，ボルトの頭部座面，座などがある．ボルトの頭部座面に平面度公差（flatness tolerance）を指示する例を図6.1.6に示す．平面度公差は，最小領域法で定義される．データムは，決してとらない．

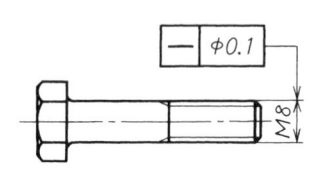

図 6.1.3 完全ねじ部の軸線に真直度公差を指示する例

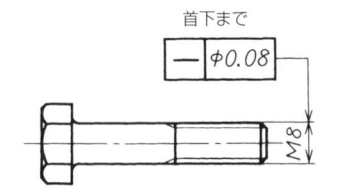

図 6.1.4 全長にわたる軸線に真直度公差を指示する例

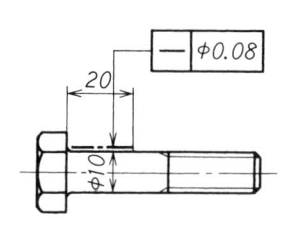

図 6.1.5 特定の長さに真直度公差を指示する例

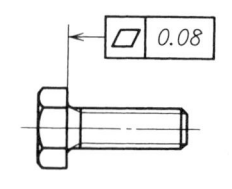

図 6.1.6 頭部座面に平面度公差を指示する例

6.1 幾何公差方式

図 6.1.6 の座面は，機能的には軸線に対する直角度を規制したほうがよいように思われる．通常は，直角度公差を指示し，更に厳しい平面度公差の設計要求があればこれを指示する（図 6.1.7）．

(c) 真円度公差 皿小ねじの皿頭の円周部分は，皿穴にはまり合うから，真円度公差（circularity tolerance）を指定することがある（図 6.1.8）．この真円度の公差域は，最小領域中心法[3]で定義され，データムは決してとらない．

(d) 直角度公差 ボルトの頭部座面やナットの座面のねじの軸線（データム）に対する直角度公差（perpendicularity tolerance）は，図 6.1.9 及び図 6.1.10 の例のように指示される．

また，軸線に対する割りピン穴の軸線の直角度公差は，図 6.1.11 のように指示されるが，この指示だと割りピン穴の軸線が必ずしもデータム軸線と交差

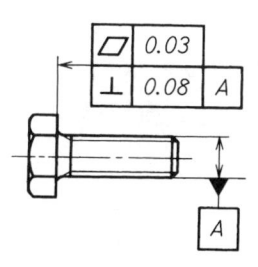

図 6.1.7 頭部座面に平面度公差と直角度公差を同時に指示する例

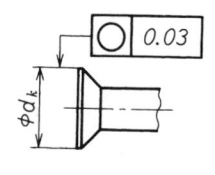

図 6.1.8 真円度公差を指示する例

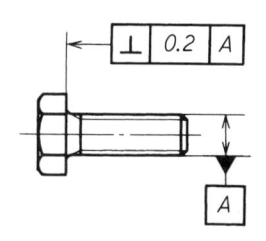

図 6.1.9 頭部座面に直角度公差を指示する例

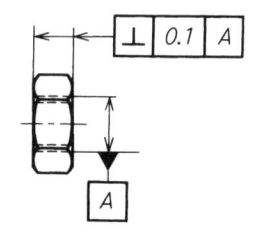

図 6.1.10 座面に直角度公差を指示する例

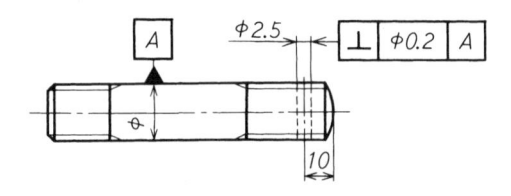

図 6.1.11 割りピン穴に直角度公差を指示する例

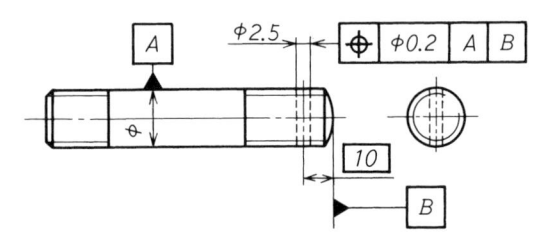

図 6.1.12 割りピン穴に位置度公差を指示する例

するとは限らない．このような場合には，位置公差の指示が適切である（図6.1.12）．

　平面部分に立てためねじとその平面との直角度を規制する指示は，いずれをデータムに指定すべきかが問題となる．指示に対する基準的な考えはないが，一般的には次のように考えられる．

　① 単独のめねじの場合には，ねじの軸線をデータムに指定するほうが公差の検証は容易である．
　② 平面部分とめねじの下穴の軸線との直角度公差の指示で済む場合には，平面部分をデータムに指定するほうがよい．
　③ 単独のめねじ又はグループ形体としてのめねじの位置公差に最大実体公差方式が適用できる場合には，平面をデータムに指定するほうが一般的である．

(e) 平行度公差　六角ボルトの頭部側面やナットの側面のねじの軸線に対する平行の度合い，すなわち，平行度公差（parallelism tolerance）を指示する例がある（図 6.1.13）．

　平行度公差特性の特徴は，データムと公差付き形体との間の寸法及び寸法公

差が指示され，同時に平行度公差が指示できることである．

(f) 位置度公差 平面や中心平面，線や中心軸線には，位置度公差（positional tolerance）が指定できる．その場合，データムから公差付き形体まで，及び公差付き形体間は理論的に正確な寸法（theoretically exact dimension）が指示される（図 6.1.14）．

なお，位置度公差は，図 6.1.14 のようにデータムを指定しない場合がある．このデータムを暗黙のデータム（implied datum）という．

(g) 同軸度公差 同軸度公差（concentricity tolerance）は，一つの軸線に対する他方の軸線の同軸性を規制する．小ねじを例にすると，軸線に対する十字穴の同軸度公差（図 6.1.15），円すい形の軸線の同軸度公差（図 6.1.16）などである．

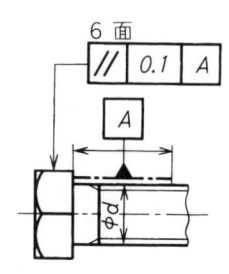

図 6.1.13 二面幅に平行度公差を指示する例

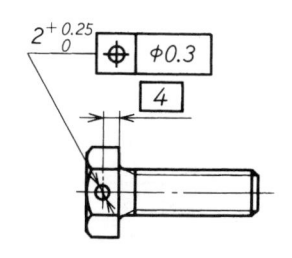

図 6.1.14 針金穴に位置度公差を指示する例

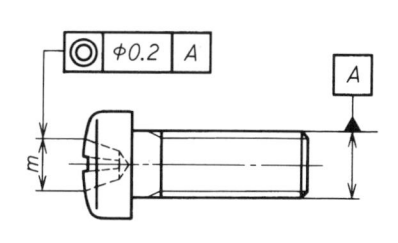

図 6.1.15 十字穴に同軸度公差を指示する例

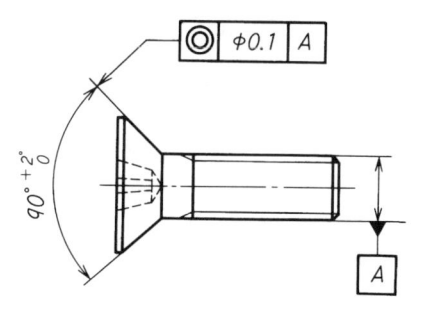

図 6.1.16 円すいの軸線に同軸度公差を指示する例

ボルトに同軸度公差を適用する例は，完全ねじ部の軸線に対する円筒部径の軸線（図6.1.17），植込みボルトのねじ込み側の軸線に対する他方の軸線（図6.1.18）などである．

(h) 対称度公差 頭部のマイナス溝やクラウン溝などは，軸線をデータムとして対称度公差（symmetrical tolerance）を指示することができる（図6.1.19及び図6.1.20）．

(i) 振れ公差 測定方法の一つではあるが，幾何公差特性の一つとして振れ公差がある．小ねじの円すい部分に円周振れ公差（circular run-out tolerance）を指定した例を図6.1.21に示す．

振れ公差は，もう一つの特性として全振れ公差（total run-out tolerance）がある．円周振れがある位置の周上におけるインジケータの振れの最大値であるのに対して，全振れは形体の全体のインジケータの振れのうちの最大値と最小値との差であるから（図6.1.22），全振れは円すい面などの形状・姿勢・位置の規制に適す．

全振れ公差の図示例を図6.1.23に示す．

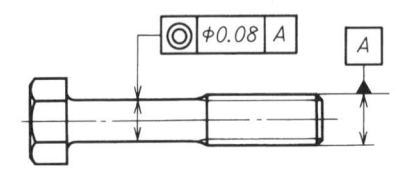

図 6.1.17 軸部径に同軸度公差を指示する例

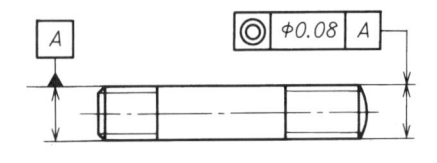

図 6.1.18 植込みボルトに同軸度公差を指示する例

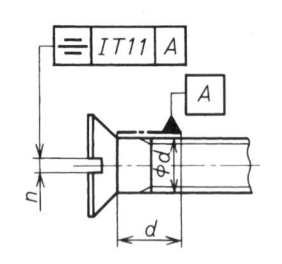

図 6.1.19 マイナス溝に対称度公差を指示する例

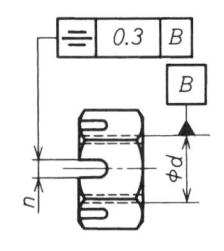

図 6.1.20 クラウン溝に対称度公差を指示する例

6.1 幾何公差方式   263

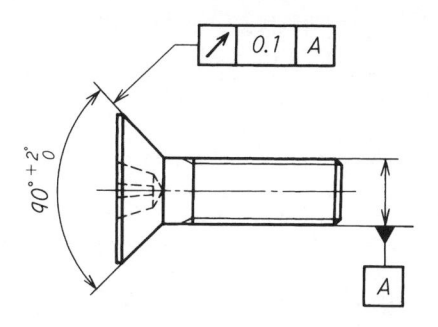

図 6.1.21 円すい面に円周振れ公差を指示する例

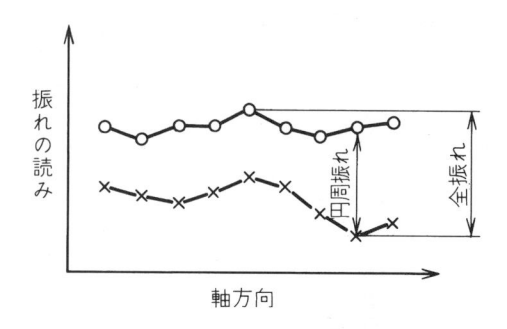

図 6.1.22 円周振れと全振れ

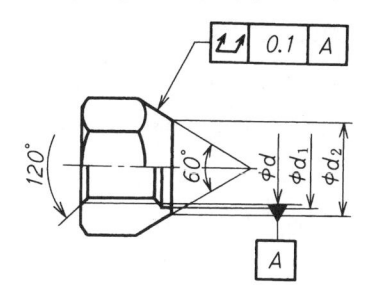

図 6.1.23 円すい面に全振れ公差を指示する例

6.1.4 寸法公差と幾何公差の関係

　ねじ部品，特にボルトとナットのセットについて，寸法公差と幾何公差の関係は，テーラーの原理が適用され，ボルトの場合だと少なくともボルトの径と

同じ幅をもつリングゲージが通ればよい．このことは，ナットが通れる程度の曲がりを軸線に許容している．このように，テーラーの原理は，寸法公差内に形状を規制する．

　一方，JIS B 0024 の制定によって，"特に指示がない限り，図面上の技術的要求事項はそれぞれ独立して適用される．"ことになった［独立の原則（Principle of Independency）］．この新しい概念が締結体に適用されるためには，JIS B 0024 又は ISO 8015[4] を図面上に指示しなければならない．JIS B 0024 を表題欄に指示した例を図 6.1.24 に示す．

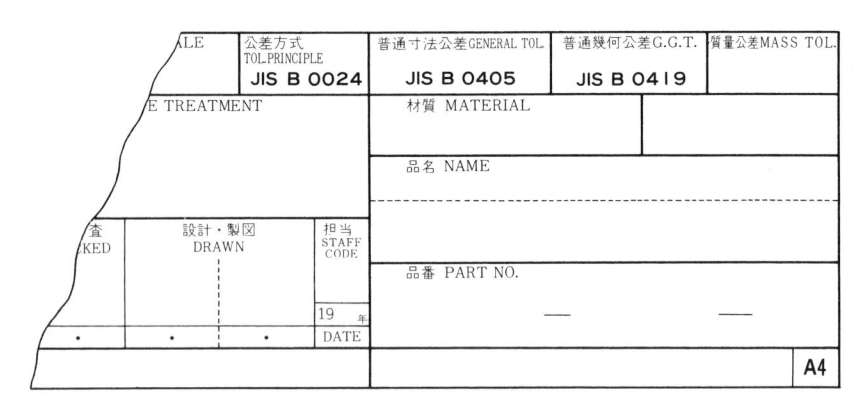

図 6.1.24　独立の原則の指示例

寸法公差が指示された形体の形状を保証するためには，次の方法がある．

① 　寸法公差内で，例えば，軸部の曲がりを許容し最大許容寸法において完全形状（perfect form）を要求する場合には，寸法公差のすぐ後に記号Ⓔ（マルイーと読む．）を付記する［包絡の条件（envelope requirement）］（図 6.1.25）．この指示に対する公差域の解釈は，図 6.1.26 のとおりである．

② 　JIS B 0024 又は ISO 8015 を適用することを図面上に指示した場合には，JIS B 0419（普通公差―第 2 部―個々に公差の指示がない形体に対する幾何公差）に規定する普通幾何公差（general geometrical tolerance）を図面上に指示する（図 6.1.24 は表題欄に記入した例）．この

6.2 位置度公差方式の理論

普通幾何公差は，公差記入枠を用いて個々に指示した幾何公差には適用されない．

なお，普通幾何公差は，公差値を（ときおり）超えたからといって，自動的に不合格にしてはならない．このことは，当事者間で協議の余地をもたせている．

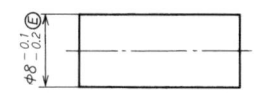

図 6.1.25 記号Ⓔの指示

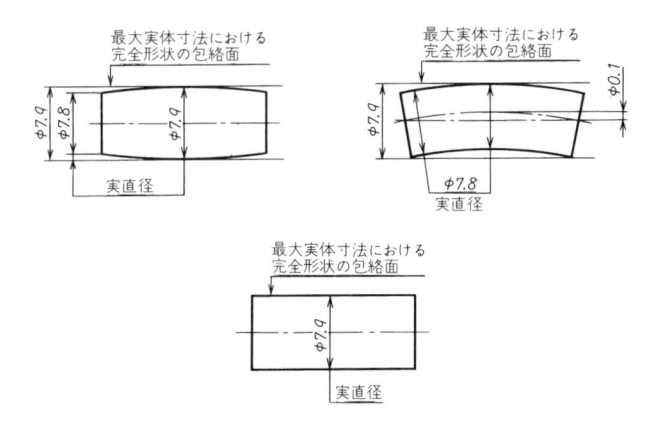

図 6.1.26 図 6.1.25 の解釈

6.2 位置度公差方式の理論

ねじ締結体に最も多く指示されるのは，位置度公差方式であろう．これは，真位置度理論（true position theory）[5] を発展させたものである．

6.2.1 真位置度理論

真位置（true position）は，データム又は他の形体との関連において，対象とする点，線，中心軸線，面あるいは中心平面といった形体の完全な位置を定義する．その真位置は，寸法公差をもたない理論的に正確な寸法によって指定

される．この真位置に対して，位置度公差，同軸度公差及び対称公差といった姿勢・位置公差によって許容変動量が指示される．

真位置度理論の応用例として，四つ穴をもつ部品がある．図6.2.1は四つ穴に位置度公差を指示した板であり，真位置度理論が適用できる．

図6.2.1の四つ穴は，理論的に正確な寸法によって規定された位置に中心をもつ真位置度公差の円筒公差域 $\phi 0.2$ の中にそれぞれの軸線が存在すればよい（図6.2.2）．そして，四つ穴の直径は，$\phi 6.5$ から $\phi 6.6$ までの間であればよい．すなわち，$\phi 6.5$ のときの寸法を最大実体寸法（maximum material size: MMS）といい（図6.2.2参照），$\phi 6.6$ のときの寸法を最小実体寸法（least material size: LMS）というが，それぞれの穴はMMSからLMSまで変動してもよい．

真位置度理論に対して，従来の直角座標寸法方式（例えば，図6.2.3）は公差域が直方体となり，穴の配列が多数になれば寸法公差の累積を考慮しなければならない．

直角座標寸法方式と真位置度理論を適用した真位置度公差方式とを比較すると，真位置度公差方式の利点は次のとおりである．

① 直角座標寸法方式は直方体の公差域となり，真位置度公差方式は円筒公差域となる．このことは，直方体の断面が正方形の場合，対角線の極

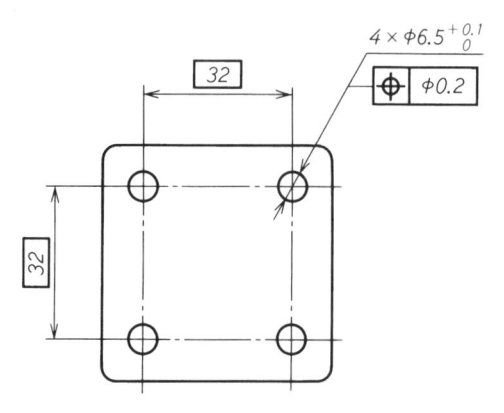

図 6.2.1 四つ穴に真位置度理論を適用した例

6.2 位置度公差方式の理論

限で合格するのであれば，円筒公差域の直径でもよいことになる．そして公差域は，57%も増加する（図6.2.4）．

② 真位置度公差方式は，理論的に正確な寸法によって決まるパターンの真位置に対して幾何公差が認められるため，公差の累積がない．

③ 真位置度公差方式は，複合された公差として，形状公差をも規制することになる．特に，独立の原則が適用された図面の寸法は形状の保証までを考えなくてもよくなるので，形状公差を含める場合には真位置度公差方式のほうが優れている．

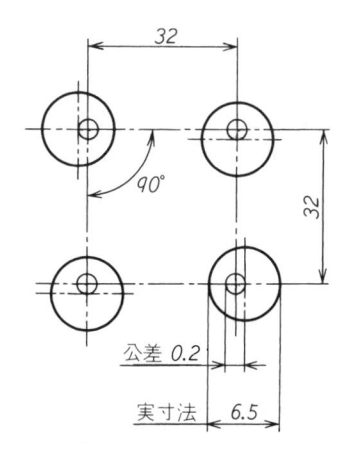

図 6.2.2 真位置度公差の公差域

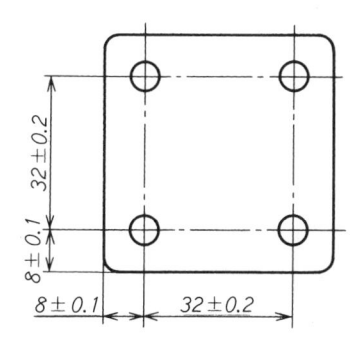

図 6.2.3 直角座標寸法方式の公差域の例

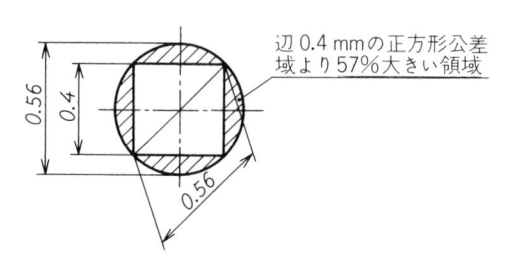

図 6.2.4　円筒公差域と矩形公差域の比較

④　真位置度公差方式は，後述する機能ゲージ手法（functional gauging）の導入の手助けをする．このことは，検証（verification）を容易にするものであり，量産効果を著しく高める．

6.2.2　位置度公差方式と複合位置度公差方式
(1)　位置度公差方式

真位置度理論は，位置度公差方式（positional tolerancing）に採り入れられて，国際的にも完成の域に達している．

四つ穴をもつ板に位置度公差を指示した例（図 6.2.5）について考えてみよう．

図 6.2.5 の各穴は，同一の理論的に正確な寸法によって決まる真位置に位置度公差が指示された例である．

実際の穴は，次の条件に適合しなければならない．

①　各穴の直径の変動は，0.1 の寸法公差内になければならない．したがって，穴の直径は，$\phi 8.5$ と $\phi 8.6$ の間で変動できる．

②　位置度の公差域は，互いに規定された正しい位置になければならない．そして，各穴の軸線は，$\phi 0.2$ の位置度公差内になければならない（図 6.2.6）．

③　図 6.2.5 の各穴の直径が最大実体寸法 $\phi 8.5$ のとき，四つ穴の軸線はそれぞれ $\phi 0.2$ の位置度公差の公差域内になければならない（図 6.2.7）．

④　そして各穴の直径が最小実体寸法 $\phi 8.6$ のときも，四つ穴の軸線はそ

6.2 位置度公差方式の理論

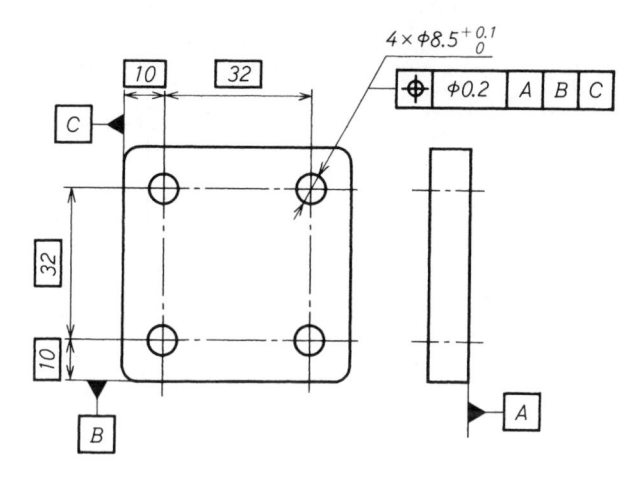

図 6.2.5 四つ穴に位置度公差を指示した例

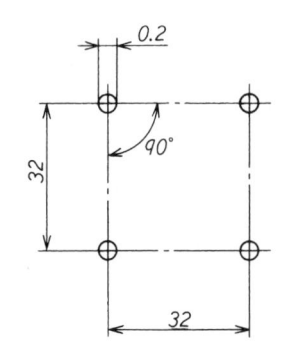

図 6.2.6 図 6.2.5 の公差域の位置

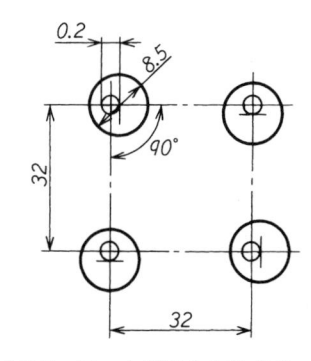

図 6.2.7 四つ穴が最大実体状態のとき

れぞれ $\phi 0.2$ の位置度公差の公差域内になければならない（図 6.2.8）．

なお，位置度公差については，真位置度理論の習慣からか，データムを指定しなくてもよい場合がある．これは，データムが暗示されているからである．すなわち，これは暗黙のデータムである．

図 6.2.5 に対する穴の寸法と位置度公差との関係をグラフに表したのが図 6.2.9 である．このグラフを，動的公差線図（dynamic tolerance diagram）[6]という．

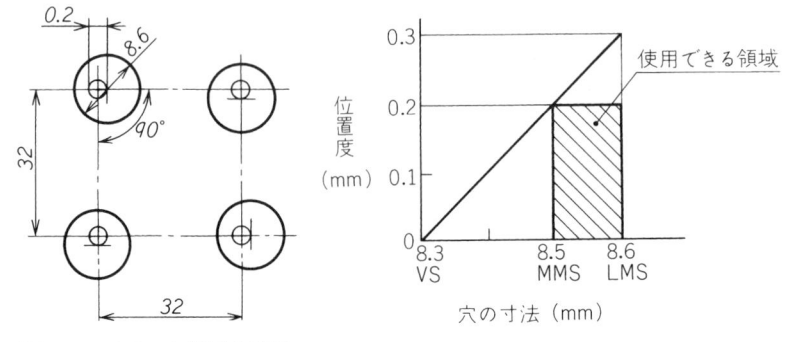

図 6.2.8 四つ穴が最小実体状態のとき

図 6.2.9 図 6.2.5 の動的公差線図

(2) 複合位置度公差方式

形体のパターンを構成する相互の形体の位置関係に厳しい設計要求があるとき，データムに関連付けた位置度公差の指示があると，データム形体の精度との兼ね合いで形体の位置度公差は一層厳しいものになる．このような場合には，形体のパターンを構成する相互の形体に対しては厳しい位置度公差を指示し，データムに対するパターンの位置度公差は緩く指示することができる．その図示例を図 6.2.10 に示す．

このような位置度を規制する方式を複合位置度公差方式（composite positional tolerancing）といい，JIS B 0025（製図―幾何公差表示方式―位置度公差方式）に制定された．

図 6.2.10 の図示に対する機能的必要条件は，次のとおりである．

① 形体のパターンを構成する相互の穴の実際の軸線は，それぞれ $\phi 0.01$ の位置度公差の公差域内になければならない．

② パターンを構成する相互の穴の位置度の公差域は，互いに規定された正しい位置にあり，データム平面 A に対して垂直でなければならない（図 6.2.11）．

③ データム平面 A，Y 及び Z に対する四つの穴の実際の軸線は，それぞれ $\phi 0.2$ の位置度公差の公差域内になければならない．

6.2 位置度公差方式の理論

④ パターンの位置度の公差域は，データム平面 A, Y 及び Z に対して互いに規定された正しい位置になければならない（図 6.2.12）．

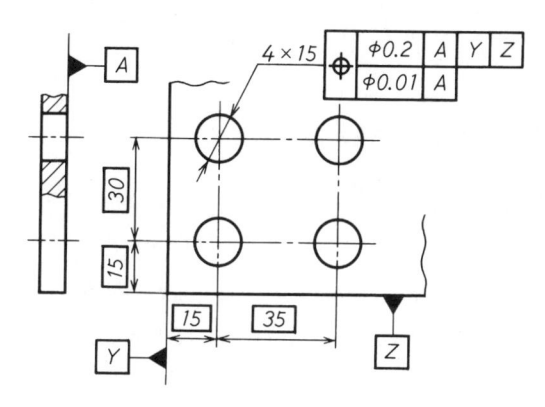

図 6.2.10 複合位置度公差方式の図示例

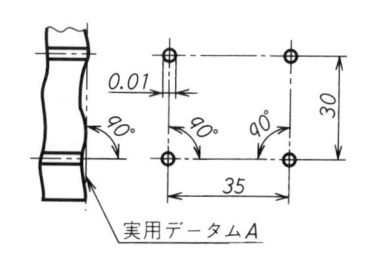

図 6.2.11 穴相互の公差域

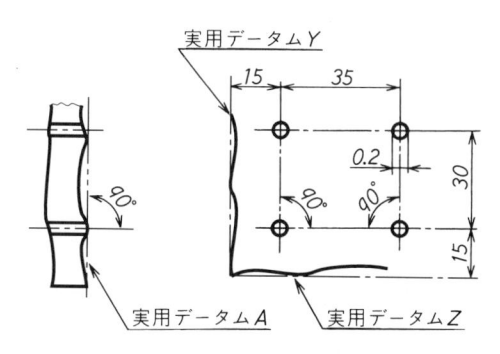

図 6.2.12 パターンの公差域

この複合位置度公差方式は,タップ穴のように同一円周上に配列されていて,相互の穴の位置度は厳しく,部品の取付け位置はあまり厳しくない場合に使用されることが多い.

6.3 ねじ締結体と最大実体公差方式

6.3.1 最大実体公差方式

形体の寸法がその許容限界寸法内では,特に指示がない限り,どのように仕上がってもよい.形体の寸法がその両許容限界寸法内で最大実体状態から最小実体状態のほうに離れて仕上がった場合には,その離れた寸法分だけ幾何公差を増加させることができる.これを最大実体公差方式(maximum material requirement: MMR)というが,公差付き形体及びデータムに適用することができる.

このMMRの利点は,次のとおりである.
① はまり合う部品の,組立てにおける互換性が確実となる.
② 幾何公差の公差域が拡張できるため,合格域が広がる.
③ 検証において,機能ゲージを使用することによって,部品の製造及び検査の一貫性が得られる.
④ ねじ部にMMRを適用した場合には,ねじ有効径の最大実体寸法から最小実体寸法のほうへ離れて仕上がった寸法分だけ幾何公差を増加させることができる.

しかし,次のような欠点がある.
① はめあいの要求があるときは,特別の工夫がない限り,MMRを適用できない.
② 運動学的な要求があるとき,例えば,リンク機構や歯車機構には,MMRを適用してはならない.

なお,MMRは,JISでは真直度,平行度,直角度,傾斜度,同軸度,位置度及び対称度の各公差に対して,大きさ寸法(サイズ)をもち,中心軸線又は

6.3 ねじ締結体と最大実体公差方式　　　　　　　　273

中心平面をもつ形体に適用している．

　図 6.3.1 は，四つの穴に位置度公差を指示し，MMR を適用した例である．

　このように MMR を適用するには，公差値の後に記号Ⓜ（マルエムと読む．）を付記する．

　実際の穴は，次の条件に適合しなければならない．

　　① 各穴の直径の変動は，0.1 の寸法公差の中で許容される．したがって，穴の直径は，$\phi 8.1$ と $\phi 8.2$ の間で変動できる．

　　② 穴の直径が最大実体寸法 $\phi 8.1$ のとき，四つ穴の軸線は，それぞれ $\phi 0.1$ の位置度公差の公差域内になければならない（図 6.3.2）．

　　③ 穴の直径が最小実体寸法 $\phi 8.2$ のとき，四つ穴の軸線は，それぞれ ϕ

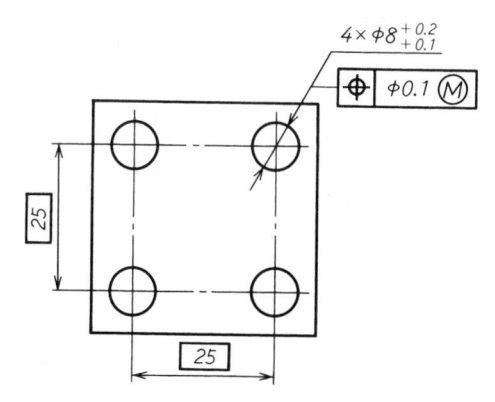

図 6.3.1 位置度公差に MMR を適用した例

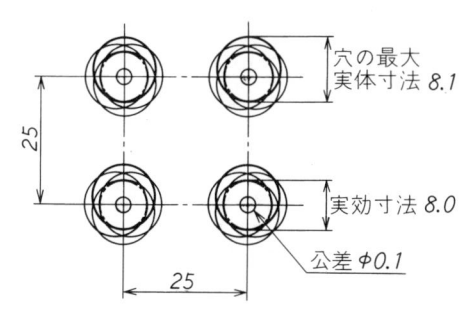

図 6.3.2 四つ穴が最大実体状態のとき

0.2 の位置度公差の公差域内になければならない（図 6.3.3）．

④ 位置度の公差域は，互いに規定された正しい位置になければならない．

⑤ 各穴の実体は，互いに規定された正しい位置に中心をもつ実効寸法 ϕ 8.0 の完全な円筒によって設定される実効状態（virtual condition: VC）の境界を侵害してはならない（図 6.3.2 及び図 6.3.3 参照）．

図 6.3.1 の図示例に対する動的公差線図を図 6.3.4 に示す．このように，MMR を適用することによって，許容される公差域のうちの三角形の領域が増分される．

次に，図 6.3.1 にはまり合う円筒軸をもつ相手部品が同一の理論的に正確な寸法によって指示され，それに位置度公差が指示された例に MMR を適用し

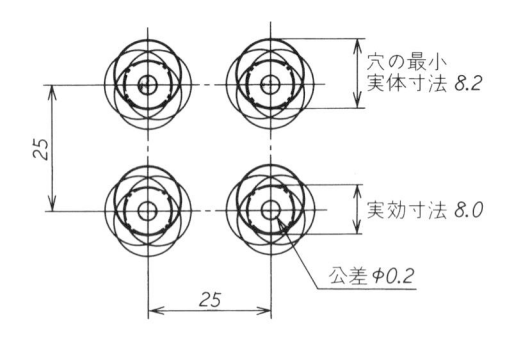

図 6.3.3 四つ穴が最小実体状態のとき

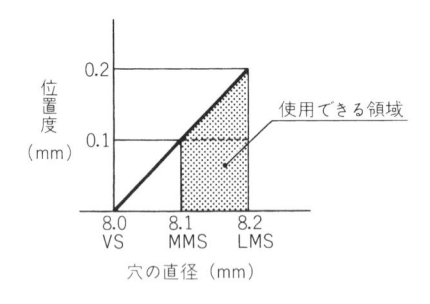

図 6.3.4 図 6.3.1 の動的公差線図

6.3 ねじ締結体と最大実体公差方式　　　　275

た場合（図6.3.5）について考える．

実際の円筒軸は，次の条件に適合しなければならない．

① 　各円筒軸の直径の変動は，0.1の寸法公差内になければならない．したがって，円筒軸の直径は，φ7.9からφ7.8まで変動できる．

② 　円筒軸の直径が最大実体寸法φ7.9のとき，各円筒軸の軸線はそれぞれφ0.2の位置度公差の公差域内になければならない（図6.3.6）．

③ 　円筒軸の直径が最小実体寸法φ7.8のとき，各円筒軸の軸線はそれぞれφ0.2の位置度公差の公差域内になければならない（図6.3.7）．

④ 　位置度の公差域は，互いに規定された正しい位置になければならない．

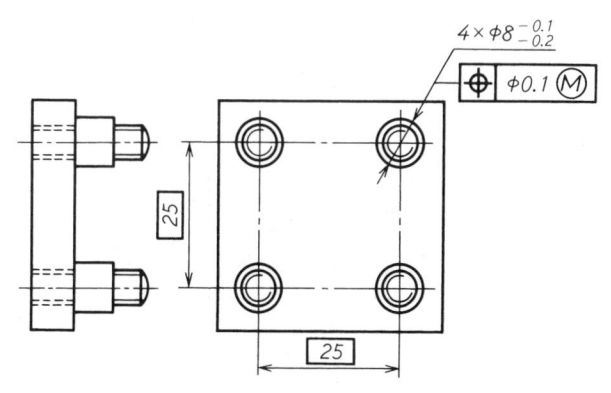

図6.3.5 4本の円筒軸の位置度公差にMMPを適用した例

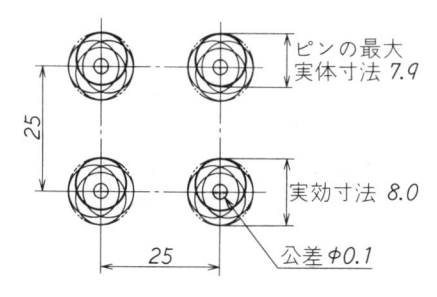

図6.3.6 各円筒軸が最大実体状態のとき

⑤ 各円筒軸の実体は，互いに規定された正しい位置に中心をもつ実効寸法 $\phi 8.0$ の完全な円筒によって設定される実効状態の境界を侵害してはならない（図 6.3.6 及び図 6.3.7 参照）．

図 6.3.5 の図示例に対する動的公差線図を図 6.3.8 に示す．このように，MMR を適用することにより，図 6.3.4 と同様に公差域の増分が認められる．

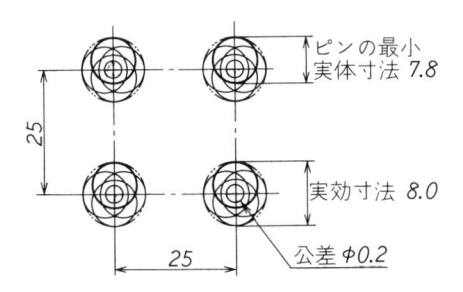

図 6.3.7 各円筒軸が最小実体状態のとき

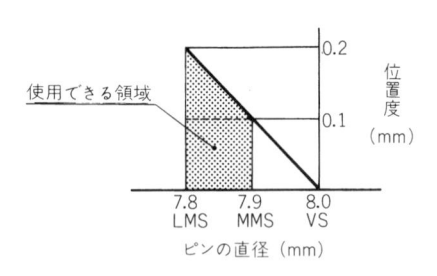

図 6.3.8 図 6.3.5 の動的公差線図

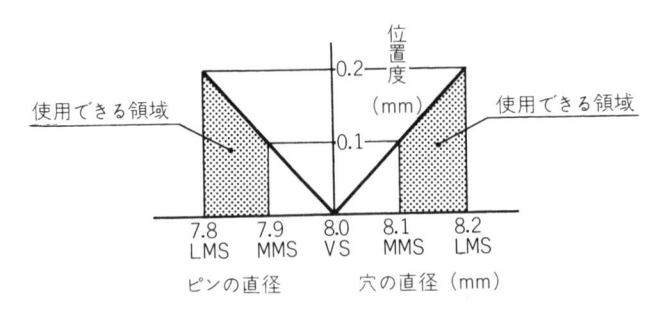

図 6.3.9 図 6.3.4 と図 6.3.8 の動的公差線図

6.3 ねじ締結体と最大実体公差方式

図6.3.4と図6.3.8の動的公差線図を座標原点で合わせると，図6.3.9に示すように実効寸法で一致する．すなわち，互いに実効寸法を侵害しない限り，内側形体（internal feature）と外側形体（external feature）は，組付けが保証される．

MMRは，データムに対しても適用できる．この図示例を図6.3.10に示す．
実際の穴は，次の条件に適合しなければならない．

① 各穴の直径の変動は，0.1の寸法公差内になければならない．したがって，穴の直径は，$\phi 6.5$と$\phi 6.6$の間で変動できる．

② 位置度の公差域は，互いに規定された正しい位置になければならない．

③ 穴の直径が最大実体寸法$\phi 6.5$のとき，四つ穴の軸線は，それぞれ$\phi 0.2$の位置度公差の公差域内になければならないし，データム穴の直径が最大実体寸法$\phi 7$のとき，位置度公差の公差域は互いに位置度公差の公差域内になければならない（図6.3.11）．

④ 穴の直径が最小実体寸法$\phi 6.6$のとき，四つ穴の軸線は，それぞれ$\phi 0.3$の公差域内にあり，その公差域は規定された正しい位置になければならない．そして，データム穴の直径が最小実体寸法$\phi 7.2$のとき，データム軸直線Aは$\phi 0.2$の範囲で浮動（floating）することができる（図6.3.12）．

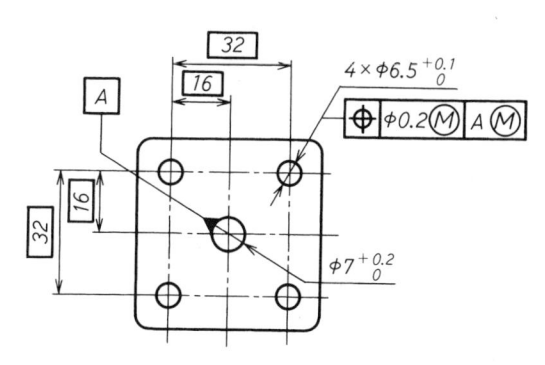

図6.3.10 データムにもMMRを適用した例

⑤ 各穴の実体は，互いに規定された正しい位置に中心をもつ実効寸法 $\phi 6.3$ の完全な円筒によって設定される実効状態の境界を侵害してはならない（図 6.3.11 及び図 6.3.12 参照）．

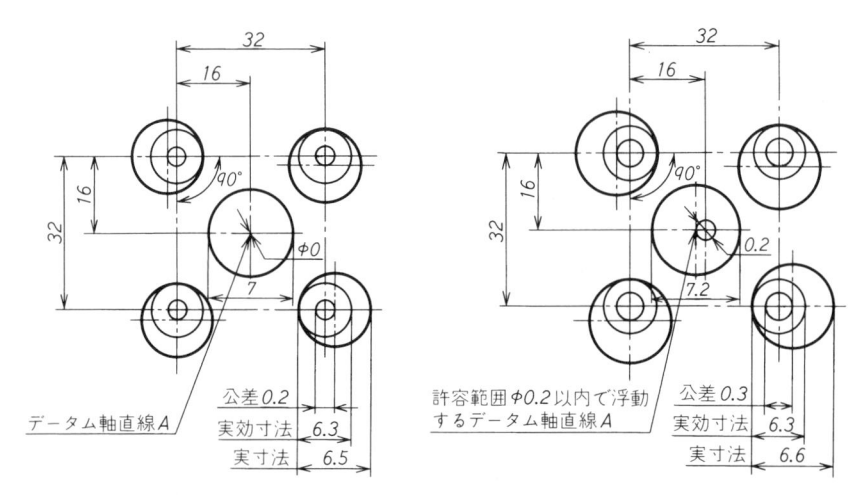

図 **6.3.11**　各穴が最大実体状態のとき　　図 **6.3.12**　各穴が最小実体状態のとき

6.3.2　ゼロ位置度公差方式

図 6.3.1 は，実効状態を侵害しない限り組付けが保証されるので，部品の機能が許すならば，形体の最大実体寸法を実効寸法と等しくして，最大実体状態で位置度公差をゼロにすることができる．これをゼロ位置度公差方式（zero positional tolerancing）という．この図示例を図 6.3.13 に示す．

実際の穴は，次の条件に適合しなければならない．

① 各穴の直径の変動は，0.3 の寸法公差内になければならない．したがって，穴の直径は，$\phi 6.3$ と $\phi 6.6$ の間で変動できる．

② 穴の直径が最大実体寸法 $\phi 6.3$ のとき，四つ穴の軸線の位置度公差は $\phi 0$ でなければならない（図 6.3.14）．

③ 穴の直径が最小実体寸法 $\phi 6.6$ のとき，四つ穴の軸線は，それぞれ $\phi 0.3$ の位置度公差の公差域内になければならない（図 6.3.15）．

6.3 ねじ締結体と最大実体公差方式　　279

④　位置度の公差域は，互いに規定された正しい位置になければならない．
⑤　各穴の実体は，互いに規定された正しい位置に中心をもつ実効寸法 $\phi 6.3$ の完全な円筒によって設定される実効状態の境界を侵害してはならない（図 6.3.14 及び図 6.3.15 参照）．

図 6.3.13 の図示例に対する動的公差線図を図 6.3.16 に示す．この図から分

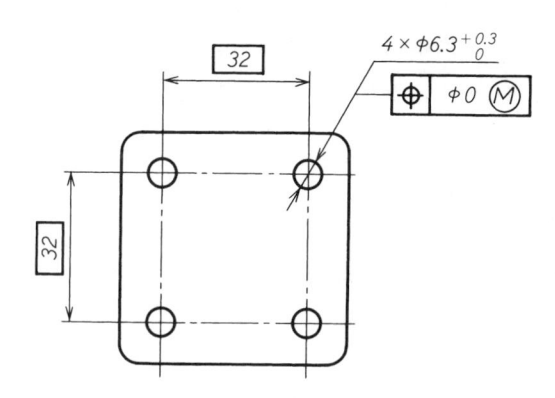

図 6.3.13　ゼロ位置度公差の指示例

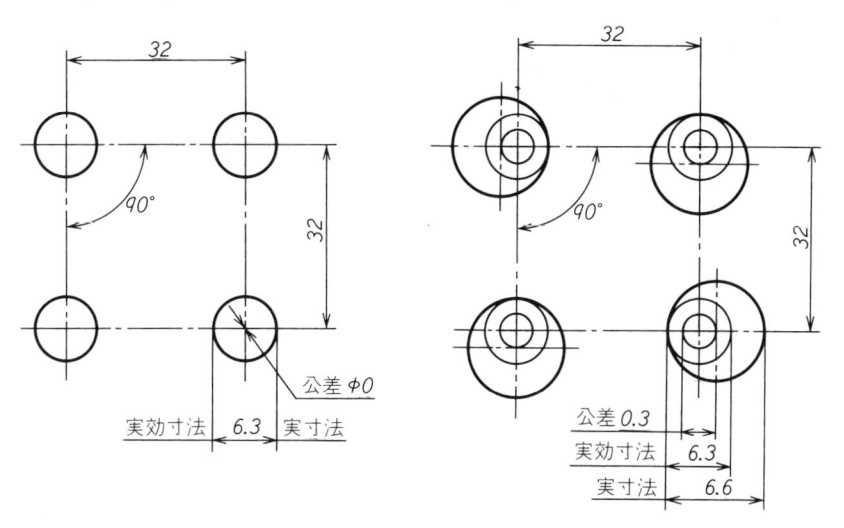

図 6.3.14　各穴が最大実体状態のとき　　**図 6.3.15**　各穴が最小実体状態のとき

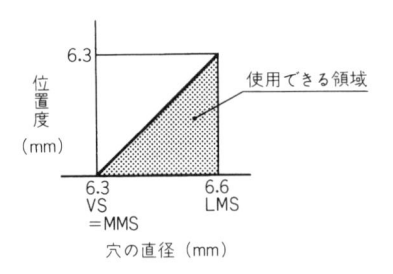

図 6.3.16　図 6.3.13 の動的公差線図

かるように，ゼロ位置度公差方式は座標原点まで公差域が使用できる．

6.3.3　機能ゲージ

形体に MMR を適用した場合の検証方法は，特に指定する以外は特定するものではない．しかし，MMR が適用された場合には，機能ゲージ手法 (functional gauging) が暗示されていると考えてよい．検証に三次元測定機などを用いることは差し支えない．

機能ゲージは，組付けにおける相手となる形体の最悪状態をシミュレートした一種の通りゲージである．その設計寸法は，理論的には実効寸法が適用される．実際的にはゲージの加工公差や形状・位置の公差が加味される[7]．

図 6.3.1 の部品の位置度公差の検証に用いる機能ゲージの例を図 6.3.17 に示す．その理論ゲージ寸法は，$\phi 8.0 = \phi(8.1 - 0.1)$ となる．図 6.3.17 は固定ピン

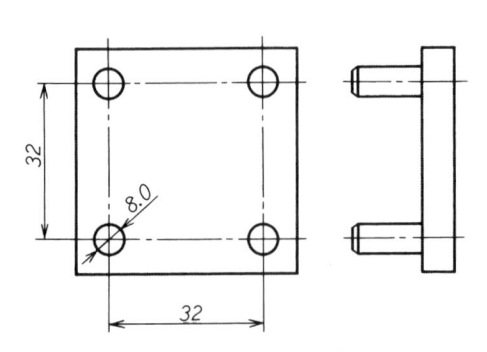

図 6.3.17　図 6.3.1 の機能ゲージの例

ゲージ式であるが，部品の形状，量産・非量産，公差の値などによっては，油圧式，拡張式，差込み式などが使用される．

次に，図 6.3.10 の機能ゲージの例を図 6.3.18 に示す．これは，データム穴を検証するピンゲージが更に追加される．データム穴用のピンゲージの設計寸法は，最大実体寸法 $\phi 7$ を用いる．すなわち，データム穴に MMR を適用しても，最大実体寸法から最小実体寸法のほうへ離れて仕上がった分だけ，機能ゲージがデータム穴の中を浮動できるのである．

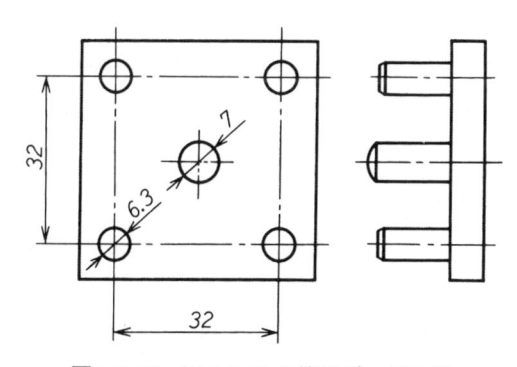

図 6.3.18 図 6.3.10 の機能ゲージの例

6.3.4 浮動締結と固定締結

複数の穴をもつ二つの部品をボルトで締結する浮動締結（floating fastner）と，植込みボルトが植え込まれたところにボルト穴をもつ部品をナットで締結するような固定締結（fixed fastner）がある．これらは，JIS B 0025 に規定されている．

(1) 浮動締結

二つ穴が理論的に正確な寸法で位置付けられた 2 個の部品がファスナで締結される場合，穴とファスナとの間にいくらかのすき間を設けて浮動状態をつくることができる（図 6.3.19）．この状態を浮動締結又はフローティングファスナという．

部品の穴の最小直径，すなわち最大実体寸法を H とし，穴の位置度公差を

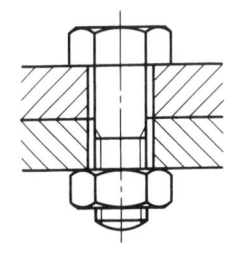

図 6.3.19 浮動締結 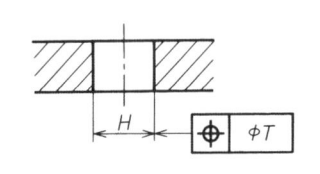　　　図 6.3.20 穴の最大実体寸法 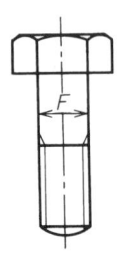　　　図 6.3.21 ボルトの最大実体寸法

ϕT としたとき（図 6.3.20），そしてボルトの最大直径，すなわち最大実体寸法を F としたとき（図 6.3.21），浮動締結に対しては $T = H - F$ の式で計算される．

(a) 穴の軸線がデータムに対して垂直な場合　これらの部品の最悪組立て状態は，図 6.3.22 となる．このとき，各穴の軸線はデータムに対して垂直である．

図 6.3.22 から，穴径を D，ボルト外径を d とすると，

$$D = d + T \quad 又は \quad T = D - d$$

となる．

(b) 穴の軸線がデータムに対して傾斜している場合　これらの部品の最悪組立て状態は，図 6.3.23 の図示例のようになる．

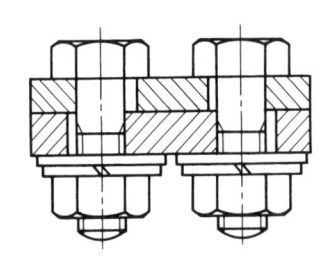

図 6.3.22 浮動締結における最悪状態 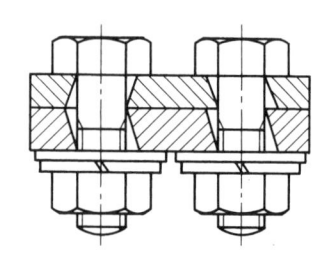　　　図 6.3.23 穴が傾斜した場合の浮動締結の組付け状態

(2) 固定締結

植込みボルト，位置決め用ドエルピンなどは部品に固定し，これと組付けの相手となる穴との間に位置度公差が配分される．このように，組付けの一方が固定形体をもつ場合は，固定締結又はフィックスドファスナという．

植込みボルトは，コイル材から切り取って，その両端にねじを転造すると，ボルトの軸線は曲がりを呈している（図 6.3.24）．このような植込みボルトをある位置度公差内で板のねじ穴にねじ込み，ボルトにはまり合う穴付き部品を組み付けると，それぞれの形体が最大許容寸法であるとき，クリアランスはそれぞれの形体に割り当てられなければならない（図 6.3.25）．公差の配分は，各形体に対して任意に行える．

図 6.3.26 に六角ボルトを使用した固定締結の例を示す．

固定締結における位置度公差 T は，図 6.3.20 及び図 6.3.21 の記号を同様に用いると，次のように表すことができる．

$$T = \frac{H - F}{2}$$

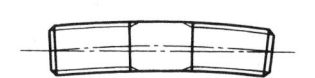

図 6.3.24　植込みボルトの曲がり

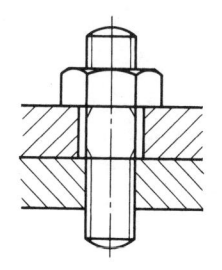

図 6.3.25　植込みボルトを用いる場合の固定締結

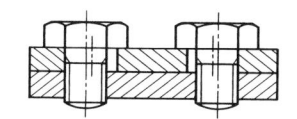

図 6.3.26　最大実体状態での固定締結のすき間

(3) 浮動締結及び固定締結に対するMMRの適用

上記の浮動締結及び固定締結において，互いにはまり合う内側形体及び外側形体が最大実体寸法のとき，すなわち，組付けの最悪状態のときの公差について考える．

これらの形体が寸法公差内で最大実体寸法から最小実体寸法のほうへ離れて仕上がったとしても，はまり合う形体の組付けや機能が損なわれるわけではない．むしろ，組付けやすくなる．このように，浮動締結及び固定締結に対しても，MMRは機能的互換性と最大の製作公差を与えることができるのである．

穴及び植込みボルトの両方に位置度公差を指示し，これらの位置度公差にMMRを適用した図示例を，図6.3.27及び図6.3.28に示す．

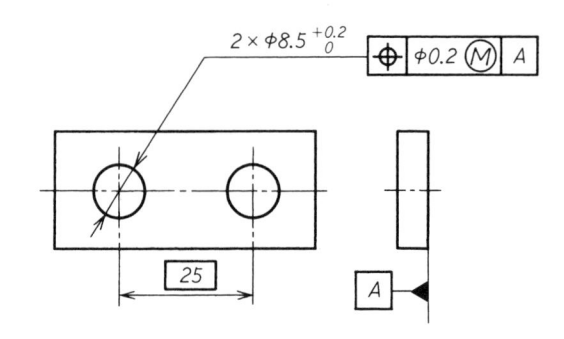

図6.3.27 穴の位置度公差に最大実体公差方式を適用した例

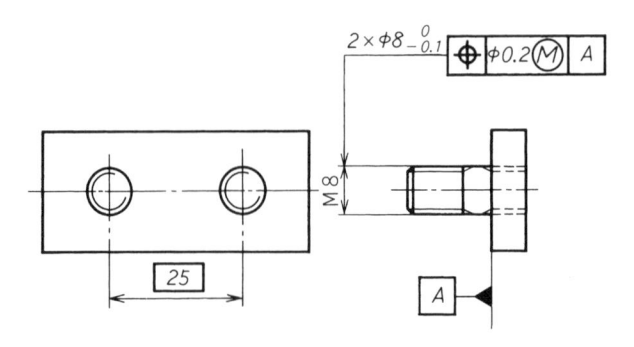

図6.3.28 植込みボルトの位置度公差に最大実体公差方式を適用した例

6.4 突出公差域

ピンや植込みボルトが植え込まれた場合，組付けの相手となる形体の厚みを考慮した突出した部分に公差を設定する突出公差域（projected tolerance zone）の考え方がある（図6.4.1）.

この突出公差域の代わりに同じ値の位置度の公差域を設定した場合には，形体内部で軸線を規制するので，組付けの相手形体の厚みの部分と干渉することがある（図6.4.2）．突出公差域は，この干渉を防ぐために，公差域の位置を相

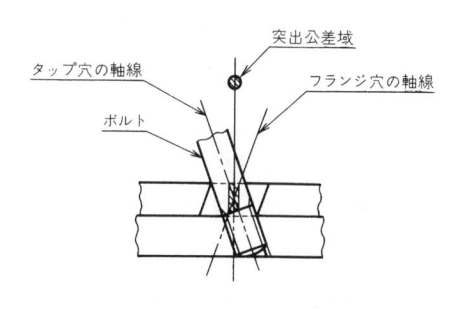

図6.4.1 突出公差域

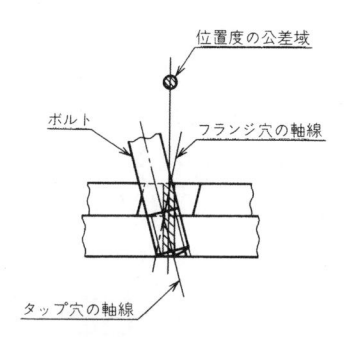

図6.4.2 位置度公差

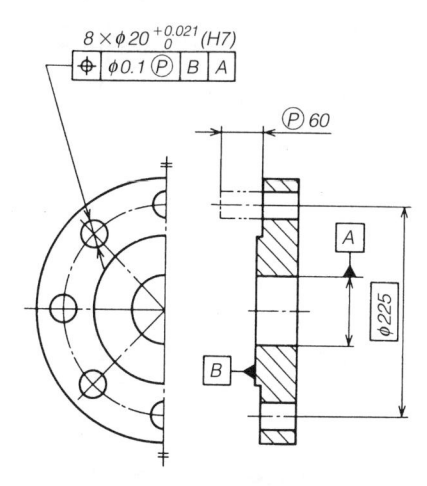

図6.4.3 突出公差域の図示例

手形体の位置にずらしたものである．

このような突出公差域を指示するには，公差値の後に記号Ⓟ（マルピーと読む．）を付ける．その図示例を図 6.4.3 に示す．

6.5　ねじ部品に対する幾何公差の検証

ねじ部品に指示された幾何公差の指示についての測定又は検査（検証という．）を，JIS B 1071:1985（ねじ部品の精度測定方法）に規定する内容に基づいてその要点を述べ，ねじ部品に対する幾何公差の検証方法を概説する．

6.5.1　真直度公差

ボルト軸線の真直度を規制する場合，ボルトの真直度公差の指示は，首下全ねじ長さに対して（図 6.5.1），軸部だけに（図 6.5.2），ねじ部だけに（図 6.5.3），あるいは軸部とねじ部とにまたがって（図 6.5.4）指示される．

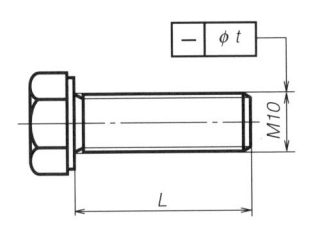

図 6.5.1　首下全ねじ長さに真直度公差を指示する例

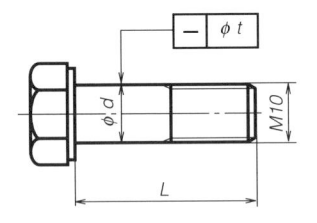

図 6.5.2　軸部だけに真直度公差を指示する例

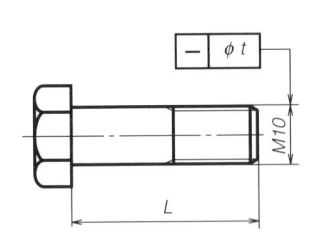

図 6.5.3　ねじ部だけに真直度公差を指示する例

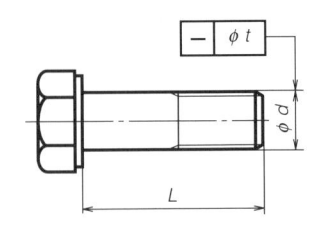

図 6.5.4　軸部とねじ部とにまたがって真直度公差を指示する例

6.5 ねじ部品に対する幾何公差の検証

幾何公差は，形体に指示されるので，本来ならば軸部とねじ部とは別々の形体であるので，図6.5.1～図6.5.3が基本である．しかしねじの特質から，図6.5.4の指示も設計要求として見受けられる．データムの指示もそうであるが，JIS B 1071でも個々の形体に幾何公差を指示することを推奨している．ねじ部は不完全ねじ部を除外して，軸部は不完全ねじ部を含まない形体を選ぶのがよい．

なお，6.3節で述べた最大実体公差方式を真直度公差に適用して機能ゲージ（一種の通りゲージ）で検証する場合には，図6.5.1～図6.5.4のいずれを指示しても，その検証は容易である．

図6.5.4の指示に対する真直度を直接に測定する場合には，工夫が必要である．例えば，ねじ部に当たるダイヤルゲージの測定子は平面をもつチップを用いる．

図6.5.1に対する簡易的な測定例は，ダイヤルゲージで軸方向に表面を測定し，これを数回繰り返して測定し（図6.5.5），ダイヤルゲージの指針の最大振れ差が図面指示公差値の1/2以下であればよい．

植込みボルトを規定するJIS B 1173では，真直度公差を規制する代わりに，F値を規定しているが（図6.5.6），これは軸部の真直度公差だけを規制するよりも厳しい規制となる．すなわち，両側のねじ部も真直度公差の対象となる．企業規格によっては，組付性の関係で，植込み側をデータムとし，その反対側

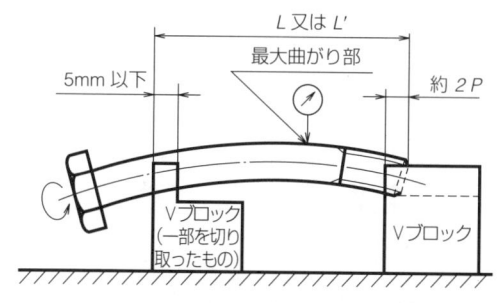

図6.5.5 真直度の簡易的な測定例（公差域が円筒の場合）

のねじ部の振れの最大値を規定している例がある．その例を図 6.5.7 に示す．

ボルトはサイズももつし，軸線ももつので，最大実体公差方式が適用できる．一般的には，ねじの公差は小さいので，適用による利得が少ないという理由で最大実体公差方式（Ⓜ）をねじに適用しない，という考えの設計者もいるが，検証コストを考えた場合，測定に比べると格段のコスト効果がある．

図 6.5.8 は，ボルトの軸線を円筒公差域で規制し，それに最大実体公差方式

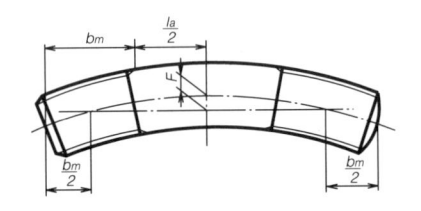

図 6.5.6 植込みボルトの F 値

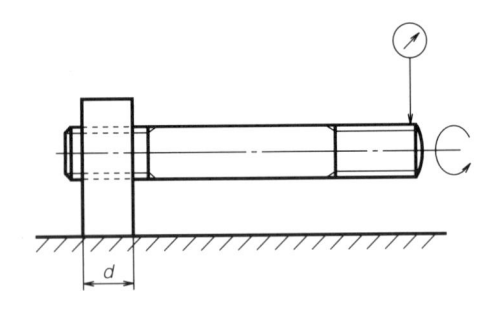

図 6.5.7 植込み側に対する最大振れを規制する例

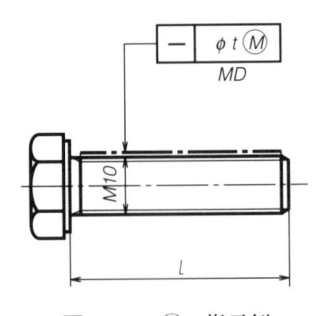

図 6.5.8 Ⓜの指示例

6.5 ねじ部品に対する幾何公差の検証

を要求した例である．この検証には，機能ゲージを使用することを推奨する．この機能ゲージ（図6.5.9）は，寸法公差と真直度公差との相互効果によって，おねじの場合であるから最大許容有効径に真直度公差を加算して，理論的なゲージ実効有効径を設定し，それに加工公差や摩耗代を与えて製作される．この加工公差や摩耗代は，公差値にもよるが，一般的なゲージではIT 2～3が適用される．

ナットは，軸線があまり長くないので，テーラーの原理に基づくねじ限界ゲージでサイズを検証するだけで十分である．

めねじで深いもの，例えば，内燃機関のヘッドボルトのねじ穴は，下穴の切削速度やタップ立て速度，工作機械に起因する精度によって，幾何公差の規制が必要である．この場合，ねじ下穴と有効径の両方にあまり大きくない真直度公差や位置度公差が指示される．

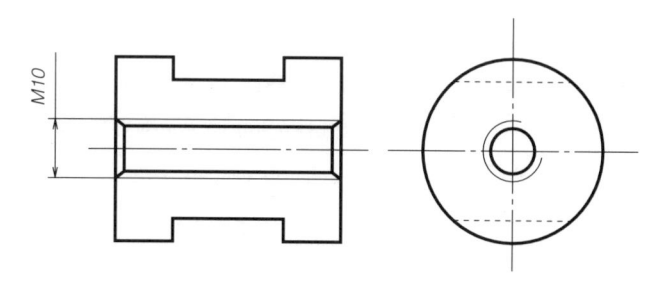

図6.5.9 機能ゲージの例

6.5.2 平面度公差

低硬度の平座金に対する平面度はあまり必要ではないが，高硬度の平座金に対する平面度の規制は重要である．その例を図6.5.10に示す．平面度は，ISOやJISでは最小領域法で定義されている．しかし，平座金のような小さな部品は，定盤上でダイヤルゲージを用いて平座表面の高低を数箇所にわたって測定しても（図6.5.11），十分に期待に沿える．

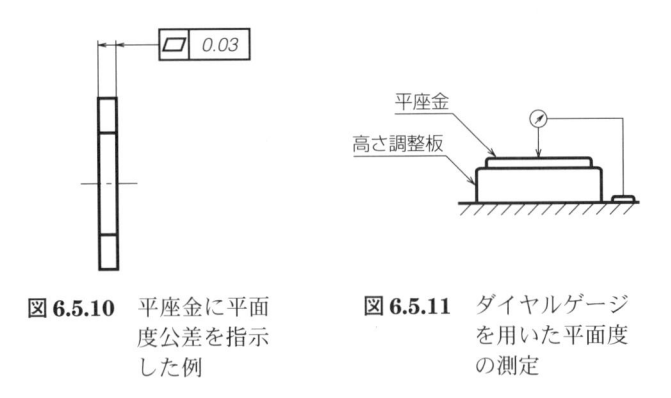

図 6.5.10 平座金に平面度公差を指示した例

図 6.5.11 ダイヤルゲージを用いた平面度の測定

6.5.3 真円度の測定

皿小ねじの頭や六角穴付きボルトヘッドの外径は，真円度か，円筒度が規制の対象となる．ここでは，真円度公差が指示された場合について，その検証方法を考える．

皿小ねじの頭の外径面に真円度公差を指示した例を図 6.5.12 に示す．

真円度の測定は，定義にかなった方法，定義に近い方法及び簡便的な方法がある．定義にかなった方法は，JIS B 0621:1984 に規定する最小領域法（mini-

図 6.5.12 皿小ねじに真円度公差を指示した例

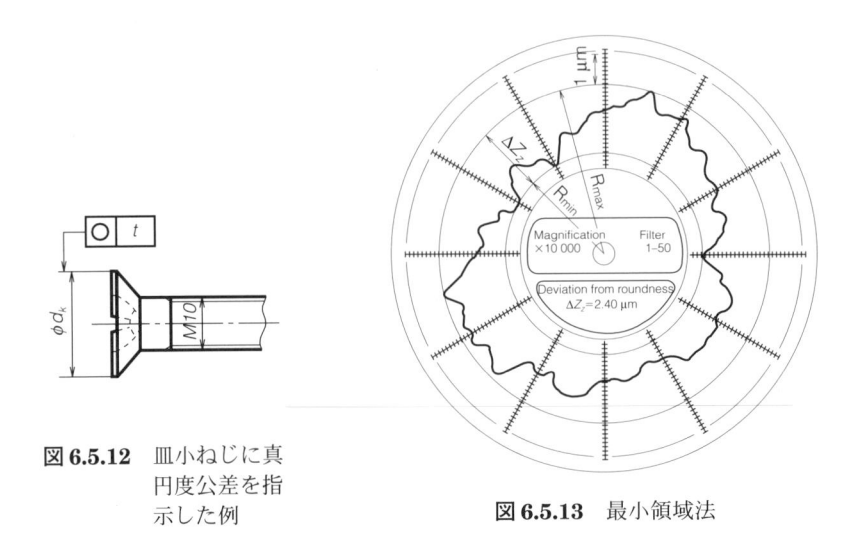

図 6.5.13 最小領域法

mum zone method）である（図 6.5.13）．これは，半径法真円度の定義である．

定義に近い方法としては，最小二乗平均法（least square method）（図 6.5.14）及び最小外接円法（minimum circumscribed method）などがある（図 6.5.15）．これらは，最小領域法よりも少し大きい測定値になることが知ら

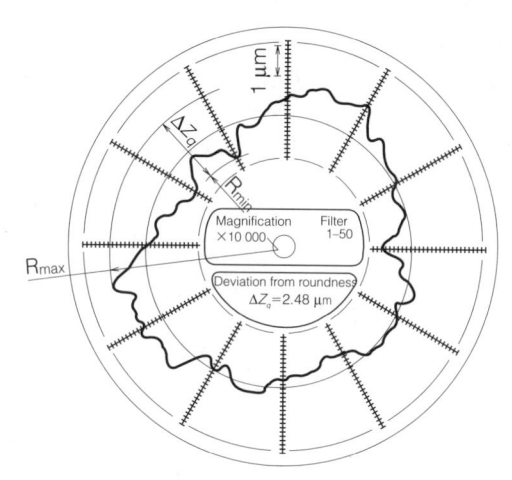

図 6.5.14 最小二乗平均法

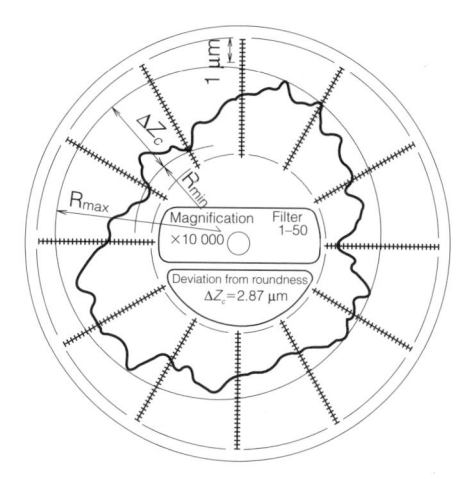

図 6.5.15 最小外接円法

れている.

簡便的な方法は，2点測定法（図6.5.16）及び3点測定法である（図6.5.17）.
2点測定法は，直径法真円度と呼ばれる.

図6.5.16　2点測定法

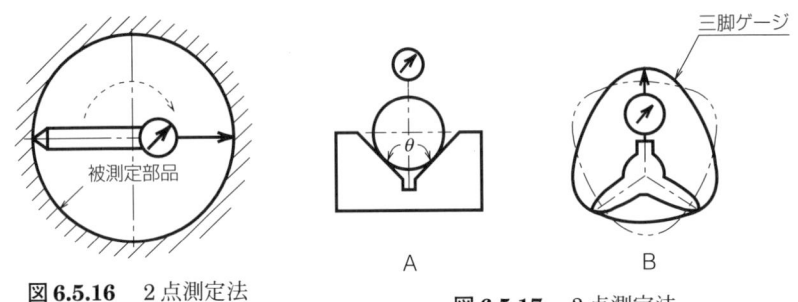

図6.5.17　3点測定法

皿もみをした穴に入る皿小ねじの頭の真円度は，一般目的用では高精度は必要ではない．そのため，2点測定法が汎用される．マイクロメータで4箇所又はそれ以上の箇所で外径を測定する（図6.5.18）．

皿小ねじは，真円度以外に，軸部に対する円すい形体や頭部の同軸度を規制しなければならない場合があることに注意しなければならない．

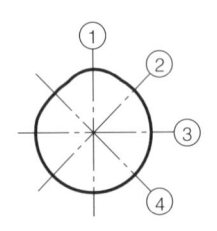

図6.5.18　2点測定

6.5.4　円筒度公差

ヘッドの外円筒の円筒度は，設計要求によって規制できるが，一般的には軸線に対する同軸度を規制するほうが機能的であるといえる．測定の複雑さもある．すなわち，円筒度は，円筒の母線の真直度，真円度及び対向する円筒の母

6.5 ねじ部品に対する幾何公差の検証

線同士の平行度を測定して，これらから判定する．

検証方法までを考えると，円筒度公差は，真直度公差，真円度公差及び対向する円筒の母線同士の平行度公差を同時に指示したほうが実際的である（図6.5.19）．

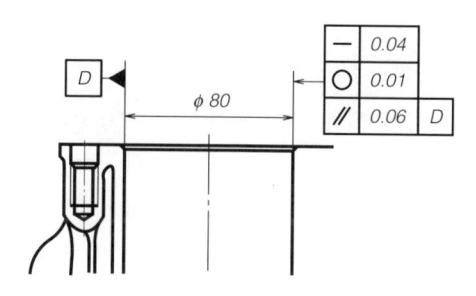

図 **6.5.19** 円筒度公差を別の幾何公差特性で指示する例

6.5.5 平行度公差

図6.5.20はねじ穴の軸線に対するナット二面幅の側面の平行度を規制する例であり，図6.5.21はボルトの軸線に対するヘッドの二面幅の側面の平行度を規制する例である．このように，平行度公差を指示する場合には，データムを必ず必要とする．

ねじ穴の軸線をデータムとする場合，通常は有効径からデータムを設定することになる．簡便的に下穴径からデータムを設定する場合の指示例は，図

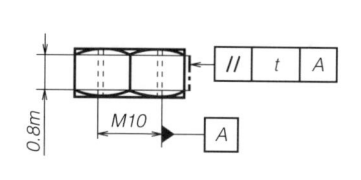

図 **6.5.20** ナット二面幅の平行度を規制する例

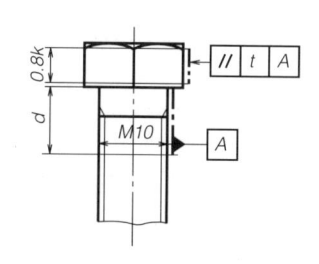

図 **6.5.21** ボルトヘッドの二面幅の平行度を規制する例

6.5.22 に示すように LD が指示される．この LD は，Least diameter の頭文字で，最初に ISO 1101 に採用され，JIS B 0021 にも採用されている．

ボルトのように外径から設定される軸線をデータムとする場合には，図 6.5.23 に示すように MD が指示される．MD は，Major diameter の頭文字である．

ナット二面幅の平行度の測定は，図 6.5.24 に示すように，しっくりはまり合うねじゲージをナットにねじ込み，二面幅の平面部分を定盤に対して平行になるように設置し，ダイヤルゲージを被測定物平面部に当て，有効高さの全域にわたってダイヤルゲージの振れの最大振れ差を読み取る．これをすべての面に対して測定し，測定した振れ差の最大値が図面指示値以下であればよい．

なお，振れは測定方法の一つとして使用されているが，幾何公差特性の一つとして定義されている．

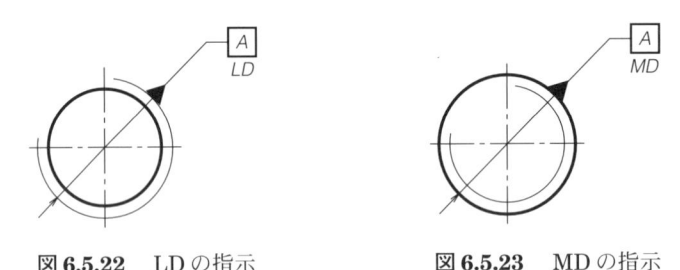

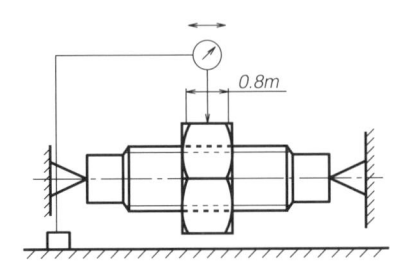

図 6.5.22　LD の指示　　　　図 6.5.23　MD の指示

図 6.5.24　ナット二面幅の側面の平行度の測定例

6.5 ねじ部品に対する幾何公差の検証　　295

6.5.6 直角度公差

ねじ部品に対する直角度の規制は，軸線をデータムとしたボルトヘッドの座面や棒先端面の，ピン穴の，皿頭の，などの例が考えられる（図 6.5.25 〜図 6.5.28）．

なお，図 6.5.26 の棒先端面のかどの丸み（かど半径部分）は，規制の対象ではない．幾何公差は，形体に適用され，棒先端面とかどの丸みとは別の形体である．

図 6.5.25 に対する直角度の測定例は，データム軸直線を V ブロックなどを用いて設定し，ダイヤルゲージを用いて座面の振れを測定する方法（図 6.5.29）が一般的である．

直角度公差は，データムに対する直角度を規制するだけで，位置に対する規

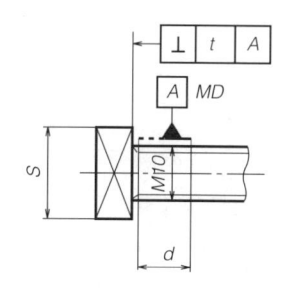

図 6.5.25 ボルトヘッドの座面の直角度公差の指示例

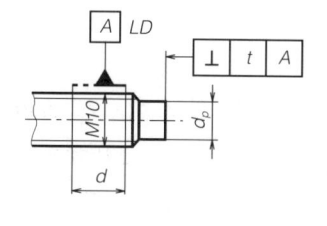

図 6.5.26 棒先端面の直角度公差の指示例

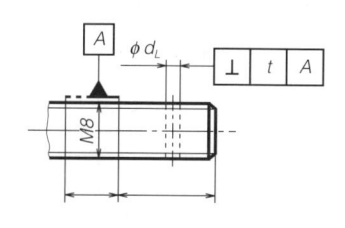

図 6.5.27 ピン穴の直角度公差の指示例

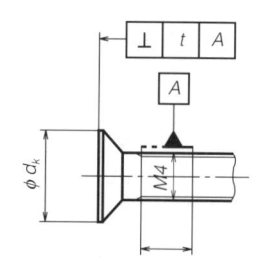

図 6.5.28 皿頭の直角度公差の指示例

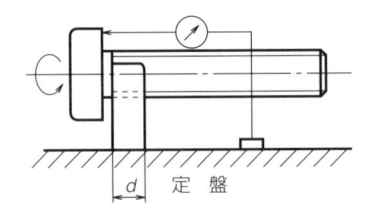

図 6.5.29 直角度の測定例

制要求はない．

図 6.5.26 に対する直角度の測定例は，図 6.5.29 と同様であるが，先端面が小さく高精度を要求する部品の場合には，形状測定機が威力を発揮する．

図 6.5.27 に対するピン穴の直角度の測定例は，穴径が小さいので，穴にしっくりはまり合うストレートピンを差し込み，データム軸直線に対する倒れを測定して（図 6.5.30），それが形体の公差内にあればよい．

図 6.5.27 に対する直角度の測定例は，測定面をたて方向の場合と横方向の場合とがある．データム軸直線の設定のしやすさからは，図 6.5.31 に示すような測定方法が一般的である．

ナットの直角度の規制は，設計要求として，ねじ穴の軸線をデータムに指定する場合（図 6.5.32）と座面をデータムに指定する場合（図 6.5.33）とがある．前者は設計要求が厳しい場合に，後者は加工上の理由がその主な理由である．検証のしやすさからは，前者である．

タップ穴の直角度公差は，平面に対して直角にねじ立てができるように指示

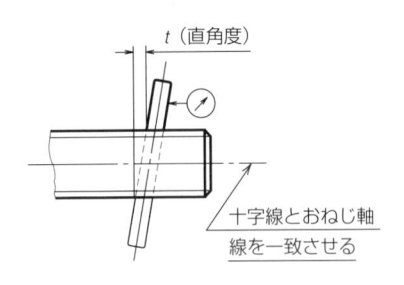

図 6.5.30 ピン穴の直角度の測定例 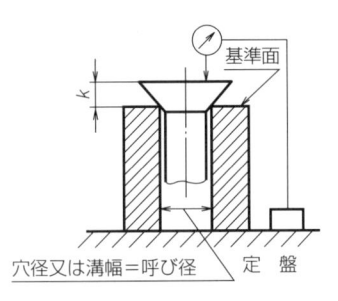   **図 6.5.31** 皿頭の直角度の測定例

6.5 ねじ部品に対する幾何公差の検証

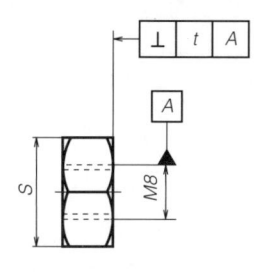

図6.5.32 ねじ穴の軸線をデータムに指定する例

図6.5.33 座面をデータムに指定する例

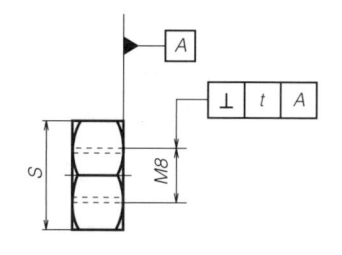

される（図6.5.34）のが一般的である．この場合の検証方法は，ねじゲージをねじ込み，ゲージの円筒柄の部分の平面に対する倒れを測定して，この倒れが公差値以下であればよい（図6.5.35）．

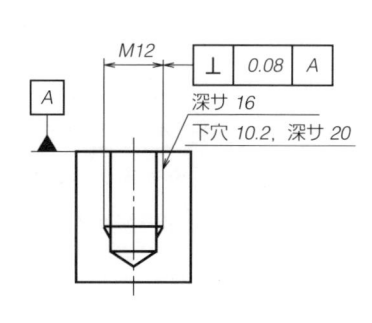

図6.5.34 タップ穴の直角度公差の指示例

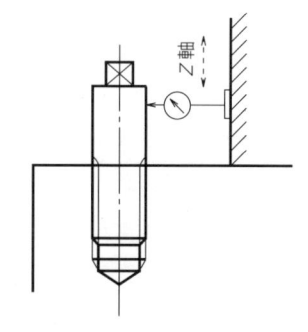

図6.5.35 図6.5.34の検証例

6.5.7 軸部に対する頭部の同軸度の測定

ねじ部品の軸部に対する頭部の同軸度の規制には，軸部をデータムに指定し，頭部に対する外径寸法線の端末記号に対向させて同軸度公差の指示線の矢を当てる（図6.5.36）．

データムを指示する場合，完全円筒軸部か，完全ねじ部を選び，円筒軸部とねじ部とにまたがらないように指定する．前にも述べたが，ボルトなどは，コ

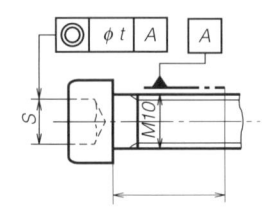

図6.5.36 頭部の同軸度公差の指示例

イル状に巻かれている線材から造られる場合，軸線は少し曲がっているし，ねじ部は円筒軸部と同一径に仕上げるのは困難であり，そこに寸法の差ができることがあるので，データムが設定しやすい部分をデータムに指定する（図6.5.1~6.5.3参照）．

データムを設定する方法は，完全円筒軸部は比較的簡単であり，最も簡単な方法はVブロックに軸部を載せ，ダイヤルゲージでこの軸部の振れができる限り最小になるようにする．

頭部の同軸度公差の公差域は，円筒公差域であるから，同軸度の測定をダイヤルゲージで行う場合には（図6.5.37），Vブロック上で軸部をゆっくり回し，ダイヤルゲージの指針の振れの最大値が同軸度公差の値の1/2を超えなければよい．この場合，ダイヤルゲージを一つ用いる場合には，頭部円筒面を軸方向に数箇所移動させて，数箇所の振れの最大値を測定値とする．

図6.5.36は，六角穴付きボルトの軸線をデータムとし，六角穴の二面幅に同軸度公差を指示した図示例であるが，このような要求は幾何公差特性の観点からは，位置度公差を指示したほうが一般的である（図6.5.38）．これと同じ

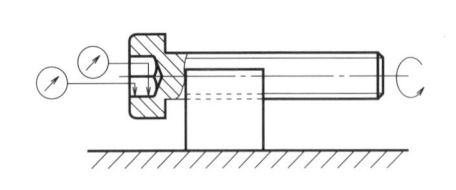

図6.5.37 同軸度の測定をダイヤルゲージで行う例

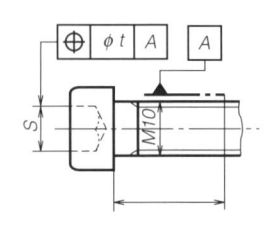

図6.5.38 六角穴の二面幅に位置度公差を指示した例

6.5 ねじ部品に対する幾何公差の検証　　299

ことがナットの二面幅に同軸度公差を指示した場合（図6.5.21参照）にも言えることであり，位置度公差を指示したほうが一般的である（図6.5.39）．

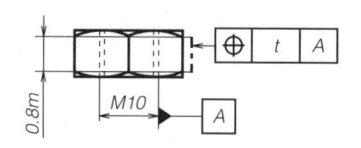

図6.5.39　ナットの二面幅に位置度公差を指示した例

6.5.8　位置度公差

図6.5.27に示したピン穴は，データム軸直線とずれがあっても，設計要求としては倒れを規制したいのである．それに対してデータム軸直線からのずれと倒れと同時に規制したい場合には，位置度公差が指示される．

図6.5.27に示したピン穴の直角度公差の検証は，倒れを測定した例を示したが，穴の直径と直角度公差との相互効果から実効寸法（穴の場合には，最小許容限界寸法から幾何公差を引いた寸法）をもつピンゲージ（機能ゲージ）を差し込むだけでよい．これは，位置度公差に最大実体公差方式を適用した例であり，その図示例を図6.5.40に，機能ゲージによる検証例を図6.5.41に示す．

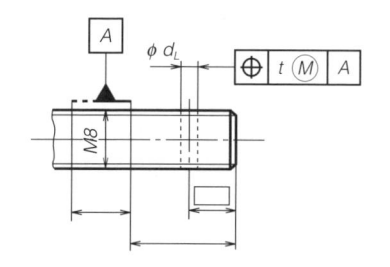

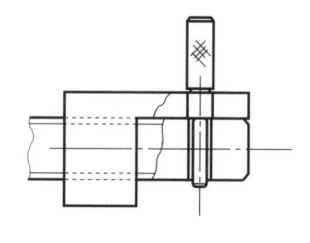

図6.5.40　位置度公差にⓂを指示した例　　**図6.5.41**　機能ゲージによる検証

6.5.9 対称度公差

対称度公差は，データムに対する形体の対称性を規制するので，位置度公差の代用幾何公差とすることができる．

ナットの割ピン溝のねじ穴の軸線に対する対称度を規制する例を図 6.5.42 に示す．

図 6.5.42 の割ピン溝の対称度は，測定はできるが狭いところだけに少し困難である．機能的には，割ピンが入る溝であることから，図 6.5.43 に示すようにデータム及び対称度公差の双方にⓂを適用することを推奨する．

図 6.5.42 に対する検証例は，機能ゲージを使用して，図 6.5.44 のようにピンゲージが入ればよい，とする方法である．

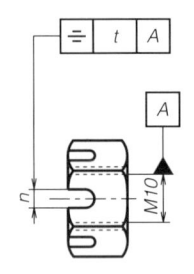

図 6.5.42 対称度公差の指示例 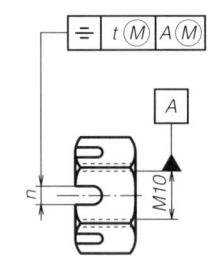　　図 6.5.43 データム及び対称度公差にⓂを適用した例

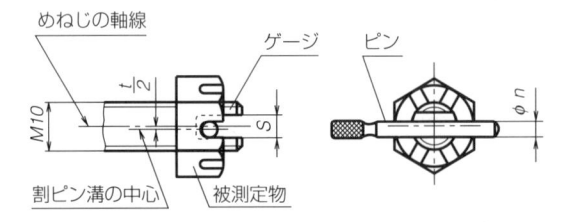

図 6.5.44 機能ゲージによる対称度の検証例

6.5.10 皿小ねじの円すい面の振れ公差

皿小ねじの円すい面に円周振れ公差を指示した例を図 6.5.45 に示す．

6.5 ねじ部品に対する幾何公差の検証

円周振れ公差は，任意の断面における断面輪郭の面直方向の振れである（図 6.5.46）から，円すい面の全体を規制するわけではない．そのため，円すい面は膨らみがあってもひけがあっても，これらはあまり規制の対象とならないので，円周振れ公差が指示された円すい表面はあまり偏差が生じないものに指示される．

円すい面の全体を規制するには，全振れ公差が指示される．この例を図 6.5.47 に示す．この指示に対する測定は，図 6.5.46 に示した測定を大端径側から小端径側までの各断面位置の輪郭について行い，測定値の内における指針の最大振れと最小振れとの差を求める．

円すい面だけでなく，ボルトヘッド座面がすり鉢状になったり，傘状になることを規制するために，全振れ公差を指示することがある（図 6.5.48）．もち

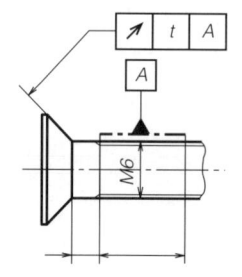

図 6.5.45 円周振れ公差の指示例

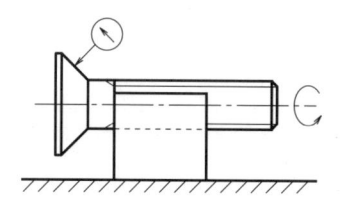

図 6.5.46 円周振れの測定例

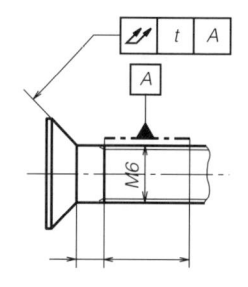

図 6.5.47 円すい面に全振れ公差の指示例

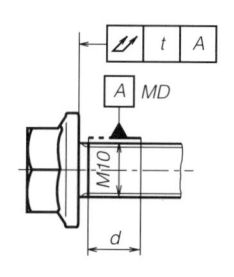

図 6.5.48 全振れ公差の指示例

ろん，座面に平面度公差や直角度公差が指示されることもあるが，これらをダイヤルゲージで測定するのであれば，振れの公差を指示したほうが現実的である．

なお，円周振れと全振れとの違いであるが，図 6.1.22 に示すように，円周振れが測定箇所における最大振れ差であるのに対して，全振れは対象とする測定域の測定値の最大振れと最小振れとの差である．全振れは，各位置の測定点を記録して，最大振れと最小振れを見極めて，それから判断される．

引用・参考文献

1) 吉本勇（1977）：最大実体公差方式とテーラーの原理，機械の研究，Vol.29, No.8, p.848
2) JIS B 0621:1984　幾何偏差の定義及び表示
3) ANSI B 89. 3. 1:1972　Measurement of out–of–roundness
4) ISO 8015:1984　Technical drawing–Fundamental tolerancing principle
5) Lowell W. Foster 著，五十嵐正人，松下光祥訳（1972）：ANSI・ISO による設計製図マニュアル，日刊工業新聞社，p.83
6) 五十嵐正人（1972）：設計製図，Vol.12, No.59, p.16
7) 桑田浩志，中里為成（2002）：改訂版　図面の新しい見方・読み方，日本規格協会，p.240

7. ねじの使用例

7.1 自動車

7.1.1 自動車の設計に際して考慮すべきこと

自動車には，一般の機械と違って，下記の特殊性がある．
　① 世界各地で使われ，使用条件の幅が広く，特定しにくい．
　② 大衆耐久消費材である．
　③ 大量生産品である（多い車種では年間数十万台も生産される．）．

以上のような特殊性をふまえて，自動車を設計する場合には，下記の事項に留意しなければならない．
　① 種々の使用条件下での強度・耐久・信頼性を確保すること．
　② 性能上，省資源・低燃費上，できるだけ軽く設計すること．
　③ できるだけ低コストに設計すること．
　④ 生産性がよいように設計すること．
　⑤ サービス性（定期点検・修理性）がよいように設計すること．

7.1.2 締結体に要求される機能とこれらを満たす概略設計

自動車が故障なく動き続けるためには，ねじ締結部としては下記のような機能を果たさなければならない．
　① 静的（衝撃）破壊を起こさないこと．
　② 疲労破壊を起こさないこと．
　③ 被締結体が滑りを起こさないこと．
　④ ねじのゆるみを起こさないこと．
　⑤ 被締結体が遊離を起こさないこと．

これらの諸機能，すなわち，耐静的（衝撃）破壊性，耐疲労破壊性，耐滑り

性，耐ゆるみ性，耐遊離性については，締結体の簡単な力学的検討から概略それらの有無を判断できる場合がある．

ここでは，これら簡便な力学的検討で判断できる簡単な場合についての概略設計の考え方と，自動車特有の注意事項について述べることにする．

検討の流れを図7.1.1に示し，以下に各ステップについて説明する．

(1) システム又はアッセンブリに作用する荷重の把握

自動車が種々の使用環境条件下で使われる場合に，自動車の各システム（又はアッセンブリ）に作用する荷重をもとに以下の5種類の荷重を決める．

① 最大保証荷重……静的（衝撃）破壊を起こさないことを保証する荷重 W_{max}

② 耐滑り保証荷重……滑りを起こさないことを保証する荷重 W_{slip}

③ 耐ゆるみ保証荷重……ゆるみを起こさないことを保証する荷重 W_{loosen}

④ 耐遊離保証荷重……遊離を起こさないことを保証する荷重 $W_{separate}$

⑤ 耐疲労保証荷重……疲労破壊を起こさないことを保証する荷重 $W_{fatigue}$

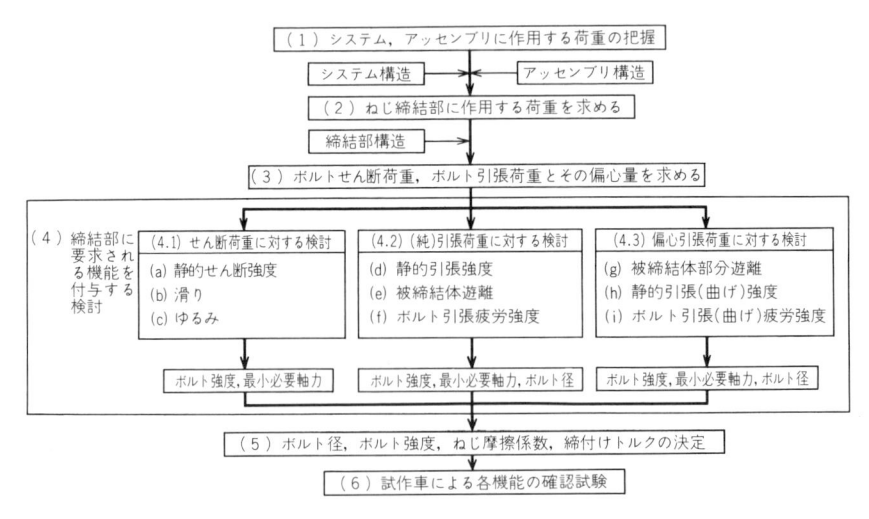

図7.1.1 ねじ締結部の概略設計検討手順

7.1 自動車

　自動車の使用条件は初めにも述べたように非常に幅広く，したがって発生する荷重も千差万別となる．このような事情から上記の荷重を決めることは大変むずかしいが，各社それぞれ経験から，構造・諸元の概略が決まればこれらから荷重はいくらくらいと見積もっていると思われる．試作車ができれば実際に走行して各種荷重を実測することもできるので，初期見積りが大きく違っていれば，見積り荷重を修正して検討し直せばよい．

(2) ねじ締結部に作用する荷重を求める

　システムに作用する荷重がわかると，これから検討対象たるねじ締結部に作用する荷重を計算する．

　例えば，懸架系であればすべての荷重は車輪と路面との接点（接地点）に作用する．この接地点での荷重を用いて，例えばアッパーアームのつけ根部防振ゴムの内筒締結部の荷重を，懸架系リンクの力のつりあい等から計算する．

(3) ねじ締結部に作用する荷重を，せん断荷重成分，引張荷重成分，偏心量に分解する

　ねじ締結部の力学的な検討をする場合，ボルトの静的・疲労破壊や被締結体の遊離を検討する場合にはボルト軸方向に作用する力を，被締結体の滑りやねじの回転ゆるみを検討する場合にはボルト軸と垂直方向に作用する力を，それぞれ知る必要がある．偏心荷重の場合にはその偏心量も必要となる．

　ここに，せん断荷重成分をせん断荷重 W_S，引張荷重成分を引張荷重 W_T，偏心量を a で表すことにする．

(4) 締結部に要求される機能を付与する検討

(4.1) せん断荷重 W_S に対する検討

(a) 静的せん断強度の検討

ねらい：最大保証荷重作用時にボルトがせん断破壊して被締結体が分離することを防ぐ．

① 検討荷重：最大保証荷重の締結部せん断荷重成分 $W_{S\max}$

② このときのボルトせん断応力 $\tau_{\max}$ を被締結体接合面上でのボルト断面積から求める．

③ ボルトのせん断強度が τ_{max} を上回る強度区分のボルトを選べばよい.

(b) 滑りの検討

ねらい：耐滑り保証荷重作用時に被締結体が滑るのを防ぐ.

① 検討荷重：耐滑り保証荷重の締結部せん断荷重成分 W_{Sslip}

② 被締結体を滑らせないのに必要なボルト最小軸力 $\sum F_{min}$ を求める.

$$\{\sum F_{min} - \sum F_{loss} - (1-\phi)W_{Tslip} - \sum F_s\}\mu_{cs} > W_{Sslip} \quad (7.1.1)$$

ここに，F_{loss}：被締結体接合面を接触させるのに要するボルト軸力

ϕ：ボルト内外力比　$\phi = \dfrac{k_t}{k_t + k_c}$

k_t：ボルトの引張ばね定数

k_c：被締結体の圧縮ばね定数

W_{Tslip}：耐滑り保証荷重の締結部引張荷重成分

F_s：非回転ゆるみ（軸力低下）量

μ_{cs}：被締結体接合面摩擦係数

$$\therefore \sum F_{min} > \frac{W_{Sslip}}{\mu_{cs}} + \sum F_s + (1-\phi)W_{Tslip} + \sum F_{loss} \quad (7.1.2)$$

・μ_{cs} は種々の材料，表面状態について求められた値を用いる．μ_{cs} の積極的増大策として，接合面の一方に歯状の凹凸をつけて硬化させ，この凹凸を相手の接合面に食い込ませる方法もある．

・F_{loss} は，コの字形の構造物の内側にすき間をもたせて被締結体を挿入し，外側からこれらを締め付けて，コの字形構造物と被締結体とを圧着させる（接合面に圧縮力を生じさせる．）までに要するボルト軸力である．この軸力は被締結体の圧縮力とはならず，コの字形構造物のすき間をなくすまでの変形抵抗であり，いわば無効軸力とでもいうべき値である．F_{loss} としては，すき間公差の最大時の値を用いるべきである．

・F_s は，材料，面粗度，温度等に影響される値である．ガスケット等を締め付けておらず，温度変化が小さく，被締結体厚さが小さくない限り，F_s はそれほど大きくなることはない［式(7.1.5) 参照］．

(c) ゆるみの検討

(i) 回転ゆるみの検討 回転ゆるみは引張荷重の繰返しでも特殊な場合には発生する[1]が，通常のねじ部品の摩擦係数，極度に長いねじ部をもたない通常のボルト，外力作用時に被締結体が遊離しない程度に締め付けられた通常のねじ締結体（引張外力の変動に伴うボルト軸力の変動がϕ倍程度で小さい．）では，引張荷重の繰返しでは回転ゆるみはまず起こらないと思われる．したがって，回転ゆるみを検討するには，被締結体を滑らせるせん断荷重又はねじり荷重の場合について実施しておけば，実用上はまず問題ないと思われる．

ねらい：被締結体の繰返し相対滑りによって起こるボルト・ナットの急進的な回転ゆるみを防ぐ．

① 検討荷重：耐ゆるみ保証荷重の締結部せん断荷重成分 $W_{S\mathrm{loosen}}$

（$\overline{W}_{S\mathrm{loosen}}$ は両振り荷重の絶対値が小さい方の振幅をとる．）

② 回転ゆるみを起こさせない，すなわち，被締結体を滑らせないための最小必要軸力 $\sum F_{\min}$ を求める．

・せん断荷重の場合（図7.1.2参照）

$$\{\sum F_{\min} - \sum F_{\mathrm{loss}} - (1-\phi)W_{T\mathrm{loosen}} - \sum F_s\}\mu_{cs} > W_{S\mathrm{loosen}} \tag{7.1.3}$$

・ねじり荷重の場合（図7.1.3参照）

$$(F_{\min} - F_s)\mu_{cs} D'/2 > T_{\mathrm{loosen}} \tag{7.1.4}$$

ここに，$W_{T\mathrm{loosen}}$ ：耐ゆるみ保証荷重の締結部引張荷重成分

D' ：被締結体接合面等価摩擦直径（図7.1.3）

T_{loosen} ：締結体に作用する耐ゆるみ保証トルク

なお，被締結体にある限界値未満の相対滑りの繰返しがあってもねじの回転

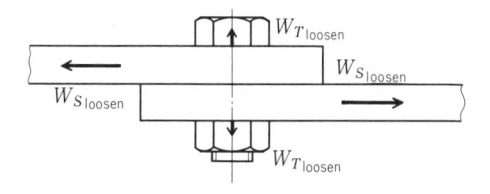

図7.1.2 せん断荷重の場合

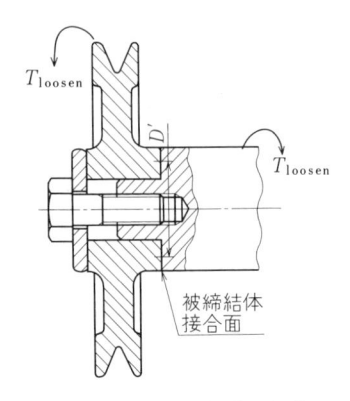

図 7.1.3 ねじり荷重の場合

ゆるみは発生しない[2),3)]（この限界値を限界滑り量と呼ぶ.）が，この限界滑り量は一般には非常に小さいこと，滑り量を制御することは一般には非常に困難なことなどから上記検討では滑りを全く許容しない前提で検討している．

　ピンやカラー，キー等で滑り止めを施した場合にはそれだけボルト軸力は少なくてすむ．しかし，現実にはピンやカラー，キーの挿入部にはすき間が設けてあったり，使用中に挿入部（特に穴やキー溝側）が塑性変形や微動摩耗してガタを生じたりすることがある．これらのすき間やガタによる被締結体の相対滑り量が前述の限界滑り量未満であれば回転ゆるみを防止でき，所期の効果が期待できる．しかし，限界滑り量を超える相対滑りを許容するようであれば，ピンやカラー，キーのねじゆるみ止め機能はないことになり，注意を要する．このような場合には実機ゆるみ試験を実施して，ゆるみ回転の有無を確認しておくのがよい．

　(ii)　**非回転ゆるみの検討**　非回転ゆるみの原因は，
　　① 被締結体接合面の摩耗
　　② ボルト・ナット座面や被締結体接合面のへたり・なじみ
　　③ ボルトの塑性伸び
　　④ ボルトと被締結体との熱膨張差
　　⑤ ボルトや被締結体のクリープ

7.1 自動車

が主なものである．非回転ゆるみ量を ΔF，接合面の摩耗深さを δ_W，へたり・なじみ量を δ_S，ボルトの塑性伸び量を δ_P，ボルトの熱膨張量から被締結体のそれを差し引いた差を δ_{ED}，ボルトと被締結体のクリープ量を δ_{CB}, δ_{CC} で表すと，ΔF は次式で示される．

$$\Delta F = \frac{k_t k_c}{k_t + k_c}(\delta_W + \delta_S + \delta_P + \delta_{ED} + \delta_{CB} + \delta_{CC}) \tag{7.1.5}$$

式 (7.1.5) より，ΔF を小さくするためには，k_t, k_c を小さくして締結体の弾性伸び・縮み量を大きくするか，δ で表される諸量を小さくすることが効果的である．

- **k_t, k_c を小さくする**　ばね定数 k は一様断面積 A の場合，次式で表される．

$$k = \frac{AE}{l} \tag{7.1.6}$$

l は長さ，E は材料の縦弾性係数である．式 (7.1.6) から，細い，長いボルトや被締結体が望ましいことがわかる．したがって，ボルトは，被締結体の滑りや遊離を防止するのに十分な軸力が与えられておりさえすれば細い方が望ましいことになり，ボルトは太い方がより安全という考え方は必ずしも成立しないことに注意すべきである．

ボルトや被締結体を細く，長くする具体的手法としては，図 7.1.4 に示す方法が考えられる．自動車の場合，薄い鋼板を締結することが多いが，このよう

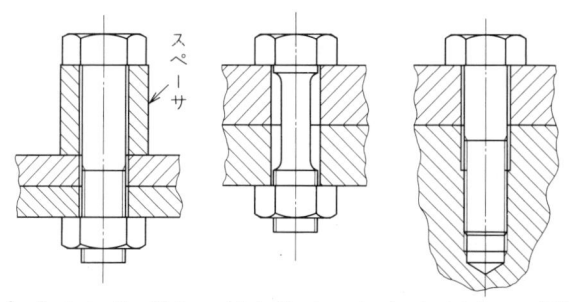

（a）スペーサの挿入　（b）伸びボルト　（c）めねじの一部除去

図 7.1.4　ボルトを細く，長くするための方策

な場合，座金は被締結体の厚さを厚くするための"スペーサ"として有効と思われる．

・**被締結体の摩耗量を減少させる**　摩耗をなくすためには滑りをなくすことが基本であるが，微動摩耗は部品間の弾性変形に起因する微小滑りによっても発生するため，被締結体の剛性を高めて接合面での変形を小さくすることが重要である．コンロッドボルトによって締められるコンロッドとキャップの割り面にも剛性が低く軸力が小さい場合には微動摩耗が発生することがある[4]．

・**接合面のへたり，なじみを減少させる**　ボルトやナットの座面の面圧を下げて座面へたり（陥没）を防ぐために硬い厚めの平座金を使用する．許容面圧は材料によって異なるが，文献[5]を参照されたい．鋼板やアルミニウム合金を締める場合には許容面圧が低く要注意である．

自動車で多用されるプレス成形された鋼板などでは平面度が悪く，接合面のうちごく一部の面積しか接触していないため，使用過程中に鋼板が変形してゆるむことがある．したがって，プレス品の平面度には注意すべきである．また，ボルト頭部や座金とプレス品の曲げ R との干渉にも注意したい（図7.1.5参照）．一般にプレス品は寸法精度が悪く，ボルト穴ピッチも狂いがちのため，ボルト穴は大き目の場合が多い．これは座面面圧を上げるとともに座金の変形も誘起するので注意したい．

最近注目されているのが塗装面である．塗装された部品を締め付けていると，塗膜のへたりや縦弾性係数の減少などのために軸力低下を起こす場合があり[6]，塗料の開発・選択に際しては，防錆性能や外観品質だけでなく，ねじのゆるみ

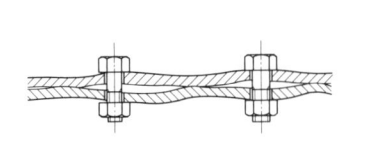

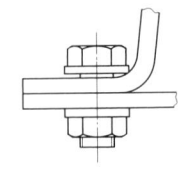

（a）平面度の悪い鋼板　　（b）座金と曲げRとの干渉

図 **7.1.5**　プレス成形品の平面度，曲げ R と接触状態

上の配慮も必要とされる．

・**ボルトの塑性伸びを小さくする**　外力作用時にボルトが降伏しなければボルト塑性伸びによる軸力低下はない．そのためには，付加荷重が作用してもボルトが降伏点を超えないように設計し締め付けること，外力にみあった降伏強度を有する高強度ボルトを使用することなどが考えられる．

最近降伏点を超えて締め付ける，いわゆる塑性域締めが採用されつつある．塑性域締めを行っても，負荷作用時のボルト軸力（締付け力と付加荷重の和）がボルトの極限締付け軸力を超えなければ，残存軸力は初期軸力が大きいほど大きいことが確認されており[7]，上記の条件を満たせば塑性域締めは有利な設計であるようである[8),9)]．ただし，ボルトに付加荷重が作用し，ボルトの降伏が進行すればそれに応じた軸力低下は起こることに留意すべきである．

・**高温による軸力低下を小さくする**　常温で締め付けられた締結体が高温状態になる場合，ボルトの線膨張係数 α_B が被締結体のそれ α_C よりも大きい（例えば，オーステナイト系ステンレス鋼ボルトと炭素鋼製被締結体の組合せなど）と軸力は低下する．高温部だから高温強度の高いステンレスボルトをと考えがちだが，熱膨張差には注意したい．

ボルトや被締結体がクリープを起こしても軸力は低下する．

このような高温下でのゆるみに対しては，線膨張係数やクリープ強度など，材料によって決定される要因と温度とが支配的であるから，材料の選定と温度を低く押さえることが重要となる．材料は耐熱鋼が望ましい．温度を下げるためには，ボルトの位置をできるだけ熱源から離したり，通気をよくして冷却する，周囲には冷却水を通す，熱の流れをよくしてボルト締結部に蓄熱されないようにする，などが考えられる．

(4.2)　(純) 引張荷重に対する検討

(純) と付した理由は，以下の (d), (e), (f) の各検討手法が偏心量がゼロの場合にのみ正確に適用できるからである．しかし，偏心量が小さければ，(d), (e), (f) を準用して概略を知るうえでは有効と思われる．

(d) 静的引張強度の検討

ねらい：最大保証荷重作用時にボルトが引張破断することを防ぐ．

① 検討荷重：最大保証荷重のボルト軸方向の引張荷重成分 $W_{T\max}$
② ボルト引張応力 $\sigma_{\max}$ を求める（被締結体の遊離状態を想定）．

$$\sigma_{\max} = \frac{W_{T\max}}{nA_s} \tag{7.1.7}$$

ここに，n：ボルト本数 ［ボルト配置によってはボルト本数効率 η （$\eta<1$）を考慮する．］

A_s：ボルト有効断面積

③ ボルト強度 σ_B を下記のように選ぶ．

$\sigma_B > \sigma_{\max}$

(e) 被締結体の遊離の検討

ねらい：耐遊離保証荷重作用時に被締結体が接合面で遊離することを防ぐ．

被締結体の遊離は，

・外力の増分が即ボルト荷重の増分となる（遊離しなければ外力の内外力比 ϕ 倍しかボルト荷重としては作用しない．）点であり，ボルトの疲労強度上非常に不利となる．

・気密もれ上非常に不利となる．

・接合面に微動摩耗を発生させ，長期間の使用後ボルトのゆるみにつながる．

より，遊離するか否かは締結体設計の良否を判断する一つのチェックポイントと考えられる．

① 検討荷重：耐遊離保証荷重のボルト軸方向の引張荷重成分 $W_{T\text{separate}}$
② 被締結体接合面に圧着力が存在する（遊離しない）ための最小必要軸力 $\sum F_{\min}$ は下記のようになる．

$$\left(\sum F_{\min} - \sum F_{\text{loss}} - \sum F_s\right) - (1-\phi)W_{T\text{separate}} > 0$$

$$\therefore \sum F_{\min} > (1-\phi)W_{T\text{separate}} + \sum F_{\text{loss}} + \sum F_s \tag{7.1.8}$$

7.1 自動車

(f) ボルト疲労強度の検討

ねらい：ボルト付加変動荷重によるボルト応力がボルトの疲れ強さを超えてボルトが疲労破壊することを防ぐ．

前提条件：(e) で検討した被締結体の遊離が発生しない場合に限る．すなわち，式 (7.1.8) が成立していることを前提とする．

① 検討荷重：耐疲労保証荷重のボルト軸方向の引張荷重成分 $W_{T\text{fatigue}}$
② ボルト付加変動荷重によるボルト引張応力振幅 σ は下記となる．

$$\sigma = \frac{\phi W_{T\text{fatigue}}}{2A_s} \tag{7.1.9}$$

③ ボルト引張応力振幅 σ がボルト引張疲れ強さ σ_{wt} を超えないようにボルトサイズを選ぶ．σ_{wt} については，3.2 節を参照のこと．

(4.3) 偏心引張荷重に対する検討

(g) 被締結体の部分遊離，(h) ボルト静的強度，(i) ボルト疲労強度の検討

① 検討荷重：ボルト軸方向の引張荷重成分 W_T，荷重偏心量 a，ボルト位置偏心量 s（図 7.1.6 参照）．
② 検討方法：VDI 2230 [10] で紹介されている方法に従う．検討手法が複雑なため，詳細は文献 [10] を参照されたい．

偏心引張荷重が作用する場合の VDI の力学計算方法は複雑であるし，精度

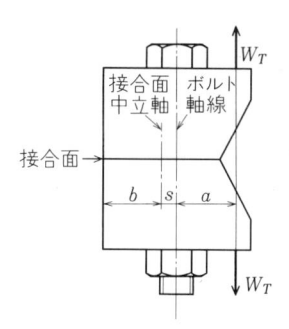

注　VDI 2230 では本図の $(a+s)$ を a としている．

図 7.1.6 偏心引張荷重の荷重偏心量 a，
　　　　　 ボルト位置偏心量 s

がよくない場合もある．また，簡単な計算では解析できない場合もある．

したがって，(4.3) の場合には実験等で確認しておくことが望ましい．

(5) ボルトサイズ，ボルト強度，ねじ摩擦係数，締付けトルクの決定

(a)～(i) の検討で導かれた必要条件とそれらをもとにしてトルク法弾性域締付けの条件下でボルト諸元を決めていく全体の流れを図 7.1.7 に示す．図 7.1.7 に従って各項目を説明する．(a)～(i) で用いた各値を初期値と呼ぶ．

(j) ボルト本数 n を仮定する（最初は初期値でスタートする．）．

(k) ボルト疲労強度の検討 (f) (i) から導かれたボルトサイズの中から最も大きなサイズをボルトサイズ（呼び径 d）とする．初期値がこれと異なる箇所は計算し直す．

(l) ボルト静的強度の検討 (a) (d) (h) と (k) で決めた d とから導かれるボルト強度（ボルト必要引張応力）の中の最大値を超える強度区分をボルト強度

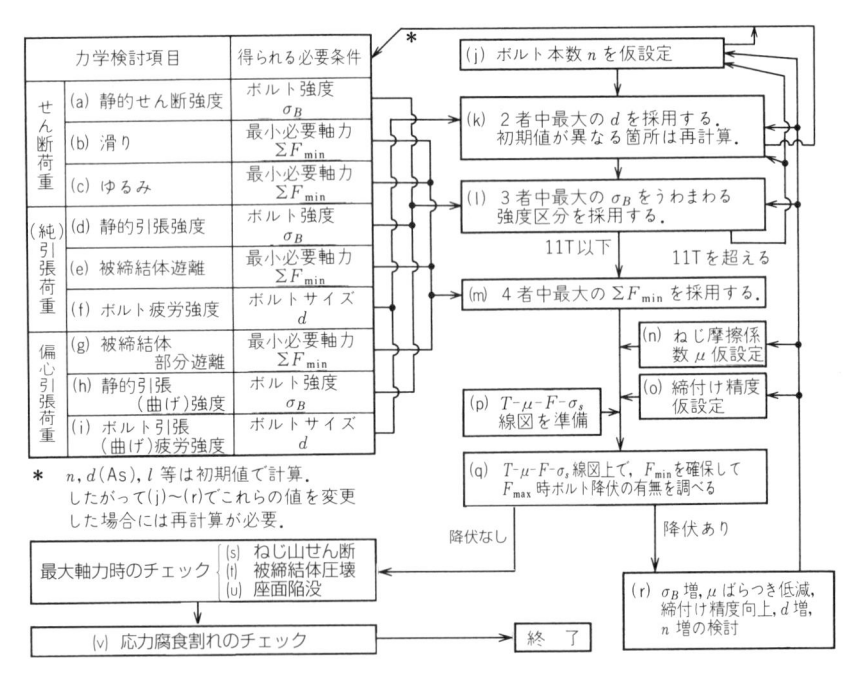

図 7.1.7 ボルト諸元決定手順 [(q) の詳細は図 7.1.8 参照]

7.1 自　動　車

σ_B とする．上限（自動車では 11 T）を満たさない場合には (j) へ戻り，再検討する．

(m) 滑り，ゆるみ，遊離の検討 (b), (c), (e), (g) から導かれた最小必要軸力中，最も大きな値を必達最小軸力 $\sum F_{\min}$ とする．

(n) ねじの摩擦係数の最大値 $\mu_{\max}$，最小値 $\mu_{\min}$ を仮設定する．材料，表面状態等から推定する．

(o) ねじの締付け精度［トルク法であれば，（上限トルク）/（下限トルク）$=q$ の値］を仮設定する．工程能力を考慮して設定する．

(p) ボルト種類ごとに準備された，図 7.1.8 に示すような T–μ–F–σ_s 線図（T：ねじ締付けトルク，μ：ねじ摩擦係数，F：ボルト軸力，σ_s：ボルト降伏応力）の中から (k) で決めたボルトサイズの線図を選び出す．

(q) T–μ–F–σ_s 線図上で，

① (m) で決めたボルト 1 本当たり必達最小軸力 $F_{\min}$ を縦軸 F 上にとる．

② $F_{\min}$ から右へ横軸と平行な直線を引き，(n) で仮設定した $\mu_{\max}$ を表す斜線との交点 A を求める．

③ A 点から縦軸と平行な直線を下へ引き，横軸との交点 B を求める．B が下限トルク $T_{\min}$ を表す．

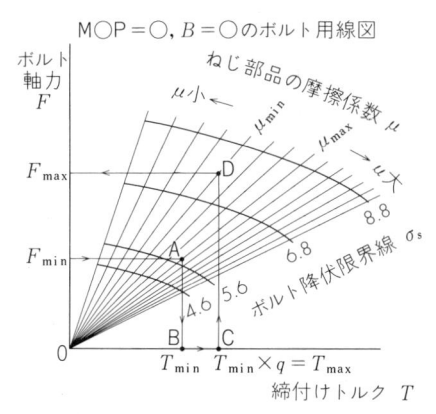

図 7.1.8　T–μ–F–σ_s 線図上でのボルト諸元検討方法

④ (o)で仮設定したqの値を$T_{\min}$に乗じて上限トルク$T_{\max}$とし，この点を横軸上のC点とする．

⑤ C点から縦軸に平行に上へ直線を引き，(n)で仮設定した$\mu_{\min}$を表す斜線との交点Dを求める．Dは，必達最小軸力を確保したうえで，仮設定されたねじ摩擦係数と締付け精度のもとで得られる最大軸力$F_{\max}$（縦軸値）を表す．

⑥ 点Dが(l)で求めたボルト強度に相当する楕円σ_sの線以内にあればボルトは降伏しないことになり，仮設定された条件とその結果求められた締付けトルクを締結諸元として指定すればよい．

(r) 点Dが(l)で求めたボルト強度を表す楕円σ_sを超える場合には，仮設定した条件ではボルトが締付け時に降伏する可能性を有することを意味する．この場合には，ボルトの強度向上，摩擦係数のばらつき低減，締付け精度の向上のいずれか，あるいはいくつかを実施することによって，点Dを楕円σ_sの中へ入れることを試みる．それでもだめな場合には，ボルトのサイズアップか本数増を図らなければならない．（塑性域締めをする場合には点Dはσ_s線内にないが，絶対にσ_Bを越えてはならない．また，負荷後の軸力低下とボルトの疲労破壊に要注意．）

以上のようにして，(a)～(i)で求めた必要条件をすべて満たすボルト諸元を決定する．

(6) 締め過ぎ，応力腐食割れに対する検討

図7.1.8の交点Dで示される最大軸力$F_{\max}$時のねじ山せん断破壊・被締結体の塑性変形・座面陥没や応力腐食割れの検討を実施する．

(s) ねじ山がせん断破壊しないか，3.1.4項に基づいてチェックする．ねじ山せん断破壊荷重がボルト引張破断荷重より大きくなるようにはめ合い長さを決める．

(t) 最大軸力$F_{\max}$時に被締結体の塑性変形・圧壊が起こらないことを計算又は実験で確認する．

(u) 最大軸力$F_{\max}$時の座面面圧が座面限界面圧を超えていないか，5.1.2項

に基づいて検討する．

(v) 締結体の常時引張応力を受けている部分について，その使用環境の雰囲気と材料の応力腐食割れの感受性[11]とから，応力腐食割れの危険がないことを確認する．もし応力腐食割れの危険性がある場合には，引張応力を極度に低下させるか，雰囲気を断つか，材料を変更する．

(7) 試作車による各機能の確認試験

設計された諸元で本当に大丈夫か，必ず試作車で確認試験を実施する．もし所期の機能がなかった場合には，何が原因でそうなったかを明らかにし，不備な箇所を常時修正していくという日常活動をすると，手法の精度向上に役立つ．

7.1.3 その他の留意事項

(1) 軽量化設計事例

(a) 高強度ボルトの使用 高強度ボルトは遅れ破壊が心配で，建築業界では 10 T に制限しているようである．自動車では，長年 1 100 MPa 級 (11 T) までのボルトを使用していたが，最近になって熱処理（焼戻し温度と硬さ），表面処理（リンや水素の浸入），形状（被締結体平行度，ボルト応力集中等），ボルト材質，使用環境等に慎重に配慮しながら，引張強さ 1 400 MPa 級 (14T) のボルトまで使用し始めている．遅れ破壊に強い鋼種の開発が大きく貢献している．

(b) 中央値，ばらつき，ともに小さいねじ摩擦係数 同一強度のボルトでもねじ面の摩擦係数が小さい方がより大きな軸力まで付与できる（図 7.1.8 σ_s 線）．したがって，ねじ部品の摩擦係数を小さい値にし，かつばらつきを小さくすれば，ボルトのもてる強度のより大きい部分を軸力として利用でき，間接的に軽量化につながる．積極的にこのような摩擦係数を作り出そうと開発されたのが"低 μ 安定剤"といわれるものである．

(c) 高精度締付け化 締付け時，上限軸力で破断しなければよいから，締付け精度が高ければ下限軸力，すなわち設計軸力も大きくとれ，ボルト小径

化・軽量化につながる．

最近，超音波を用いて軸力をリアルタイムで測定しながら所定の軸力に達したら締付けを止める"軸力制御締付け方法"が一部のメーカでトライされているようである．締付けトルクという代用特性の制御ではなく，軸力そのものの制御による締付けが実用化される日も遠くはない感じがする．

(d) 小形六角ボルトの使用　自動車用ボルトは主としてJISの小形六角ボルトを採用しており，一般機械用の六角ボルトよりボルト頭部二面幅が1ランク小さいボルトである．

(2) 生産性の検討

(a) 締めやすいこと　そのためには，

① ボルト本数をできるだけ少なく設計すること．

② 同一工程で締め付けるねじは，同一サイズで同一締付けトルクに設計することが望ましい．

③ 締付け機具の着脱・操作がやりやすいペースをとった設計とすること．

④ ボルトをめねじ軸に対して斜めにして強引に締めるとめねじが損傷したりねじが焼きつくことがある．これを避けるためにボルト先端にガイド部を設けたりナット入口のねじ山に工夫をこらした"斜め入り防止ねじ"を使う．

(b) 自動締付け化　締付けを自動化すれば，人の手が省け，結果として人為ミスもなくなり，時間削減・精度向上の両面で有利となる．

そのためには，自動締付け機が作動できるスペースの確保が，製品側の設計としては最大のポイントとなる．ねじ部品側の対応例としては，多少位置決め精度が悪くともボルト・ナットを自動取付けしやすくするために，ボルトの先端をとがらせたボルトやナットの座面に偏心凹みを設けてこれを回転することによって位置決めのズレを吸収してボルトに嵌合しやすくしたナット等がある．

(c) 工程で守れる締付けトルク公差の設定　ボルトを小径化し軽量化する

ためには締付けトルク公差の小さい高精度締付けが望ましいことは先に述べた．しかし，工程能力が1を割らない図面指示トルクにしておく必要があることは言を待たない．

　生産性の向上と製品機能からの最適設計とは相いれない場合も多いが，総合的にみてどちらが有利かという観点から調整をはかるべきであろう．

(3) サービス性の検討

　定期点検や修理をしやすくするためには，工具の着脱，ゆるめ・締付け作業を容易にする必要がある．これは手工具による生産性の向上と同じである．

(4) 地球環境への配慮

(a) クロムフリー化への対応

　人体に有害な6価クロムの使用禁止に向けて世界が動き出している．ねじ部品では，6価クロムを含有する亜鉛めっき後のクロメート処理やダクロタイズド処理といった防錆処理が規制の対象になってくる．代替品を検討する場合には，防錆性能だけでなく，摩擦係数の面からも検討しておく必要がある．摩擦係数が従来処理から大きく変化してしまう処理方法では締付けトルクもそれに応じて変えなければならないからである．

(b) リサイクル性の向上

　ねじで締付けて組み立てた物はねじを外せば分解できることから，溶接や接着・リベット等に比較して，リサイクルには都合がよい．

　しかし，ねじを外す作業は煩わしいから，機械使用中は強固に締まっていて廃却時には簡単に外れる，そんな締結部品の出現が待たれるが，まだよい物は見当たらないようである．

　一つの考え方としては，締結体ごとに全構成部品の材料を1種類にそろえる方法がある．すなわち，アルミニウム合金製品の集まりにはアルミニウム合金製のボルト・ナットを用い，樹脂製品の集まりには樹脂製のボルト・ナットを使えば，分解することなく締結体単位で溶解炉に入れることができる．この方法も，新材料でのボルト・ナット開発や細かい材質区分にどこまで対応できるかという問題点を持っているが，

いずれにしても，リサイクル対応締結技術は今後の技術開発に待つところが大きいと言わざるを得ない．

以上に設計する場合の考え方概略と簡便な検討方法について述べた．簡便な方法では検討できない項目（特に偏心引張荷重が作用する場合）や各種の物理量（ねじ部品・接合面の摩擦係数，限界座面圧，ボルトの疲れ強さ等）については，本書の2章～5章及び他の専門文献を参照されたい．

7.2 プレス機械

7.2.1 プレス機械の構造とプレス作業の特質

プレス機械は，機械から工具（型）を介して被加工材に，加工力と加工エネルギーを伝える機械である．プレス機械の歴史は古いが，我が国では，耐久消費材の生産が本格的になった戦後，質的・量的に大いに進歩発展した．自動車を例にとっても，ボディの薄板成形，サスペンション部その他の厚板成形，クランク軸，車軸部品の熱間鍛造，多量に使用されるボルト・ピン類の冷間鍛造などに広く使用されている．とりわけ冷間鍛造は駆動系統の小形歯車，燃料系統部品など，切削加工に代わって高精度部品への適用の度合いを広めてきている．これらは，工数と材料費の低減，強度の上昇など塑性加工の利点を生かすもので，加工の特質に応じて多種多様のプレス機械が使用されている．

プレス機械はその原動力によって，機械的構造による機械プレスと，油圧・空圧・水圧などによる液圧プレスに大別されるが，その使用比率は 10 : 1 である．最も一般的な機械プレスの中でストレートサイド形と称されるプレスの構造例を図7.2.1に示す．

プレスの呼称能力は，作業荷重として機械に呼称能力に等しい力が加わったとき，これに安全に耐えられる能力を表すものである．

プレス作業は，成形（絞り，張出し，曲げ），鍛造（冷間，温間，熱間），せん断（打抜き，孔あけなど）など多岐にわたり，その特質はそれぞれ異なるが，共通にいえることは，工具（型）を介しての作業であるため，その荷重方向の

7.2 プレス機械

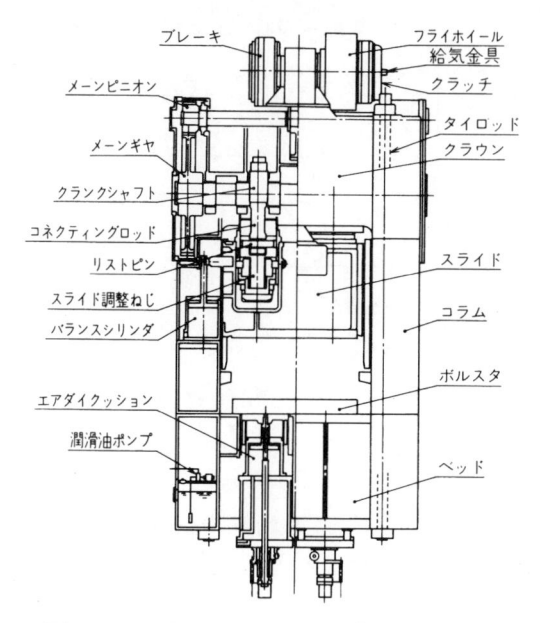

図7.2.1 ストレートサイド形プレスの構造例

調節を誤ったり，材料の板厚，硬さのばらつきなどによっても，過負荷を生じやすい作業である．

また切削加工に代替する加工精度を要求されることが多くなっているため，機械自身の静的・動的な精度の高度化への要求も高まっている．

さらに生産速度が他の加工（例えば切削）に比べて極めて早いため，振動騒音，安全などへの配慮も重要である．

特に打抜作業では，上型が材料に食い込んでから破断させるが，この荷重上昇時に，フレームに蓄積された弾性エネルギーが瞬時に開放され，それによって誘起された振動が発生する．この現象はブレークスルー（break through）と呼ばれ，機械各部，特に締結部，配管接合部に大きな影響を与える．特に厚板（16 mm ぐらいまでが行われている．）とか，薄板でも精密高速打抜作業（小形機では毎分1 000回以上の速度で使われることがある．）などでは，各締結部については，ゆるみ，破損対策は非常に重要である．

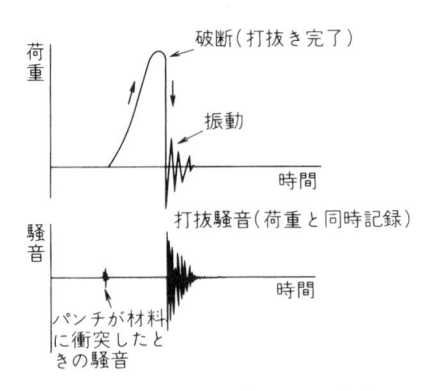

図 7.2.2 荷重及び騒音の記録例

　その他の作業でも，型構造上，上下型部分が作業時に接触する場合も多いし，スライドの運動による慣性力もまた振動の原因となる．これら衝撃的な荷重を何らかの方法で緩衝する手段が考えられているが，作業現場では，それらの機能を越えた作業が行われることも往々にしてあるので，締結部への配慮は十分でなくてはならない．

7.2.2　プレスのねじ締結部
(1)　タイロッド

　プレスの構造物としての大きさは，呼称能力，作業面積，ストローク長さなどにより変わるが，今日では呼称能力で数十 MN のものが製作されている．いわゆるストレートサイド形のプレスフレームは図 7.2.3 のようにクラウン，コラム，ベッドに 3 分割され，これをタイロッドで締め付け一体構造とするのが一般的である．これらの接合面には位置決めキーを設け，前後，左右方向のアラインメントを保持している．

　普通はタイロッドを 4 本使用する例が多いが，左右方向に長い構造の例えばトランスファプレス（図 7.2.4）では 6 本以上になる．

　使用されているタイロッドは，メーカで規格化されているが，表 7.2.1 に，その一例を示す．

7.2 プレス機械

タイロッドの初期締付け力は，プレスの呼称能力の 10〜30% 増しとするのが普通である．外力（作業荷重）が加わったときの状態は締付け線図により表せるが，以下，5 000 kN プレスの例により，関連諸数値がどの程度にとられているかを示す．

図 7.2.5 は，5 000 kN プレスで 4 本タイロッドの場合で，各部の諸元は表 7.2.2 のとおりである．

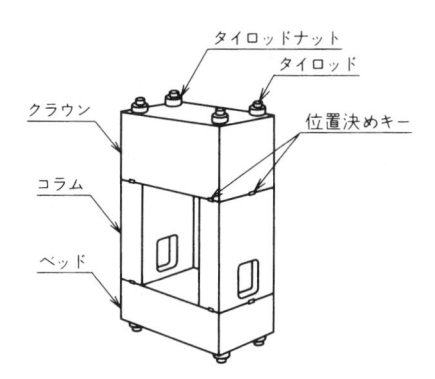

図 7.2.3 タイロッドによるフレーム構造

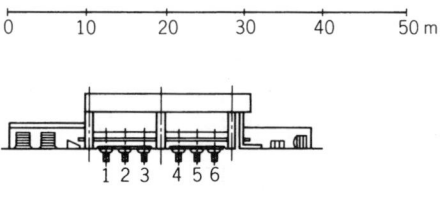

（a）30MN 多柱式（タイロッド 6 本）
　　トランスファプレス

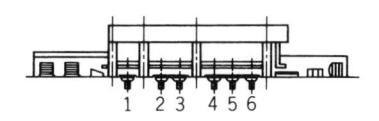

（b）40MN 多柱式（タイロッド 8 本）
　　トランスファプレス

図 7.2.4 大型トランスファプレス

図7.2.6はその締付け線図である.

F_f:初期締付け荷重(1.1〜1.3 W)

F_w:呼称荷重時のタイロッド軸力

F_l:リフトオフポイント時のタイロッド軸力

表7.2.1 プレス能力とタイロッド

(材質 S 45 C)

呼称能力 (kN)	ねじの呼び	呼称能力 (kN)	ねじの呼び
500	M 57×4	7 000	M 175×10
630	M 62×4	8 000	M 185×10
800	M 67×4	9 000	M 195×10
1 000	M 77×4	10 000	M 205×10
1 250	M 85×6	12 000	M 225×10
1 600	M 95×6	14 000	M 240×10
2 000	M 105×6	16 000	M 260×10
2 500	M 115×6	18 000	M 280×10
3 150	M 125×6	20 000	M 300×10
4 000	M 145×8	22 000	M 310×10
5 000	M 155×8	24 000	M 320×10
6 300	M 165×8	30 000	M 360×10

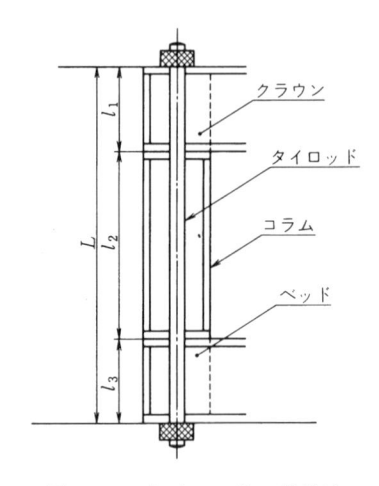

図 7.2.5 タイロッドの締付け

W : 呼称荷重

λ_t : 初期締付け時のタイロッドの伸び

λ_c : 初期締付け時の被締付け部の縮み

K_t : タイロッドのばね定数

K_c : 被締付け部のばね定数

F_t : 呼称荷重が加わったときのタイロッドに追加される軸力

F_c : 呼称荷重が加わったときの被締付け部の締付け力の減少

λ : 呼称荷重が加わったときのタイロッドの追加伸び量（被締付け部の縮みの戻り変形）

各部のばね定数を求める． $E=210\,\text{GPa}$

表 7.2.2 図 7.2.5 の実際の例

	タイロッド	クラウン	コラム	ベッド
断面積 (cm^2)	A 200	a_1 520	a_2 500	a_3 500
長さ (cm)	L 715	l_1 180	l_2 380	l_3 155

材質：
タイロッド　S 45 C
クラウン　　SS 400
コラム　　　（溶接構造）
ベッド

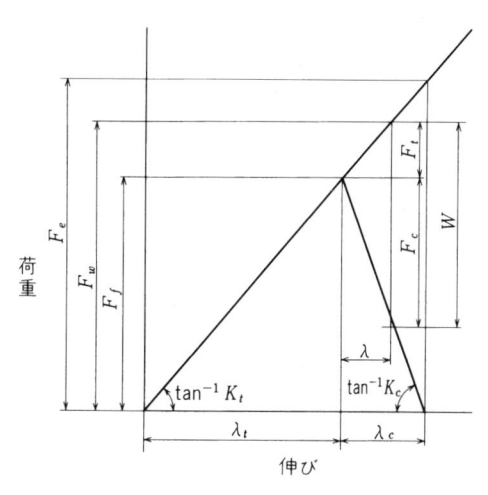

図 7.2.6 タイロッド締付け線図

タイロッド： $K_t = \dfrac{F}{\lambda} = \dfrac{AE}{L} = \dfrac{200 \times 210}{715} = 0.587 \text{ GN/m}$

クラウン： $K_1 = \dfrac{520 \times 210}{180} = 6.07 \text{ GN/m}$

コラム： $K_2 = \dfrac{500 \times 210}{380} = 2.76 \text{ GN/m}$

ベッド： $K_3 = \dfrac{500 \times 210}{155} = 6.77 \text{ GN/m}$

被締付け部全体のばね定数 K_c は,

$$\dfrac{1}{K_c} = \dfrac{1}{K_1} + \dfrac{1}{K_2} + \dfrac{1}{K_3}$$

から,

$K_c = 1.48 \text{ GN/m}$

初期締付け荷重を呼称荷重の 1.2 倍とすると, タイロッド 1 本当たりの締付け荷重は,

$$F_f = 1.2W = 1.2 \times \dfrac{5\,000}{4} = 1\,500 \text{ kN}$$

であるから, 初期締付け時のタイロッドの伸び, 被締付け部の縮み量は,

$\lambda_t = \dfrac{F_f}{K_t} = 255.5 \times 10^{-3} \text{ cm} = 2.55 \text{ mm}$

$\lambda_c = \dfrac{F_f}{K_c} = 101.4 \times 10^{-3} \text{ cm} = 1.01 \text{ mm}$

これに作業荷重として呼称荷重が加わったときの追加変形量 λ は,

$$F_t = \lambda \cdot K_t, \quad F_c = \lambda \cdot K_c, \quad W = F_t + F_c = \lambda(K_t + K_c)$$

であるから,

$$\lambda = \dfrac{W}{K_t + K_c} = 60.4 \times 10^{-3} \text{ cm} \fallingdotseq 0.6 \text{ mm}$$

作業が過荷重で, 被締付け部の縮みが 0 に戻るまでに達すると（この点をリ

7.2 プレス機械

フトオフポイントと呼ぶ.），コラム，クラウンの間にすき間を生じ，さらに過荷重になれば，クラウン，コラム，ベッドは無負荷となり，タイロッドが全荷重を負うことになり，接合面，タイロッドのねじ部に大きな衝撃を受け，損傷，ねじゆるみの原因となる．したがって，この例のように $\lambda < \lambda_c$ となっていなければならない．

次に，初期締付け時，作業荷重時及びリフトオフポイント時のタイロッドのねじ底部の引張応力を求めると，次のようになる．

$$F_w = F_f + F_t = F_f + \lambda \cdot K_t = 1\,855 \text{ kN}$$

$$F_l = F_t + \lambda_c \cdot K_t = 2\,100 \text{ kN}$$

初期締付け時のタイロッドのねじ底応力　　$\sigma_f = \dfrac{1\,500}{200} = 75 \text{ MPa}$

呼称荷重時のタイロッドのねじ底応力　　$\sigma_w = \dfrac{1\,855}{200} = 93 \text{ MPa}$

リフトオフポイント時のタイロッドのねじ底応力　　$\sigma_l = \dfrac{2\,100}{200} = 105 \text{ MPa}$

常時呼称荷重が加わると仮定して，応力振幅は，

$$\sigma_a = \dfrac{\sigma_f - \sigma_w}{2} = \dfrac{93 - 75}{2} = 9 \text{ MPa}$$

これらの値はS 45 Cの $\sigma_y \fallingdotseq 500$ MPaに比べ十分低い．プレスフレームの設計は，剛度を対象としているので，これらの応力値は当然低くなり，したがって疲労に対しても安全な値となっているが，ねじ切上部には応力緩和溝を設け

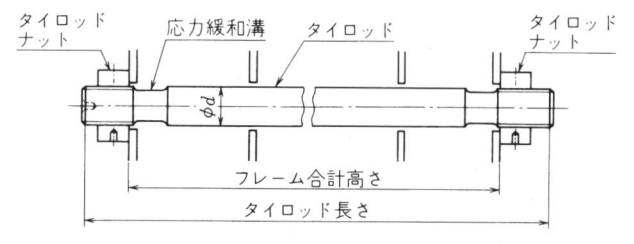

図 7.2.7　タイロッド及びナット

るなどして万全を期している．最近の機械プレスは，過負荷安全装置を備えているので，リフトオフポイントに達する負荷の発生はまず考えられないが，設計値としては，σ_l=130～150 MPa を上限とするのが普通である．

(2) その他のねじ締結部

プレスは前述のように，作業により衝撃的な繰返し荷重を受ける場合が多いので，ねじ類もゆるみやすいし，ゆるめばねじ以外の部分にも，さらに大きな衝撃が発生し，大きな事故につながる．したがって強度もさることながら，ゆるみ止めには種々な方策がとられているが，基本的には被締付け物の滑りや，遊離をなくすことが重要で，そのためには，ねじに十分な軸力を与えることと，接合面のへたりや摩耗などにも注意をはらう必要がある．

原則的に有効的な対策としては，ボルトはエラスティックに，被締付け物はリジッドにすることで，ボルトの l/d をできる限り大きくとることである．ねじのゆるみ条件の理論は本書でも 5 章で詳しく扱われているので参照されたいが，この l/d を大とすることは，軸力の確保及び対疲労に対しても有効である．具体的には次のような方策がとられている．

① スペーサを挿入して被締付け物を厚くする．
② ボルトを細くした伸びボルトにする．
③ めねじの被締付け側を切欠いて，できるだけ深いところにめねじを切る．

こうした方策は，軸直角振動力が作用する場合でも，ねじ接触部におけるズレが生じにくく，ゆるみ止めとして有効である．図 7.2.8 は上記①，②，③の方策をすべて採用した例である．

図 7.2.9 は，絞り作業用のダイクッション（図 7.2.9 のエアダイクッション参照）の，機械のベッドに取り付けるボルトが伸びボルトになっている例である．

非常に条件の厳しい高速精密打抜プレスや，極厚板用打抜プレスには，強度区分 12.9 級のハイテンボルトが使用されているが，熱処理後転造材で，ねじ切上部の応力緩和の対策のとられたものでなければならない．l/d が 15 程度以

7.2 プレス機械

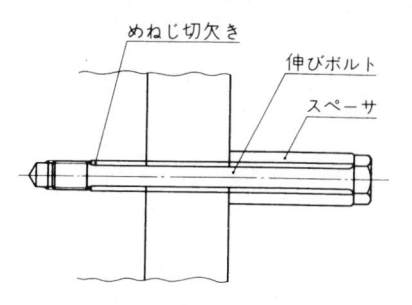

図 7.2.8 l/d を大きくとっている例

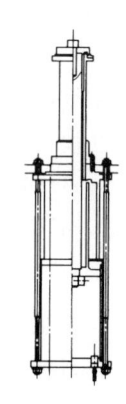

図 7.2.9 エアダイクッション取付けボルト

上のものは，熱処理後軸の曲がりを矯正して座面のあたりが十分確保されたものでなければならない．また，ハンドタッピングの場合，接合面との直角度を管理することも当然ながら重要である．

　対ゆるみの問題は単純ではないが，基本的には上記であり，これに嫌気性接着剤の使用を付加することもあるが，施工前の油分の除去を十分に行う必要がある．いずれにしても締付け軸力の確保，座面の管理など，ゆるみに対する正統的な手段を中心とするべきで，ばね座金などの使用などによるべきではない．

7.2.3　締付け法について

　前述のタイロッドは，表 7.2.1 に示すように，能力によってはかなり大径に

なるので，トルクによる締付け方法などでは，とうてい締め付けることはできない．よって加熱法か，テンション法が用いられている．

(1) 加熱法

タイロッドを何らかの方法によって高温に加熱することにより，その軸方向に熱膨張による伸びを生じさせる．この伸びた状態のとき，ナットを所定角度回転させ，ボルトの冷却による収縮により，所定の締付け力を得る方法である．加熱法はプレスの場合，かつてはガスバーナによるトーチ加熱を行っていた時代がある．この方法はコラムに加熱用の開口部を設ける必要があり，加熱の際は被締付け物のコラムに熱が伝わらないよう，加熱部の周囲にアスベスト板を配置し，できるだけ加熱が平均するようトーチを適宜移動させるなど，かなり厄介な方法であった．しかもこれを工場で組立時，解体時及び納入先での搬入据付時と，計3回行う手間だけでも相当なので，徐々にボルトヒータによる電熱加熱法に移行していった．これはタイロッドの中心にヒータの入る行きどまりの深孔をドリリングしなければならないが，4本のロッドの同時加熱及び締付けを行いやすいなど，原始的なトーチ加熱法よりは望ましい方法といえる．

ナットの回転角の算出は，再び7.2.2項の例で，

$$\lambda_t + \lambda_c = 2.55 + 1.01 = 3.56 \text{ mm}$$

であり，ねじピッチは表7.2.1より8 mmであるから，

$$回転角 = 360° \times \frac{3.56}{8} ≒ 160°$$

と求めることができる．

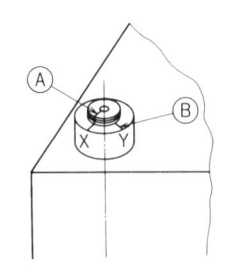

図 7.2.10 ナットの回転

図7.2.10のように，加熱前に仮締めしたタイロッドとナット面のXにⒶのマーキングを行い，これを基点に上記計算による回転角の位置YにⒷのマーキングをしておく．そしてⒷマークかⒶマークに達するまで，ナットを回転するわけである．ヒータ用のタイロッド中心孔は，ヒータ挿入前に切粉を除くなど十分清掃しておかなければならないし，作業安全にも注意が必要である．

(2) テンション法

図7.2.11に油圧によるテンショナの構造例を示す．

テンショナによる締付けの作業手順は，タイロッドのナット上部のねじの延長部に，テンショナの引張用ナットをねじ込み，別個に設けた手動又は電動ポンプによる油圧発生装置で，上部のピストン部に圧油を送り，クラウン上面のタイロッドナット座面を押さえてタイロッドを引っ張る．所定の締付け力を得るまで油圧を上昇させ，所定の伸びを与えておいて，クラウン上面に浮いたナットを回転することにより締め付ける．各種容量のテンショナを用意する必要はあるが，油圧は可変であるから，一つの装置である範囲のプレス能力に対応でき，4本の同時締付けも可能である．装置の費用はかかるが，ボルトヒータ用の面倒な深孔の加工は必要なく，締付け力の精度もよいので，プレスの場合

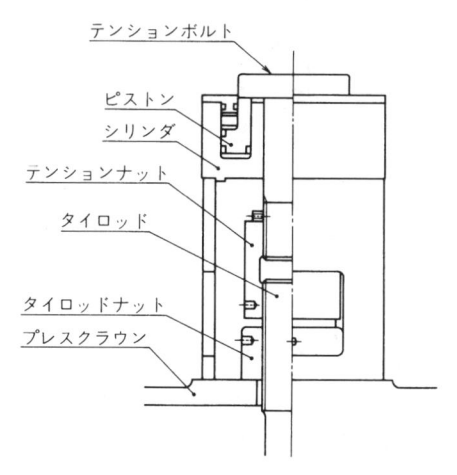

図**7.2.11** 油圧テンショナ

はこの方法が標準的なものとなっている．

(3) その他のボルトの締付け

前述のように作業による衝撃に起因するゆるみ，破損を防止するため十分な締付け軸力を与えるため，トルクによる締付けの場合は，当然その管理は適切に行わなければならない．人力による締付けは，太いボルトは締め不足，細いボルトは締め過ぎになる傾向はまぬがれがたいので，現在はトルクレンチ，インパットレンチの使用が常識となっている．トルク法による締付けの際，座面摩擦の減少安定化のために，極圧性グリースなどを使用する．

7.3 建設機械

建設機械は，その性能・耐久性の向上とあいまって建設土木事業合理化に重要な役割を果たしている．建設機械の種類は，土工機械・岩石工事用機械・コンクリート機械・舗装機械・トンネル工事用機械・ダム工事用機械など多岐にわたる．土工機械の中でも，ブルドーザ，ホイールローダ，油圧ショベル，スクレーパ，ダンプトラックなど数多くの機械があるが[12]，本節では建設機械の代表的機種である油圧ショベル及びホイールローダを例にとり，ねじの使用状況，建設機械におけるねじ使用上の留意点などについて述べる．

7.3.1 建設機械の機能と構造

(1) 油圧ショベル[13]

油圧ショベルは，図 7.3.1 に示すように，上部旋回体，下部機構及びバケット，ブームなどで構成される作業機からなり，上部旋回体は下部機構に対し 360°旋回できる．下部機構はクローラ式，ホイール式などの走行装置が装着される．作業機は，ショベル，バックホウ，クレーン，パイルドライバなど各種アタッチメントが簡単に交換でき種々の作業に使用される．通常ディーゼルエンジンを動力源とし，レバー，ペダルなどの操作により，掘削，旋回，走行などの動作を行わせて作業する．近年は油圧機器の発達により，油圧モータ・

油圧シリンダなどを動かし作業させる油圧式が普及している．特に，国内ではブルドーザ，ホイールローダに代わって最も多く使用されている建設機械である．

図 7.3.1 油圧ショベル

上部旋回体　　　　作業機

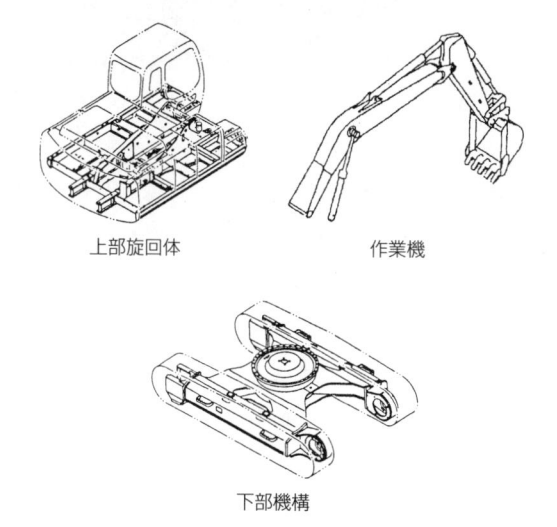

下部機構

図 7.3.2 油圧ショベルの主要構成コンポーネント

図 7.3.2 は，油圧ショベルの主要構成コンポーネントを示したものである．油圧ショベルは上部旋回体と作業装置の連係動作により，効率のよい掘削・積込み作業ができ，単位時間当たりの積込み能力が他の建設機械に比べ優れている．

各コンポーネントの結合には多くのねじ部品が使用され，最も普及している 20 トンクラスの中型機では，使用されているボルトは 1 500 本にも達する．

(2) ホイールローダ

ホイールローダは，図 7.3.3 に示すように大きなバケットを装着したタイヤ式建設機械で，掘削・積込み作業のほか運搬・整地・除雪作業など広範囲の作業をこなし，建設土木工事などに多数使用されている．

図 7.3.3 ホイールローダ

ホイールローダは，図 7.3.4 に示すような土砂などのダンプトラック積みを行う"ショベル・アンド・ダンプ作業"に用いることが多い．また，鉱山などでは，山での掘削作業と砕石場までの岩石の運搬を行う"ロード・アンド・キャリ作業"などにも用いられる．

図 7.3.5 は，ホイールローダの構造と主要な構成コンポーネントグループを示したものである．エンジンは一部を除いて，大部分がディーゼルエンジンを搭載している．動力伝達は，トルクコンバータ方式・HST（Hydro Static Transmission）方式などを採用したものがある．一般に四輪駆動であり，動力はデファレンシャル装置を経てアクスルシャフトに伝達される．掘削作業な

7.3 建設機械

どで大きな駆動力・けん引力が必要なことから，ほとんどが終減速装置をアクスル部にもっている．最終的に動力は大形低圧タイヤに伝えられる．車輪式であるため，ホイールローダは走行速度が速く，機動性に富み，舗装路面も悪路も自由に走行し目的の現場まで手軽に移動することができる．一方，荷役装置は一般に油圧機器で構成され，油圧ポンプで得られた油圧が，荷役装置のブームシリンダあるいはバケットシリンダに供給され，大きな掘削力を発生させ高

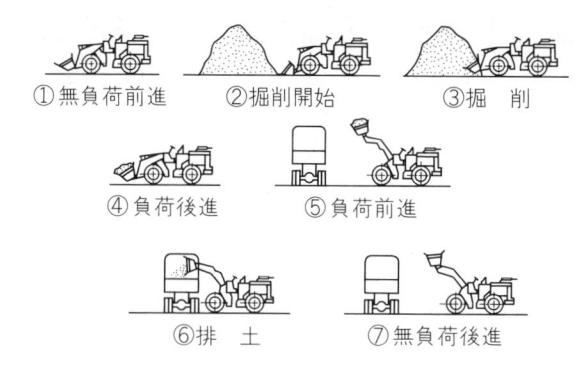

① 無負荷前進　② 掘削開始　③ 掘　削
④ 負荷後進　⑤ 負荷前進
⑥ 排　土　⑦ 無負荷後進

図 7.3.4　ショベル・アンド・ダンプ作業

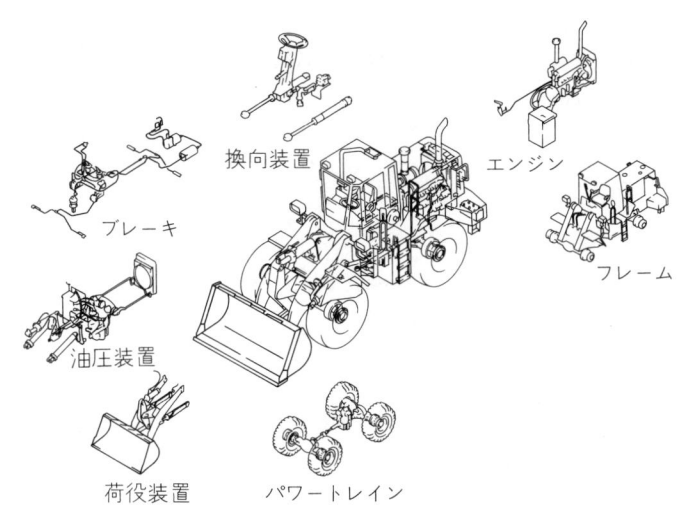

図 7.3.5　ホイールローダの主要構成コンポーネント

い作業能力を発揮している.

エンジン・パワートレイン系,荷役装置系,油圧系などのコンポーネントグループのほかに,ホイールローダはフレーム・換向装置・ブレーキ・電気系などのコンポーネントグループにより構成されている.それらの構成コンポーネント間,あるいは各コンポーネント内の部品及び小コンポーネント間などの結合方法は,ねじ・溶接・ピン・接着など種々の方法がとられている.

その中で,ねじによる締結は,小は配線のクリップ止めから大はアクスルマウントなどに多数使用されている.中大形機種では,使用されているボルト・スタッドなどの数は2 000個にもなる.さらに,ナット・座金などのねじ部品を加えるとその数は5 000個にもなる.特にねじは重要強度部材の結合にも多数用いられ,ねじ1本のトラブルが大きな故障原因になるばかりでなく,場合によっては人命にもかかわる事故にもつながり,最近ではPL(Product Liability:製造物責任)問題としても取り上げられるようになり[14],ねじの品質・ねじ締結体としての信頼性などが,建設機械に使用されるねじ部品の重要な品質特性の一つとなってきている.

7.3.2 建設機械における代表的なねじの使用例

本項では,建設機械の特に足まわり系を題材として,ねじの使用例及びそのポイントを示す.

7.3.2.1 油圧ショベル

(1) 旋回輪ボルト

図7.3.6には,油圧ショベルの上部旋回体と旋回輪の構造を示す.旋回輪は走行時の路面からの振動,作業中頻繁に行われる旋回によるスラスト力などの外力及び掘削時の作業機による大きな反力を全周にわたって使用されているボルトが受ける.このため,ボルトは振動によるゆるみ及び耐久性に対する配慮が重要である.

(2) トラックリンク

図7.3.7は油圧ショベルのクローラ装置のトラックリンク構造を示す.トラ

7.3 建設機械

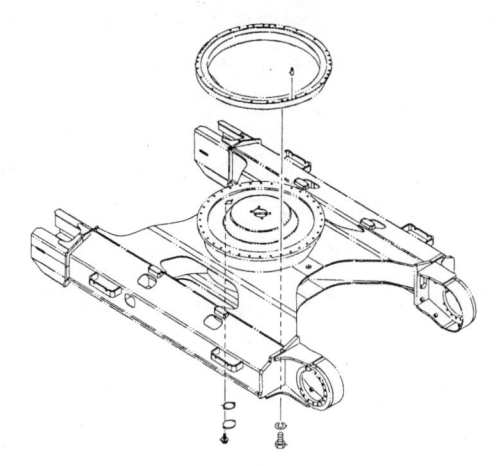

図 7.3.6 旋回輪

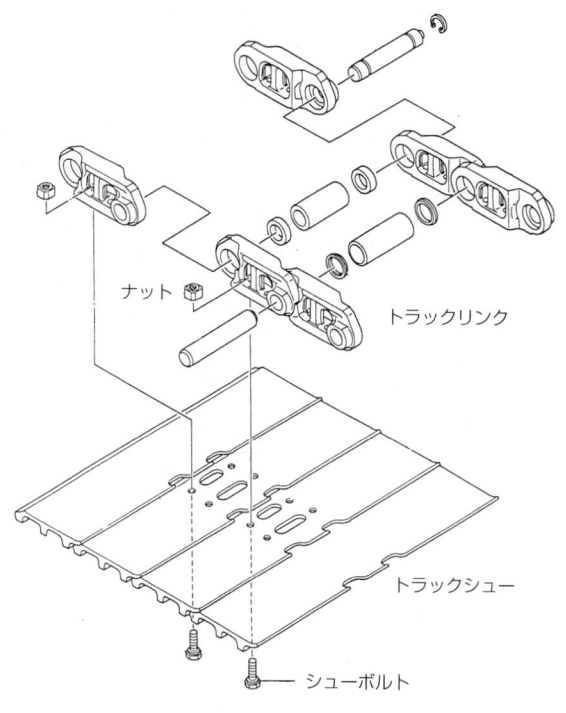

図 7.3.7 シューボルト

ックリンクとシューの締結に用いられるシューボルトは通常引張強さが1 200 N/mm² 以上の高強度ボルトが使用される．このため遅れ破壊に対し十分な配慮が必要である．また，板厚の薄いトラックリンクとシューをボルト・ナットで締め付けること，偏心荷重を受けやすいことから，ゆるみ及び耐久性にも十分な配慮が必要である．実現場作業では，主要ボルトについては，はじめ数十時間で，その後は200〜300時間程度ごとに増し締めを行って，ゆるみなどを起こさぬよう高い初期軸力を保つよう，マニュアルなどで機械使用者に注意を喚起することも重要である．

7.3.2.2　ホイールローダ

(1)　アクスルマウントボルト

図7.3.8には，フロントアクスルマウントの全体構造を示す．また，図7.3.9にはフロントアクスルを示す．この種の機械構造物の結合で特に注意するポイントは，結合部の剛性とボルト締付け長さである．図7.3.10はねじ締付け三角形の一例である．ねじ締結体に同じ大きさの外力が作用したとき，式(7.3.1)で示される内力係数の Φ が小さい構造がボルトに生じる付加内力が小さく安全である．

$$\Phi = \frac{K_t}{K_t + K_c} \tag{7.3.1}$$

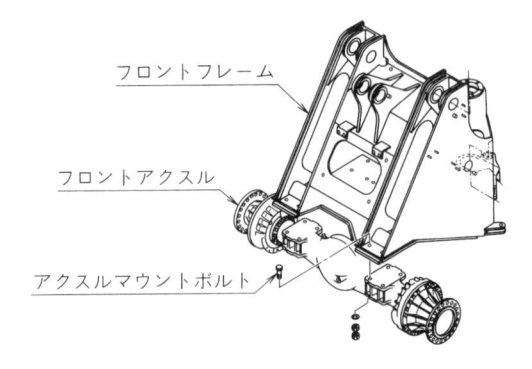

図7.3.8　フロントアクスルマウント構造

7.3 建設機械

式 (7.3.1) から Φ を小さくする方法は，ボルトのばね定数 K_t を小さくするか，被締付け物のばね定数 K_c を大きくすることである．図 7.3.9 のアクスルハウジング部は，上述のポイントを考慮したもので，マウント部には縦リブを入れ剛性をあげている．また，ボルトの締付け長さを十分にとる構造としてボルトのばね定数を下げている．

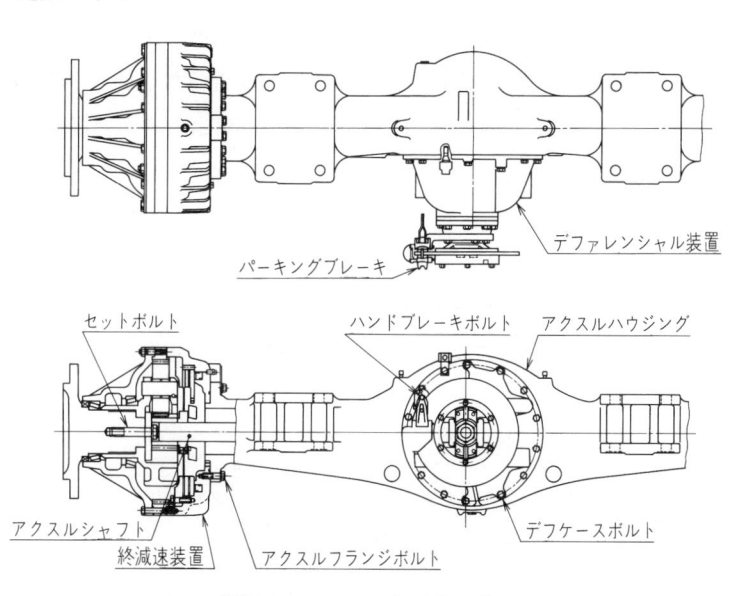

図 7.3.9 フロントアクスル

K_t：ボルトのばね定数
K_c：被締付け物のばね定数

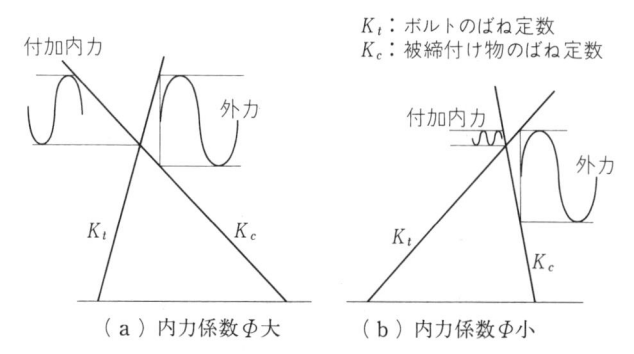

（a）内力係数 Φ 大　　（b）内力係数 Φ 小

図 7.3.10 締付け線図によるねじ締結体の強度設計のポイント

(2) アクスルハウジングフランジ部結合

アクスルハウジング端部フランジ部と終減速装置との結合は，図 7.3.9 に示したようにいんろう構造としている．これはもちろんパワートレイン系の軸の結合が主目的であるが，一方締結ボルトには軸方向力のみが作用し，せん断力などが作用しない構造とすることも設計上のポイントとなっている．この種の目的でリーマボルト・ノックピンなどを用いる場合もあるが，いずれもねじ継手が軸方向力のみを受ける軸力結合とし，複合的な負荷がねじ継手に加わらないような配慮をしている．これにより，ボルトの強度計算あるいは実働応力測定などによる信頼性評価などを単純化できることになる．

(3) デファレンシャル装置

図 7.3.11 は，デファレンシャル装置の構造を示したものである．ここでは，ドライブピニオン用ロックナット及びベアリングケースボルトについて使用例を示す．このロックナットのように，ナット高さの低い場合には締付け作業中

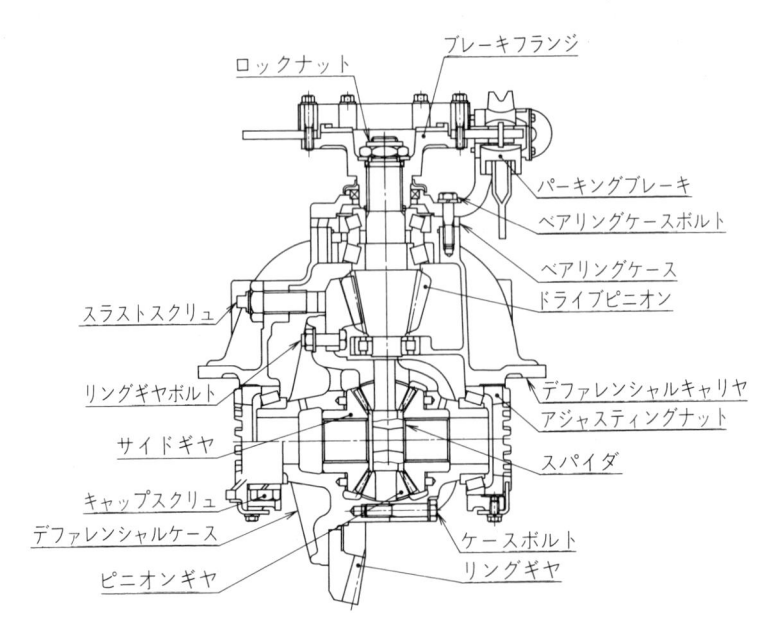

図 7.3.11 デファレンシャル装置

7.3 建設機械

にめねじのねじ山がせん断破壊しないよう，適正な締付けトルクを与えなければならない．このような薄ナットの締付けトルク T_{mean}' は，次式により簡単に求めることができる．

$$T_{\text{mean}}' = \frac{L}{L_{\min}} \cdot T_{\text{mean}} \tag{7.3.2}$$

ここに，T_{mean} ：通常の締付けトルク
L ：ナットの厚さ
$L_{\min}$ ：めねじねじ山がせん断破壊しない限界はめあい長さ

限界はめあい長さ $L_{\min}$ については，山本が各種の材質について実験結果を発表しており有用である[15]．図 7.3.12 は鋼ボルト，鋼ナットでの例である．

ベアリングケースボルトは，めねじ側が鋳鉄であることから，ねじ山のせん断破壊に対し安全な並目系のねじを用いている．このような，低強度材がめね

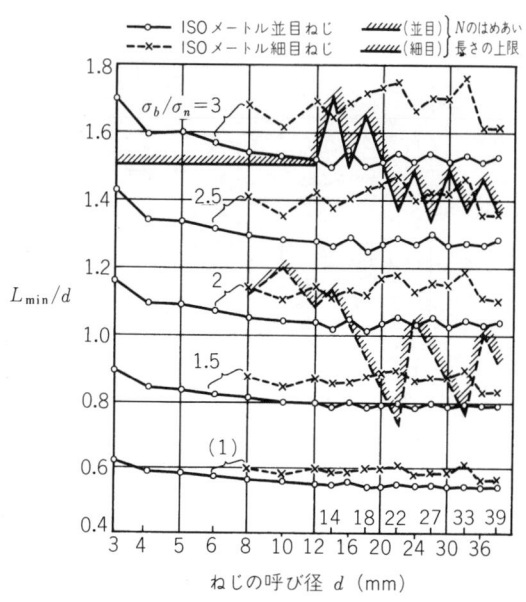

鋼めねじのねじ山がせん断破壊する場合($\sigma_n < \sigma_b$)

図 7.3.12 限界はめあい長さ $L_{\min}$[15]

じに用いられる場合には，並目系のねじを用いるとともに，ねじ山のはめあい長さを，山本の実験結果を参考に十分にとっておくことが肝要である．

(4) 終減速装置

図 7.3.9 のアクスルアッセンブリ図から，終減速装置部分を拡大して示したのが図 7.3.13 である．この装置は，湿式ブレーキ，遊星歯車機構で構成された終減速装置及びタイヤ取付け用のホイールハブなどで構成されている．この中で終減速装置とホイールハブを結合しているセットボルトは，構造上極めて高い信頼性が要求される．この種の重要ボルトは，特に高強度ボルトを用い，品質管理と締付け作業管理を厳重に行い，設計品質の確認として耐久信頼性試験などを入念に行うなどの配慮が必要である．

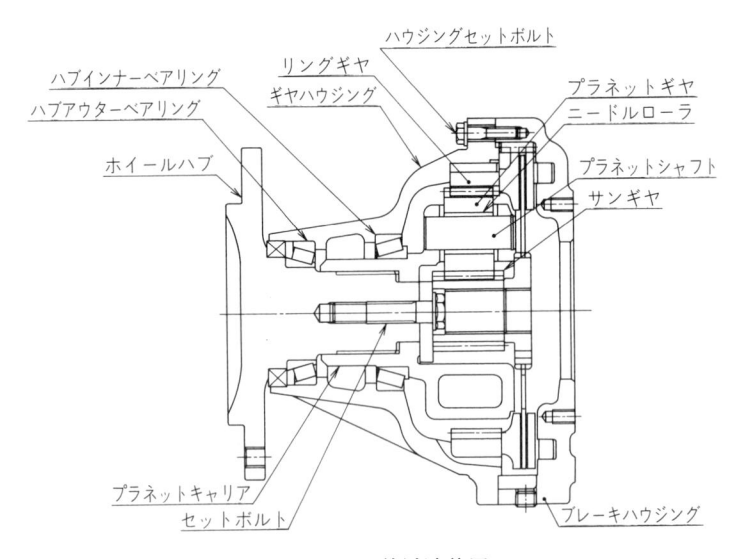

図 7.3.13 終減速装置

7.3.3 建設機械におけるねじ使用の留意点

ホイールローダは，前述のように大きな掘削力・けん引力及び機動性をもち，土木建設・鉱山・農林業・畜産あるいは除雪などの広範な分野で使用され，その作業が重作業であることから，考慮すべき品質特性のうち耐久信頼性が最も

7.3 建設機械

重要なものの一つとなっている．多数使用されているねじについても全く同様であり，強度部材の締結あるいはねじ自身が強度部材の一つとして機能するような使用例では，特にその面の検討が重要である．

ねじ締結体のトラブルとしては，疲労破壊・ゆるみ・締付け不足・過締付け・遅れ破壊など多岐にわたる．表 7.3.1 には筆者がこれまでに経験した代表的なトラブル事例を示した．ねじのトラブル及びその原因については，前章までに詳しく説明がされており，それらを参考にしてねじ継手設計をし，不幸にしてトラブルが起きたときには，その原因の究明をすることが肝要である．ここでは，特に建設機械におけるねじ使用上の重要な留意点として，適正締付けの問題，強度面及びゆるみの耐久信頼性評価について以下に簡単に述べることにする．

なお，辻はボルトの付加内力を低減し締結体の疲労強度を向上させる方法を，以下のようにまとめている[16]．

① 被締結体のばね定数を増加させる．
② 高い初期締付け力を与える．
③ 外力の作用位置を接合面に近づける．
④ 偏心外力を避ける．
⑤ ボルトのばね定数を減少させる．

(1) ねじ締結体の軸力管理

建設機械などの生産現場では，多数のねじの締付けに広くトルク法が用いら

表 7.3.1 建設機械でのねじトラブル例

現象	状況・対策	原因
ハウジング組付けボルト折損	M 16 首下長さ 100，強度区分 8.8 めっきボルトが出荷前あるいはユーザ稼働直後に首下から折損．ねじメーカの製造ミス．ベーキング処理で解決．	遅れ破壊
アクスルフランジスタッドの破損	UNF, UNC 5/8 Grade 8 スタッドが破損．稼働時間 5 000〜8 000 h，フランジ部剛性アップ．	疲労
フレームマウントボルトのゆるみ	組立て精度不足他	ゆるみ

れ，ねじ締結体の軸力管理が行われている．

ねじ締結体の適正締付け状態とは，十分に高い軸力で締め付けられた状態で，稼働中の破損あるいはゆるみなどを起こさないこととされている．

ところで，トルク法は締付けトルクの10%程度しかねじ軸力の発生に寄与しないことなどから[15]，本質的に高い精度を得ることのむずかしい方法であった．このようなトルク法の欠点を補う方法として，塑性域締付け法などが提案されている．しかし，これらの方法を実機生産の組立工程に適用するには，手法が複雑で工数がかかる．装置が高価になるなどの理由から，建設機械においてはまだ多くのねじ締付け作業を，工具などが簡単でその標準化の容易なトルク法によらざるを得ないのが現状である．

図7.3.14は，トルク法における締付けトルクと軸力の関係などを示したものである．ねじの潤滑状態からトルク係数の分布を，使用する工具により締付けトルクの目標値T_{mean}と多数本のボルト締付けにおける締付けトルクの分布などを考慮し，ボルトの締付け中に降伏し伸びなどの生じない範囲で得られる軸力を，できるだけ高くするよう締付けることがポイントとなる[17]~[21]．

適正な締付けトルクと高い初期軸力を，生産現場で多くねじ締付けで安定し

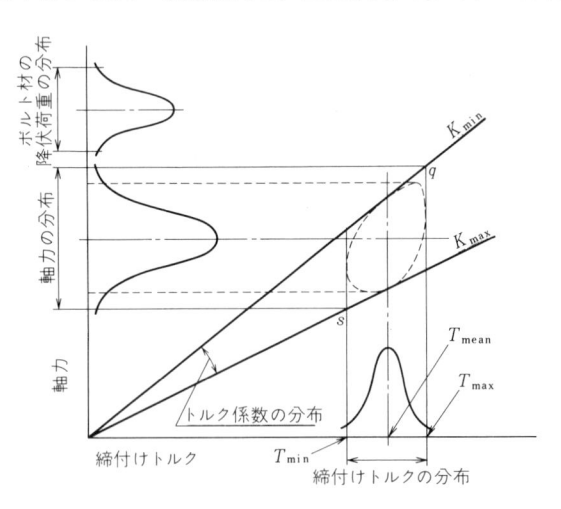

図7.3.14 締付けトルクと軸力の関係

て得るためには表7.3.2のような締付けトルク基準表によって締付けの信頼性を保つことが重要である．ゆるみあるいは耐久信頼性の面からより高い軸力で締め付ける必要がある場合，あるいは油密・機密構造物で所要軸力を下回る場合には，高強度ボルトへの変更などが必要となる．

表7.3.2 締付けトルク基準表

単位 N·m

締付けトルク 呼び径	A 級		B 級	
	目標値	許容範囲	目標値	許容範囲
4	1.18	0.93～1.42	1.32	1.13～1.57
5	2.50	2.01～2.99	2.79	2.21～3.29
6	4.02	3.24～4.81	4.41	3.53～5.30
8	9.51	7.65～11.4	10.5	8.43～12.6
10	18.5	14.9～22.2	20.4	16.3～24.5
12	34.0	27.3～40.8	37.8	
14	53.6	42.9～64.4		
16	83.4			

(2) 強度面の耐久信頼性評価

建設機械のような重作業に用いる機械では，強度部材の結合に用いるねじ継手には苛酷な負荷が加わることから，強度面及びゆるみに対して特に十分注意が必要である．ここでは，ホイールローダ足まわり部材に用いているねじ継手を例に，負荷と応力の関係を用い疲労強度解析し，耐久信頼性評価を行う方法について簡単に述べる[22]．

図7.3.15は，ボルト軸部への負荷測定用ひずみゲージの接着要領を示したもので，併せて負荷の関係も示した．ねじ継手に作用する負荷は，ボルトの中心軸上あるいはそのまわりに働くものとする．各測定点のひずみゲージは図に示したように，A点とC点では直角三軸型ひずみゲージを用い，中央のゲージをボルト軸方向に向けて接着する．B点とD点については単軸ゲージをボルト軸方向に接着する．直角三軸型ひずみゲージによる測定ひずみは，例えば測定点Aでは，ゲージⅠ，Ⅱ及びⅢのひずみをそれぞれ ε_{AI}, ε_{AII} 及び ε_{AIII} と示

346   7. ねじの使用例

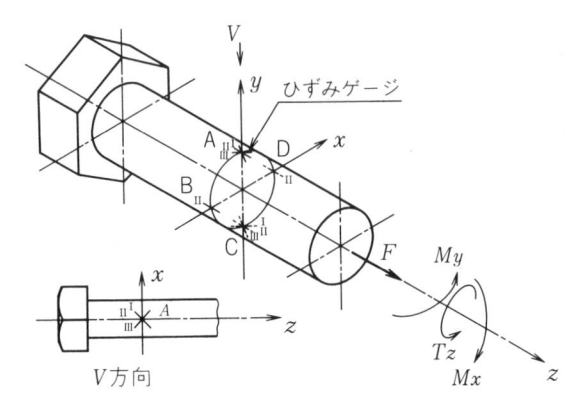

図 7.3.15 測定部ひずみゲージと負荷の関係

すことにする．B点及びD点の単軸ゲージでの測定ひずみは，それぞれ ε_{BII} 及び ε_{DII} と示すことにする．これにより，ねじ継手に加わる負荷は次のように示すことができる．

$$F = E \cdot A_r \frac{\varepsilon_{AII} + \varepsilon_{CII}}{2} \tag{7.3.3}$$

$$M_x = E \cdot Z_b \frac{\varepsilon_{AII} - \varepsilon_{CII}}{2} \tag{7.3.4}$$

$$M_y = E \cdot Z_b \frac{\varepsilon_{BII} - \varepsilon_{DII}}{2} \tag{7.3.5}$$

$$T_z = G \cdot Z_p \{(\varepsilon_{AIII} - \varepsilon_{AI}) + (\varepsilon_{CIII} - \varepsilon_{CI})\} \tag{7.3.6}$$

ここに，F：測定部軸方向力
M_x：測定部 x 軸まわり曲げモーメント
M_y：測定部 y 軸まわり曲げモーメント
T_z：測定部 z 軸まわりねじりトルク
A_r：軸部断面積（測定部）
Z_b：軸部断面係数
Z_p：軸部極断面係数
E：ボルトの縦弾性係数

G：ボルトの横弾性係数

曲げモーメント M_x 及び M_y の合曲げモーメント M_e とその作用軸の方向 α_M（反時計方向を正とし，x 軸から作用軸までの角度）は次のとおりである．

$$M_e = \sqrt{M_x^2 + M_y^2} = E \cdot \frac{Z_b}{2}\sqrt{(\varepsilon_{AII} - \varepsilon_{CII})^2 + (\varepsilon_{BII} - \varepsilon_{DII})^2} \tag{7.3.7}$$

$$\tan \alpha_M = \frac{M_y}{M_x} = \frac{\varepsilon_{BII} - \varepsilon_{DII}}{\varepsilon_{AII} - \varepsilon_{CII}} \tag{7.3.8}$$

図 7.3.16 は図 7.3.9 と同様ホイールローダのアクスルを示す．対象とするボルトは前項で使用例として示したセットボルトで，回転部であることから軸力に加え，ねじりトルクなどの負荷が複合的に加わる．セットボルトに加わる実働負荷を簡便に求めるために，測定は図 7.3.17 に示すような通しスタッドを用いた．

実働負荷測定は，図 7.3.4 に示したショベル・アンド・ダンプ作業で行った．疲労強度解析では長時間のデータが必要なことから，負荷測定は通常 30 分か

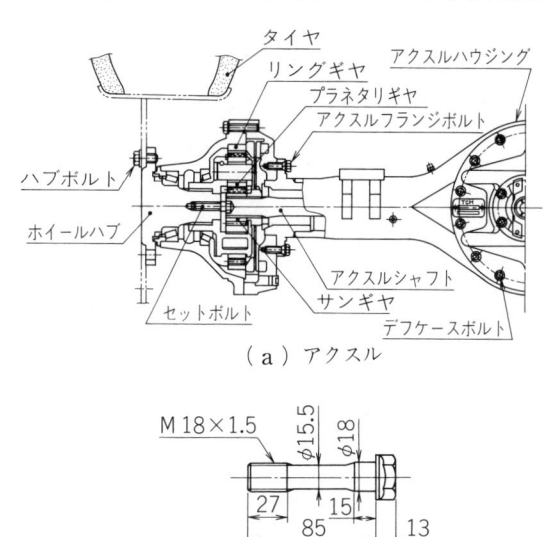

図 7.3.16 供試品構造とセットボルト

348   7. ねじの使用例

ら数時間にわたるこのような作業の繰返しで行う．本例での負荷解析は式(7.3.3)〜式(7.3.8)によるものとし，せん断力あるいは円周方向力などは無視できるものとして扱う．図7.3.18は，負荷測定用スタッドに加わる軸力・合

(a) 負荷測定装置

(b) 負荷測定用スタッド

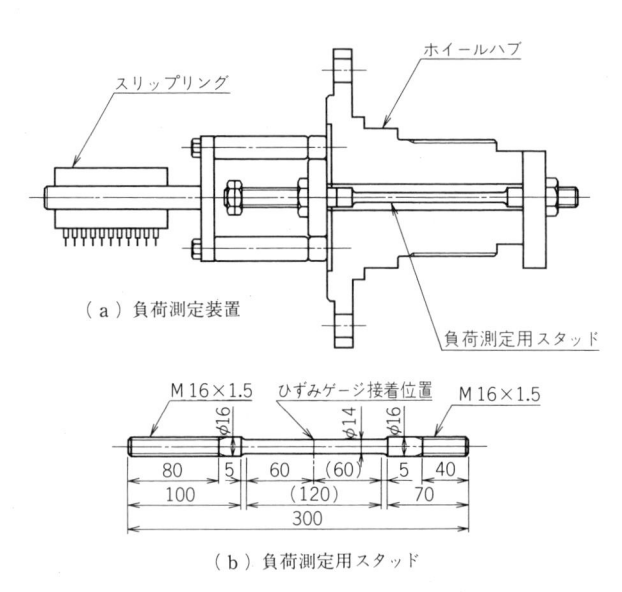

図7.3.17 負荷測定装置とスタッド

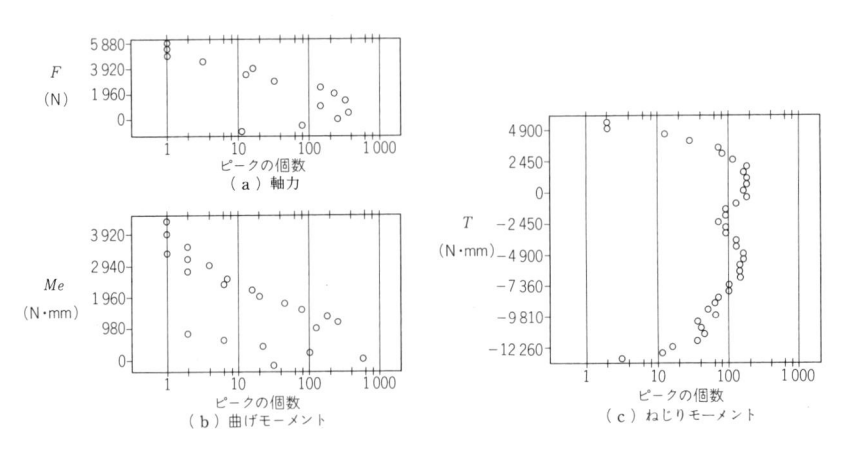

(a) 軸力

(b) 曲げモーメント

(c) ねじりモーメント

図7.3.18 負荷頻度

曲げモーメント及びねじりトルクをピーク法により頻度計数した結果を，負荷頻度として示したものである．合曲げモーメントとねじりトルクの負荷頻度を見ると，双方とも二つの頻度の山があるとみられる．これらは，それぞれ作業時と走行時の頻度及び前進時と後進時の頻度が重畳したものである．

図 7.3.19 は，実機のセットボルトに対して求めた応力頻度と S–N 線図である．強度評価を行うには，これらから実働荷重下の疲労寿命計算法を用いて，寿命値を求めればよい．図の応力頻度は，負荷ピーク値の時系列データを用い，負荷頻度と同様にピーク法を用い応力頻度として計数した結果を示したものである．S–N 線図は，実機ボルト相当品について，電気油圧サーボ疲労試験機を用いて求めたものである．図の頻度線図は，S–N 線図との比較に便利なように実験時間を 5 000 時間当たりの頻度に換算して示した．

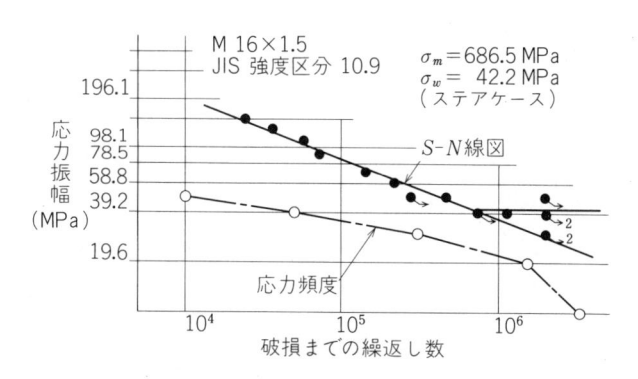

図 7.3.19 応力頻度とボルトの S–N 線図

通常，この種の重要ボルトの信頼性設計では，ボルトに加わる応力は疲労限以下となるように設計することが望ましいが，本例のようなプロトタイプ機では，実働応力が疲労限を上回るような場合もある．このような場合には，有限寿命として修正マイナー則などを用いて寿命測定を行い，安全性・信頼性を確認するか，あるいは最大応力が疲労限以下となるよう改造を施すことになる．

(3) ゆるみの耐久信頼性評価

ねじトラブルは，ユンカーのジョイントルートマップにみられるように，そ

の形態は疲労破壊とゆるみであり，その原因は設計ミスあるいは締付け不足とされている[23]．ゆるみの評価については，各種ゆるみ止め装置の評価としてゆるみ試験機を用いた評価結果などが報告されている[24)~26)]．しかしながら，これらの評価法は実験室的なもので，定性的な評価に加え定量的にも各種ゆるみ止め装置のゆるみ防止性能を相対比較までできるようになってきてはいるが，実機においてねじがゆるまずに所要の機能を果たすか，あるいはある期間経過後初期の機能をどの程度保持しているか，といった絶対的な評価を行い得るものではなかった．建設機械などの実機稼働時におけるねじのゆるみの耐久信頼性評価では，この絶対的な評価が不可欠である[27]．

図7.3.20は，ホイールローダのディスクホイールを取り付けるためのハブボルトについて，走行を主体とする試験パターン下でのボルトの締結軸力の低下傾向をボルト軸部に接着したひずみゲージにより調査した結果である．図には2種類のディスクホイールについての軸力変化を示してある．横軸は作業パターンの繰返し数をとっている．この例にみるように，一般にねじのゆるみは曲線的であり，締付け初期あるいは稼働初期には大きくゆるむが，しだいにその程度は小さくなる傾向にある．

図7.3.21は，同じデータを両対数紙にプロットしたもので，データが直線的な漸減傾向を示すことがわかる．図7.3.22は，日本ねじ研究協会が行った

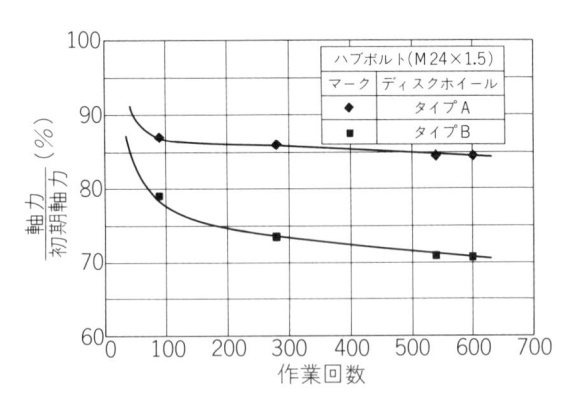

図7.3.20 実車における軸力の変化（真数表示）

7.3 建設機械

軸直角振動ゆるみ試験の結果[28]を前例と同様に両対数紙にプロットしたもので，やはり直線的な漸減傾向を示す．これらの図から，測定したボルトの軸力変化は式(7.3.9)あるいは式(7.3.10)で近似できる．

$$\log R = A' + B' \cdot \log N \tag{7.3.9}$$

$$\log R = A + B \cdot \log H \tag{7.3.10}$$

ここに，R：(測定時の軸力)/(初期軸力)

N：試験パターン繰返し数

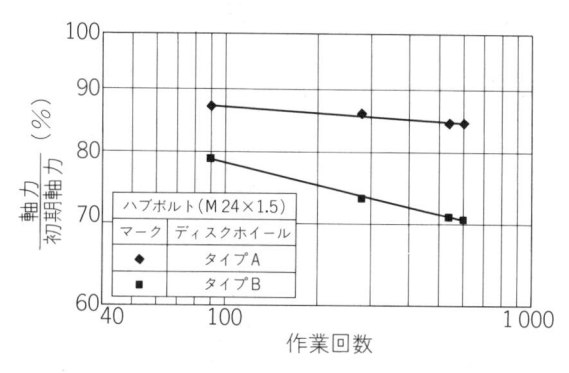

図 **7.3.21** 実車における軸力の変化（両対数表示）

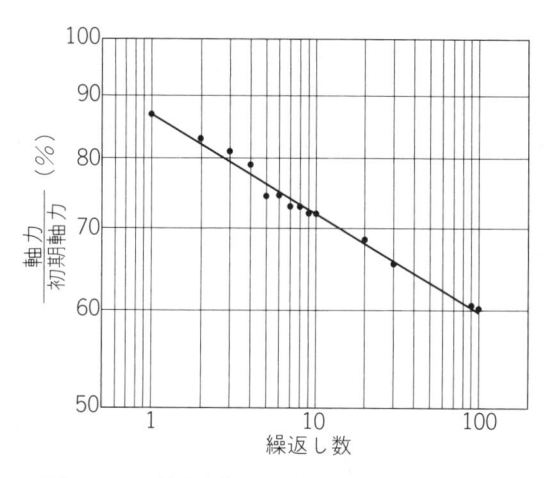

図 **7.3.22** 軸直角振動ゆるみ試験（両対数表示）

H：稼働時間

A, B, A', B'：定数

　図 7.3.23 は，この軸力の低下傾向を長時間にわたり図 7.3.16 に示したホイールローダアクスル部の，ハブボルト・アクスルフランジボルト及びデフケースボルトについて求めたものである．軸力の測定は，ひずみゲージ法・超音波式の軸力計なども有用だが，ここでは磁気軸力計を用いた．実験は図 7.3.4 に

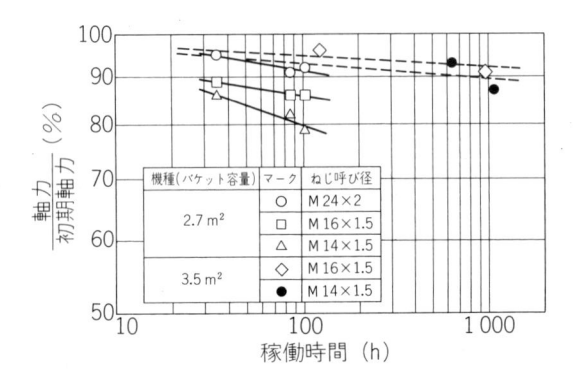

図 7.3.23 実機稼働時のゆるみ測定（両対数表示）

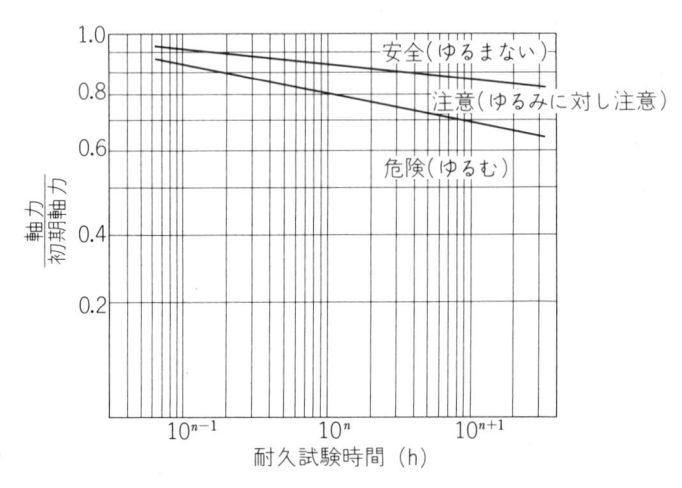

図 7.3.24 ゆるみの評価線図

7.4 電気機器及び関連機器

示したショベル・アンド・ダンプ作業で行い，図は2機種での結果を両対数紙にプロットしたもので，図7.3.21あるいは図7.3.22と同様に長時間にわたる実機稼働下においても，軸力は直線的な漸減傾向を示す．

以上のように，ねじ軸力の低下傾向は締付け初期から長時間の実機稼働後に至るまで，両対数紙上で線形関係にあると考えられる．ねじのゆるみの絶対的評価法は，締付け後あるいは稼働後のねじ軸力が式 (7.3.9) のような線形の関係を示す特性を利用するもので，例えば実機開発の初期における比較的短期間の軸力測定の結果から，長期稼働後のゆるみの程度を評価することができる．ゆるみの評価線図としては，図7.3.24に示すような簡単な線図が工業的には有用であり，絶対的な評価を目的としたねじのゆるみの耐久信頼性評価を可能ならしめるものである．

7.4 電気機器及び関連機器

電気機器は，手の平にのる小さなものから数百トンを超える大きなものまでその種類は非常に多く，それぞれの使用条件も多様である．また，電気機器に直結される蒸気タービンや水車のような原動機等にも多数のねじ締結部品が使用され，要求される機能・品質・価格・納期なども多彩である．そのため，電気機器及び関連機器に使用されるねじの種類・サイズ・量は極めて多い．

ここでは特殊な場合を除き，電気機器及び関連機器に対する一般的なねじ締結体設計のポイント及び使用例を述べる．

7.4.1 電気機器のねじ締結体設計に関する一般的事項
(1) 日本電気工業会規格（JEM）

ねじ締結についてはJISを使用するのが基本であるが，電気機器の設計，製造，試験検査等について日本電気工業会規格（JEM）があり，JISに定められていない電気機器特有の部品及び使用法について規定されている．

ねじ締結部品に関するJEMには表7.4.1のようなものがある．

これ以外に機器ごとの規格があり，他機器との取り合い部のねじ部品や導体接続部のねじ締結法についても含まれている．また，"技術資料"が附属されており，例えば，"技術資料 TR–165　変圧器基礎ボルトの耐震設計指針"などがある．

表 7.4.1

JEM 番号	名　　称	適　　用
1294	すりわり付き六角ボルト	早回し用すりわり溝付き
1295	リーマボルト	締付け面のずれ止め用
1296	両ねじボルト	丸棒の両端にねじ加工
1297	打込みねじ	銘板取付け用
1299	T 形基礎ボルト	回転機の据付け用
1300	ねじ付きノック	位置決め用
1301	舌付き座金	丸平座金に舌状の突き出し
1302	つめ付き座金	丸平座金の一部を切り，折り込むもの，外つめ付き
1303	5 度傾斜座金	溝形鋼の傾斜部用当て金
1326	ボルトカップ	防爆構造用・専用工具使用
1327	導電ナット	導電専用
1328	つまみねじ及びつまみナット	扉，カバー等の取付け用
1433	溶融亜鉛めっきメートルねじ	防食用
1434	溶融亜鉛めっき六角ボルト及び六角ナット	防食用

(2) 市販のねじ締結部品の選定

六角ボルトや小ねじは，強度区分 4.8～6.8 が一般に用いられる．部品等級は B（JIS B 1021）が一般に使用され，A は高精度を要求するような特殊な場合だけに使用し，C は通常使用しない．部品等級 B の公差は，めねじが 6 H，おねじが 6 g（JIS B 0209）である．

平座金は JIS B 1256 を使用するが，内径の基準寸法は 1 級ボルト穴（JIS B 1001）と同じで，打ち抜きで製造するため内径の面取りがない．したがってボルトの首下の丸みに注意し，干渉を起こさないようにしなければならない．有効径六角ボルト（主に転造ボルト）以外のボルトを使用する場合は，ばね座金（JIS B 1251）を首下に入れると干渉しない．

また，ボルト及び小ねじを挿入する穴は，JIS B 1001の2級穴あるいは3級穴とし，同JISの付表の面取りを行う．面取りをしないで，ボルトの首下の丸みとの干渉を避ける場合もばね座金を入れるとよい．

部品の購入に際しては，市販品であっても，材料・製造・形状寸法・試験検査・包装・不適合発生時の処理方法などを明確にした"購入仕様書又は図面"を作成して発注し，受入れ時には"受入れ検査"をする．ただし，製造・納入者の品質管理が発注者の満足するものであれば，受入れ検査を省略することもある．

(3) 電気的接触部のねじ締結

電気機器には，端子，スタッド・ナット，導体重ね合わせなどによる電気的接触部が多数あるが，それらに使われるねじ締結には細心の注意を払う必要があり，特に導通性が必要な場合は黄銅等の部品を使用する．また，安全法規に注意する必要がある．

通電中の電気抵抗熱による熱膨張が電気導体（以下，導体という．）とボルトで異なって，締付け力が不適合となる場合があり，高温になる場合は締結材料の強度低下のおそれがある．また，温度上昇・下降の繰返し（ヒートサイクル）によって導体が膨張収縮したり，使用中の振動や外力によって接触面の状態が変化して締結部にゆるみが生じることがある．このようなおそれのある部分には，ばね座金や皿ばね座金（JIS B 1251）を使用して，ねじ面圧を保持する．絶縁物と導体を共締めする場合は，絶縁物の劣化・軟化に注意する．

また，図7.4.1のように，導体にたわみをもたせてねじ締結部にかかる力を低減したり，接合面が滑らないようにするなどの処置を講じる．

一般に導体として，銅やアルミニウムのような比較的軟らかい材料が用いられ，また，銅にはめっきが施されるが，それらの導体をボルト・ナット・ばね座金等で直接締め付けると，ねじ部品の回転接触で導体の締付け座面が削られて十分な締付けがなされなかったり，めっきがはがれることがある．そのようなことがあってはならない場合は，平座金や折り座金を入れて保護する．

特に分解再組立てや端子等の着脱が必要な場所には配慮を要する．

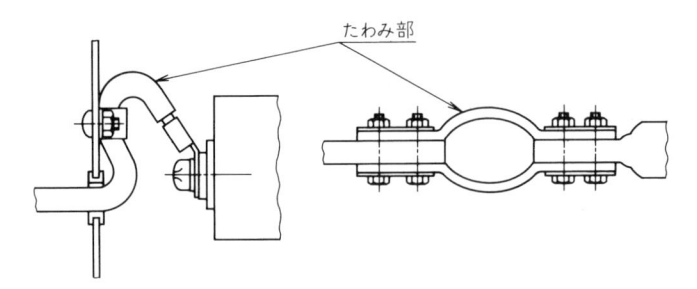

図 7.4.1 ねじ締結部にかかる力の例

(4) ボルトやノックの絶縁

締結部品を電気的に絶縁する必要がある部分には，ボルトやノックを絶縁して使用する．

図 7.4.2 にボルトを絶縁した例を示す．同図 (a) はボルトの一部に絶縁材をモールドした例であり，(b) はボルトとボルト穴との間に絶縁筒を挿入した例である．それぞれ一長一短があり，(a) の場合はボルト径が幾分小さくなるので強度の確認が必要である．同図 (b) の場合はボルト穴径を大きくする必要があり，また，絶縁筒が固定されないため回転体への適用は不向きである．

図 7.4.3 にねじ付き絶縁ノックの使用例を示す．ねじ付きノック（JEM 1300）の一部に絶縁材をモールドしたものであるが，絶縁材は心金より強度

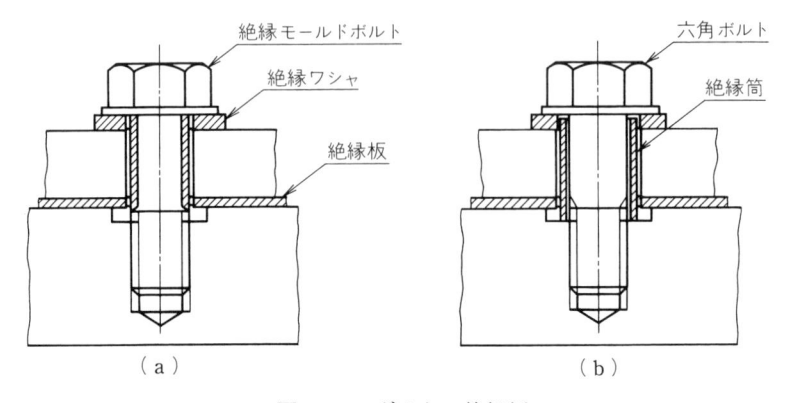

図 7.4.2 ボルトの絶縁例

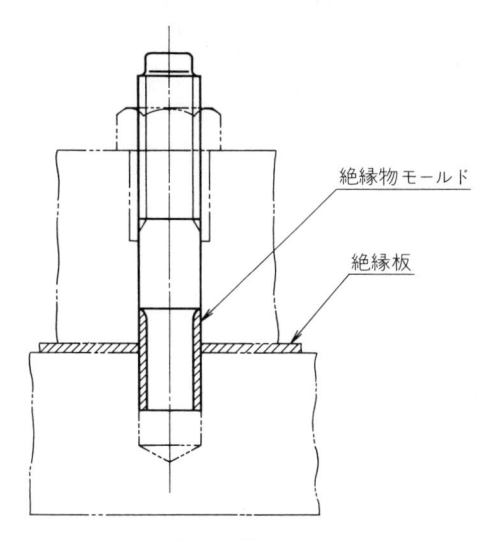

7.4 電気機器及び関連機器　　　　　357

　　　　　　　　　　　　　　　絶縁物モールド

　　　　　　　　　　　　　　　絶縁板

図 7.4.3　ねじ付き絶縁ノックの使用例

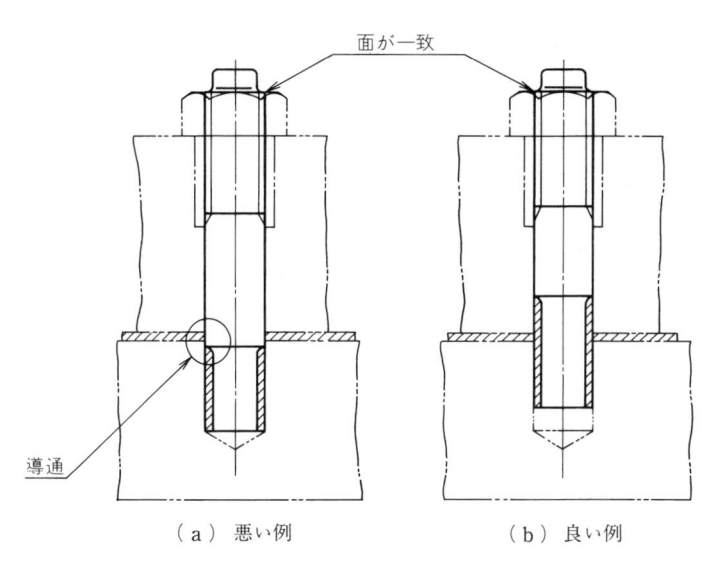

　　　　　　　　　面が一致

導通

（a）悪い例　　　　　（b）良い例

図 7.4.4　ねじ付き絶縁ノックの導通防止

が低く，ある程度の高温に達すると強度が低下する性質があるので，せん断力の大きい箇所や高温部には使用しない．また，長期間使用する場合は絶縁材の劣化を考慮し，耐久性に注意を払う必要がある．

一般にねじ付きノックやねじ付き絶縁ノックを使用する場合は，図7.4.4 (a) のようにねじの最上面とナットの上面がほぼ一致するように打ち込むことがあるので，そのようにしても導通しないように同図 (b) のように絶縁部の寸法を確認する必要がある．

(5) 止めねじ

回転主軸に挿入するボスやスリーブなどを固定する方法の一つとして，止めねじが用いられる．ただし，大きなトルクに用いるのは危険で，変化の少ない小さなトルクを伝える場合か，あるいは主軸にはめたスペーサや油切りなどのように，トルクを伝えない場合に用いる．

止めねじは，すりわり付き（JIS B 1117）あるいは六角穴付き（JIS B 1177）が主に用いられる．いずれにしても止めねじの先端で主軸を押し付けるから，主軸表面に傷がつきやすい．特に，主軸とボスがねじはめあいの場合は分解しにくくなる．そこで，図7.4.5 (a), (b) のように主軸表面の一部を加工して，その部分に止めねじの先端がくるようにする．とがり先止めねじは，相手側に適合する穴をもみつけておくので，位置決め用としても使用することがある．

止めねじのサイズは主軸径の 1/4 程度が適当である．本数は通常1本である

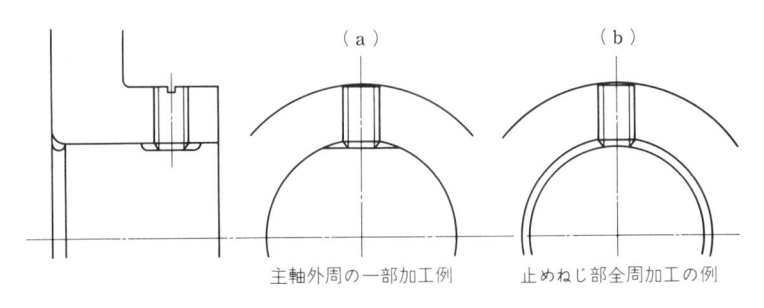

(a) 主軸外周の一部加工例

(b) 止めねじ部全周加工の例

図 7.4.5 主軸表面の加工

7.4 電気機器及び関連機器

が，止めねじサイズを大きくできない場合や主軸径が大きい場合は，約60°離して2本用いる．なお，重電機器では止めねじを主軸とボスのはめあい部に軸方向にねじ込んで，ボスの抜け止めとして使用することもある．

(6) 使用環境の考慮

ねじ締結部の設計に際しては，部品の使用環境に常に注意しなければならない．

(a) 腐食環境——腐食性ガス，地熱環境，塩分，腐食性液体，多湿　腐食環境の中での金属材料は，さびや腐食による表面欠落のほかに，疲労限が低下したり，材料の種類や条件によっては電食や応力腐食割れを起こすこともある．したがって，機器の使用環境を十分に調査あるいは予測し，できることなら部分的にでも環境を改善するのがよい．しかし通常は環境に対応した耐食性の材料を選定したり，めっき・塗装などを施し，また，高い応力でのねじ使用にならないよう対策する．

(b) 交番磁界環境　ねじ締結部の近辺に交流の電気導体などがある場合，発生する磁力によって磁性材のねじに渦電流熱が発生し，高温になって締結機能を低下させることがある．通常このような場合はステンレス鋼などの非磁性材料を使用するが，ステンレス鋼の中には加工方法によって磁性体になるものもあるので，材料選定の際注意する．

(7) ボルト締め作業及び増締め

ボルト締め作業時には，締め不足とともに締め過ぎにも注意する必要がある．締め過ぎるとボルトが伸びて破損するおそれがある．特に小サイズのものは必要以上に締めることがあるので，ボルト締め作業も考慮してねじサイズと長さを決める必要がある．六角ボルトなどで重要な部分は，締付けトルクを管理して締め不足や締め過ぎを防止する．

一方，下記のように，電気機器にはねじの締付け力を低下させるような特有の条件が存在する．

① 絶縁物が多く使用される．絶縁物は経年劣化や高温軟化するものが多い．

② 機器使用時には，電気抵抗による発熱でヒートサイクルが発生する．
③ 電磁振動や運転振動が発生する．
④ 電磁鉄心として薄い絶縁鋼板を積み重ね，ねじで締め付ける場合がある．

これらは，直接締付け力低下の原因になるばかりでなく，ボルト・ナットの締付け座面や被締付け物の重ね合わせ面，あるいはねじのかみあい面などの表面状態がなじむことにより，締付け力低下が生じてゆるみが生じる原因になる．

そこで定期的に検査し，ゆるみが生じている部分は増締めして，適正な締付け力に回復させる必要がある．そのため増締めが必要と予想される部分は，ボルト・ナットが共回りしない，工具が楽に使えるなど，作業が容易にできる締付け構造とする必要がある．

(8) 表面処理

ねじ部品の表面処理は，主に防錆・防食と美観のために行われる．

鋼製のねじ部品はさびやすいので，防錆油を塗布したり浸す方法がとられるが，小ねじなどの比較的小サイズのものには，$2 \sim 5$ μm 厚の電気亜鉛めっき後クロメート処理（JIS H 8610）したものが広く用いられている．屋外機器用には溶融亜鉛めっき（JIS H 8641）が用いられ，また，日本電気工業会規格（JEM）に，"溶融亜鉛めっきメートルねじ"及び"溶融亜鉛めっき六角ボルト及び六角ナット"が定められている．

六角穴付きボルトや六角穴付き止めねじのさび止めとしては，簡易処理として酸化鉄被覆又はりん酸塩被覆が用いられる．

黄銅材のねじ部品には，2 μm 厚程度のニッケルめっき（JIS H 8617）や $3 \sim 4$ μm 厚程度の銀めっきが用いられるが，硫化水素が含まれる地熱環境などには銀めっきは不向きである．また，美観のためには，ニッケル・クロムめっき（JIS H 8617）が主に使用されるが，黒ニッケルめっきを使用することもあり，周囲との美的バランスで決める．

いずれの場合も，めっき厚は環境や耐用期待年数によって決めなければならず，重電機器などのように耐用年数が長くなるほど，また，環境条件が悪化す

7.4 電気機器及び関連機器

るほど厚いものが用いられる．

　一般にめっきには水素ぜい化が伴うので，遅れ破壊防止のためのもろさ除去をする．なお，重電機器などで，組立て完了後外装塗装するものは，ねじ部品もステンレス鋼材を除き，ともに塗装するのが一般的である．

(9) その他

　① ねじ使用部に対しては常にゆるみ止めを考慮する（第5章参照）．

　② 銘板を取り付ける場合のように，締付け力をほとんど必要としない場合は打込みねじ（JEM 1297）を使用する．打込みねじは下穴にねじ加工をしないでハンマで直接たたき込むもので，銘板などに曲がりや反りがある場合又は曲面に取り付ける場合は，打込みねじに抜け出る力が働くので，封着剤を付けて打ち込むこともある．

7.4.2　重 電 機 器

　重電機器は回転電機や原動機などの回転機と静止機器に大別できるが，ねじ部品は回転機に対して，より多彩な使い方をする．

(1)　回転機のねじ締結

　回転機のねじ締結設計では，回転体の慣性力，遠心力，短絡時の過渡トルクなどに対し十分な強度をもたせなければならない．特に遠心力に対しては細心の注意が必要であり，もし回転中にねじ部が破損した場合大事故に至る可能性があるので，強度に余裕をもたせるとともに十分なゆるみ止めが必要である．

　(a)　主軸の回転方向とねじ方向　主軸にねじ込んだフランジやボスは，急速な起動時に締まり勝手になるように設計する．主軸が右回転の場合は左ねじ，主軸が左回転の場合は右ねじというように，主軸の回転方向とねじ回転方向を互いに逆にする．逆にできない場合は相応の回り止めが必要である．なお，この配慮は弱電の回転機に対しても必要である．

　(b)　遠心力に対する配慮　回転体にねじ部品を使用する場合は，遠心力の作用方向とその大きさに注意する．特に回転体の軸方向表面に部品をねじで固定する場合は，ねじに対して部品の遠心力及び曲げ力が直接加わらないような

(2) 転造ボルトと機械加工ボルト

転造による六角ボルトは，図7.4.6のように六角頭の座面にわずかなバリが残ることがあり，締付け時にバリが折れたり，バリで被締付け部が削れて金属粉が出る場合がある．特に密閉型の機器内や電気・磁気の関係で金属粉を嫌う場合は注意する．対策として座付き六角ボルトにするか機械加工ボルトにする．

機械加工ボルトは，円筒部をねじ外径に加工した後にねじ切りをするので，転造ボルトと比べ首下径が太い．したがって首下の丸みがボルト穴と干渉しやすいので，ボルト穴に面取りをするか干渉しない座金を入れるなどの対策が必要である．

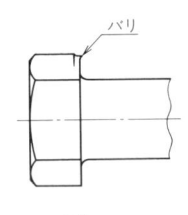

図 7.4.6

(3) 高張力ボルト

強度区分"10.9"以上の六角ボルトを使用する場合は，遅れ破壊の可能性に十分注意する．特に高張力ボルトを回転体に使用する場合は，破壊すると被害が大きくなるため十分注意し，適切な締付け管理をする必要がある．

(4) 分解組立てを考慮したねじ使用

ふたやカバーや油切りなど，重くしかもガスケットやシール剤で密着して本体から引き離すことが困難になると予想される場合，図7.4.7のように押しボルト用ねじ穴と吊り用のねじ穴を設ける．

この場合，フランジ厚さが厚ければ押しボルト用と吊り用のねじ穴のサイズを同一にして兼用すると便利であり，締付けボルトも同じサイズにできればなおよい．

また，スペースが小さいところには六角穴付きボルトを使用することもある

7.4 電気機器及び関連機器

が，工具の種類を減らすなどの配慮も必要であり，ちょうボルトやアイボルトの併用など，常に分解組立てを考慮してねじ設計をする．

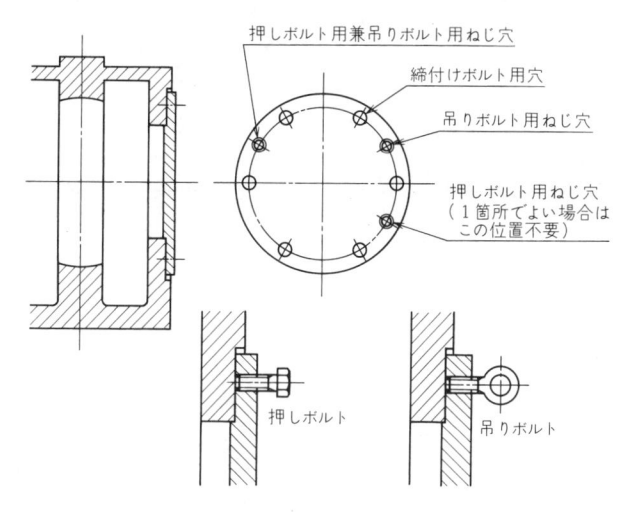

図7.4.7 押しボルト用ねじ穴と吊り用ねじ穴

(5) 防爆用ボルトカップ

防爆用電気機器の錠締構造については，JIS C 0930～C 0935によるが，ボルトやナットを使用する部分にはJEM 1326のボルトカップ（図7.4.8）を使用する．これは特殊な工具を使わないとねじを回すことができないように考慮されている．

(6) 基礎ボルト

JIS B 1178及びJEM 1299に基礎ボルトがあるが，回転電機の場合，通常の運転トルクのほかに電気が短絡した場合の短絡トルクによる荷重を基礎ボルトの強度計算に加える．図7.4.9のように運転トルクは回転方向に加わるが，短絡トルクはすべての基礎ボルトに荷重が働く計算とする．

364　　　　　　　　　　7. ねじの使用例

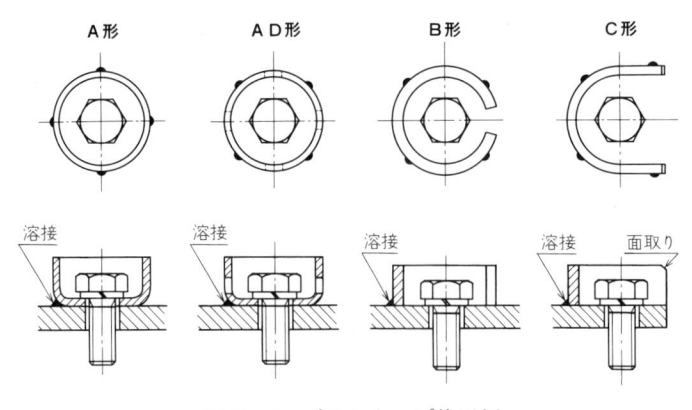

図7.4.8　ボルトカップ使用例

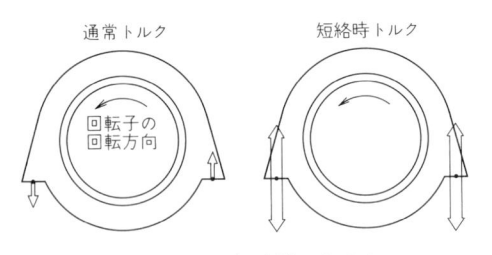

図7.4.9　回転電機のトルク

7.4.3　弱電機器

(1)　ねじ締結部品選定の基本

機器の種類・大きさや使用条件などにより，使用するねじ締結部品の種類・サイズ・数を決めるが，基本的には次のようなことに注意する．

　① 対象製品ごとにねじ部品の種類，サイズを標準化し使用数を極力少なくする．ねじは極めて有効な締結方法であるが，作業の自動化をするうえで扱いにくい面もある．したがって使用する部品の種類や数を必要最小限にする．これは管理単位の低減とともに工具の種類の低減及び穴加工の低減をもたらす．

　② JIS規格の市販品を使用し，特殊な部品は極力使用しない．JIS規格

7.4 電気機器及び関連機器

の市販品は入手が容易で価格も安く，品質も安定している．特に保守や修理に際しても素早く対応できる．

③ 外観等を重視せず，小ねじの頭部が表面に出てもよい場合は"十字穴付きなべ小ねじ"を使用する．また，外観及び安全上から頭部を沈める場合は"十字穴付き皿小ねじ"を使用するか，なべ小ねじの頭が沈むよう凹状にする．

④ 常に座金と一体で小ねじを使用する場合，又は分解時に座金が離れて機器内部に入ってはならないような場合は，座金組込み十字穴付き小ねじ（JIS B 1188）又は座金組込み六角ボルト（JIS B 1187）を使用する．

⑤ ねじ下穴はできるだけ貫通穴とする．

(2) 着脱や分解をする部分のねじ締結

着脱や分解をする部分のねじ締結は，次のようにその条件に適応した設計をする．

① プラスチックやアルミニウムなどの軟らかい材料に直接ねじ込む場合，ねじ立てした埋め金やインサートを使用する．また，板金部品で板厚が薄く，有効ねじ山数が加工できない場合は図7.4.10のようなバーリング（押し出し加工）にするか，又は図7.4.11のようなナットウエ

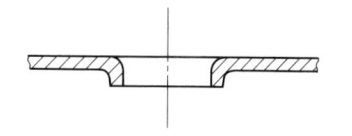

図7.4.10　バーリング（押し出し加工）

（a）ナットウエルド　　　　（b）かしめナット

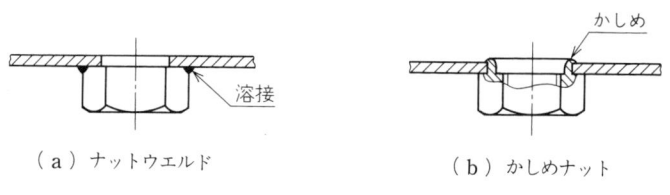

図7.4.11　ナットウエルドとかしめナット

ルドや，かしめナットを活用する．
② M6以上の小ねじは，ドライバでの締付けが完全にできなかったり，ゆるめるのが困難になったりする場合があるので，六角ボルト又は六角穴付きボルトを使用する．ただし，あまり締付け力を必要としない部品の取付けには，小ねじを使用してもよい．
③ 着脱を繰り返すと小ねじ頭の十字穴やすりわり溝が壊れるおそれがある場合は，小ねじの材質を強度の高いものにするか，又は六角ボルトあるいは六角穴付きボルトを使用する．

(3) 分解組立てや保守点検を考慮したねじ締結

弱電の電気機器，特に家庭用電気機器は，一般使用者が保守点検あるいは分解組立てをする場合がある．したがって，ねじ締結作業も製造時・保守点検時に単純で間違いなく行えるようにしなければならない．

① 原則として着脱の多い部分のねじはM5以下の小ねじを使用し，しかもできるだけ種類を少なくすることが望ましい．M5以下の小ねじは作業性がよく，使用する工具も少なくできる．さらにねじ長さも統一すれば，作業の間違いが少なくなる．
② 所有する自動ドライバなどの工具を効果的に使用できるよう考慮する．
③ ねじ込み長さ及びナットからの突出量を必要以上に長くしない．必要以上に長くすると，それだけねじ込み時間がかかる．
④ ねじ込み方向を極力統一する．
⑤ 分解組立てや保守点検のための締付け箇所をできるだけ少なくする．
⑥ 特殊な工具を使用しなくとも作業できるような設計をする．

スペースがなく，ドライバが使いにくい場合は，六角ボルト又は六角穴付きボルトを使用する．また使用者がプラスドライバでもマイナスドライバでも使えるように，"十字穴すりわり付きねじ"を使用することもある．

(4) 外観重視部

外観を重視する部分には"十字穴付き皿小ねじ"又は"十字穴付き丸皿小ね

じ”を使用してねじの頭部を沈めるか，めっきした"十字穴付きなべ小ねじ”あるいは"十字穴付きバインド小ねじ”を使用する．また，ねじの頭部に塗装あるいは焼付け塗装をする場合もある．なお，薄い板材に皿小ねじを使用する場合，相手穴上部と干渉しないよう注意し，干渉する場合は相手穴に面取りをする．

(5) タッピンねじ

弱電機器の板金やプラスチックの締付けにはタッピンねじが多く用いられる．これはねじ自身でねじ立てができる便利さがあるためで，通常は下穴に対してエアドライバあるいは電動ドライバによって締め付ける．

次に一般的な使用上のポイントを述べる．

① 作業性のよいなべ又は皿タッピンねじの2種ないし3種を用いる．
② 繰り返して着脱使用するとねじが空回りするので，着脱回数の多いところには使用しない．
③ プラスチックや塑性変形しにくい材料に対しては，ねじ先端に溝加工したものを用いる．
④ 下穴径とねじ込み長さは，タッピンねじの作業性と保持力に最も影響する．
⑤ ステンレス鋼板には使用しない．
⑥ 相手材が板金で薄い場合は，めねじ強度を上げるために下穴をバーリング加工する．
⑦ 板金部品の締付け穴は，穴位置の寸法精度が確保できないとき，ねじ径の約1.5倍程度の長円穴にし，小ねじの頭をトラス又はバインドにするか，あるいは平座金を入れて締付け面積を確保する．

7.4.4 小型機器

携帯電話機等の携帯機器やパソコン用ハードディスクなどの各種小型機器に使用するねじは，可能な限りJIS規格の小ねじ，ミニチュアねじ（JIS B 0201），タッピンねじを使用する．しかし，これらの小型機器は常により小型

化・軽量化・薄型化が求められ，制約条件が加わることもある．したがって，そのような場合は用途に応じて特殊なねじを作製し併用する．

例えば携帯電話機には太さ 1.2~2.5 mm 程度のねじが数本～十数本使用されるが，無線機器のため，電波法で外殻の締結ねじに対して封印又はそれと同等の処置を施すよう求められている．そこで，この場合は，容易に緩めることのできない特殊な取り外し防止ねじを使用する．このねじには，小ねじ十字穴の部分を特殊な形状にして，一般のねじ回しで回すことができないなどの工夫が施されている．

また，携帯型パソコン用ハードディスクの例では，太さ 0.8~2.5 mm 程度のねじが，少ないもので十数本，多いもので 40 本近く使用される．磁気記録への影響を考慮する必要がある部分には非磁性のねじを使用する．特に薄型化が求められる部分には，頭部が薄く径が大きい特殊なねじを作製し併用する．

これら小型機器に使用する小さなねじを拾い上げ，頭部をそろえ，ねじ回しに吸着しやすいようにするため特殊な自動ねじ供給機を使用する．ねじの締め付けにはトルク管理を同時に行える自動ねじ締め機を使用するが，そのねじ回しにはねじを吸着させるために一般に磁性ねじ回しが使用され，ねじが非磁性の場合はエアによる吸着を利用したねじ回しが使用される．

7.4.5　そ　の　他
(1)　回転電機に接続される原動機

回転電機には種々の原動機が接続されるが，その一例として蒸気タービンに使用されるボルト類の選定ポイントをあげる．

(i)　高温高圧の使用条件に適した材料を選定する．

(ii)　適切なねじ山を選定する．

(iii)　**かじり防止対策**　ボルト・ナットにステンレス鋼を使用するときなど，材質の組合せによっては締付けあるいはゆるめ時にかじりを起こし，ナットが回転しなくなることがある．このようなおそれのある場合には，ねじ部に銅めっきを施すなどの防止策を施す．

7.4 電気機器及び関連機器

(iv) 焼付き防止対策 高温下で使用するため，ねじ部が焼き付いてしまうことがある．この対策として焼付き防止剤の塗布がある．

(v) 高温用ボルトの使用 蒸気タービンのケーシングフランジ締付けに使用する直径約 40 mm から 250 mm のボルトは大径であり，しかも高温高圧下の使用に対応するため大きな締付け力を必要とする．このため，通常は材料の温度差による熱膨張を利用して締付け作業を行う．

図 7.4.12 の例のようにボルトの中心にあらかじめ小穴をあけておき，締付け時にボルトヒータを挿入加熱してボルトを熱膨張させ，その状態でナットを締めて常温まで冷却する．冷却に伴い，ボルトは収縮しようとするので，締付け時に伸びた量だけのひずみが有効締付け力として働き，ボルトの軸力に加算されることになる．運転中，ボルトとケーシングフランジはほぼ同程度の高温になるため，両者の熱膨張係数が同じであれば常温時の締付け力がほぼそのまま保持される．したがって必要な締付け力が確保される量だけ締付け時に熱膨張させればよい．さらに増締めや分解もボルトヒータを使用して行うと作業がしやすい．

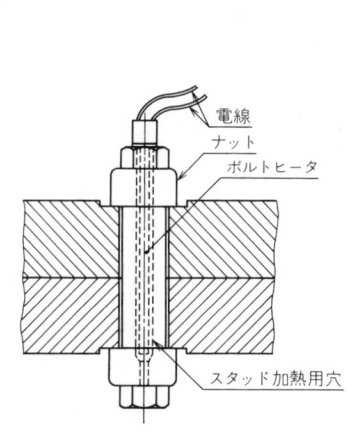

図 7.4.12 ボルトヒータによる締付け

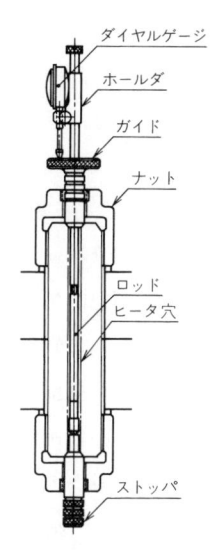

図 7.4.13 ボルト伸び測定器

原理的にはボルトを伸ばして締め付けるわけであるから，油圧を使用してボルトを引っ張り，常温状態での締付け作業が行われることもある．

なお，ボルトヒータ挿入用の小穴は，締付け後の作業確認のため図7.4.13のようにボルト伸び測定用としても利用する．すなわち，ボルト挿入時及びボルト締付け時のボルト長さを測定し，その差を計測することにより締付け作業を確認する．

7.5 化学プラント

7.5.1 化学プラントで用いられるねじ類

化学プラントで用いられるねじ類は，配管もしくは機器のフランジ締付けのためのボルトとナット，機器及び鉄骨架構を基礎に固定するときの基礎ボルトとナット，機械要素として回転機類に組み込まれる小ねじやボルト類及び配管接続のための管用ねじである．

これらのうち，管用ねじは，配管系が何らかの外力を受けるとねじ接続部から内部流体が漏洩するおそれが強いので，化学プラントでは現在ほとんど用いられていない．また，機械要素に組み込まれているねじ類については本書の他の章を参照していただきたい．したがって，この節ではフランジ用ボルトとナット，基礎ボルトについて述べることとする．

(1) 各種フランジ用ボルト及びナット

フランジには配管接続用フランジ，塔槽・熱交換器・回転機等のノズルフランジ（配管接続が目的であるので配管接続用フランジでもある．），塔槽類のマンホールフランジ，多管式横置熱交換機用フランジがある．

これらのフランジは配管接続，機器開口部の運転時の密閉，本体構造同士の接続の目的で用いられ，いずれも内部流体を外部へ漏洩させないことが必須の機能となり，フランジ同士を緊結するためにボルトとナットが用いられる．

配管用フランジと多管式横置熱交換機用フランジのボルトの使用例を図7.5.1，図7.5.2に示す．

7.5 化学プラント

(2) 基礎ボルト

塔槽・熱交換器・回転機等の化学プラントの構成設備は，それぞれプラントサイトとは別の場所にある工場で製作され，プラントサイトへ搬入され，基礎

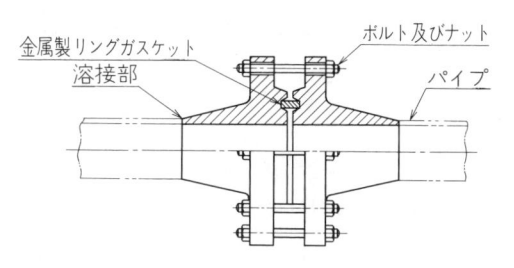

突き合せ溶接型フランジ

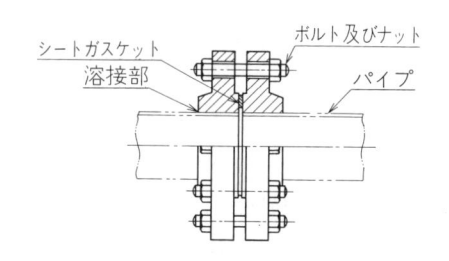

差し込み溶接型フランジ

図 7.5.1 配管用フランジのボルトの使用例

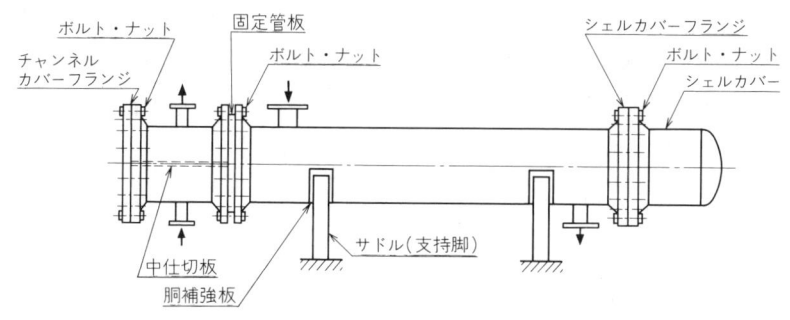

備考 本図はボルトの使用例を示すための熱交換器の概要図で，細部については実際と異なる．

図 7.5.2 多管式横置熱交換器の構造概要とボルトの使用例

ボルトで固定される．

　基礎ボルトの目的はプラント設備が風，地震，運転時の流体荷重，機械の動荷重，配管からの作用力等を受けてもこれらのプラント設備が移動・転倒等をせず，また設備自体の運転中の振動を防止し，安定して運転できるようにすることである．

7.5.2 ねじ類の選択
(1) 配管フランジ用ボルト及びナット

　配管フランジ用ボルト及びナットは，フランジ規格によりフランジの種類と大きさに応じてボルトのサイズと形式が定められる．日本で用いられているフランジの規格には，JPI（石油学会）規格とJISがある．第二次大戦後，石油精製の技術が米国から導入されたときに，配管並びにその構成部品にかかわる規格も米国から導入され，プラントがその規格で設計製作された．このため，米国規格の流れをくむJPI規格が石油精製及び石油化学の分野では現在でも用いられている．しかし，その後発展した一般化学・食品・医薬品等の分野ではJISの整備とあいまってJISが用いられているので，ここではこの両規格のボルトとナットについて述べる．まず最初にJPI規格であるが，この規格ではボルトとナットについて次のように規定している[29),30)]．

① フランジに用いられるボルトのねじはユニファイ並目ねじ（JIS B 0206），一般用メートルねじ（JIS B 0205-1〜-4）とする．

　ユニファイ並目ねじを使用する場合には，$1\frac{1}{8}$以上の呼びのねじに対してねじの山数は25.4 mmにつき8山とする．メートルねじを使用する場合には，M 16〜M 27に対しては並目ねじを，M 30以上に対しては細目ねじを使用する．細目ねじを使用する場合は，ねじのピッチを3 mmとする．

② ねじの精度は，ユニファイ並目ねじについてはJIS B 0210（ユニファイ並目ねじの許容限界寸法及び公差）の規定による．メートルねじについては，JIS B 0209-1〜-5（一般用メートルねじ―公差）の規定に

7.5 化学プラント

よる.

③ ボルトの形状は六角ボルト又はスタッドボルトとする(フランジによっていずれを用いるかが定められる.).

④ 六角ボルトの仕上げ程度はJIS B 1180(六角ボルト)の規定に準じる.

⑤ ボルトとナットの材質及びその組合せの概要を表7.5.1～表7.5.5に示す.

表7.5.1 ボルト材料(JPI規格)

グループ 鋼種	高強度ボルト JIS	相当ASTM	中強度ボルト JIS	相当ASTM	低強度ボルト JIS	相当ASTM
炭素鋼			G 4051 S 35 C (H)	A 449	G 3101 SS 400 G 4051 S 25 C (N)	A 307 B
低合金鋼	G 4107 SNB 7 SNB 16	A 193– B 7 　　　　B 16 A 320– L 7 　　　L 7 A 　　　L 7 B 　　　L 7 C 　　　L 43 A 354– BC 　　　BD	G 4107 SNB 5	A 193– B 5 　　　B 7M		
ステンレス鋼				A 193– B 6 B 8.CL 2 B 8 C.CL 2 B 8 M.CL 2 B 8 T.CL 2 A 320– B 8.CL 2 B 8C.CL 2 B 8 F.CL 2 B 8M.CL 2 B 8 T.CL 2 A 453– 651 　　　660	G 4303 SUS 304 SUS 347 SUS 316 SUS 321	A 193–B 8. CL1 B 8 C.CL 1 B 8 M.CL 1 B 8 T.CL 1 B 8 A B 8 CA B 8 MA B 8 TA A 320– B 8.CL 1 B 8 C.CL 1 B 8 M.CL 1 B 8 T.CL 1

備考　これらの材料についてはそれぞれ使用条件があるので,詳細はJPI規格を参照のこと.

7. ねじの使用例

表7.5.2 ナット材料（JPI規格）

鋼　種	JIS		相当ASTM	
炭素鋼	G 4101	SS 400	A 194–1	
	G 4051	S 20 C(N)		
		S 25 C(N)		
		S 45 C(H)	A 194–2,	2 H
			–2 HM	
低合金鋼			A 194–3	
			4	
			7	
ステンレス鋼	G 4303	SUS 304	A 194–6,	6 F
			–8,	–8 A
		SUS 316	8 M,	–8 MA
		SUS 321	8 T,	–8 TA
		SUS 347	8 C,	–8 CA
			8 F,	–8 FA
			8 N,	–8 NA
			8 P,	–8 PA
			8 MN,	–8 MNA

備考　これらの材料についてはそれぞれ使用条件があるので，詳細はJPI規格を参照のこと．

表7.5.3 ニッケル及びニッケル合金のボルト，ナット材料（JPI規格）

ボルト　材　料　ナット	UNS No.	熱　処　理
ASTM B 160	N 02200	熱間仕上げ 焼なまし 冷間引抜き
	N 02201	熱間仕上げ 焼なまし
ASTM B 164	N 04400	冷間引抜き応力除去 冷間引抜き 熱間仕上げ 焼なまし
	N 04405	冷間引抜き 熱間仕上げ 焼なまし
ASTM B 166	N 06600	冷間引抜き 熱間仕上げ 焼なまし
ASTM B 335	N 10001	焼なまし
ASTM B 574	N 10276	固溶化熱処理

7.5 化学プラント

表 7.5.4 炭素鋼及び合金ボルトとナットの組合せ（JPI 参考規格）

用途		用途		一般用			高温用			低温用	
		標準成分		C	0.20 C	0.25 C	0.45 C	0.25 Mo	1 Cr-0.2 Mo	5 Cr-0.5 Mo	0.25 Mo	1 Cr-0.2 Mo
			ナット材料	SS 400	S 20 C	S 25 C	S 45 C	2 H	4	7	3	4	7
用途	標準成分	ボルトの材料	推奨使用温度(℃)	0~200	-30~350	-30~350	-30~480	-46~593	-46~593	-46~593	-29~593	-101~593	-101~593
一般用	C	SS 400	0~200	○								
	0.25 C	S 25 C	-30~204		○							
	0.35 C	S 35 C	-30~204			○						
高温用	1 Cr-0.2 Mo	S NB 7	-30~538				○	○	○			
	1 Cr-0.2 Mo	B 7 M	-46~538					○	○			
	1 Cr-0.5 Mo-V	SNB 16	-30~593					○	○			
	5 Cr-0.5 Mo	SNB 5	-30~649							○		
低温用	0.25 Mo	L 7 A	-101~343								○	
	1 Cr-0.2 Mo	L 7 B	-101~343								○	○
		L 7	-101~371								○	○
	0.5 Ni-Cr-Mo	L 7 C	-101~343								○	○
	1.8 Ni-Cr-Mo	L 43	-101~371								○	○

表 7.5.5 ステンレス鋼ボルトとナットの組合せ（JPI 参考規格）

鋼種		鋼種	410	416	304		321		347		316	
		ナット材料	6	6 F	8	8 A	8 T	8 TA	8 C	8 CA	8 M	8 MA
鋼種	ボルト材料	推奨使用温度(℃)	-29~427	-29~427	-254~816	-254~816	-198~816	-198~816	-198~816	-198~816	-198~816	-198~816
410	B 6	-29~371	○	○								
304	B 8 CL.2	-198~538			○							
	B 8 A / B 8 CL.1	-198~816				○						
321	B 8 T CL.2	-198~538					○					
	B 8 TA / B 8 T CL.1	-198~816						○				
347	B 8 C CL.2	-198~538			○				○			
	B 8 CA / B 8 C CL.1	-198~816				○				○		
316	B 8 M CL.2	-198~538			○						○	
	B 8 MA / B 8 M CL.1	-198~816				○						○

次に，JIS フランジのボルト及びナットの規定の概要について述べる[31),32)]．

① フランジ用ボルト及びナットのねじはメートル並目ねじとする．
② ボルトの形状は図 7.5.3 (a)〜(c) に示すスタッドボルトとするが，温度 350℃ を超える場合には図 7.5.3 の (b) もしくは (c) が望ましい．
③ 温度 350℃ を超える配管系に使用する場合，ボルトのねじ部は有効径を幾分細目にする．
④ 温度 350℃ 以下の場合でも，合金鋼フランジには合金鋼ボルトを使用する．
⑤ ボルト及びナットの材質の組合せは参考として定められているので，その概要を表 7.5.6 に示す．これ以外の材質については受渡し当事者間の協定又は協議による．

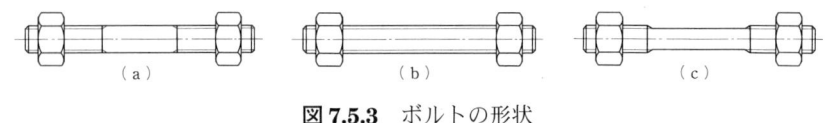

図 7.5.3　ボルトの形状

表 7.5.6　ボルトとナットの材質の組合せ（JIS）

呼び圧力（記号）	使用条件		ボルト材料	ナット材料
2 K, 5 K 10 K	220℃ 以下		JIS G 3101 の SS 400	JIS G 3101 の SS 400
	220℃ を超える場合		JIS G 3101 の SS 490	
16 K, 20 K	220℃ 以下	M 39 以下	—	—
		M 42 以上	JIS G 3101 の SS 400	JIS G 3101 の SS 400
	220℃ を超え 350℃ 以下		JIS G 4051 の SS 35 C	JIS G 4051 の S 25 C
	350℃ を超え 425℃ 以下		JIS G 4107（高温用合金鋼ボルト材）の SNB 7	JIS G 4051 の S 45 C
30 K, 40 K 63 K	350℃ 以下		JIS G 4051 の S 35 C (H)	JIS G 4051 の S 25 C (N)
	350℃ を超え 450℃ 以下		JIS G 4107 の SNB 7	JIS G 4051 の S 45 C (H)
	450℃ を超え 510℃ 以下		JIS G 4107 の SNB 16	モリブデン鋼（ASTM A 194 の Gr.4 相当材）

備考　これらの材料についてはそれぞれ使用条件があるので，詳細は JIS を参照のこと．

7.5 化学プラント

(2) 熱交換器フランジ用ボルト及びナット

熱交換器のフランジに用いられるボルトとナットの材質は，熱交換器の運転温度から定められる．一般には，常温から350℃くらいまでは炭素鋼が用いられるが，それ以上の温度では耐熱鋼，低温では低温鋼が用いられる．アルミニウム熱交換器ではアルミニウム材のボルトとナットが用いられる．

ボルト径とボルト本数は材質，温度，内圧に応じて強度計算のうえ定められる．

7.5.3 ねじ類の設計
(1) 配管フランジ用ボルト及びナット

(a) 形式とボルト本数 配管フランジ用ボルト及びナットはフランジが定まれば規格に従って，その形式とボルト本数も定められる．したがって，特別な場合を除いて設計の目的で個々のボルトの強度計算は行わない．

(b) 材質 JPI規格及びJISには，運転温度と運転圧力に応じた標準材質の規定があるが，実際には各々のユーザ企業の社内規格で指定されることが多い．この場合，少なくともJPI規格もしくはJISの基準以上の性能の材質が要求される．

(c) サイズ ボルトのサイズはボルト径と長さである．ボルト径についてはフランジ規格によって定められるが，長さはフランジの厚み，ナットの高さ，ガスケット厚さ等を考慮して次の方法で定める[29]．JPI規格では，この方法によるボルト長さを示している．

・ボルト長さの計算方法

スタッドボルトの場合： $L_{OSB}=A+n$

六角ボルトの場合： $L_{OMB}=B+n$

ここに，

$A=2(Q+t+H)+G+F$

$B=2(Q+t)+H+G+F$

Q：最小フランジ厚さ

t : フランジ厚さの正の公差（詳細は省略）
H : Heavy Hex. ナットの高さ
G : ガスケットの厚さ（詳細は省略）
F : フランジのガスケット座の高さ又はリング溝の深さの合計
　　（JPI 規格の別表で定めるがここでは省略する．）
n : ボルト長さに対する負の公差（同上）

(2) 熱交換器フランジ用ボルト及びナット

熱交換器に用いられるボルト及びナットは熱交換器の運転温度から材質が定められ，材質，温度，内圧に応じて強度計算の上ボルト径とボルト本数が定められる．詳細は省略するが，その概要を以下に示す[33]．

(a) 使用状態でのボルト荷重 W_1

$$W_1 = H + H_P$$

ここに，H : フランジに加わる内圧による全荷重
　　　　H_P : 気密を十分保つためにガスケット又は継手接触面における圧縮力

(b) ガスケット締付け時のボルト荷重 W_2

$$W_2 = \pi b G y$$

ここに，b : ガスケット座の有効幅
　　　　G : ガスケット面の中心径
　　　　y : ガスケット又は継手接触面の最小設計締付け圧力（ガスケットの種類ごとに別表で規定）

(c) ボルト径の計算

$$A_1 = \frac{W_1}{\sigma_b}, \qquad A_2 = \frac{W_2}{\sigma_a}$$

ボルト径は A_1 と A_2 のうち大きい方をとる．

　　σ_a : 常温でのボルトの許容引張応力
　　σ_b : 設計温度でのボルトの許容引張応力

7.5 化学プラント

(3) 基礎ボルト

化学プラント構造物の基礎ボルトの設計は原則として風荷重及び地震荷重のうちの大きい方の荷重をもとにボルト径と本数が定められる．

熱交換器についてはこのほかにメンテナンス時のチューブ引出しのための荷重を考慮しなければならず，その大きさはチューブ重量の 10~30% が一般的であるが，ユーザ企業によってはチューブ重量の 2 倍を引出し時の荷重として指定するところもある．

回転機類の基礎ボルトは，運転時の振動防止の目的で大きな基礎と丈夫なアンカープレートが設置されるので，これに見合うボルト径と本数が用いられる．これは，回転機メーカの仕様で定められることがある．

以上の構造物で，高圧ガス取締り法の適用を受けるものの耐震強度計算は通商産業省（現経済産業省）告示（高圧ガス設備等耐震設計基準）による．また，神奈川県内では，神奈川県が独自に定めた行政指導基準である"高圧ガス施設等耐震設計基準"をも満足しなければならない．以下，通商産業省告示に規定されている基礎ボルトの強度計算方法の概要を紹介する[34]．この強度計算は，地震荷重をもとにそれぞれの構造物について次の方法で基礎ボルトに生じる引張応力を算定し，それが通商産業省告示で定める許容応力以下となるようにボルト径と本数を定める．

(a) スカート支持の塔

$$\sigma_t = \left(\frac{1}{NA}\right)\left(F_v + \frac{4M}{D} - W\right)$$

ここに，σ_t：基礎ボルトに生じる引張応力
N：基礎ボルトの数
A：基礎ボルトの有効断面積
F_v：設計鉛直地震力
M：水平地震力による塔の転倒モーメント
D：基礎ボルトの中心円の径
W：塔の自重と内容物の重量の和

(b) 球形貯槽

$$\sigma_t = \frac{P}{N_a A}$$

ここに，P：1本の支柱に作用する引抜き力

N_a：支柱1本当たりの基礎ボルトの数

σ_t, A, F_v, W は (a) に同じ．

(c) 鉄骨架構 日本建築学会鋼構造設計基準に同じ．ここでは省略する．

(4) 基礎ボルトの終局強度設計[35]

ここでの終局強度設計とは，神奈川県高圧ガス施設等耐震設計基準（以下，神奈川県基準という．）で定められた地震力に対して，変形はするが倒壊はしないという限界値を構造物の各部材に求める設計法で，建築基準法の二次設計に相当する．

神奈川県では，100～200年に一度の発生が想定される南関東地震に備え，県内の高圧ガス施設が絶えられるような強度をもたせるための設計法を提起した．このような大地震を想定して構造物各部が通常の許容力以内となるように設計することは，通常時に必要とされる強度に比べて大幅な余裕強度をもたせることとなり，不経済な設計となる．そこで，大地震を受けても施設内容物が漏洩はしないが，施設が多少変形はする（塑性域に達する）程度の強度を保有するような設計とすれば，必要な耐震強度を保有して安全性を確保すると同時に余裕強度を削減することができ，合理的な設計をすることができる．

終局強度設計は地震に対する構造物の抵抗力を単に耐荷重能力としてとらえるのではなく，エネルギー吸収能力としてとらえたものである．このような設計法を高圧ガス取締り法の適用対象となる各種の構造物に適用し，基礎ボルトにも適用するものである．その設計手順の概略を以下に示す．

(a) 必要保有水平耐力 F_P の算出 構造物の形状や特性に応じてどの程度の大きさの水平力に耐えなければならないかを算出する．すなわち，構造物の重要度，設置地域，設置地盤種別，振動特性（応答倍率），構造特性係数等によって必要保有水平耐力（設計水平地震力）を算出する．構造特性係数以外は構

造物の形状，設置場所及び振動応答計算によって定められる．必要保有水平耐力は次の式で求める．

$$F_P = K_P W$$
$$= 0.15 \beta_1 \beta_2 \beta_2' \beta_3 \beta_5 \beta_P D_S W$$

ここに，K_P：設計水平震度

W：耐震設計構造物の自重と内容物質量の合計

β_1：重要度係数（神奈川県基準で別に定めるがここでは省略する.）

β_2：地域係数（同上）

β_2'：地区補正係数（同上）

β_3：表層地盤増幅係数（同上）

β_5：水平方向の応答倍率（同上）

β_P：塑性設計係数（2.0 以上）

D_S：構造特性係数

(b) 構造特性係数 D_S 構造特性係数の算定方法の詳細はここでは省略するが，次のように定義されている．

$$D_S = \frac{1}{\sqrt{1 + \dfrac{W_P}{W_E}}}$$

ここに，W_P：累積塑性歪エネルギー

W_E：弾性振動エネルギー

(c) 基礎ボルトの保有水平耐力の算出と耐震性の判定 構造物に作用する地震力のうち，基礎ボルトの応力が規定の限界値に達するときの水平地震力を保有水平耐力と規定する．保有水平耐力と必要保有水平耐力を比較して耐震性の判定を行う．

7.5.4 ねじ類の使用（フランジ用ボルト）

(1) 取付け時の締付け管理

通常は作業員の人力によってボルトを締め付けるが，フランジが特殊な材質で過大なトルクを避けなければならない場合や厳密な締付けトルクの管理を要する場合にはトルクレンチを用いて締め付ける．さらに，より正確な締付け管理を行うためには，最近では超音波を用いて締付け時のボルトの伸びを測定し，その伸び量からボルト軸力を算定して締付け管理を行う方法も用いられている．このための専用の軸力計も市販されており，これによる軸力の測定結果は誤差が数パーセント以内という精度となっている．

(2) 運転時の締付け管理

化学プラントの締付け管理の特徴は，取付け時のみならず，運転開始直後にも行われることである．運転開始直後に行われる締付け管理をホットボルティングという．これは，プラントが運転に入ると，温度変化のためにボルトとフランジの熱膨張（熱収縮）に差を生じるので，ゆるんだボルトを締め直すためである．

このため，高温又は低温で運転される系統の配管フランジボルト及び熱交換器フランジボルトについては，運転が開始されて温度が変化するとともに巡回点検をしてゆるみを是正する．

ちなみに，LNGプラントのように低温で運転されるプラントの運転開始直後のゆるみ是正もコールドボルティングとはいわず，ホットボルティングという．

7.6 建築構造物

建築構造物で構造体の接合に使用されるねじは，ほとんどがボルトであるため，本節ではボルト接合について記述する．

なお，建築の分野では一般に応力度を表す記号として σ 及び F を用いており，σ は設計値ないし実応力度を意味し，F は建築基準法，各種設計基準等で

定める規格値を意味している．したがって，以下の文章においてもこの慣習によ
る記号表記を採用している．

7.6.1 建築構造物で使用されているボルト

建築構造物は，主として使用される構造材の種類に応じて木造建築物，鋼構造建築物（鉄骨造建築物），鉄筋コンクリート（RC）造建築物，鉄骨鉄筋コンクリート（SRC）造建築物，その他に分類される．これらのうち大部分の鉄筋コンクリート造建築物を除いたほとんどの構造物で，構造体の接合用にボルトが使用されている．木造建築物全般と小規模な鋼構造建築物では4Tクラスの中ボルトが使用されているが，その他の規模の大きい構造物では主として10Tクラスの高力ボルトが使用されている．

なお，構造体が露出したままで使われる鋼構造建築物の一部では，防食性を考慮して構造体に溶融亜鉛めっきが施されたり，ステンレス鋼材が使用されることがあり，そのような場合には，8Tクラスの溶融亜鉛めっき高力ボルトや10Tクラスのステンレス高力ボルトが使用される．

一般的に使用されているボルトのサイズは，中ボルトでM 12〜M 22, 高力ボルトでM 16〜M 24である．これらの状況を一覧表にまとめたのが表7.6.1である．

中ボルトや高力ボルトを用いた接合部の設計においては，それらの材の降伏強さ及び引張強さのJIS規格最小値を基準強度として用いているので，それら

表7.6.1 建築構造物で使用されているボルト

構造物の種類		使用ボルト	対応するJIS
木造全般		中ボルト（4 T級）	JIS B 1180
鉄骨造	小規模	中ボルト（4 T, 5 T級）	JIS B 1180
	一般	高力ボルト（F 10 T）	JIS B 1186
	防錆を考慮した場合	溶融亜鉛めっき高力ボルト（F 8 T級）	なし
		ステンレス高力ボルト（F 10 T級）	JIS B 1186
SRC造	一般	高力ボルト（F 10 T）	JIS B 1186

の値を表 7.6.2 に示す.

　建築構造物で使用される高力ボルトは，後述のように一定の初期張力を導入した状態で使われるため，精度のよい張力の導入が要求される．このため，ボルトセットのトルク係数値のばらつきをできるだけ小さくすることが必要となり，ボルト，ナット及び座金をセットとして製造，使用しており，JIS B 1186（摩擦接合用高力六角ボルト・六角ナット・平座金のセット）もそのような構成となっている．なお，実際に使用されている高力ボルトのほとんどは，材質及び品質の面では JIS 製品と同じものであるが，形状的には JIS 製品と異なった特殊なもので，トルシア形高力ボルトと呼ばれるものである．トルシア形高力ボルトのセットは図 7.6.1 に示すもので，ボルトの端部についたチップとボルト本体との間に破断溝が設けられており，締付けの際一定のトルクに達するとここで破断してボルトが常に一定のトルクで締め付けられるように工夫されている．この高力ボルトについては，いまだ JIS は制定されておらず，日本鋼構造協会規格 JSS II 09 [36)] が適用されている．

表 7.6.2　ボルト材の設計基準強度

単位 $N/mm^2 (kgf/mm^2)$

ボルトの種類	降伏強さ $_fF_y$	引張強さ $_fF_u$
中ボルト (SS 400)	235 (24)	400 (41)
中ボルト (SS 490)	325 (33)	490 (50)
高力ボルト (F 8 T)	640 (64)	800 (80)
高力ボルト (F 10 T)	900 (90)	1 000 (100)

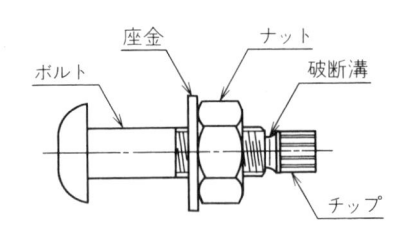

図 7.6.1　トルシア形高力ボルトのセット

7.6.2 設計の基本
(1) 建築構造物の構造設計の考え方[37]

建築構造物の設計においては，構造体の自重，建物の用途に応じて定まる各種の積載荷重など常時作用している荷重のほか，台風，地震，積雪などによる非常時荷重に対しても構造体が安全であるように考慮しなければならない．したがって，これらの荷重の組合せに対して構造物を設計することになるが，これらの非常時荷重は自然現象によるものであるため，その大きさのレベルは極めて幅が広い．

そこで一般には，これらの荷重を建物が存続する期間（通常30～60年）内に数回は生じると考えられるレベルの荷重と数百年に1回生じるようないわゆる極限状態レベルの荷重とに分けて考えることとしており，前者のレベルの荷重に対しては，建物の使用上支障となるような過大な変形が生じないことを設計規範とする使用限界状態設計法を，後者のレベルの荷重に対しては，構造物の崩壊状態を想定した終局耐力で対応することを設計規範とする終局限界状態設計法を採用している．

ここで使用限界状態設計法は構造物に生じる変形を一定限度以内に収めることを検討する弾性設計法であるが，想定した荷重の組合せによって構造物に生じる応力が構造材の降伏応力度に基づいて定められた許容応力度以下であることを確認する許容応力度設計法とほとんど同じ内容の設計法であり，接合部は降伏耐力を基準に設計する．

これに対し，終局限界状態設計法は原則として塑性設計法であり，構造物の終局的な耐力を算定することとなるので，構造物がどのような壊れ方をするかを把握することが必要となる．この場合，接合部についてもどのような破壊性状を示すかを想定することが必要であり，通常接合部はその最大耐力を基準として設計することになる．

なお，風荷重や地震荷重は本来動的なものであるが，建築構造物の設計においては通常静的な荷重として扱っている．したがって，建築構造物の挙動を考える際には，それらの荷重による繰返し作用の影響を適切に評価することが必

要となる．

(2) 中ボルトを用いた接合部

中ボルトは，ボルト軸に垂直な方向の応力を伝達する形式の接合法，すなわちせん断形式で用いられることが多い．このような接合部では，図7.6.2に示すように，荷重を受けるとまずボルト孔径 d_1 とボルト径 d_0 の差に相当するクリアランス c（設計規準では，0.5 mm となっているが，建築基準法施行令では 1.0 mm 以下と規定されている．）だけずれが生じ，ボルトの軸と被接合材のボルト孔壁が接触し，この部分が支圧状態になって応力の伝達が始まる．

したがって，接合部への作用荷重と変形の関係は，図7.6.3に示すものとなり，荷重の小さい段階における接合部の変形が大きく，荷重レベルの小さな風や地震による繰返し荷重によっても比較的大きなずれ変形を生じるため，大規模な構造物の接合部には使用できない．

中ボルトを用いたせん断形式の接合部の設計にあたっては，ボルト自体のせん断耐力，ボルト軸とボルト孔壁との間の支圧耐力，被接合材のボルト孔による断面欠損を考慮した有効断面における引張耐力及び図7.6.4に示すような局部的な降伏ないし破断を想定した耐力等を算定し，それらのうちの最も小さい値に基づいて設計耐力を定める．

ボルトの軸方向の応力を伝達する形式の接合,すなわち引張接合においては,

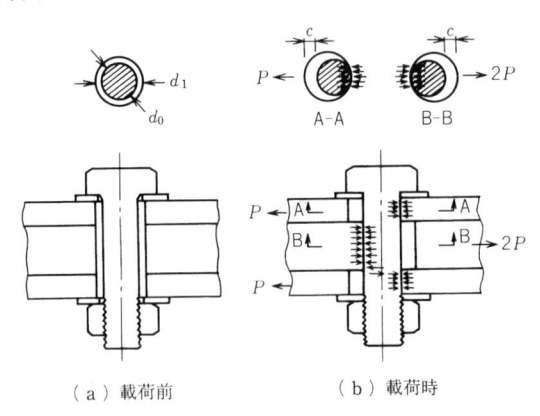

（a）載荷前　　　（b）載荷時

図7.6.2 中ボルト接合部の耐荷機構

ボルトねじ部の有効断面におけるボルトの引張耐力に基づいて設計する．

せん断力と引張力が同時に作用する場合には，その影響を考慮して設計する．

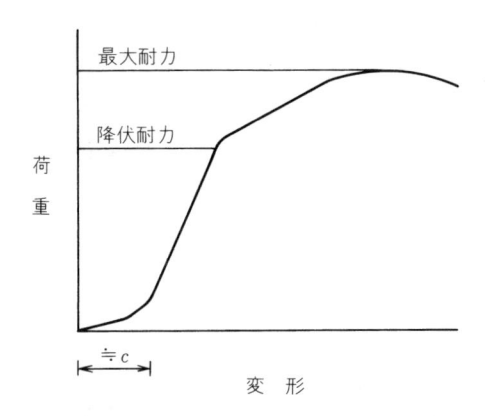

図 7.6.3 中ボルト接合部の荷重-変形関係

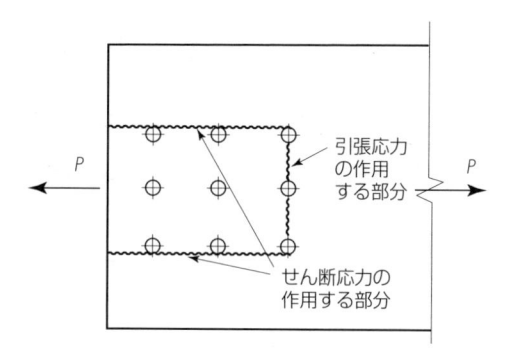

図 7.6.4 局部的降伏又はちぎれ破断の想定線

(3) 高力ボルトを用いた接合部

高力ボルトを用いた接合部も，荷重の作用方向によってせん断型と引張型に分けられる．しかし，高力ボルトを用いた接合部では，ボルトの高強度性を利用して大きな初期張力を導入して被接合材の接合面に大きな材間圧縮力を生じさせ，その材間圧縮力を利用して応力伝達を図っており，中ボルトを用いた接

合部とは異なった応力伝達機構となっている．

すなわち，せん断型の接合部では，接合面の摩擦係数が大きくなるような特別の処理を施して，この材間圧縮力によって生じる大きな材間摩擦抵抗力を利用しており，摩擦接合と呼ばれている．高力ボルト摩擦接合部の応力伝達機構を示したのが図 7.6.5 であり，接合面の摩擦抵抗より小さな応力を伝達する際には，接合部にずれは生じない．このため高力ボルト接合部の作用荷重と変形の関係は図 7.6.6 に示すようになり，ボルト孔に 2 mm 程度のクリアランスがあっても，接合面にすべりが生じるまでは極めて剛性の高い接合部となる．なお，接合部にすべりの生じる荷重をすべり荷重といい，これはボルトの導入張力に接合面の摩擦係数を乗じた値にほぼ等しい．

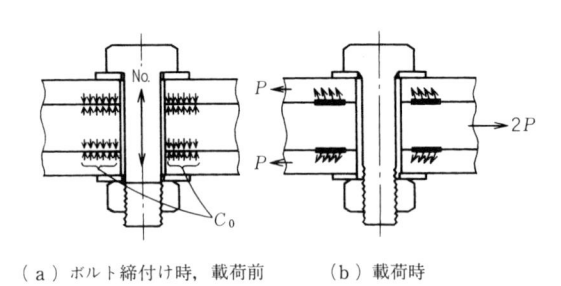

（a）ボルト締付け時，載荷前　　（b）載荷時

図 7.6.5　高力ボルト摩擦接合部の耐荷機構

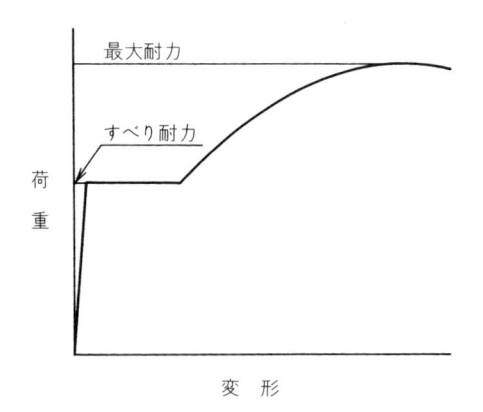

図 7.6.6　高力ボルト摩擦接合部の荷重-変形関係

7.6 建築構造物

　ボルト軸方向の作用力を受ける引張型の接合法は，高力ボルト引張接合と呼ばれている．この場合も接合面には大きな材間圧縮力があるため，作用荷重が初期導入張力以下であるならば，作用荷重のほとんどは材間圧縮力と打ち消し合う形となり，ボルトに直接作用する分は非常に小さいので，接合部の剛性は高い．作用荷重が初期導入張力を超えると，材間圧縮力は消滅し接合面が離れて，作用荷重はすべてボルトだけで負担することになり，接合部の剛性は低下する．この状況を示したのが図 7.6.7 である．

　すなわち，直線 OK は，導入張力のない場合を示しており，このときはすべての作用荷重をボルトだけで負担しているので，接合部の剛性はボルトの軸断面積だけによって決まっている．これに対し，高い張力が導入されている場合には，接合部に離間が生じるまでは，ボルトが直接負担する作用荷重は小さいので，図中の折線 OAB で示される荷重-変形関係をもつ．ここで A 点が接合面に離間が生じるときの荷重（離間荷重という．）に対応している．なお，離間荷重は実際には初期導入張力より幾分小さい．

　高力ボルト接合部では，使用限界状態設計においてはすべり又は離間を生じさせないこととし，終局限界状態設計ではすべりないし離間後の最大耐力に達した状態を想定している．

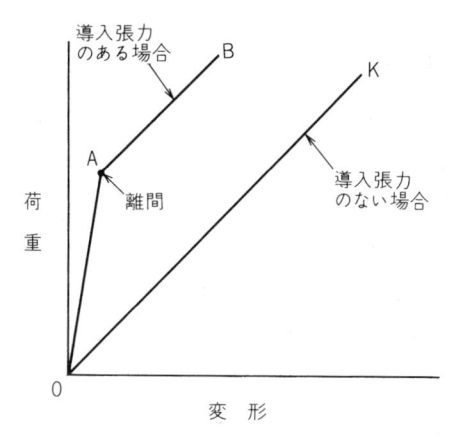

図 7.6.7　高力ボルト引張接合部の荷重-変形関係

7.6.3 設計耐力式

(1) 中ボルトの設計耐力

中ボルト1本当たりの設計耐力を以下に示す．ここではボルトねじ部の有効断面積を一律軸断面積の75%としている．

・せん断降伏耐力（せん断面1面当たり）

$$q_y = \frac{0.75 \,_fA_s \cdot \,_fF_y}{\sqrt{3}} \tag{7.6.1}$$

・引張降伏耐力

$$p_y = 0.75 \,_fA_s \cdot \,_fF_y \tag{7.6.2}$$

・せん断力と引張力を受ける中ボルトのせん断降伏耐力 q_y' と引張降伏耐力 p_y' の組合せは次式による．

$$\frac{p_y'}{1.4 p_y} + \frac{1.6 q_y'}{1.4\sqrt{3}\, q_y} = 1 \tag{7.6.3}$$

・最大せん断耐力（せん断面1面当たり）

$$q_u = \frac{0.75 \,_fA_s \cdot \,_fF_u}{\sqrt{3}} \tag{7.6.4}$$

・最大引張耐力

$$p_u = 0.75 \,_fA_s \cdot \,_fF_u \tag{7.6.5}$$

・せん断力と引張力を受ける場合の最大せん断耐力 q_u' と最大引張耐力 p_u' の組合せは下式による．

$$\left(\frac{p_u'}{p_u'}\right)^2 + \left(\frac{q_u'}{q_u'}\right)^2 = 1 \tag{7.6.6}$$

ここに，$_fA_s$：ボルトの軸断面積
$_fF_y$：ボルト材の降伏強さ（表7.6.2参照）
$_fF_u$：ボルト材の引張強さ（表7.6.2参照）

(2) 高力ボルトの設計耐力

高力ボルトは，前述のように一定の初期導入張力を与えて使用する．設計の際に想定する導入張力を設計ボルト張力といい，ボルトの 0.2% offset 耐力の

規格最小値の75％（F 8 Tでは85％）に相当する値にボルトの有効断面積を乗じた値としている．なお，高力ボルトの締付けに当たっては，設計ボルト張力の10％増しの標準ボルト張力が確保されるようトルクコントロール法ないしナット回転法で行うこととなっている．

高力ボルトの使用限界状態設計用の設計耐力（ボルト1本当たり）は，この設計ボルト張力に基づいて下記のように定められている．

・すべり耐力（摩擦面1面当たり）

$$q_s = 0.45 N_0 \tag{7.6.7}$$

・離間耐力

$$p_s = 0.90 N_0 \tag{7.6.8}$$

・引張りとせん断を同時に受ける場合のすべり耐力

$$q_s = 0.45\left(1 - \frac{\sigma_t \cdot {}_f A_s}{N_0}\right) N_0 \tag{7.6.9}$$

ここに，N_0：設計ボルト張力（表7.6.3参照）

σ_t：ボルトに加わる外力に対応してボルト軸部に生じる引張応力度

終局限界状態設計における設計用最大耐力は，下記のようになる．

表7.6.3 高力ボルトの設計ボルト張力，各種設計用耐力

単位 kN/本

鋼種	ボルトの呼び	設計ボルト張力	すべり耐力	最大せん断耐力	離間耐力	最大引張耐力
F 8 T	M 16	85.2	36.2	96.5	74.5	120
	M 20	133	56.5	151	118	188
	M 22	165	68.4	182	143	228
	M 24	192	81.4	217	170	271
F 10 T	M 16	106	45.2	121	93.5	151
	M 20	165	70.7	188	146	235
	M 22	205	85.5	228	177	285
	M 24	238	102	271	210	339

備考 建築基準法による．

・最大せん断耐力（せん断面1面当たり）

$$q_u = 0.60 {}_fA_s \cdot {}_fF_u \tag{7.6.10}$$

・最大引張耐力

$$p_u = 0.75 {}_fA_s \cdot {}_fF_u \tag{7.6.11}$$

・引張りとせん断を受ける場合の最大引張耐力 $p_u{}'$ と最大せん断耐力 $q_u{}'$ の組合せは，中ボルトと同じ式(7.6.6)で表される．

高力ボルトの設計ボルト張力，各種の設計用耐力を表7.6.3に示す．

(3) 中ボルトを用いた接合部

中ボルトで重ね接合された鋼板の軸方向降伏耐力は，下記の $P_{y1} \sim P_{y4}$ のうちの最も小さい値とする．ただし，ボルトが応力方向に1列（H形断面材のフランジでは2列）しか配置されていない場合には，P_{y3} は考慮しなくてよい．

$$P_{y1} = n \cdot q_y \tag{7.6.12}$$

$$P_{y2} = A_e \cdot F_y \tag{7.6.13}$$

$$P_{y3} = A_{nt} \cdot F_y + \frac{A_{ns} \cdot F_y}{\sqrt{3}} \tag{7.6.14}$$

$$P_{y4} = n \cdot d \cdot t \cdot F_l \tag{7.6.15}$$

ここに，n ：鋼板を接合しているボルトの本数

A_e ：鋼板又は添え板（2板の場合はその和）のボルト孔を控除した有効断面積の小さい方の値

A_{nt} ：局部的な降伏を想定した場合の引張応力の作用する部分の有効断面積（図7.6.4参照）

A_{ns} ：局部的な降伏を想定した場合のせん断応力の作用する部分の有効断面積（図7.6.4参照）

d ：ボルトの軸径（cm）

t ：鋼板又は添え板（2枚の場合はその和）の板厚の小さい方の値（cm）

F_l ：鋼板又は添え板の支圧降伏強さ $=1.88F_y$

F_y ：鋼板又は添え板の降伏強さ

中ボルトで重ね接合された鋼板の最大軸方向耐力は，下記の$P_{u1} \sim P_{u4}$のうちの最も小さい値とする．ただし，ボルトが応力方向に1列（H形断面材のフランジでは2列）しか配置されていない場合には，P_{u4}は考慮しなくてよい．

$$P_{u1} = n \cdot q_u \tag{7.6.16}$$

$$P_{u2} = A_e \cdot F_u \tag{7.6.17}$$

$$P_{u3} = n \cdot e \cdot t \cdot F_u \tag{7.6.18}$$

$$P_{u4} = (A_{nt} + A_{ns})F_u \tag{7.6.19}$$

ここに，　e：ボルト材の軸方向の縁端距離．ただし，$e \geqq 12t$の場合には$e = 12t$とし，$e \geqq p$（pはボルトのピッチ）の場合には，$e = p$とする．

　　　　　F_u：鋼板又は添え板の引張強さ

(4) 高力ボルトを用いた接合部

高力ボルトで重ね接合された鋼板の軸方向降伏耐力は，下記の$P_{y1} \sim P_{y3}$のうちの最も小さい値とする．ただし，ボルトが応力方向に1列（H形断面材のフランジでは2列）しか配置されていない場合には，P_{y3}は考慮しなくてよい．なお，P_{y1}は，すべり耐力である．

$$P_{y1} = n \cdot q_s \tag{7.6.20}$$

$$P_{y2} = A_e \cdot F_y \tag{7.6.21}$$

$$P_{y3} = A_{nt} \cdot F_y + \frac{A_{ns} \cdot F_y}{\sqrt{3}} \tag{7.6.22}$$

高力ボルトで重ね接合された鋼板の最大軸方向耐力は，中ボルトで重ね接合された場合と同様，式(7.6.16)～式(7.6.19)で検討される．

7.6.4 設計例

建築の骨組でよく用いられている高力ボルト接合部の例を図7.6.8～図7.6.15に示す．図7.6.8は，摩擦接合による梁継手の例である．梁は通常H形をした断面材であり，継手の設計においては，曲げはフランジ接合部で，せん断力はウェブ接合部で負担するものと仮定している．フランジ接合部では，終

局状態における部材の塑性変形能力を確保するために，素材の降伏比を考慮してボルト孔による断面欠損率を 25% 以内とすることが望ましい．したがって，フランジ幅が 200 mm の場合は M 22 以下のサイズのボルトを 2 列配置で使うことになり，350 mm の場合は M 20 以上のボルトを使用するときは 4 列整列配置は避け，千鳥配置とすることになる．

図 7.6.9 は，高力ボルト引張接合による梁端部と柱の接合部の例である．同図 (a) は，ティー形の接合部材を用いて柱フランジとは引張接合，梁フランジ

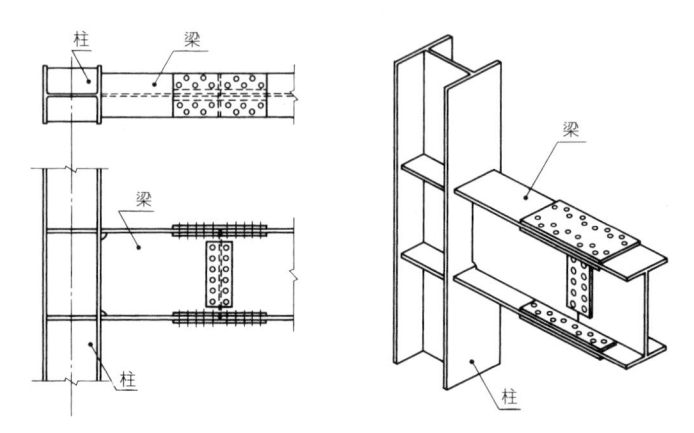

図 7.6.8 高力ボルト摩擦接合による梁の継手

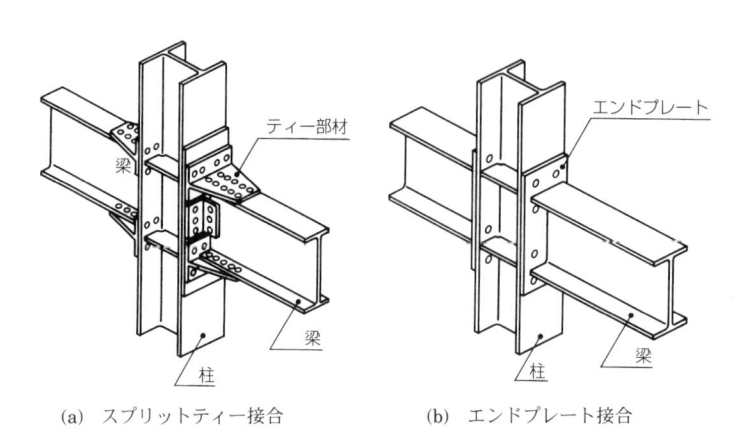

(a) スプリットティー接合　　(b) エンドプレート接合

図 7.6.9 高力ボルト引張接合による柱梁接合部

とは摩擦接合しており，梁ウェブは山形鋼の接合部材を用いて摩擦接合している．同図 (b) は，梁端に溶接されているエンドプレートを高力ボルトで柱のフランジと引張り形式で接合するものである．これらの引張り形式の接合部では，ボルト心と外力の作用線の間に必然的に偏心があるため，てこ反力が生じボルトにはみかけの外力による作用力以上の力が働いているので，設計の際はてこ反力を適正に評価することが必要である．なお，この形式の接合部は，ティー部材やエンドプレートに配置できるボルトの本数に限りがあるので，あまり大きな梁の接合部に使用することはできない．

　図 7.6.10 は，山形鋼による軸組筋かい材端の接合部を示す．このような接合部では，通常山形鋼は，一方の脚しかガセットプレートと接合しないので，筋かい材が十分塑性化するまで接合部で破断が生じないようにするためには，山形鋼とガセットプレートを接合するボルトの数を多くして（一般に 4~5 本以上必要となる．），山形鋼からガセットプレートへの応力伝達が徐々に行われるようにしなければならない．また，ガセットプレートは図のように，筋かいを接合している一番端のボルトから材軸方向に左右それぞれ 30°以内の部分が有効であるとして設計するので，30°以上広がるような形とすることが望ましい．

　図 7.6.11 は，露出形式の柱脚を示したものである．一般に柱脚部では，柱鉄骨の下端に溶接されたベースプレートをあらかじめコンクリートの基礎に埋

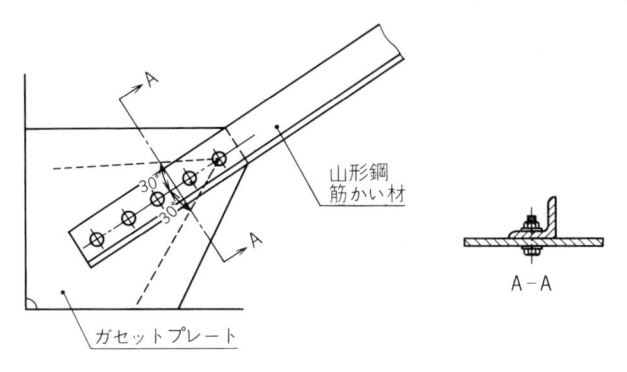

図 7.6.10　筋かい材端接合部

396   7. ねじの使用例

め込まれたアンカーボルトで接合する．アンカーボルトは，通常4T又は5T級のものが用いられる．アンカーボルトの径は，50 mm 程度までが一般的であるが，100 mm 程度のものまで使われている．径の小さなアンカーボルトは，先端を折り曲げてコンクリート中に定着することもあるが，地震時にアンカーボルトに塑性変形を期待する場合には，先端に定着金物を取り付けることが必要である．塑性変形能力を保証したアンカーボルトの規格として，JIS B 1220（構造用両ねじアンカーボルトセット）がある．ベースプレートは，局部的に大きな曲げを受けるので，かなり板厚の大きな鋼板を用いる．場合によっては，ベースプレートをリブで補強したり，ベースプレートを2枚に分けて，いわゆる長締め形式のベースプレートとすることもある．

図7.6.12は，トラスなどを構成する鋼管部材の継手に用いるフランジ継手

（a）小規模な構造物の柱脚　　（b）長締め形式のベースプレートを用いた柱脚

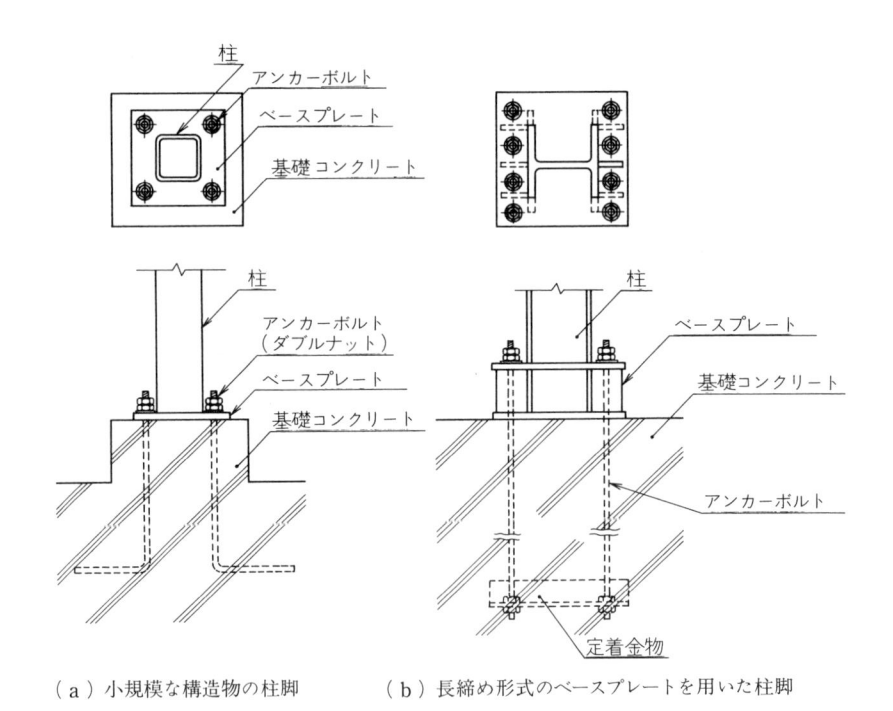

図 **7.6.11** 柱　　脚

を示す．高力ボルト引張接合によるもので，ボルトで接合される鋼管フランジにはてこ反力が作用するので，その低減のためにフランジの板厚を厚くしたり，リブプレートで補強したりすることになる．角形鋼管のフランジ継手では，高力ボルトの数は4本又は8本とし，フランジ各辺に対称に均等配置する．円形鋼管のフランジ継手では，高力ボルトの本数は6本以上とし，均等に配置する．

筋かい材などに用いる鋼管部材の材端接合部では，図7.6.13に示すように，1枚の又は十字形をした割込み板を鋼管に溶接して，これをガセットプレートと高力ボルトで摩擦接合するのが普通である．

近年，鋼管部材を用いた立体トラスによる大空間建築が多数建設されるようになり，あらかじめ標準部品として設計された接合部材を用いたいわゆるシステムトラスが種々開発され，利用されている．システムトラスの材端接合部は，開発者によってディテールに多少の差異があるが，本質的には同じである．すなわち図7.6.14に示すように，立体トラスは三角錐又は四角錐からなる基本ユニットを繰り返しつないで構成されているので，その節点では上下弦材と斜材が3次元的にさまざまな方向から取り合ってくる．

そこで接合部の中核に球体の部品を使い，この接合部中核と弦材及び斜材を各々1本ずつ高強度のボルトで接合する形式となっている．このボルトは，弦

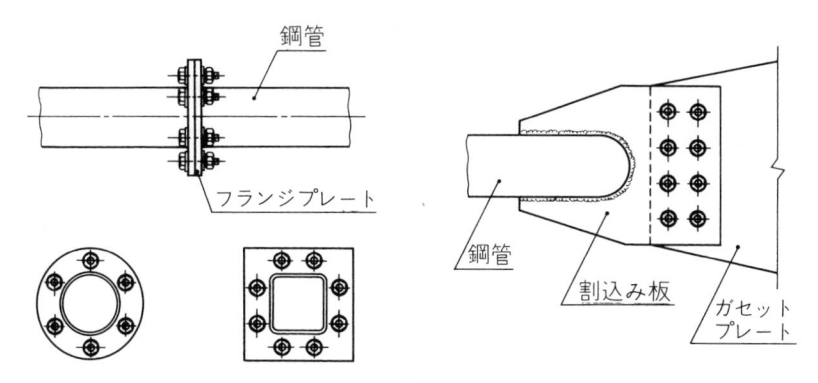

図 7.6.12　鋼管フランジ継手

図 7.6.13　鋼管材端接合部

(a) さまざまな形態の立体トラス

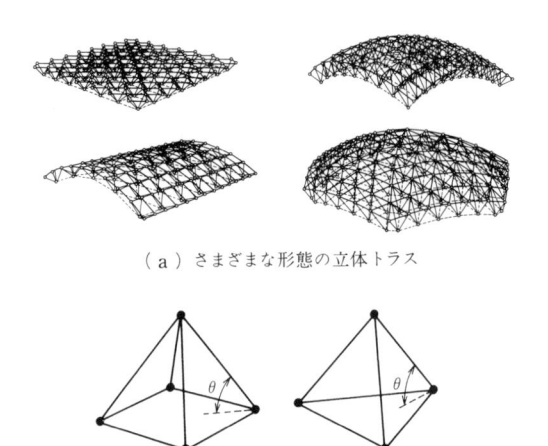

(b) 基本ユニット

四角錐体ユニット　　三角錐体ユニット

図7.6.14 立体トラスの形状と基本ユニット

材及び斜材となる鋼管の端部に溶接されたコーン状の鋼管端部金物の中心にあらかじめ埋め込まれていて，さまざまな方法で接合部中核にはめ込まれる．

　図7.6.15に，代表的なシステムトラスの接合部の例を示すが，ここに見られるように，接合部中核には中実の球体のものと厚肉の球殻のものとがあり，接合ボルトにもさまざまな形状のものがある．通常のシステムトラスでは，接合部中核は $\phi 50$ mm から $\phi 300$ mm 程度で，その材質はSS 400 ないしSM 490級であり，接合ボルトはM 12からM 76が用いられており，その強度はM 40以下が10 T級，それより太径のものが9 T級である．なお，これまでに建設された最大規模のシステムトラスでは，$\phi 457.2 \times 19$ (mm) の鋼管部材をM 110のボルトで $\phi 457$ mm の接合部中核に接合した例がある．

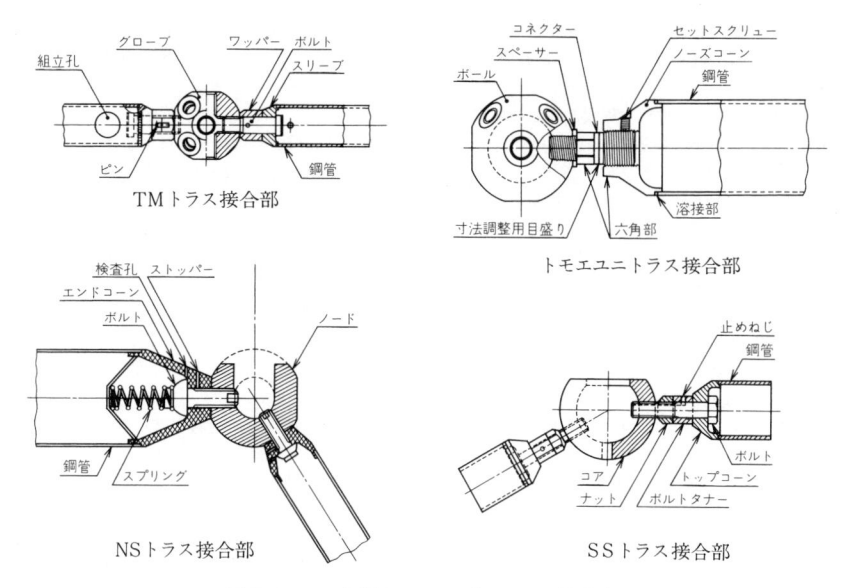

図 **7.6.15** 各種システムトラスの接合部

引用・参考文献

1) 佐藤進ほか（1978）：ボルト・ナット結合体のゆるみに関する研究（第1報）―摩擦トルクについて，精密機械，Vol.44, No.2, p.161
2) 酒井智次（1978）：ボルトのゆるみ（第1報，軸直角荷重を受けるボルトの場合），日本機械学会論文集，Vol.44, No.377, p.279
3) 酒井智次（1978）：ボルトのゆるみ（第2報，回転荷重を受けるボルトの場合），日本機械学会論文集，Vol.44, No.377, p.288
4) 酒井智次（1977）：連接棒キャップボルトのゆるみ特性の研究，日本機械学会論文集，Vol.43, No.368, p.1454
5) 昭和55年度工業技術院委託研究，高強度ボルトの締結性能に関する標準化のための調査研究報告書（第Ⅳ報）（1981），日本ねじ研究協会，p.48
6) 中原裕司ほか（1990）：塗装を含む締結体におけるゆるみメカニズムの解析，日本機械学会材料力学講演会講演論文集，No.900−86, p.251
7) 酒井智次（1978）：ボルトのゆるみ（第3報，降伏域まで締付けられたボルトが引張荷重を受ける場合），日本機械学会論文集，Vol.44, No.383, p.2505
8) E.A. Cornelius & F.O. Kwami (1966)：Die Steigerung der Sicherheit von Schraubenverbindungen durch überelastisches Anziehen, Konstruktion, 18 Heft 4, p.142
9) 兼坂弘ほか（1975）：塑性域回転角度法締付けの応用，締結と接合，No.10, p.7
10) VDI 2230 Blatt 1（1986）（訳）丸山一男ほか（1989）：高強度ねじ締結の体系的計算法―円筒

状一本ボルト締結, 日本ねじ研究協会
11) 柴田俊夫 (1985): 応力腐食割れ研究の最近の進歩, アルミニウムの腐食・防食技術 II, p.3, 軽金属学会
12) 加藤三重次 (1971): 建設機械, 技報堂, p.37-172
13) 日本建設機械要覧編集委員会 (1992): 日本建設機械要覧, (社)日本建設機械化協会
14) 今井義男 (1977): プロダクト・ライアビリティとは, 締結と結合, No.15, p.12-18
15) 山本晃 (1970): ねじ締結の理論と計算, 養賢堂
16) 辻 (1999): ねじおよびねじ締結体の強度特性, 機械設計, Vol.43, No.5, p.17
17) 晴山蒼一, 中村輝雄, 児玉昭太郎 (1990): トルク法によるねじ締付けの信頼性向上について, 日本ねじ研究協会誌, Vol.21, No.9, p.263-274
18) 晴山蒼一 (1987): トルク法によるねじ締付けにおける軸力管理に関する研究 (第1報), 日本機械学会論文集 (C編), Vol.53, No.495, p.2373-2379
19) 晴山蒼一, 中村輝雄 (1988): トルク法によるねじ締付けにおける軸力管理に関する研究 (第2報), 日本機械学会論文集 (C編), Vol.54, No.508, p.3048-3055
20) ねじの適正締付け分科会 (1971): ねじの適正締付けに関する調査研究報告書, 日本ねじ研究協会
21) 晴山蒼一 (1995): 機械配管ボルトの適正締付けについて (建設機械油圧機器配管での適用例), 配管技術, Vol.37, p.90-96
22) 晴山蒼一, 長嶋和雄, 中村輝雄, 奥田福也 (1989): 実機稼働時におけるねじゆるみおよび強度評価に関する研究 (第2報), 日本機械学会論文集 (C編), Vol.55, No.511, p.736-742
23) G.H.ユンカー (1970): 欧米における最新ファスナー技術の現状 (4. 振動下におけるファスナーの自己ゆるみ), 金属産業新聞社
24) 山本晃 (1969): ねじのゆるみと各種ゆるみ止め装置の評価 (2), ねじと技術, Vol.10, No.5, p.23-33
25) 賀勢晋司 (1985): ねじのゆるみとその防止, 機械の研究, Vol.37, No.8, p.917-922
26) 南谷賢司, 米野正博 (1975): ねじ締付けにおける嫌気性接着剤の効果について, 精機学会昭和50年度生産加工技術に関する国際会議前刷集 (PART 1), p.136-141
27) 晴山蒼一, 浜田秀樹, 石丸源一郎 (1988): 実機稼働時におけるねじのゆるみおよび強度評価に関する研究 (第1報), 日本機械学会論文集 (C編), Vol.54, No.503, p.1559-1563
28) ねじ締結調査研究委員会 (1980): 高強度ボルトの締結性能に関する標準化のための調査研究報告書 (第III報), 日本ねじ研究協会
29) (社)石油学会, JPI-7 S-15:1999 石油工業用フランジ規格, 付属書I ボルト及びナット
30) (社)石油学会, JPI-7 S-43:2001 石油工業用大口径フランジ
31) JIS B 2238 (鋼製管フランジ通則) 参考2 フランジ締付け用ボルト・ナット
32) JIS B 2220 (鋼製溶接式管フランジ)
33) JIS B 8273 (圧力容器のボルト締めフランジ), JIS B 8275 (圧力容器のふた板)
34) 通商産業省告示515号 高圧ガス設備等耐震設計基準
35) 神奈川県環境部工業保安課 (1990): 高圧ガス施設等耐震設計基準
36) 日本鋼構造協会規格, JSS II 09 構造用トルシア形高力ボルト・六角ナット・平座金のセット
37) 日本建築学会 (1998): 鋼構造限界状態設計指針・同解説
38) 日本建築学会 (2012): 鋼構造接合部設計指針

索　引

記号

Cone end　54
Flat end　54
H形　56
LD　294
MD　294
MMR　273, 284
NAS式　243
PLI座金　208
space thread　55
S–N線図　155
S形　56
T–μ–F–σ_s線図　315
Z形　56

あ，い

アノード　169
位置度公差　261, 299
　── 方式　265, 268
一方向段階法　247
一般用ねじ部品に対する公差　58
インチねじ　17
インパクトレンチ　212

う

ウェーラ線図　155
植込みボルト　76
受入検査手順　74

え

液圧プレス　320
円周振れ公差　300
円筒度公差　292

お

応力集中係数 α　163, 164
応力集中を緩和するナット　136
応力振幅　154
応力腐食割れ　169
遅れ破壊　169
　── 試験　170
　── 強さ　170
おねじ谷底の形状　121
おねじの軸引張破壊荷重　148
おねじ部品の機械的性質　64

か

回転角法締付け　199
回転角法における目標値　201
回転機のねじ締結　361
回転ゆるみ　307
化学プラント（ねじの使用例）　370
角根丸頭ボルト　76
下限応力　154
かしめナット　366
カソード割れ　169
過大外力によるゆるみ　223
加熱法　330
陥没ゆるみ　221
簡略図示　46

き

黄色クロメート　126
幾何公差特性とその記号　255
幾何公差方式　253
　── の適用　257
機械的張力法　206
機械的回り止め方式　240
機械プレス　320
基礎ボルト　371, 381
　── の強度計算方法　379
機能ゲージ　280
共通データム　254

極限締付け軸力　200, 311
切欠き係数 β　161, 162, 163, 164
き裂の発生位置　157

く

管用テーパねじ　34
管用ねじ　33
　——の表し方　37
管用平行ねじ　34
首下部　143
　——に生じる最大応力　145
　——の応力集中係数　145
首下丸み　117
クロムフリー化　319

け

形状・寸法に関する共通規格　51
限界繰返し数　155
限界滑り量　308
限界はめあい長さ　148
限界面圧　117, 221
嫌気性接着剤　329
建設機械（ねじの使用例）　332
建築構造物（ねじの使用例）　382

こ

高温用ボルト　369
公差域　254
　——クラス　39
　——クラスの選択　40
公差位置　38
公差グレード　38
鋼製ナットの機械的性質　64
光沢クロメート　126
交番磁界環境　359
降伏締付け軸力　187
降伏締付けトルク　188
高力ボルトの設計耐力　390
高力ボルトを用いた接合部　387, 393
小形六角ボルト　318
国際一致規格　71

黒色クロメート　126
黒色酸化皮膜　125
固定締結　283
コロネット荷重指示座金　208

さ

サービス性　319
最小実体寸法（LMS）　266
最小領域法　290
最大実体公差方式　272
最大実体寸法（MMS）　266
最大保証荷重　304
最低焼戻し温度　123
座金の特性値　62
座金組込み十字穴付き小ねじ　104
座金組込み六角ボルト　84
座金方式　239
座面接触面積とねじ部有効断面積との比　52
座面トルク　185
座面の圧力分布　237
座面摩擦係数　188, 191
皿ばね座金　110
皿ボルト　78
三平面データム系　254

し

四角ボルト　82
軸直角振動形式　243
軸部　142
　——に対する頭部の同軸度の測定　297
システムトラスの接合部　399
JIS と国際規格との対応関係　19
実効状態　274
実保証荷重応力　70
自動締付け化　318
自動車（ねじの使用例）　303
締付け回転角　199
締付け管理　184, 382
締付け係数　183

締付け精度　315
締付け線図　179
締付けトルク　185
終局強度設計　380
終局限界状態設計法　385
十字穴付き小ねじ　102
十字穴付きタッピンねじ　108
手動締付け用具　210
上限応力　154
使用限界状態設計法　385
初期ゆるみ　218
　―― 対策用　249
自立条件　226
真位置度理論　265
真円度公差　259
真円度の測定　290
真直度公差　257, 286
浸リ防止　123

す

水素ぜい化　169
水中遅れ破壊強さ　172
スタッドボルト　373
ステアケース法　246
ステンレス鋼製ボルト　124
スナグ点　200
すりわり付き小ねじ　100
すりわり付きタッピンねじ　106
寸法公差と幾何公差の関係　263

せ

設計耐力式　390
接着剤使用方式　243
ゼロ位置度公差方式　278
全振れ公差　262

そ

塑性域　136
　―― 締付け　118, 184, 201
塑性変形　169

た

耐久信頼性評価（強度面の）　345
耐久信頼性評価（ゆるみの）　349
台形ねじ　29
対称度公差　262, 300
耐滑り保証荷重　304
耐疲労保証荷重　304
耐遊離保証荷重　304
耐ゆるみ保証荷重　304
タイロッド　322
脱水素処理　170
タッピンねじのねじ部　54
谷底の形状　40
ダブルナット方式　242
弾性ねじれ　230
短絡トルク　363

ち, つ

直角度公差　259, 295
通則，試験方法，受入検査などに関する共
　通規格　70
疲れ限度線図　155
疲れ強さ　155, 162
　―― に対する許容応力　166
疲れ破面　156

て

締結用部品―受入検査　71
締結用部品のロットの合否　71
低ナット　69
低 μ 安定剤　317
テーパおねじ　35
　―― 用平行めねじ　35
テーパめねじ　35
適正締付け力　183
電気機器（ねじの使用例）　353
電気的接触部　355
テンショナ　331
テンション法　331
データム　253

――系　254

と

同軸度公差　261
動的公差線図　269
頭部　143
動力締付け用具　211
独立の原則　264
塗装面　310
突出公差域　285
トルク係数　193
　――K　186
トルクこう配法締付け　203
トルク法締付け　185
トルク法における目標値　194

な

内力係数　154, 180
中ボルトの設計耐力　390
中ボルトを用いた接合部　386, 392
ナットウエルド　365
ナット材料　374
ナットの機械的性質　72

に

日本鋼構造協会規格（JSS）　384
日本電気工業会規格（JEM）　353
二面幅の寸法　51

ね，の

ねじ基本のJIS　12
ねじ公差方式　37
ねじ先の形状　119
　――・寸法　120
ねじ下穴径　132
ねじ締付け用具のJIS　211
ねじ製図　42
ねじ谷底に生じる最大応力　157
ねじ付き絶縁ノック　356
ねじ付きノック　356
ねじ締結　177

　――部の設計検討手順（自動車）　304
ねじ締結体　177
　――の強度計算　177
　――の軸力管理　343
ねじの締付け　177
ねじの逃げ溝　146
ねじの標準化　11
ねじの呼び方　47
ねじ部トルク　185
ねじ部の長さ　118
ねじ部品
　――共通規格　50
　――に対する幾何公差の検証　286
　――の公差方式　57
　――のJIS　12
　――の種類　75
　――の精度測定方法　286
　――の疲れ試験　153
　――への幾何公差表示方式の適用
　　257
ねじ部密着度増加方式　242
ねじ面摩擦係数　188, 190
ねじ山のせん断破壊荷重　148
ねじ山のたわみ性を表す係数　140
ねじ山の負担する荷重　139
ねじ用十字穴　55
熱処理条件　152
熱的原因によるゆるみ　224
熱膨張法　206
伸び管理ボルト　209

は

バーリング　365
歯付き座金　110
はめあい長さ　119
はめあい部の荷重分布　136
ばね座金　110

ひ

非回転ゆるみ　308
ひっかかり率　130

ピッチ　119
引張荷重　311
被締結体接合面摩擦係数　306
被締結部材の圧縮ばね定数　179
微動摩耗　310
　── によるゆるみ　223
表面処理　360
　── の特徴　129
平座金の公差　61

ふ

フィリップス系　56, 114
不完全ねじ部　145
　── の応力集中係数　146
複合位置度公差方式　270
腐食環境　359
浮動締結　281
部品等級　58
フランジ付き六角ナット　98
フランジ付き六角ボルト　86
フランジ用ボルト　370, 376, 377, 378
フリースピニング形　240
プリベリングトルク形　240
ブレークスルー　321
振れ公差　262
プレス機械（ねじの使用例）　320

へ

平行おねじの等級　36
平行度公差　260, 293
平行めねじの許容差　36
平面度　310
　── 公差　258, 289
へたり　219
　── 係数　219
変形抵抗　306
偏心引張荷重　313

ほ

ホイールローダ　334, 338
包絡の条件　264

ポジドライブ系　56, 114
保証荷重応力　124
ホットボルティング　382
ボルト（建築構造物の）　383
ボルトカップ　363
ボルト材の設計基準強度　384
ボルト材料　373
ボルト軸力消失防止用　249
ボルト諸元決定手順　314
ボルト頭部のせん断破壊荷重　143
ボルト内外力比　306
ボルト・ナット結合体
　── の応力集中係数　156, 159
　── の軸引張荷重-伸び特性　135
　── の静的強度　135
　── の疲れ強さ　160
ボルトに加わる平均応力　154
ボルト，ねじ及び植込みボルトの機械的性
　質及び物理的性質　66
ボルトの軸引張破壊荷重　143
ボルトの引張ばね定数　179
ボルトヒータ　330
ボルトやノックの絶縁　356

ま，み，む

曲げR　310
摩擦接合用高力ボルト　169
溝付き六角ナット　90
密封材の永久変形によるゆるみ　223
無効軸力　306

め，も

メートル台形ねじ
　── の表し方　31
　── の規格体系　30
　── の基準山形　32
　── の呼び径とピッチ　29
メートル並目ねじ　19
　── の許容限界寸法及び公差　23
メートルねじ　17, 18
　── の基準山形　19

——の限界ゲージ　24
　　　——の呼び径とピッチ　21
メートル細目ねじの許容限界寸法及び公差
　　23
面積比　116
戻り回転によるゆるみ　225
戻り回転防止用　249

や，ゆ

ヤクシェフ　148, 155, 162
油圧ショベル　332, 336
有効断面積　143, 153
ユニファイ並目ねじ　372
ユニファイねじ　27
　　　——の基準山形　27
　　　——の寸法許容差　28
　　　——の適用範囲　27
　　　——の呼び範囲　27
ゆるみ試験形式　244
ゆるみ止め部品の有効性　249
ゆるみの分類　218
ゆるみ防止　233
ユンカー　168

よ

溶接ボルト　88
溶接割れ　170
呼び下降伏点　64
呼び耐力　64
呼び引張強さ　64
呼び保証荷重応力　70

り

リード差利用方式　241
リサイクル性　319
立体トラス　398
緑色クロメート　126

ろ

六角穴付きボルト　78
六角タッピンねじ　108
六角ナット　92
六角の二面幅　52
六角袋ナット　96
六角ボルト　80, 373

JIS 使い方シリーズ

ねじ締結体設計のポイント　改訂版

定価：本体 4,700 円（税別）

1992 年 3 月 5 日	第 1 版第 1 刷発行
2002 年 6 月 28 日	改訂版第 1 刷発行
2018 年 5 月 29 日	第 6 刷発行

編集委員長　吉本　勇

発 行 者　揖斐　敏夫

権利者との協定により検印省略

発 行 所　一般財団法人 日本規格協会

〒108-0073　東京都港区三田 3 丁目 13-12　三田 MT ビル
http://www.jsa.or.jp/
振替　00160-2-195146

印刷・製本　株式会社宝文社

© Isamu Yoshimoto et al., 2002　　　　Printed in Japan
ISBN978-4-542-30300-3

● 当会発行図書，海外規格のお求めは，下記をご利用ください．
販売サービスチーム：(03) 4231-8550
書店販売：(03) 4231-8553　注文 FAX：(03) 4231-8665
JSA Webdesk：https://webdesk.jsa.or.jp/

JIS 使い方シリーズ

新版 圧力容器の構造と設計
JIS B 8265:2017 及び JIS B 8267:2015

編集委員長　小林英男
A5 判・372 ページ
定価：本体 4,600 円（税別）

レディーミクストコンクリート
[JIS A 5308:2014]
－発注，製造から使用まで－
改訂 2 版

編集委員長　辻　幸和
A5 判・376 ページ
定価：本体 4,500 円（税別）

詳解 工場排水試験方法
[JIS K 0102:2013]
改訂 5 版

編集委員長　並木　博
A5 判・596 ページ
定価：本体 6,200 円（税別）

ステンレス鋼の選び方・使い方
[改訂版]

編集委員長　田中良平
A5 判・408 ページ
定価：本体 4,200 円（税別）

機械製図マニュアル
[第 4 版]

桑田浩志・德岡直靜　共著
B5 判・336 ページ
定価：本体 3,300 円（税別）

改訂 JIS 法によるアスベスト
含有建材の最新動向と測定法

財団法人建材試験センター　編
編集委員長　名古屋俊士
A5 判・224 ページ
定価：本体 2,500 円（税別）

化学分析の基礎と実際

編集委員長　田中龍彦
A5 判・404 ページ
定価：本体 3,800 円（税別）

接着と接着剤選択のポイント
[改訂 2 版]

編集委員長　小野昌孝
A5 判・360 ページ
定価：本体 3,800 円（税別）

リサイクルコンクリート JIS 製品

辻　幸和　著
A5 判・152 ページ
定価：本体 1,800 円（税別）

シックハウス対策に役立つ
小形チャンバー法 解説
[JIS A 1901]

監修　村上周三・編集委員長　田辺新一
A5 判・182 ページ
定価：本体 1,700 円（税別）

最新の雷サージ防護システム設計

黒沢秀行・木島　均　編
社団法人電子情報技術産業協会
雷サージ防護システム設計委員会　著
A5 判・232 ページ
定価：本体 2,600 円（税別）

新版 プラスチック材料選択のポイント
[第 2 版]

編集委員長　山口章三郎
A5 判・448 ページ
定価：本体 3,700 円（税別）

日本規格協会　　https://webdesk.jsa.or.jp/